虚拟化工程师运维实战

——VMware 服务器虚拟化+Citrix 桌面/应用虚拟化+Veeam 备份+Zabbix 监控

孟 鹏 编著

机 械 工 业 出 版 社

本书详细介绍了实际运维工作中虚拟化工程师应该熟练掌握的虚拟化技术。全书共 7 章，分别是虚拟化技术概述、虚拟化工程师应知必会的六件事、部署 IT 基础架构服务器、实现服务器虚拟化——基于 VMware vSphere、实现桌面/应用虚拟化——基于 Citrix Virtual Apps and Desktops、虚拟化备份——基于 Veeam Backup & Replication，实现对虚拟化环境的灵活监控。

本书图文并茂，步骤详细，介绍了大量的实用知识，能够让读者清晰地理解虚拟化项目部署中的操作细节。

本书适合于从事企业信息化运维工作的虚拟化工程师学习，也可以作为项目管理人员实施企业虚拟化项目的参考书，还可作为高等院校虚拟化技术相关课程的教材。

图书在版编目（CIP）数据

虚拟化工程师运维实战：VMware 服务器虚拟化+Citrix 桌面/应用虚拟化+Veeam 备份+Zabbix 监控 /孟鹏编著. —北京：机械工业出版社，2021.1（2022.1 重印）

ISBN 978-7-111-67324-8

Ⅰ. ①虚…　Ⅱ. ①孟…　Ⅲ. ①软件工具-程序设计　Ⅳ.①TP311.56

中国版本图书馆 CIP 数据核字（2021）第 003125 号

机械工业出版社（北京市百万庄大街 22 号　邮政编码　100037）

策划编辑：王　斌　　责任编辑：王　斌

责任校对：张艳霞　　责任印制：郜　敏

北京盛通商印快线网络科技有限公司印刷

2022 年 1 月第 1 版第 2 次印刷

184mm×260mm・16.75 印张・409 千字

标准书号：ISBN 978-7-111-67324-8

定价：89.00 元

电话服务	网络服务
客服电话：010-88361066	机　工　官　网：www.cmpbook.com
010-88379833	机　工　官　博：weibo.com/cmp1952
010-68326294	金　　书　　网：www.golden-book.com
封底无防伪标均为盗版	机工教育服务网：www.cmpedu.com

前言

虚拟化技术已经被越来越多的企业所接受并广泛使用。虚拟化技术大幅提高了硬件资源的利用率，降低了企业的总体支出费用，并且提高了企业的安全性，应用虚拟化技术可以为企业信息化的升级改造奠定坚实的基础。

虚拟化技术在企业中的应用主要涉及服务器虚拟化、桌面虚拟化和应用程序虚拟化三方面：服务器虚拟化将数据中心内的资源整合成资源池，可根据不同的需求对资源进行分配和动态调整；桌面虚拟化和应用程序虚拟化可以让用户随时随地访问自己的办公环境，并且提高了数据的安全性。

虚拟化技术在企业中的应用需要由专门的虚拟化工程师实施。虚拟化工程师成为企业信息化运维工作中重要的岗位，作用日益重要。

有人将人才分为"一"字型、"1"字型、"T"字型、"十"字型四种类型。"一"字型人才是指具有很广的知识面，但缺少在某一领域的深入研究；"1"字型人才是指在某一方面研究比较深，但缺少较广的知识面；"T"字型人才是指具有较广的知识面，并且某一领域研究比较深，但并不冒尖；"十"字型人才是指有较广的知识面，在某一领域研究较深，而且敢于出头冒尖。对于从事企业信息化运维工作的虚拟化工程师而言，必须掌握全面的虚拟化运维技术，具备较高的技术水平，较为广博的知识面，成为"十"字型人才，才能满足工作岗位的要求。本书的内容，不仅仅局限于某些主流的虚拟化产品或技术本身，而是基于虚拟化产品或技术做了更多的内容扩展，增加了监控和备份虚拟化平台的内容，让读者能够基于已掌握的技术进行知识面扩展，成为"十"字型的人才，在职场中占据有利地位。

作者自 2013 年至今，一直从事与虚拟化技术相关的企业信息化运维工作。在工作过程中，遇到过很多项目实施过程中的困难，也总结了很多的经验和教训。这些工作中积累的心得和体会，对于从事虚拟化运维工作的同行们有一定的参考价值，故将这些心得体会整理成书，分享给同行们借鉴，希望能够对大家的实际工作有所帮助，可以为读者朋友带来启发，引发讨论。但要说明的是，任何虚拟化项目的实施与运维都需要对用户需求做仔细的分析和可行性研究，切勿参照某一本书上的方法论或实践指南进行生搬硬套。

本书共 7 章，详细介绍了虚拟化相关项目的规划和部署。

第 1 章虚拟化技术概述，简要介绍了虚拟化技术的基本概念、虚拟化和云计算的关系以及在实际生产环境的应用。

第 2 章虚拟化工程师应知必会的六件事，主要介绍了虚拟化工程师的职责范围和工作内容，以及应该掌握的技术。

第 3 章部署 IT 基础架构服务器，主要介绍了微软基础架构服务器的规划和部署。

第 4 章实现服务器虚拟化——基于 VMware vSphere，主要介绍了通过 VMware vSphere 系列服务器虚拟化产品实现服务器虚拟化的规划和部署。

第 5 章实现桌面/应用虚拟化——基于 Citrix Virtual Apps and Desktops，介绍了通过 Citrix Virtual Apps and Desktops 系列桌面虚拟化和应用程序虚拟化产品，实现桌面/应用的虚拟化规划和部署。

第 6 章虚拟化备份——Veeam Backup & Replication，介绍了通过 Veeam 的备份产品对虚拟化环境中的服务器和数据进行备份和还原。

第 7 章实现对虚拟化环境的灵活监控，介绍了通过 VMware vRealize Operations Manager、Citrix Director、Zabbix 对虚拟化环境进行健康检查和监控。

适用对象

本书适合于从事虚拟化技术工作的虚拟化工程师学习参考，也可以作为企业虚拟化项目管理人员的参考书。

致谢

特别感谢我的家人、挚友在本书编写过程中给我提供的精神支持，没有你们的支持和鼓励，本书将难以完成。

多位专家在本书的出版过程中对内容进行了审校并提出了建议。在此向他们表示感谢。

由于作者水平有限，书中难免出现错误和不足之处，恳请读者不吝赐教，作者将不胜感激。

孟　鹏

2020 年秋于北京

目录

第 1 章 虚拟化技术概述

目前，虚拟化技术已经在各行各业的众多企业中得到了广泛的应用。虚拟化技术的产生，大大地提高了数据中心的效率，减少了不必要的资源消耗，并且减轻了相关运维人员的压力。

本章主要介绍以下内容：

- 盘点虚拟化技术。
- 虚拟化技术和云计算的关系。
- 虚拟化技术的实际应用场景。

1.1 盘点虚拟化技术

谈起虚拟化技术，大家并不会觉得陌生，虚拟化技术在近些年来已经广泛地应用在各行各业中。最早提起虚拟化，很多情况下指的是服务器虚拟化技术，我们熟知的 VMware Workstation 就是一种虚拟化软件。通过 VMware Workstation，我们可以在个人计算机上创建多个采用不同操作系统的虚拟机，例如 CentOS、Windows、Ubuntu 等，各个虚拟机之间是相互独立的，不会相互干扰。各个虚拟机所使用的 CPU、内存、磁盘、网卡等资源依赖于所在的物理计算机上的资源。我们将创建的虚拟机称为来宾主机，其操作系统类型为来宾操作系统，所在的物理服务器为宿主机，其操作系统为宿主操作系统。VMware Workstation 软件所构成的这种虚拟化方式被称为寄居式虚拟化架构。这种架构是指在宿主操作系统上，安装和运行类似于 VMware Workstation 的虚拟化应用程序所构成的架构。这种架构中，虚拟化应用程序完全依赖于下层的操作系统，只有在操作系统正常运行的条件下，虚拟化应用程序才能够正常运行。

还有另外一种虚拟化架构，称为裸金属架构。这种架构是将虚拟化软件直接安装在物理硬件上，不再依赖于宿主机上的操作系统。在虚拟化软件上用户可以部署需要的操作系统和应用程序。常见的虚拟化软件有 VMware vSphere 和 Citrix XenServer 等。

在过去的传统架构中，IT 部门根据业务部门的实际需求来预估出所需要的服务器数量和性能，包括 CPU 主频、核心数、内存大小、硬盘空间和 IOPS 等。在进行资源预估期间，需要考虑到业务高峰期所需要的资源，以免难以满足用户的访问需求。但从另一个角度来说，这也就造成了非业务高峰期间的资源浪费，服务器的资源配置很高，但是实际使用率却很低。虚拟化技术极大程度地解决了这一个问题。将一台物理服务器通过虚拟化技术分解成若干台虚拟服务器，每台虚拟服务器上可以共享使用物理服务器的 CPU、内存、硬盘、网卡等资源，并且可以根据实际需求进行调整。在业务系统部署初期，资源的利用率通常会很低，可以分配较少的虚拟服务器资源，物理服务器的剩余资源可以供给其他虚拟服务器使用，当业务系统的访问量增加，会逐步增大分配给业务系统的虚拟服务器资源。

当虚拟服务器出现资源不足情况，可以从横向扩展和纵向扩展两个方面来解决。举个例子来说明什么是横向扩展和纵向扩展。在一个鱼缸里面有 10 条鱼，对于 10 条鱼来说这个鱼缸足够了。突然有一天，鱼缸里又放入了 10 条鱼。这时这个鱼缸里就总共有 20 条鱼了，显得比较拥挤。有两种方式——横向扩展和纵向扩展来解决这个问题。

使用横向扩展，相当于在这个鱼缸旁边又放了一个鱼缸，并且保持和原有的鱼缸一样的布置，并将这两个鱼缸之间打通，允许所有的鱼在两个鱼缸之间相互移动。使用纵向扩展，相当于把原来鱼缸中鱼取出，放到一个更大的鱼缸中。

对于业务系统和服务器来说，横向扩展相当于在业务系统所在的服务器的负载升高时，添加了新的服务器运行同样的环境，由多台服务器共同承担业务系统的负载压力。纵向扩展相当于增加服务器的 CPU、内存等硬件配置或相关资源，从而在单台服务器上可以承载更多的负载压力。

20 世纪 90 年代起，VMware（威睿）和 Citrix（思杰）等公司成为主要的虚拟化厂商。两家公司都相继推出了服务器虚拟化、桌面虚拟化、应用虚拟化的产品，并不断推出新版本增加产品功能。

1.2 虚拟化技术和云计算的关系

在通常情况下，云计算是一种按需付费的模式，可以提供服务器、网络、存储、应用程序、服务等一系列资源池。所谓按需付费是指，可以根据最终用户的需求，自定义使用资源的开始时间和结束时间，只在使用资源的时间段进行付费。

云计算分成 3 个层次，分别是 IaaS（Infrastucture as a Service，基础架构即服务）、PaaS（Platform as a Service，平台即服务）和 SaaS（Software as a Service，软件即服务），如图 1-1 所示。

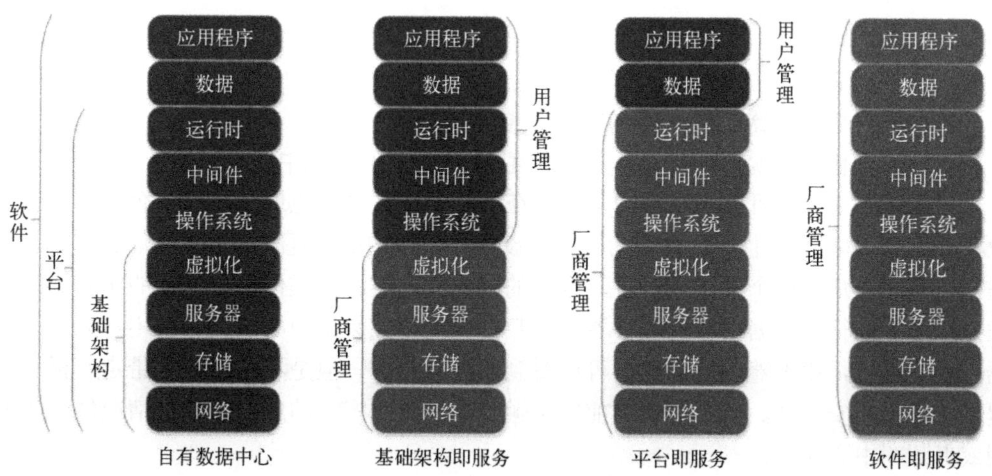

图 1-1　云计算的 3 个层次

用户在 IT 系统中所需要的资源共分成 9 类，由下层到上层分别是网络、存储、服务器、虚拟化、操作系统、中间件、运行时、数据、应用程序。在用户自有数据中心中，全部的资源都由用户自己提供和管理。如果采取云计算 3 个层次中的方式，就大不相同了。在基础架构即服务的方式下，虚拟化以下的 4 种资源由厂商提供，用户只需要管理操作系统以上的 5 种资源。在平台即服务的方式下，运行时以下的 7 种资源由厂商提供，用户只需要管理数据和应用程序。在软件即服务的方式下，所有资源均由厂商提供。目前主流的云计算提供商，如阿里云、AWS、Azure 等都能提供这些云资源。

根据云计算资源所在的位置，分成公有云、私有云和混合云 3 种。公有云，是指所有的资源都放在厂商建设的数据中心，用户通过互联网接入，获取到相应的云资源，使用便捷，按需付费。私有云，是指所有的资源都由用户方进行建设，放在自有的数据中心中。资源固定，安全性高。混合云，是私有云和公有云的结合。

云计算和虚拟化是两种完全不同的事物，但又密切关联。大多数情况下，虚拟化技术指的是服务器虚拟化，即将一台物理服务器分成多台虚拟服务器。这种技术是构建云计算的基础。而云计算是一种商业模式，通过虚拟化技术实现一部分功能，通过按需付费、弹性扩展等特性服务于用户。

1.3　虚拟化技术的实际应用场景

虚拟化技术已经在很多领域得到了广泛的应用。在 2019 年北京市执行的禁限产业目录中明确指出，在北京市全市范围内，禁止新建和扩建信息处理和存储支持服务中的数据中心，但 PUE 值在 1.4 以下的云计算数据中心除外。所谓 PUE，是 Power Usage Effectiveness（能源使用效率）的缩写，是评价数据中心能源效率的指标，是数据中心消耗的所有能源与 IT 负载消耗的能源的比值。这就要求 IT 负载消耗所占的比例要尽可能高。在数据中心中，除了必要的服务器、网络、存储设备等 IT 设备外，还有其他必要的、保障 IT 设备运行的设备，如制冷空调，照明灯等。这些设备的能源消耗同样计入在数据中心的总能源消耗值内。正是基于此，服务器虚拟化产品广泛应用在数据中心的建设中，将一台物理服务器分成多台的虚拟服务器，提高数据中心的整体效率。

桌面虚拟化和应用虚拟化的应用很大程度上提高了 IT 环境中的安全性。在传统 IT 环境中，用户使用个人计算机进行日常的工作。在工作中，不可避免地会接触到企业内部的一些商业机密信息，可能通过 U 盘、移动硬盘等设备将涉密的信息复制走，造成信息泄密。而通过虚拟桌面，用户使用个人计算机时，看到的只是虚拟桌面的操作系统运行的实时画面。由于虚拟桌面是运行在数据中心的服务器中，数据也保存在数据中心中。对于用户来说，这些数据是“看得见，摸不着”的。用户可以看到数据的内容，但是不能将数据带走，极大程度上提高了数据的安全性。虚拟桌面目前在金融行业得到了广泛的应用，多数情况供外包人员使用或者呼叫中心使用。

2020 年在新冠肺炎疫情肆虐期间，很多企业员工被迫居家隔离。如何在这个特殊的时期能够让企业仍然可以正常的运转，成为企业领导们最为迫切想解决的事情。借助基于虚拟化技术的解决方案，可以让企业员工通过家中的计算机，连接到各自的虚拟桌面中去处理工作事务。在这个连接的过程中，不仅使用的协议是加密的，保证了数据的安全，而且用户通过特定的协议只能连接到各自的虚拟桌面，避免了使用 VPN 等工具所引发的安全问题。

第 2 章 虚拟化工程师应知必会的六件事

简单来说，企业虚拟化工程师的主要工作是对企业级的虚拟化产品进行设计、部署、维护。但作为一个初入职场的应届毕业生或者计划转行的职场人，如何才能获取所期望岗位的技术要点？向前辈请教？向同事求助？这都是不错的方法，但是需要一个耐心并且有经验的人细心讲解。其实，还有另外一种方法，在各大招聘网站上搜索。从各个招聘渠道去搜索虚拟化工程师、系统工程师、IT 工程师、IT 技术支持等关键字，就可以得到答案了。从各招聘网站上汇总的岗位职责主要会涉及以下几个方面。

1）IT 管理：管理技术团队、ITIL、PMP。

2）IT 基础架构：微软 Active Directory、DNS、DHCP、WSUS、NTP、GPO、Exchange。

3）数据库：SQL Sever、MySQL、Oracle。

4）虚拟化：VMware vSphere、VSAN、NSX、Citrix XenServer、XenDesktop、XenApp、Openstack、KVM。

5）备份：Veritas、Acronis、Veeam。

6）监控：Tivoli、Zabbix。

明明岗位是虚拟化工程师，为什么却搜索出来很多其他技术要求？原因很简单，虚拟化并不是单独存在的一种产品或者技术，它是和其他产品和技术并存的。虚拟化技术的存在，有可能是依赖于其他产品或技术，也有可能是作为其他产品或者技术的基石。因此，作为一名虚拟化工程师，还需要掌握除了虚拟化技术以外的其他多项技能。从上述罗列的虚拟化工程师的工作内容来看，这些内容都是 IT 系统的基础，更多的是为其他业务系统提供支持和保障，是整个企业 IT 系统的基石，这也就更加凸显出虚拟化工程师的重要性。

虚拟化工程师的日常工作具体都有哪些呢？首先，虚拟化相关的项目建设和日常维护是重中之重。对虚拟化平台的建设是最基本的内容，创建、分发、交付虚拟机给用户也是很常见的工作。其次，由于虚拟化技术是基于服务器、网络、存储等设备组成的，因此，对虚拟化工程师来说，了解和掌握这些硬件的部署和日常维护是必备的技能。此外，为了提高虚拟化系统的整体稳定性和尽量保证数据安全，对虚拟化平台的监控和备份也是虚拟化工程师需要掌握的技能。

本章将介绍一名合格的虚拟化工程师应知必会的六件事。

- 制定蓝图——规划企业整体 IT 架构方案。
- 搭建 IT 基础架构——部署和配置各类服务器。
- 配置服务器虚拟化——提供基础服务功能。
- 配置企业云桌面/云应用虚拟化——实现统一的办公环境管理。
- 安全第一——构建虚拟化场景下的备份系统。
- 搭建监控系统——力求系统稳定运行。

2.1 制定蓝图——规划企业整体 IT 架构方案

什么是企业的 IT 架构？企业 IT 架构通常指的是企业各个信息系统的各个组成部分及其之间的联系。企业 IT 架构是指导信息系统设计的框架，是企业信息系统建设的蓝图。

企业 IT 架构涉及的范围很广，一般情况下，为其他业务系统提供支撑和保障功能的架构都可以认为是企业 IT 架构的内容，企业中常见的 IT 基础架构服务器有以下几种：

- AD 域架构服务器。
- DNS 服务器。
- DHCP 服务器。
- 邮件服务器。
- 虚拟化服务器。
- 虚拟桌面/应用服务器。
- 备份服务器。
- 监控服务器。
- 目录服务器。
- 数据库服务器。

在企业内部网络中，这些 IT 基础架构服务器共同支撑起企业 IT 基础服务，构成了整个企业 IT 架构（如图 2-1 所示）。这就要求 IT 管理员熟练掌握这些基础架构服务器的部署、维护等日常工作。

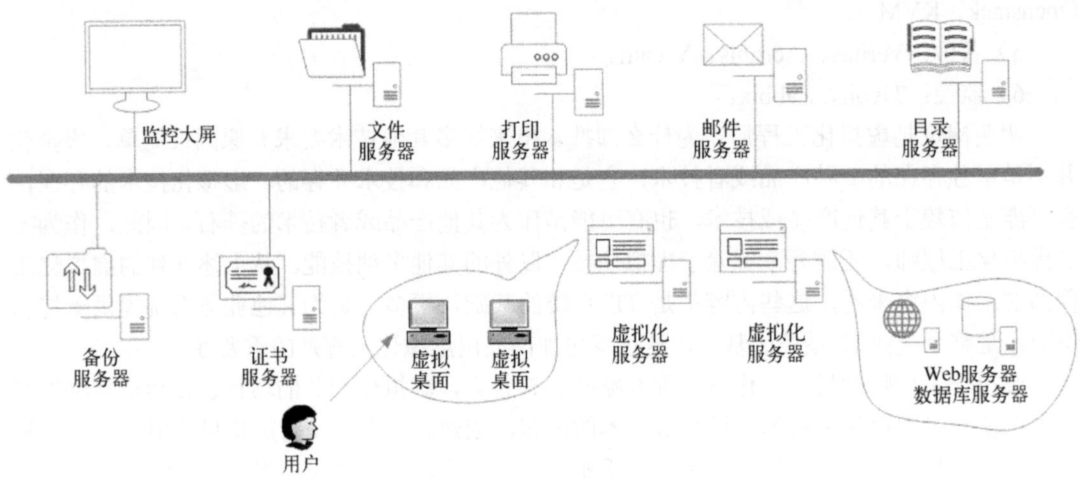

图 2-1 企业 IT 架构

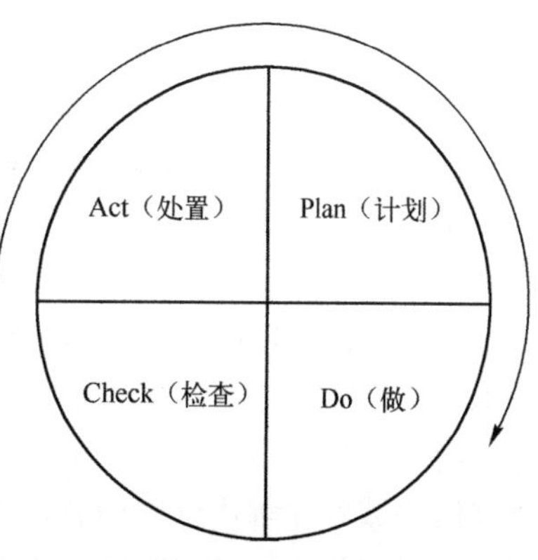

图 2-2　PDCA 循环

规划企业整体 IT 架构，首先需要根据已知的信息（包括项目的需求和期望等）进行首次规划，随之制定出行之有效的方法并按照该方法执行，接下来完成整个项目之后总结经验和教训，并对项目做适当的调整，并运用到下一个项目当中去。这一过程完全可以根据美国质量管理认证 PMP 中提出的 PDCA（Plan-Do-Check-Act，计划-做-检查-处置）理论去执行，如图 2-2 所示。

- 计划：对整体项目的规划和设计，确定项目的总体内容。
- 做：根据目前已知的信息，制定出详细的执行方法。再根据制定出的执行方法，将项目完成。
- 检查：项目完成之后，需要将项目的每一个细节进行分析，哪里成功，哪里失败，总结出经验和教训。
- 处置：根据总结的经验和教训，反馈到下一个项目中去，进行不断改进。

这 4 个步骤并不是按照顺序执行一次就结束了，而是周而复始的执行，这个项目结束了，会将未解决的问题带到下一个项目中去，再次执行该过程。

要想构建稳健的 IT 系统，在做部署之前一定要尽全力做好规划才可以。而做好规划的前提便是需要对项目的需求明确和细化。以虚拟化项目举例来说，表 2-1 列举某个项目中的一部分需求和规划。

表 2-1　需求和规划

序号	需求	规划
1	服务器能够满足 N+1 高可用	不少于 3 台服务器组成集群，并开启 HA（High Available，高可用）功能
2	管理员可以根据不同的角色分配不同权限	将管理员分配到不同的角色中，也可以根据主机、虚拟机、网络、存储等分配权限
3	所有计算机均需要安装微软补丁	内网部署 WSUS 服务器批量对计算机进行补丁分发和安装
4	所有计算机需要统一桌面背景	使用组策略统一推送桌面背景
5	……	……

从表格中可以看出，所有的规划都不是空穴来风，都是根据需求来制定的。因此，在制定规划前，一定要先根据项目的需求收集清楚。需求都清楚明朗了，才能根据需求制定相应的规划。

收集完成所有的需求之后，需要进行可行性研究，判断是否能够满足需求，并设计出初步的设计方案。要针对需求做出切实可行的计划，不断地完善和补充设计方案的细节，并在得出详细的设计方案后切实执行。

每个项目在执行完成之后都会遇到这样或那样的问题，可能会成功，也可能会失败，要在项目结束后总结项目执行过程中的经验和教训，对整体项目加以修改，并运用到下一个项目中去。

对于虚拟化工程师来说，在规划企业整体 IT 架构方案时应该考虑到实际业务系统的需求，对企业的业务系统有清晰的认识。例如，某业务系统的数据库存放了 TB 级别的数据，并且 7×24 小时都对数据库读写频繁，或者使用了较多的外部设备（如高拍仪、扫描仪、USB Key 等），诸如此类的具体需求，在做规划时都应要考虑到，并且在前期做 POC（Proof of Concept，概念性验证）阶段时做足够的测试工作。

另外，由于市面上大多数的虚拟化产品都需要微软 AD 域来提供身份验证的功能，因此虚拟化工程师对企业的 IT 环境也应该有足够深入的了解。客户现有的 AD 域环境是否可以提供给虚拟化环境使用？如果不可以，是否通过建立新林、新域，或者通过已有的林域环境建立信任域？要解决这些问题，不仅需要虚拟化工程师对企业的 IT 环境有足够的了解，也需要掌握相关的技术和知识，才能应对不同需求。

Tips:

微软公司提出的 Active Directory（简称 AD）架构，在企业 IT 基础架构中起着举足轻重的作用，其最主要的作用是进行统一身份验证。所有的用户账户和计算机账户都可以在 AD 中进行管理，可以根据不同的需求为用户配置不同的配置信息。

除此之外，一些其他的服务器也会提供一些 IT 基础服务，比如 NTP 服务器会提供时间同步服务，其他计算机的时间会与该 NTP 服务器保持时钟同步；WSUS 服务器会提供 Windows 的补丁服务，其他计算机会从 WSUS 服务器获取微软发布的最新补丁，避免因漏洞、后门等引发安全问题。

2.2 搭建 IT 基础架构——部署和配置各类服务器

IT 基础架构是支持企业 IT 系统正常运行的基础。搭建 IT 基础架构最重要的工作就是部署和配置各类服务器，为其他业务系统提供基础服务功能。表 2-2 列出了最常见的基础架构服务器。

表 2-2 常见的基础架构服务器

序号	角色	操作系统类型	用途
1	AD 域	Windows	提供计算机和用户的统一管理，批量推送计算机和用户的配置
2	WSUS	Windows	向 Windows 计算机推送微软的最新补丁
3	NTP	Windows/Linux	向其他系统提供时间同步服务
4	Syslog	Windows/Linux	收集各系统的日志信息
5	邮件服务器	Windows/Linux	提供发送和接收邮件服务
6	……	……	

这些基础架构相关的服务器，主要都是为其他业务系统提供支持性的服务功能。虚拟化工程师必须具备部署和配置这些服务器的技能。这些服务器一旦发生故障，很大程度上会影响业务系统的正常运行，这就要求虚拟化工程师还要熟练地掌握这些基础架构服务器的运维技能。

Windows 和 Linux 操作系统是 IT 人员、特别是虚拟化工程师经常使用的操作系统。在实施虚拟化项目中，较常使用的 Windows 服务器有 DC、DNS、DHCP、WSUS、Exchange 等，较常使用的 Linux 服务器有 NTP、Syslog 服务器等。上述提及的操作系统和各类服务器的配置及应用都是虚拟化工程师要掌握的必备技能。

2.3　配置服务器虚拟化——提供基础服务功能

在传统的 IT 架构中，通常会在服务器上直接安装操作系统，然后在操作系统上安装应用系统，如图 2-3 所示。待业务系统部署完成之后，服务器就可以对外提供服务了。在这种架构下，若该服务器分配的硬件资源较少，在业务的高峰期可能难以满足硬件资源的需求；但分配的硬件资源较多，在非高峰期时又出现较多的资源剩余，造成了浪费。

为了弥补传统架构的不足，虚拟化架构便应运而生了，如图 2-4 所示。与传统架构不同的是，在硬件层上添加了虚拟化层，这种架构也被称为裸金属架构。在虚拟化层上，可以建立若干台虚拟机，虚拟机上再部署操作系统和应用系统。在虚拟机上部署完成应用系统后便可以对外提供服务。

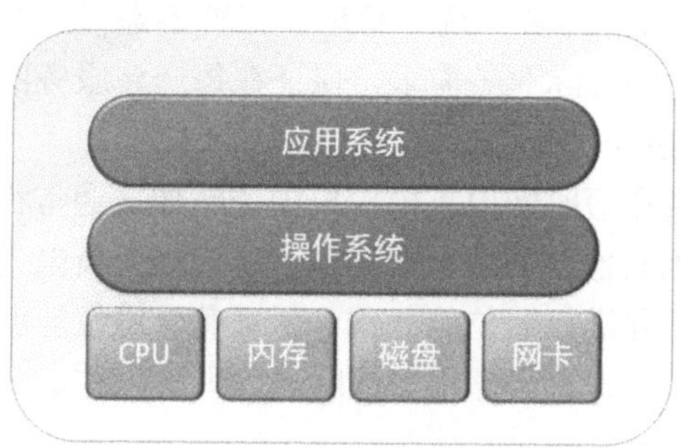

图 2-3　传统架构

图 2-4　虚拟化架构

将传统架构的服务器转化成虚拟化架构的服务器之后，大大提高了服务器的硬件资源利用率，减少了物理服务器的数量，减少了所占用的空间。此外，虚拟化技术还提供了快照、HA（High Available，高可用）、DRS（Distributed Resource Scheduler，分布式资源调度）等功能，这些功能对虚拟机降低配置的复杂度和提高稳定性有很大帮助。

目前，市场上主流的服务器虚拟化产品有 VMware vSphere、Citrix Hypervisor（原 Citrix Xenserver）、Microsoft Hyper-V 等。对于虚拟化工程师来说，掌握 1～2 种常见的服务器虚拟化产品的部署、调试和维护是必不可少的技能。

2.4　配置企业云桌面/云应用虚拟化——实现统一的办公环境管理

桌面虚拟化方式和传统 PC 方式有着很大的区别。传统 PC 方式中，每个企业员工都使用各自的 PC 处理日常工作，所有的数据都保存在各自的 PC 上。而通过桌面虚拟化的方式，用户的数据都存储在数据中心中，用户从显示器屏幕上看到的是在数据中心中虚拟机的操作系统，而不是本地的 PC。数据中心的多台服务器和存储设备组成了集群，大大提高了系统的稳定性，用户使用计算机时，并不是对本地的计算机进行操作，而是对数据中心中的虚拟机进行操作，如图 2-5 所示。当用户端的 PC 发生故障或者丢失，不会对数据产生任何影响，换个新的设备就可以继续工作了。

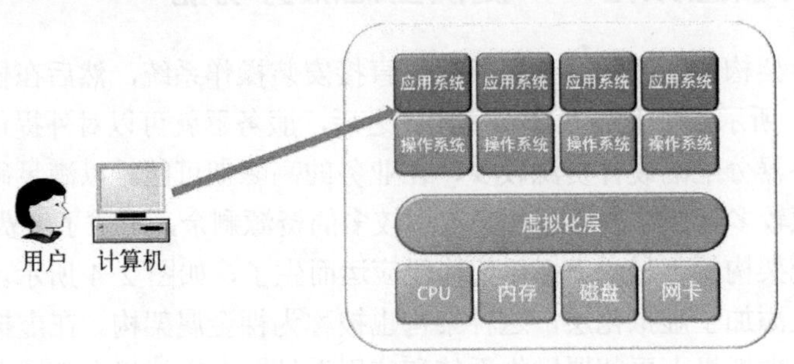

图 2-5　桌面虚拟化

要完成以上目标，在用户所使用的虚拟桌面或者虚拟应用服务器发生故障时能够快速地进行恢复，就需要对桌面/应用虚拟化服务器进行统一部署、统一管理。在置备虚拟桌面或应用虚拟化服务器时，应该尽可能考虑到所有用户的实际业务需求，保证在每一台服务器上均能够提供所有用户的访问需求，即使某些个别的用户访问频率很低。

通过快速克隆或者快速置备的功能，可以实现在短时间内将模板机中的镜像（通常称为"黄金镜像"）进行抓取，并且多次、大量地复制到其他服务器上。对于 IT 运维人员来说，只需要将相关的操作系统、应用程序等安装完成，并进行简单的调试，保证黄金镜像能够正常运行即可，剩下的工作都可交给虚拟化管理程序处理。只需很短的时间，即可以完成多台服务器的快速部署，实现统一的办公环境。

Citrix Virtual Apps and Desktops（原 Citrix XenDesktop）和 VMware Horizon 等产品是使用率较高、大多数企业经常用到的桌面虚拟化产品。虚拟化工程师应该熟练掌握这些产品的规划、部署和日常维护工作。

2.5　安全第一——构建虚拟化场景下的备份系统

数据备份是防止数据丢失最简单却是行之有效的办法。但对重要业务做变更前，建议对现有的业务数据做一次备份。即使在业务变更时发生了失误，造成了数据丢失，也可以通过之前的备份文件进行数据恢复。数据的备份就是为了在数据发生丢失时能够有方法弥补，类似于给数据买了一份"保险"。

数据丢失有时是难以预测的，要保证在数据丢失时都可以满足数据恢复的需要，就需要对数据备份进行合理的规划。对备份任务进行规划时，应该考虑到备份时间、频率、方式和备份文件存放地等。

在通常情况下，备份系统都会将一个具有很大的空间作为存储文件的存放地点，备份系统服务端通过 Agent 获取需要备份的服务器上的数据。但是对于虚拟化场景来说，在一台宿主机上会有多台虚拟机，并且虚拟机的密度可能会很大。为了减少对生产系统的影响，保证数据的一致性，通常会在非生产时间进行数据备份，这就可能造成备份时间相对集中。基于以上两点考虑，在虚拟化场景下建议使用无代理的方式，调用虚拟化 Hypervisor 层的接口读取虚拟机中的数据进行备份。

通过备份手段保证虚拟化环境的数据安全性，从而提高虚拟化项目的整体安全性，也是保障一个虚拟化项目顺利完成的重要因素之一。因此，了解备份的原理，掌握常见的备份软件的使用，能够对虚拟化环境进行有效的备份，也是一名虚拟化工程师需要掌握的技能。

2.6　搭建监控系统——力求系统稳定运行

有个故事是这样的，一家公司的老板觉得公司日常支出费用过高，想通过裁员的方法来减少支出。看到 IT 部门的员工数量很多，觉得没什么用，于是找来 IT 经理，想让整个部门解散。IT 经理说道：“老板，您经过一座吊桥的时候，如果没有护栏，您敢走过去吗？”老板吃了一惊，说：“当然不敢”。IT 经理立刻接着说，“IT 部门就是公司的‘护栏’，虽然您走过去的时候不一定总扶着护栏走过去，但是一旦吊桥不稳，抓住护栏，危险系数会大大降低。”老板听后觉得很有道理，于是放弃了解散 IT 部门的想法。IT 部门需要做什么工作才能够成为公司的“栏杆”？

随着 IT 技术的全面发展，企业内部的 IT 设备和业务也不断增多，对 IT 技术的依赖性大大增强。IT 部门不仅要满足各个业务部门对 IT 设备和业务的需求，又要满足其能够长久稳定的运行，这就对虚拟化工程师提出了更高的要求。但是 IT 设备或者系统并不是一劳永逸的，在运行的过程中，会出现一些故障或者问题。作为虚拟化工程师，如何能够在发生故障的第一时间发现并处理？这就需要借助监控系统了。

在一个生产环境的业务稳定运行的背后，往往会关联着很多支撑的组件。服务器提供了计算资源，网络设备将服务器之间连通，存储设备提供了数据存储的空间。这其中任何一个设备的部件发生故障，都有可能会造成正在运行的业务系统发生中断。当这些部件发生异常时，能够及时地发出报警信息，并通知到相关的负责人进行处理，就尤为重要了。如果一个监控系统提供了信息采集、存储、展示和提供报警通知等功能，基本上能够满足以上的需求。常见的监控软件有 IBM Tivoli、SolarWinds、Zabbix、Cacti、Nagios、Ganglia 等。

虚拟化项目的硬件设备支撑了上一层虚拟化层的正常运行，虚拟化层的正常运行支撑了更上一层虚拟机的正常运行。任意一个组件发生故障都会影响整个虚拟化项目的正常运行。作为虚拟化工程师，应该熟练掌握常见监控系统的部署和基本使用技巧，对虚拟化平台的软、硬件进行全面的监控。只有这样，才能够在第一时间发现问题，并尽早地解决问题，减少对最终用户的影响。

第3章

部署IT基础架构服务器

IT 基础架构服务器，通常是指向其他业务系统提供基础服务的服务器。基础架构的范围比较广泛，广义上包含服务器等计算机设备、路由器、交换机等网络设备，存储阵列、防火墙等安全设备，机房制冷设备等，狭义上特指微软相关的基础架构服务器，例如域控制器、DNS（Domain Name System，域名系统）服务器、DHCP（Dynamic Host Configuration Protocol，动态主机配置协议）服务器、WSUS（Windows Server Update Services，Windows Server 更新服务）服务器等。

在本章中，主要介绍以下内容：

- 规划企业整体 IT 基础架构。
- 部署域环境——实现计算机和用户的统一管理。
- 多站点域环境——实现跨区域的管理。
- 配置组策略——实现配置统一下发。
- 配置 DNS 服务器——实现域名解析。
- 部署 DHCP 服务器——实现自动分配 IP 地址。
- 部署 WSUS 服务器——实现补丁统一下发。
- 部署 NTP 服务器——实现时间同步。

本章要部署的服务器如下表 3-1 所示。

表 3-1 要部署的各服务器说明

计算机名	CPU	内存	硬盘	用途
LabDC	2vCPU	4G	100G	域控制器、DNS 服务器
Lab-SiteDC	2vCPU	4G	100G	域控制器、DNS 服务器
Lab-Win10	2vCPU	4G	100G	加入的终端
Lab-WSUS	2vCPU	4G	100G	补丁分发
Lab-DHCP	2vCPU	4G	100G	IP 地址自动分配
NTP	1vCPU	2G	50G	时间同步

3.1　规划整体 IT 基础架构——基于 Active Directory

每个企业都会提出不同的业务需求、审计规则、安全标准，因此对 IT 基础架构的规划也会不尽相同，对整个基础架构的规划也不会完全相同。在本节中，会对典型的 IT 整体架构做概要的介绍和规划，在生产环境下要根据实际情况做适当调整。

微软公司提出的 AD（Active Directory，活动目录）架构是一种能够统一、集中管理计算机和用户等对象的架构，可以实现批量完成对计算机或用户对象等的统一管理。本节主要介绍企业 IT 基础架构中常见的微软 AD 架构及其相关服务或角色的介绍、规划和部署。

3.1.1　域架构规划

域的整体架构规划在很大程度上决定了在管理域中对象的方式，对域中对象的管理方式又能够反过来影响在初期对域的规划，二者是互相影响的。因此在进行域架构规划的时候要特别考虑后期运维时的需求。

1．AD 概述

域是微软公司所提出的一种架构。微软公司的 Windows 操作系统中共有两种架构——域和工作组，域架构和工作组架构是相对的，并且可以相互转换，域架构最大的优势是可以对大量的计算机做统一的管理。AD（Active Directory）活动目录是微软公司提供的目录服务，与查号台类似，提供了查询服务，可以查询用户、计算机等。此外，还可以提供身份验证服务。

当我们需要电话联系到某个人，却又不知道电话号码时，可以拨打查号台的电话进行查询。在查号台后台，有包含着姓名和电话号码的数据库。当输入某个人的姓名后，会显示这个人的电话号码。正如通过查号台的数据库一样，微软的 AD 目录服务也包含诸如用户名称、密码、联系电话、职位、经理等信息，并且还可以实现身份验证的功能。

那 AD 域到底是什么呢？在解释这个问题之前，我们首先将在 AD 域中的计算机和不在 AD 域中的计算机做个对比。

在默认情况下，计算机是不在 AD 域中的，即处于工作组状态。在工作组中的计算机的设置信息是不受任何限制的，可以自由设定，例如可以随意安装 QQ、微信软件等。这就好比是一个部门的员工，大家各自负责一方面的工作内容，有人负责服务器，有人负责网络，也有人负责安全。但随着员工数量的增多，老板没有更多的精力管理所有员工，于是指定了一个部门经理，专门管理其中一部分员工。这样一来部门经理来统一规定本部门员工的工作内容和指定规章制度等。针对大规模的计算机来说，也要实现统一的管理就需要借助 AD 来帮忙。域控制器担任了“部门经理”的角色，部门经理的存在就决定了整个部门的成立，而其他的计算机由域控制器进行统一管理。

2．AD 对象

在 AD 域服务的场景下，所有成员都以对象的方式存在，加入域的计算机以计算机账户的方式存在，企业中每一个员工都以用户账户的方式存在，而每个员工的用户名、密码、联系电话等以属性的方式存在于用户账号中。图 3-1 中的 boss 就是存在于域中的一个用户账户。在通常情况下，每一个需要登录使用计算机的用户都需要在域中建立一个用户账户，这些被使用的计算机加入到域中之后就成为计算机账户。

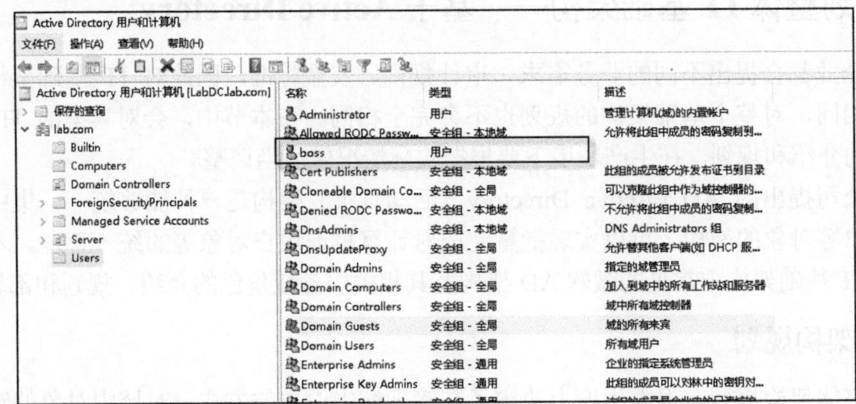

图 3-1　用户账户

为了更加方便地管理相关的计算机账户和用户账户，就需要使用组织单元（OU，Organization Unit）。组织单元可以包含计算机账户和用户账户，但建议分开管理，以免在配置组策略时产生冲突。组织单元支持嵌套，即组织单元中包含另外一个组织单元。通常情况下，组织单元用于区分不同的公司、部门等，如图 3-2 所示。该机构的名称是某某实验室，选择了 lab.com 作为机构的域名，名称好记并且具有一定含义。在 AD 域架构中，主要是对计算机对象和用户对象的管理。因此在该 AD 域中，添加了名称为 Employees、PCs 和 Servers 的 OU，用于分别管理员工账号、PC 终端和服务器。该机构总部在北京，上海成立了分公司，故在域中建立了 Beijing 和 Shanghai 两个 OU 来区分不同城市的员工。在每个城市名称的 OU 下，按照公司组织架构或部门建立 OU，如 IT、Marketing、Sales 等。

3．AD 整体架构

AD 域服务的整体架构图类似于一个倒状的树，如图 3-3 所示，是一个域的架构图，这种表示域架构的图称为域树图。

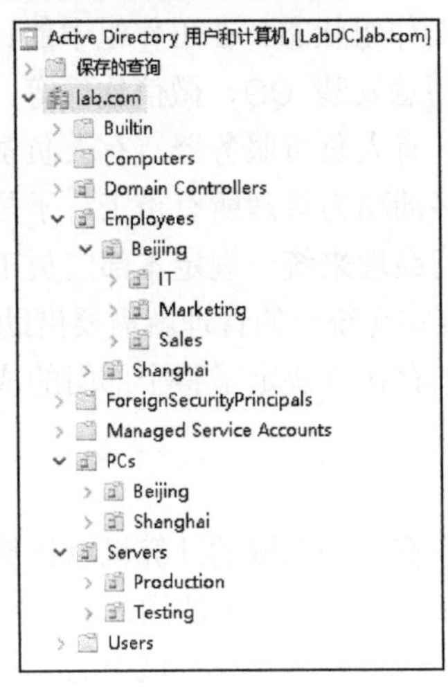

图 3-2　组织单元示例

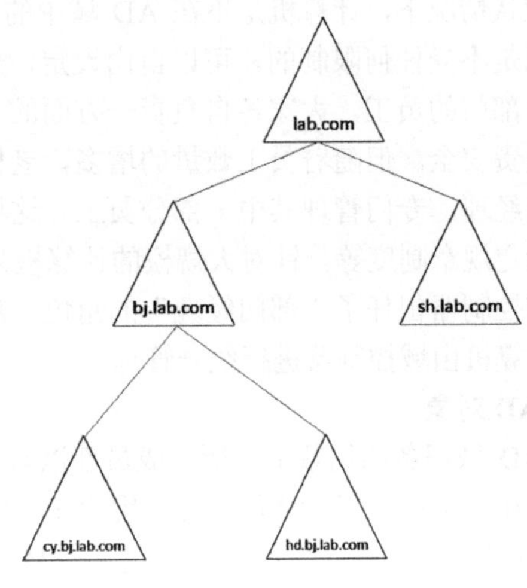

图 3-3　某企业的 AD 域架构图（域树）

图 3-3 为某个企业的 AD 域的架构图，根域名是 lab.com，该公司在北京和上海成立了两个分公司，域名分别是 bj.lab.com 和 sh.lab.com，这两个域是 lab.com 域的子域，使用了父域 lab.com 作为子域名的一部分。该公司在北京的朝阳区和海淀区有两个北京分公司的办事处，使用 cy.bj.lab.com 和 hd.bj.lab.com 两个子域名。这种使用子域的架构是具有很多分支机构的大型企业所经常使用的一种架构。此外，AD 域服务和 DNS 服务器高度集成，至少一台域控制器也集成了 DNS 服务器的功能，因此图 3-3 也可以用来展示该企业 DNS 域名的命名规则。

该企业后来收购了另外一家英语培训的企业，域名是 english.com，这家英语培训企业在上海和广州有两家分公司，域名分别是 sh.english.com 和 gz.english.com，作为 english.com 的子域。在公司被收购之后，原来的两家公司的员工均需要访问对方企业的各业务系统，新的 AD 域架构图（林）如图 3-4 所示。这种架构在 lab.com 和 english.com 域之间建立双向信任关系，因此这两家公司中的任意一个员工，只要赋予合适的权限，既可以访问在任意一个域树中的资源，也可以在任意一个域树中的计算机上登录。

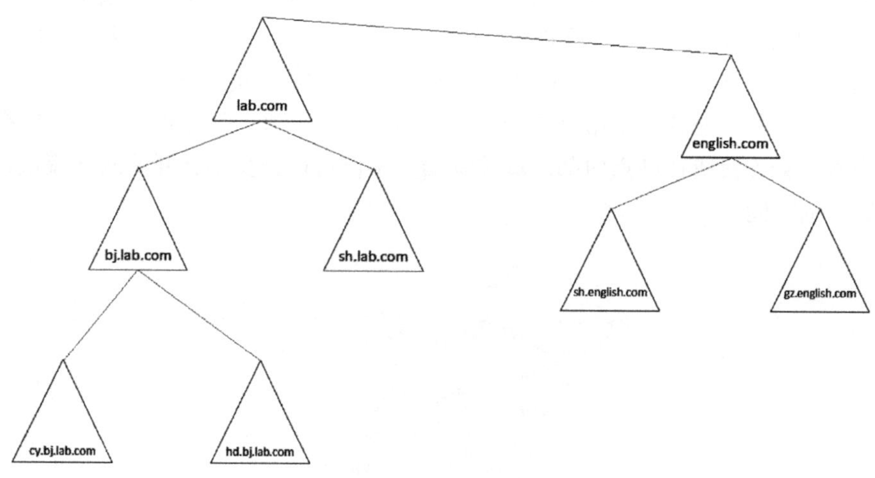

图 3-4　新的 AD 域架构图（林）

但在实际的生产环境中，子域的方式并没有得到广泛的应用。这主要是因为通过子域的方式进行统一管理，虽然父域和子域之间可以自动建立域的信任关系，但对于各个子域来说，管理的范围限定于子域内部，如需要对权限进行调整会较为复杂。因此大多数情况，很多公司会采用单林单域的架构，即在一个林中只有一个域。在域中，将各个处于不同地区或城市的分公司划分为不同的站点，共同访问同一个域。这种方式大大简化了域的架构复杂程度，在管理上进行权限划分也较为容易。

为了防止误操作（如意外修改、删除 AD 对象）的情况发生，可以在某些站点中部署只读域控制器。IT 人员只能在只读域控制器上读取 AD 的相关信息，不能做任何修改。在需要修改时，需要在其他的可写入的域控制器上做相关的变更，然后基于 AD 站点间的复制关系，将变更信息传递到只读域控制器上。

3.1.2 站点规划

在小型企业中，所有员工都在同一地点办公，用户的计算机和域控制器之间通过高速、稳定的局域网连接。在用户登录到计算机等进行身份验证时，用户计算机可以在很短的时间内将用户凭据传递到域控制器上，并且在域控制器验证之后，将验证的结果反馈给用户的计算机。

但如果用户的公司是个跨区域的公司或是用户在不同的地点办公，用户的计算机与域控制器之间通过低速、不稳定的广域网连接，用户进行身份验证时效率就会大大降低。用户在登录到域中的计算机时，计算机需要将包含着用户输入的用户名和密码的凭据信息传输到域控制器上进行身份验证，但如果北京的计算机将凭据信息通过专线传输到广州的域控制器上，然后在广州的域控制器验证之后再将验证成功的信息传输回北京。在用户登录计算机的这个过程中，除去域控制器进行身份验证的时间外，更多的时间花费在网络链路上。在通常情况下，同一城市之间的网络质量远远优于不同城市间的网络质量，因此，推荐的做法是用户在登录计算机时将凭据发送给当地的域控制器上，以减少网络链路上所消耗的时间。

图 3-5 展示了一个具有分支机构的企业所使用的站点规划图（图中的成本指网络质量，成本值越低，网络质量越好）。由于分支机构在不同的城市，而不同城市之间的广域网质量和带宽远远低于相同城市之间的局域网质量和带宽。在 AD 中建立不同的站点，将之与其真实的城市所对应，并且配置每个站点中的所有子网，这样一来，计算机在将用户凭据传送到域控制器中时，会连接所在站点内部的域控制器，不仅可以减少不必要的网络流量，而且缩短了身份验证的时间。

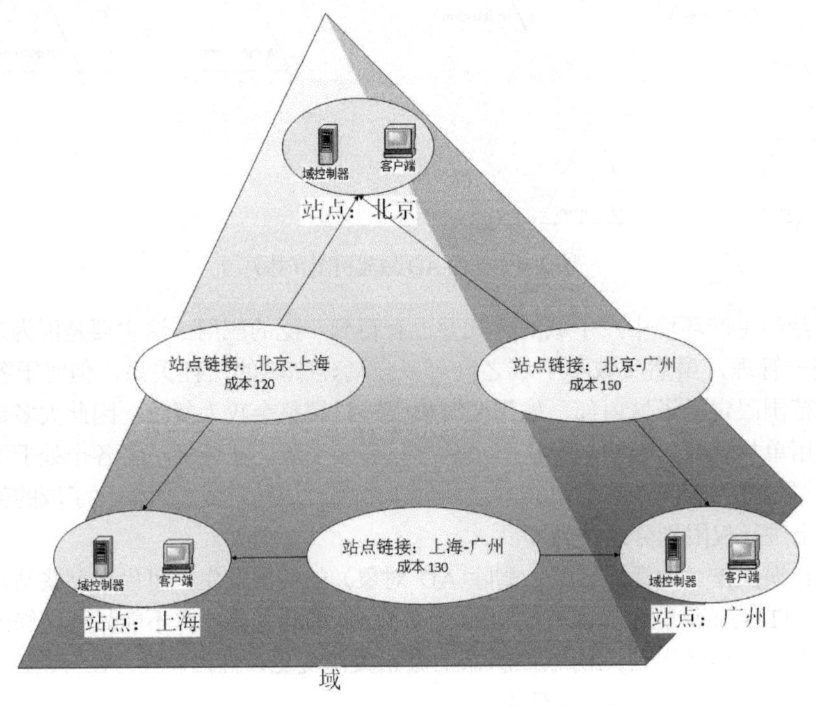

图 3-5 具有分支机构的企业站点规划图

在域环境中，如果存在有多台域控制器，IT 管理员在域环境中做相关的变更操作，域控制器就会将变更信息同步到所有的域控制器上。在未划分站点的情况下，AD 复制关系是随机的，可能导致效率低下。举个例子，某公司在北京、上海、广州、深圳 4 个城市有域控制器，但未划分单独的站点。在此例中，假定城市之间的距离是唯一影响网络质量的因素。当广州的域控制器上发生了变更，需要将变更的信息同步到深圳的域控制器上。广州和深圳二者直连的网络是质量最优的链路，但由于 4 个城市的域控制器在同一个站点中，复制的拓扑就会出现从广州传递到北京，再到上海，最后到深圳的情况。这一过程大大增加了网络的消耗，并且降低了 AD 变更信息的传递效率。

如何进行站点的划分呢？基于网络质量是最佳的选择。建立连通不同区域的专线网络是常见的方式，其网络带宽和价格成正相关。这种情况下，将不同的区域划分成不同的站点就是最佳的做法。在同一个域环境的不同站点其用户凭据信息的复制频率将远远低于相同站点之间的复制频率，这也就减少了专线上的网络流量，减少了专线网络的花费。

由于在实际的网络环境中，存在着多种因素影响站点间的网络质量。在域环境中，为了简化该问题，引入成本这一数值来人工规定站点间的网络质量。成本的数值越低，代表网络的质量越优。如图 3-6 所示，北京和广州存在 3 条链路：北京直连广州、北京经过上海连接广州、北京经过深圳连接广州。其中，北京直连广州的成本是 140，为最佳链路。当北京的域控制器上有信息需要同步到广州时，会首选该网络链路传递到广州域控制器上。当该网络链路中断时，会自动选择北京经过上海到达广州的链路，此时的成本是 180，为此时的最佳链路。

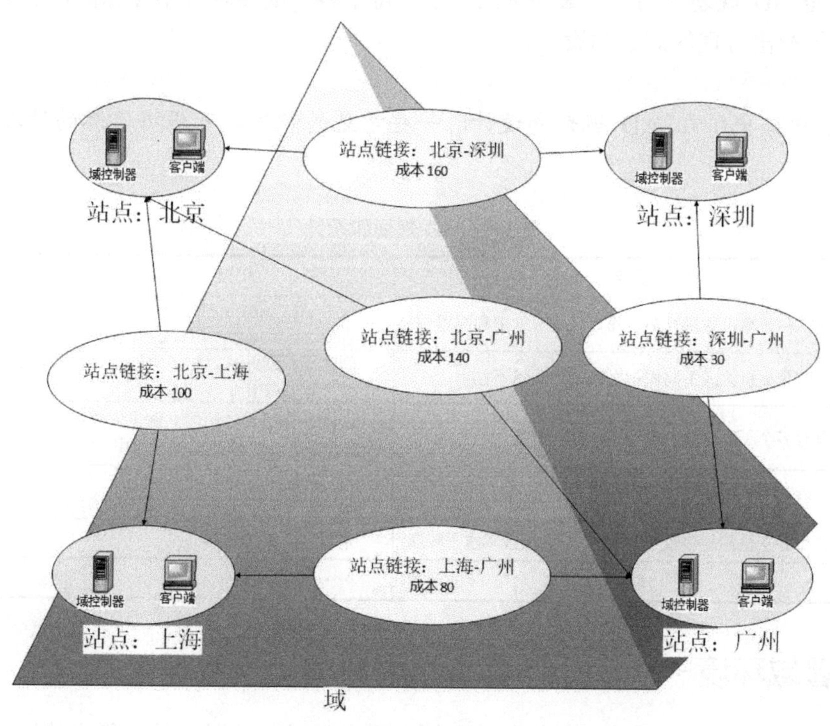

图 3-6　多站点之间不同成本的规划图

3.1.3 AD域架构的整体规划

以下通过具体的案例来说明AD多站点的设计与规划。某IT公司总部在北京，在其余一线城市有分公司，公司员工上千人，主要部门有销售部、行政部、技术部、财务部等。员工使用公司统一配发的计算机，为了保证数据安全，用户在打开计算机时需要输入各自的密码，密码要有一定的复杂度，防止暴力破解。同时为了起到宣传效果，各分公司使用各自的宣传图片作为各分公司的计算机桌面壁纸。各分公司采用专线方式接入到总部，网络拓扑为星型网络。专线带宽较窄，为减少网络拥塞，需要尽可能减少专线链路上不必要的数据传输。

基于此背景，我们整理出在规划AD域时所需要的信息，并根据这些信息明确需求，形成规划。

- 由于公司员工众多，预计所使用的设备和业务系统也会很多，推荐使用AD域服务来统一管理计算机和用户。
- 总部和分公司遍布不同城市，理论上不同城市间搭建网络的费用相对很高并且质量相对较差，节省带宽和减少不必要的网络流量就尤为重要，推荐使用站点来区分不同城市，并添加相应的子网。
- 将分公司和不同部门通过组织单元来进行区分，在分公司名称的OU下嵌套部门名称的OU，并针对安全需要，对不同的OU设置账号密码的复杂度和不同的桌面。最终完成的AD域中的组织架构如图3-2所示。

以上只是AD规划中的一个最简单的例子，每个客户的需求都不尽相同，需要根据实际的需求灵活地给出合理的规划和设计。

Tips:

表3-2中给出了在AD规划和设计时一些常见的做法，可根据实际的情况做出适当的调整。

表3-2 AD规划和设计

序号	需求	规划和设计
1	用户和计算机数量众多，需要做统一管理和配置	使用AD域服务进行统一管理，使用组策略对大部分或全部的计算机或用户进行统一配置
2	具有分支机构或不同城市之间网络质量不佳	创建不同的站点，将当地的域控制器和成员服务器划分在同一个站点中
3	具有多个子公司或者部门	根据子公司或者部门名称来创建组织单元，将员工的用户账户放置在相应的组织单元中
4	具有多个不同的公司或组织	1）建立子域 2）建立不同的域，不同的域之间建立信任关系
5	某个分支机构规模较小，或者IT人员技术水平较弱	采用只读域控制器
6	……	……

3.2 部署域环境——实现计算机和用户的统一管理

在部署域环境之前，要做好服务器的规划。要保证域服务器高效、稳定的运行，要保证域控制器是专用的，在该服务器上不要运行和 AD 域服务无关的服务或者程序，以免占用了该服务器的资源，造成性能下降，影响域控制器的正常运行。其次，需要提前准备好域名称、域控制器主机名、域控制器的 IP 地址等信息。这 3 项信息在域环境中起着重要的作用，不建议在完成搭建域环境后再进行修改。域控制器的主机名，长度不能超过 15 个字符，建议修改为有意义的名称，同时建议 IP 地址修改为静态地址。

2020 年 1 月 14 日，微软已经停止对 Windows Server 2008 和 2008 R2 的支持，也就意味着不再发布这些版本的安全更新。建议使用微软提供支持的操作系统版本，本书中将使用 Windows Server 2019 操作系统。

本节中，将会使用一台 Windows Server 2019 操作系统的服务器主机搭建第一台域控制器，组成单林单域的域环境，即林中有且只有一个域，林名称和域名称均为 lab.com。为了在 AD 域中便于明显区分 DC 服务器，建议修改该服务器的主机名为有意义、容易分辨的名称，本实验中将使用 LabDC 作为该服务器的主机名，修改主机名的步骤如下。

1）打开“服务器管理器”，在“仪表板”页面上点击“配置此本地服务器”，如图 3-7 所示。

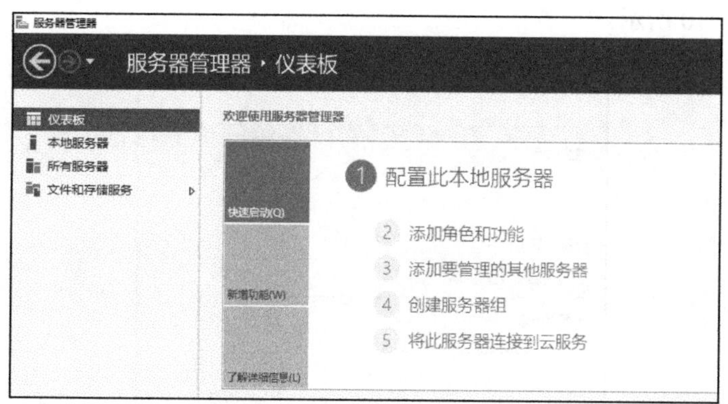

图 3-7　服务器管理器仪表板

2）在“本地服务器”页面上，点击计算机名，打开系统属性页面，此处计算机名为“WIN-099S80QK074”，如图 3-8 所示。

图 3-8　本地服务器页面

3）在“系统属性”页面中，点击“更改”按钮，重命名这台计算机，如图 3-9 所示。

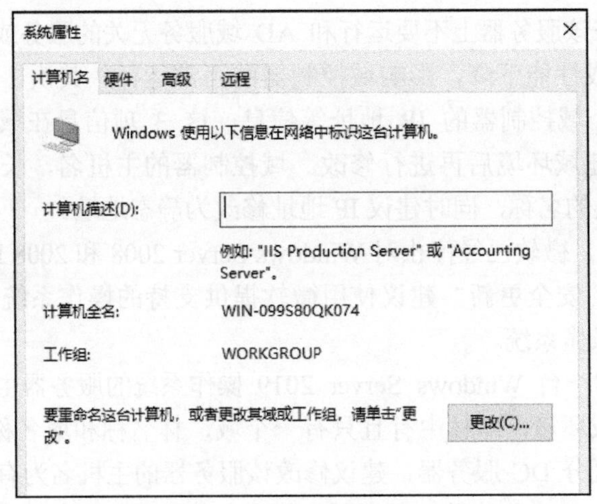

图 3-9　系统属性页面

4）在“计算机名/域更改”页面上，输入新的计算机名，此处使用“LabDC”作为新的计算机名，如图 3-10 所示。

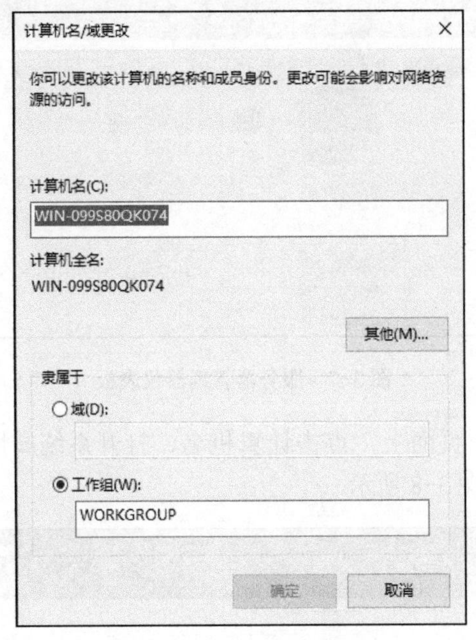

图 3-10　修改主机名页面

5）修改完成后，重新启动该计算机。

接下来，我们开始将 Windows Server 服务器部署成第一台域控制器，具体步骤如下。

1）打开“服务器管理器”，点击“添加角色和功能”，如图 3-11 所示。

2）系统打开添加角色和功能向导，如图 3-12 所示。

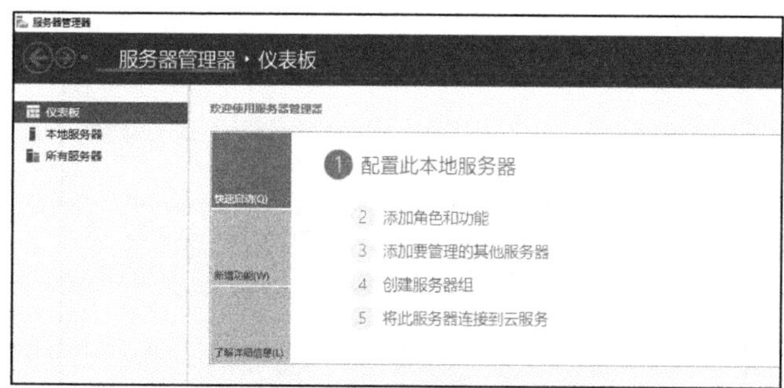

图 3-11　服务器管理器——仪表板

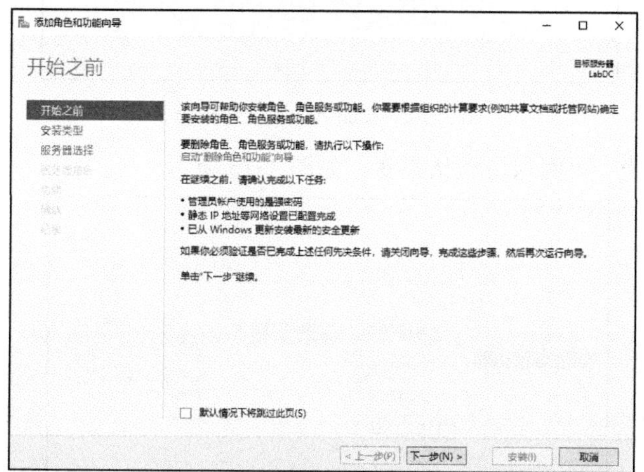

图 3-12　添加角色和功能向导

3）在“选择目标服务器”页面选中本机，如图 3-13 所示。

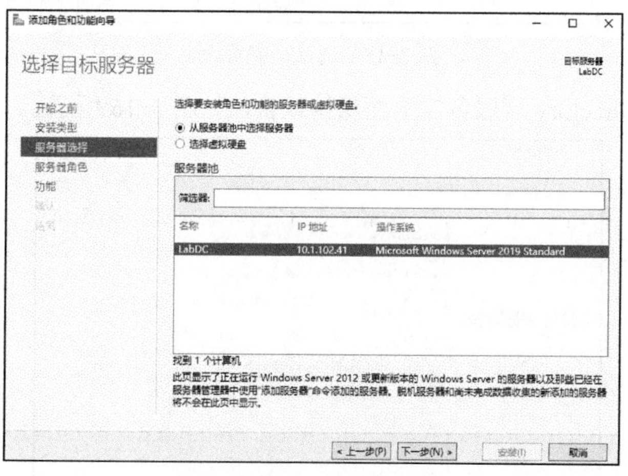

图 3-13　选择目标服务器

4）在“选择服务器角色”页面勾选“Active Directory 域服务”，添加 AD 域服务角色如

图 3-14 所示。

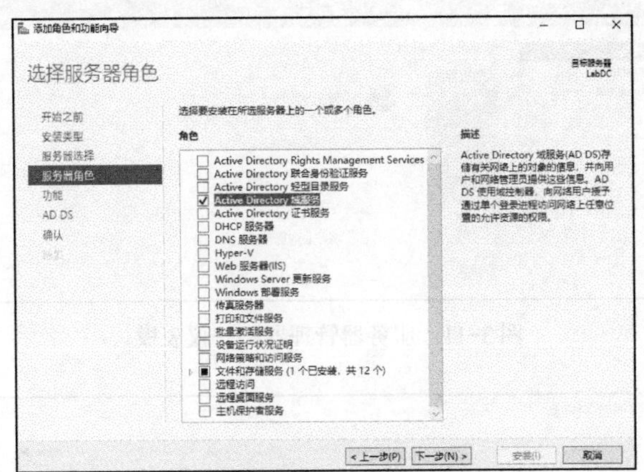

图 3-14　添加 AD 域服务角色

5）在“选择功能”页面保持默认不变，如图 3-15 所示。

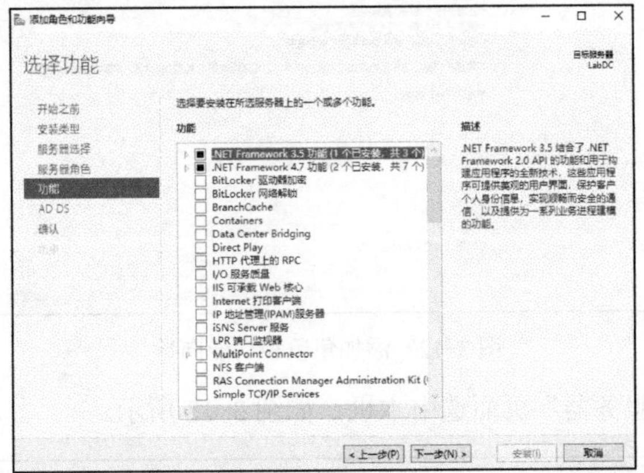

图 3-15　选择功能页面

6）在“Active Directory 域服务”页面保持默认，如图 3-16 所示。

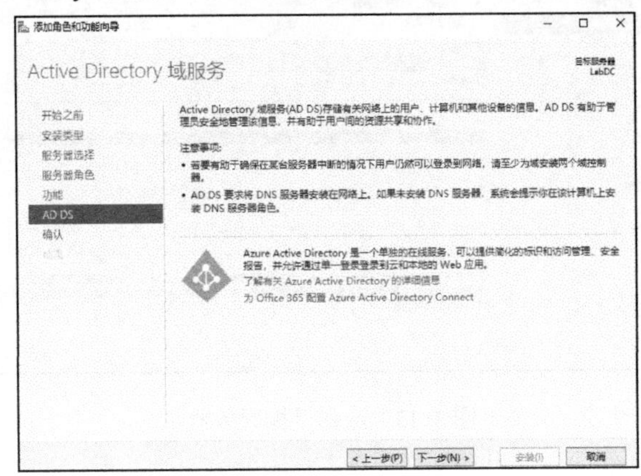

图 3-16　AD 域服务页面

7）在“确认安装所选内容”页面，查看所需要安装的模块，如图 3-17 所示。

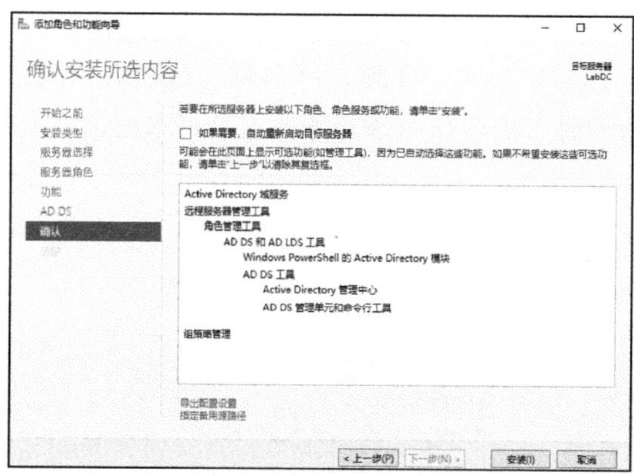

图 3-17　确认安装所选内容

8）在“安装进度”页面中开始安装 AD 域服务，如图 3-18 所示。

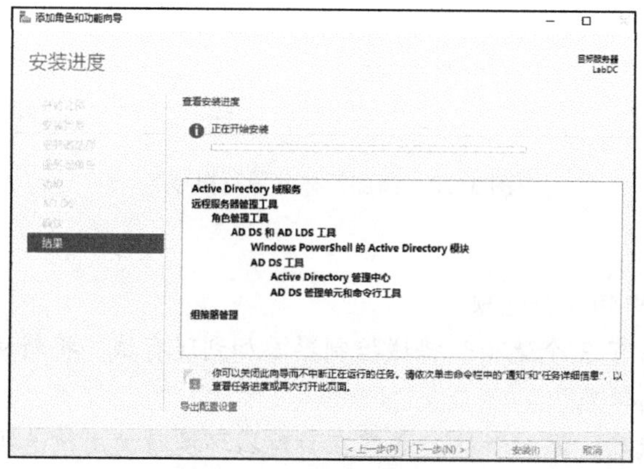

图 3-18　开始安装 AD 域服务

9）在“结果”页面，点击“将此服务器提升为域控制器”，完成 AD 域服务角色的安装，如图 3-19 所示，并且将该服务器的角色提升为第一台域控制器。

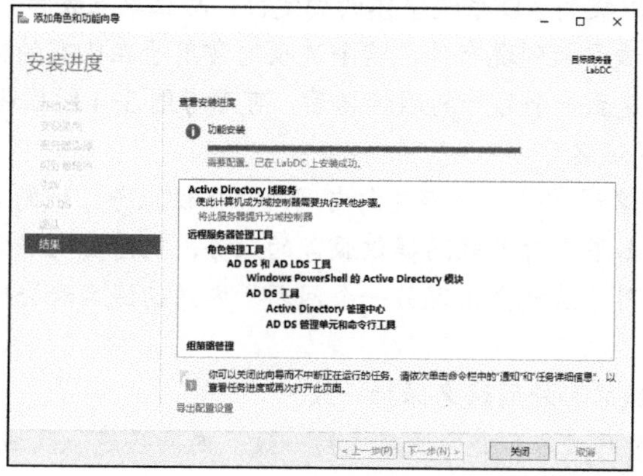

图 3-19　正在安装 AD 域服务

10）在 Active Directory 域服务配置向导，选择“添加新林”，并且填写根域名，如图 3-20 所示。由于该服务器是第一台域控制器，在完成部署该域控制器之后，就完成了该域环境的部署，也完成了林的部署。但林中只有一个域，林名称和域名城相同，均是 lab.com，这样的域环境是林根域。添加新林时，需要使用该服务器上具有本地管理员权限的账号进行部署。

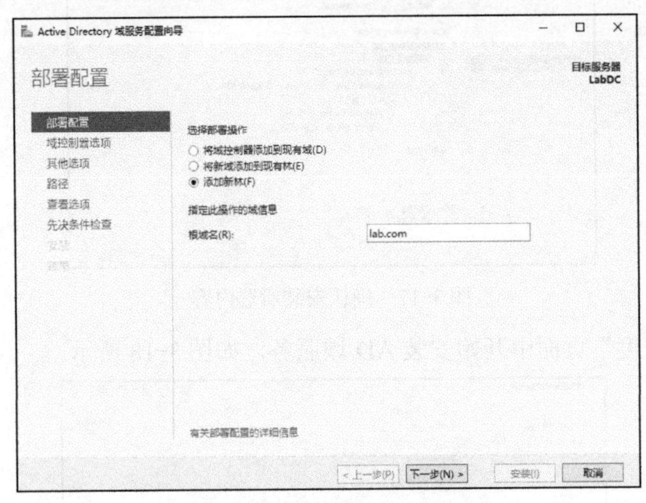

图 3-20　添加新林并填写根域名

Tips:

1. 关于部署操作中的 3 个选项

选择部署操作中共有 3 个选项：将域控制器添加到现有域、将新域添加到现有林、添加新林。这个应该如何选择呢？

先来说最后一个选项：添加新林。通常在新建域环境时使用该选项。使用该选项，将会新建一个林，林中只有一个域，林名称和域名称相同，并且在域中创建第一台域控制器。本节中内容即是该过程。

第一个选项：将域控制器添加到现有域，这个选项通常用于为了保证 AD 的高可用，建立多个域控制器服务器以提高 AD 系统整体的稳定性，防止单点故障。

第二个选项：将新域添加到现有林，这个选项通常用于在已有的林环境中已经存在了至少一个域，在林中需要建立一个另外的域的场景，可参考图 3-4 所描述的场景。

2. 如何选择合适的域名

因 AD 域服务的域名通常情况下都是向内网用户提供服务，域的名字可以任意选取，建议选择有意义的名字。如果有对互联网提供服务的业务，则需要向域名提供商购买公网的域名，二者配合在一起使用。这就会出现另一个问题，内网的域名和公网的域名需要保持一致吗？

（1）方式 1：内网域名和外网域名保持一致

如图 3-21 所示，内网域名和公网域名保持一致。内网搭建 AD 域服务器和 DNS 服务器后，内网中的邮件服务器加入域，假设 FQDN（Fully Qualified Domain Name，完全限定域名）是 mail.lab.com，与公网域名一致。用户在收发邮件时，就会显示域名是 lab.com，无须在 Exchange 服务器上做任何修改。如果某 web 服务器部署在公网上（如公有云环境），域名是 www.lab.com，用来提供互联网服务。公网用户访问 www.lab.com 时，会向公网 DNS 服务器发起查询请求，就找到了其对应的 IP 地址，不会有任何问题。但如果内网用户需要访问 www.lab.com，由于内网环境中已经存在了 lab.com 域 DNS 服务器，并且该 DNS 服务器是 lab.com 的权威服务器，在内网环境中无法找到 www.lab.com 这台主机，便无法正常访问。要解决该问题，需要在内网的 DNS 服务器手工添加 A 记录，将 www.lab.com 指向公网的 IP 地址。

图 3-21　内、外网域名一致

（2）方式 2：内网域名和外网域名不一致

如图 3-22 所示，内网域名和外网域名不一致。该情况下，公网用户访问 www.lab.com 时，从公网 DNS 上进行查询到该服务器对应的公网 IP 地址，能够访问成功。内网用户在 lab.local 域环境下，会向其他 DNS 服务器发起查询请求，也能查询到其对应的公网 IP 地址。但由于 Exchange 服务器部署在 lab.local 域中，FQDN 为 mail.lab.local，当用户从内网发送邮件时，发送方的域名是 lab.local，而收件方在回复邮件时无法成功回复，因为在公网上不存在一个名为 lab.local 的域名。要解决该问题需要在 Exchange 服务器上修改默认域。

图 3-22　内、外网域名不一致

以上两种方式各有利弊，需要根据实际的情况进行选择。

11）在“域控制器选项”页面，选择合适的林功能级别和域功能级别，如图 3-23 所示。Windows Server 2019 操作系统中最高的林功能级别和域功能级别均是 Windows Server 2016。

Tips:

表 3-3 给出了不同林功能级别和域功能级别所支持的操作系统类型。

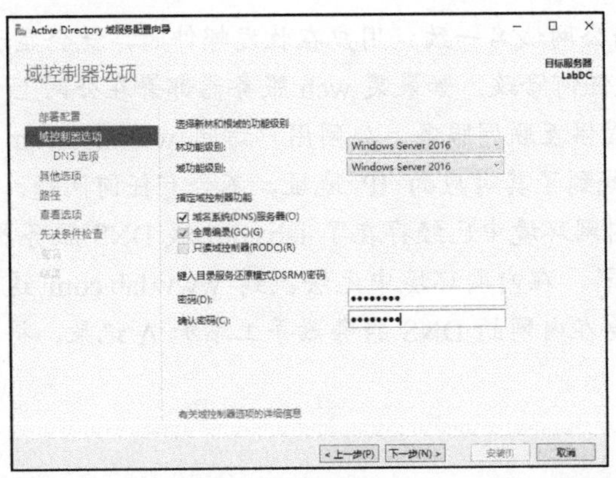

图 3-23　域控制器选项页面

表 3-3　不同林功能和域功能级别支持的操作系统

林功能级别和域功能级别	Windows Server 2016	Windows Server 2012 R2	Windows Server 2012
支持的操作系统	Windows Server 2019 Windows Server 2016	Windows Server 2019 Windows Server 2016 Windows Server 2012 R2	Windows Server 2019 Windows Server 2016 Windows Server 2012 R2 Windows Server 2012

注意：Windows Server 2019 操作系统没有新增林功能级别和域功能级别；Windows Server 2008 R2 SP1 及之前版本的操作系统已经不再提供技术支持，故不再列出。

12）在“DNS 选项”页面保持默认，可忽略该页面的提示信息，如图 3-24 所示。由于该域是新建的根域，不存在权威的父区域。由于 Windows 的 AD 和 DNS 服务器集成，在默认情况下会将第一台 DC 集成 DNS 的功能。

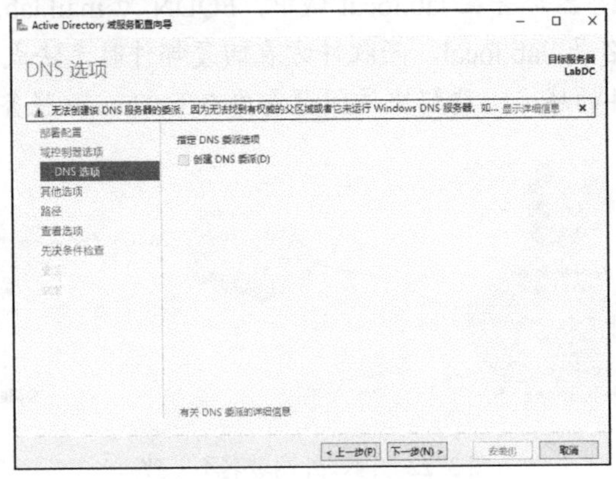

图 3-24　DNS 选项页面

13）在“其他选项”页面，输入 NetBIOS 名称，如图 3-25 所示。在通常情况下，域名点分后的第一部分作为 NetBIOS 名称，字符超过 15 个字符会自动截断，如有重复会自动在末尾添加数字等加以区分。如在本节的示例中，域名为 lab.com。截取“.”分成的第一部分“LAB”作为 NetBIOS 名称。若在同一网络环境下已经存在了其他的域名，并且根据域名称点分后的第一部分内容也是“LAB”，则系统会自动在“LAB”后添加数字加以区分。

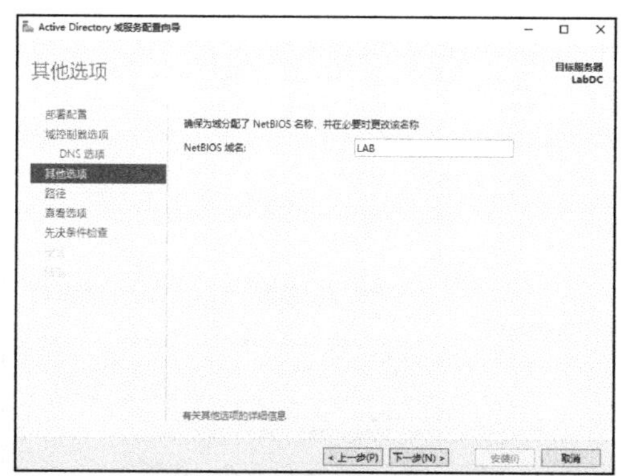

图 3-25　输入 NetBIOS 名称

14）在“路径”页面显示默认的 AD DS 数据库、日志文件、SYSVOL 文件夹的存储位置，如图 3-26 所示。在生产环境下，建议存储在非系统盘上。一旦系统发生故障无法正常启动，可以将相关的文件复制到其他的服务器上进行恢复，防止 AD 域服务无法正常运行影响其他系统。

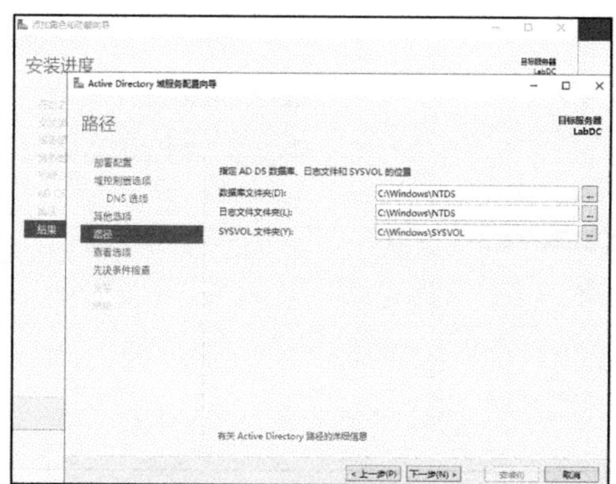

图 3-26　AD DS 数据库、日志文件、SYSVOL 文件的存储位置

15）在“查看选项”页面，显示所有的 AD 域控制器配置清单，如图 3-27 所示。

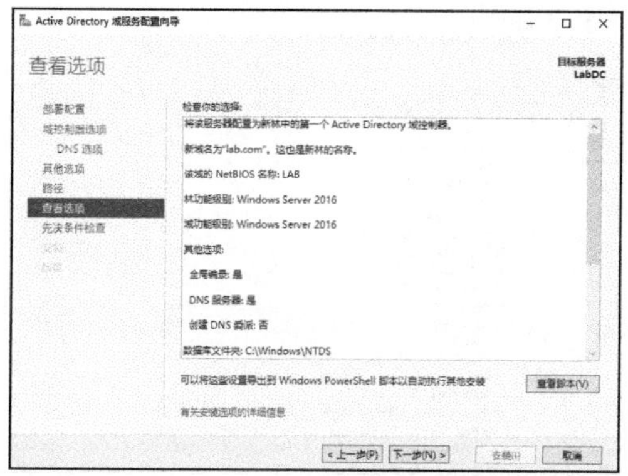

图 3-27　查看选项页面

16）在“先决条件检查”页面，显示是否允许安装 AD 域服务，如图 3-28 所示。

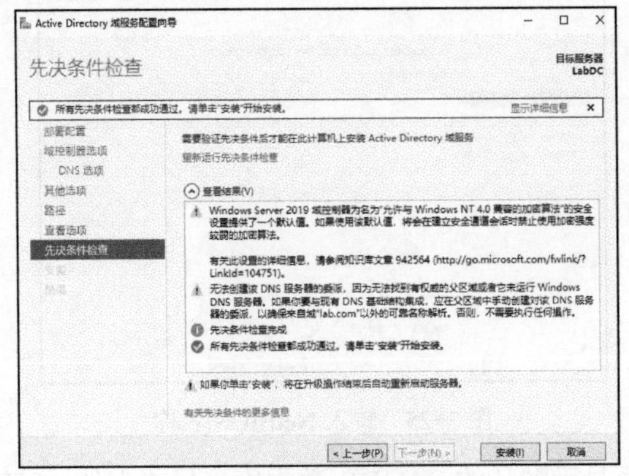

图 3-28　先决条件检查页面

17）在“安装”页面显示安装 AD 域服务的过程，如图 3-29 所示。安装过程中，会提示重新启动计算机。

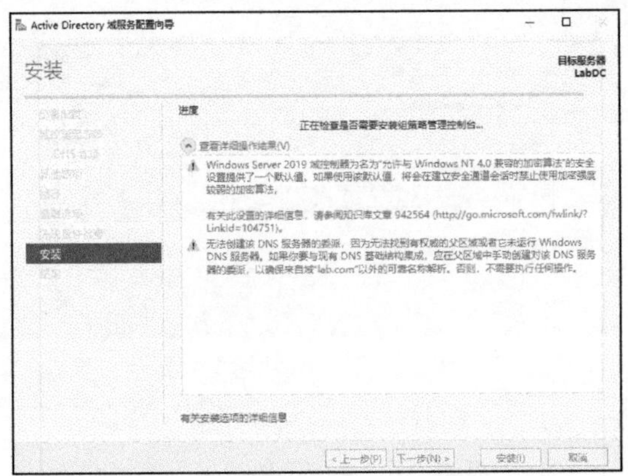

图 3-29　安装 AD 域服务

18）安装完成后，“管理工具”页面中会添加若干 AD 相关的组件，如图 3-30 所示。

图 3-30　管理工具页面

19）在“Active Directory 用户和计算机”控制台中，可以看到整个域的架构和对象，如图 3-31 所示。

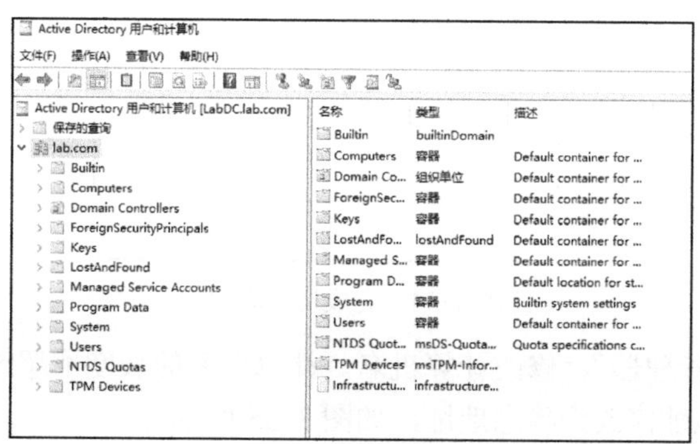

图 3-31　域中的架构

当域中的第一台域控制器完成之后，就完成了林和域的创建，林中只有一个域，林名称的和域名称相同，这种架构被称为林根域，此时林和域的名称都是 lab.com。

3.3　多站点域环境——实现跨区域的管理

和广域网相比，局域网的质量更好，速率也更快。当一个大型企业在多个不同的城市均有分支机构时，可能需要专线的方式将各个城市间的分支机构相互连接，网络质量和速率就大打折扣了。为了减少不必要的网络流量，减少网络拥塞带来的影响，需要将 AD 域服务相关的网络流量进行合理的调整，这主要涉及两个方面：一是要根据网络的拓扑结构或者带宽等信息划分出不同的站点，使站点内部的计算机在进行身份验证的时候将用户凭据发送给本站点内的域控制器；二是站点间在进行同步 AD 域服务的配置信息时，尽量选择网络低谷期进行同步，并且调整合适的同步周期。

我们先将现有的域环境中划分不同的站点。

1）打开“Active Directory 站点和服务”控制台，点击“新站点”，在现有的域中建立新的站点，如图 3-32 所示。

2）在“名称”处填写新建的站点名称，如图 3-33 所示。

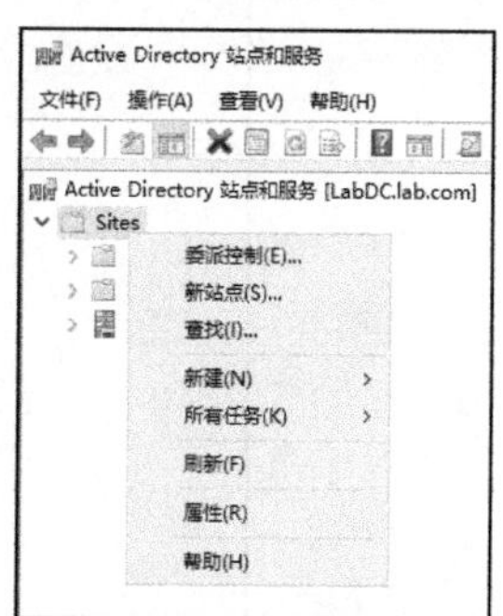

图 3-32　在现有的域中添加新站点

图 3-33　填写新建站点名称

3）完成站点添加，如图 3-34 所示。

图 3-34　完成站点添加

4）打开“服务器管理器”，修改计算机名。计算机名的长度不超过 15 个字符，建议采用有意义的名称，IP 地址修改为静态地址，如图 3-35 所示。

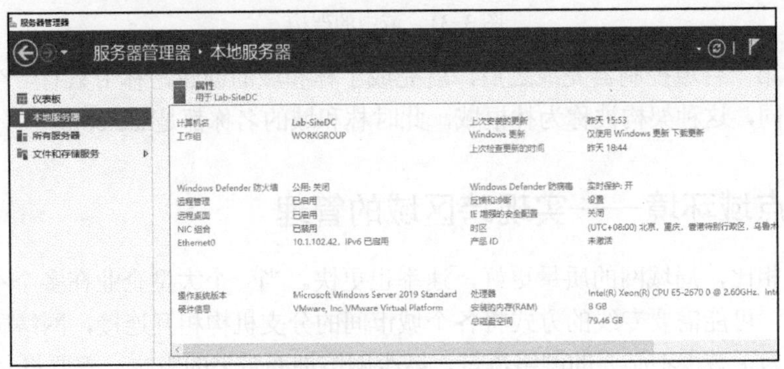

图 3-35　在服务器管理器中修改计算机名

5）在新建的域控制器服务器上添加“Active Directory 域服务”角色，过程可参考上一节中内容。

6）添加“Active Directory 域服务”后，将该服务器提升为域控制器。打开“域服务配置向导”，如图 3-36 所示。向现有域中添加域控制器时，所使用的账号必须是 Domain Admins 组的成员。

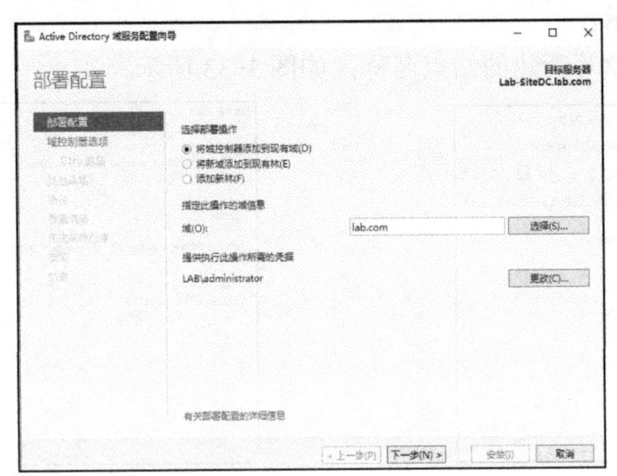

图 3-36　向现有域中加入域控制器

7）在“域控制器选项”页面中，默认已经勾选了“域名系统（DNS）服务器”和全局编录（GC）。在“站点名称”下拉菜单处选择新建的站点“Shanghai”，将新建的域控制器部署在站点“Shanghai”中，如图 3-37 所示。

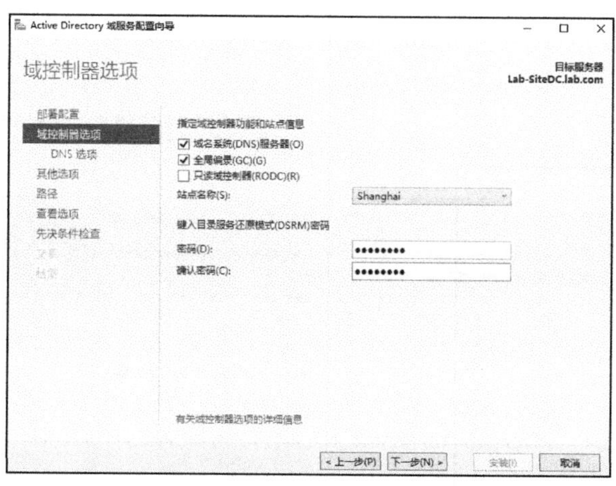

图 3-37　在域控制器选项页面中设置

8）“DNS 选项”页面保持默认设置即可。

9）“其他选项”页面，保持默认设置即可，如图 3-38 所示。如果从原有域控制器到该台服务器的网络质量较差，可以提前将域控制器上的 AD 相关信息导出后，在此页面选择从介质安装；也可以指定从域中现有某个特定的域控制器复制 AD 相关的信息。

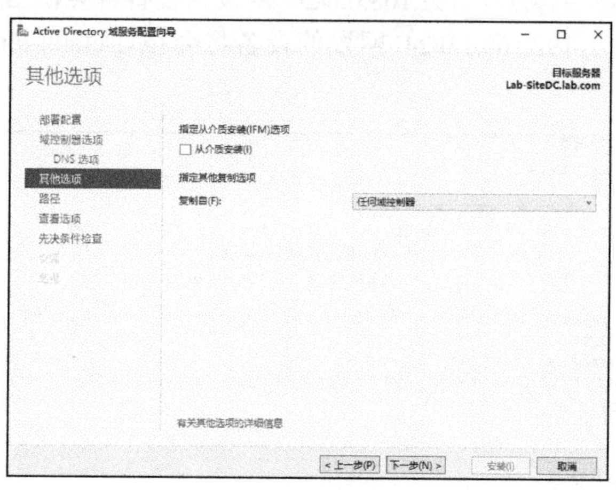

图 3-38　其他选项

10）在“路径”页面，指定存储 AD DS 数据库、日志文件和 SYSVOL 的位置。在“查看选项”页面，查看已经选择的安装配置。在“先决条件检查”页面，显示是否通过了安装并提升域控制器角色的前提条件，待一切准备就绪即可完成域控制器的安装。

11）打开“Active Directory 站点和服务”控制台，点击“新建子网”，添加新的子网，如图 3-39 所示。

12）在“前缀”处填写子网的前缀，并选择对应的站点，如图 3-40 所示。

图 3-39 添加子网

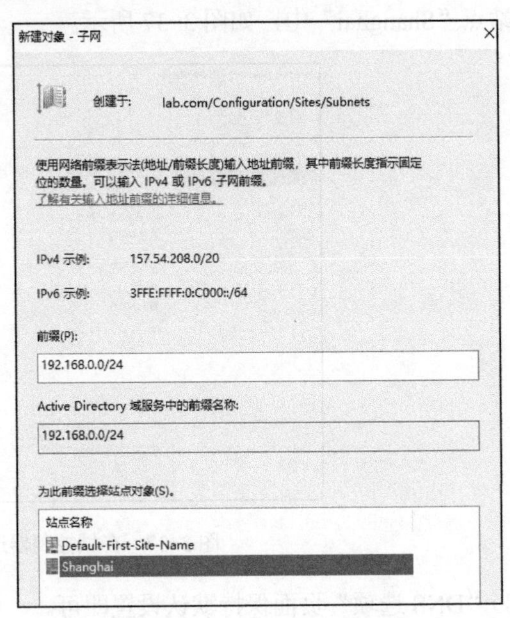

图 3-40 填写子网网段

13）完成站点的添加后，在控制台中显示已经添加的站点信息，如图 3-41 所示。至此，将 AD 域分成了多个站点。192.168.0.0/24 网段的设备将会在 Shanghai 站点中 Lab-SiteDC 进行身份验证，192.168.1.0/24 网段的设备将会在 Default-First-Site-Name 站点中 LabDC 进行身份验证。

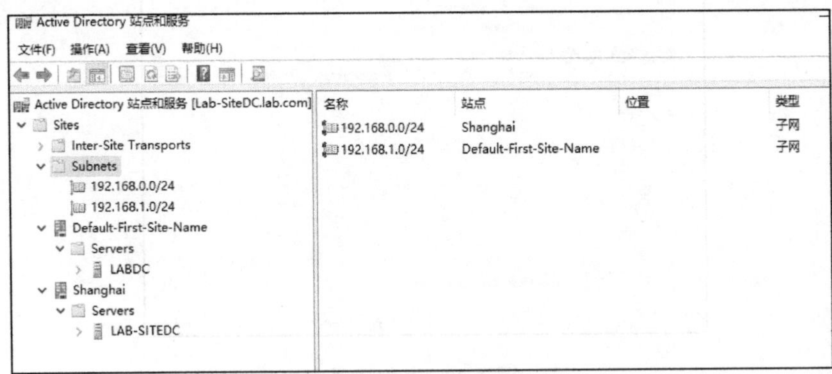

图 3-41 完成子网添加

14）接下来，再对站点间的配置同步时间和频率做适当的调整。如图 3-42 所示，在这个拓扑中，各站点的域控制器在进行同步时有两种复制的方式：IP 和 SMTP。IP 是指 RPC over IP（Remote Procedure Call over Internet Protocol，基于互联网协议的远程过程调用），这种方式使用得较多，在站点内部和站点间均可以使用，可以传输全部的 AD 数据库；SMTP（Simple Mail Transfer Protocol，简单邮件传输协议）方式仅限用于站点间的复制，而且不能传输全部的 AD DS 数据库内容。

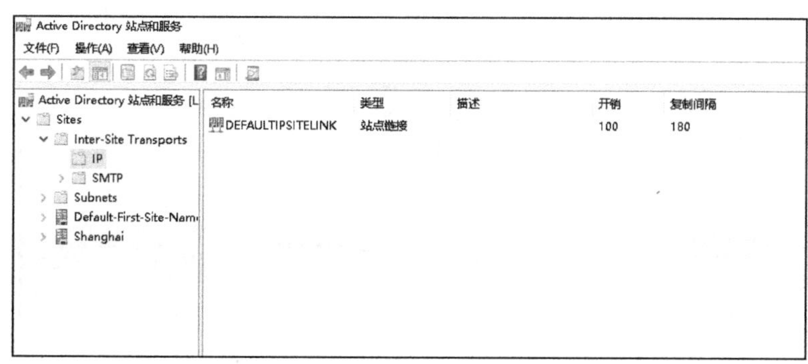

图 3-42　站点链接

当建立了两个或以上站点时，会自动生成站点链接，图 3-42 中的站点链接开销是 100，复制间隔是 180。开销是个相对的数值，单独一个站点链接无任何含义，只有存在多个站点连接时，开销的数值越小，优先级越高。举个例子来说，如图 3-43 所示，某个域中存在 3 个站点：北京、上海和广州，三者之间的网络两两互联。北京至上海的网络开销是 120，北京至广州之间的开销是 30，上海至广州之间的开销是 50。在该场景下，AD 数据库信息从北京复制到上海，会首选北京-广州-上海的路径，因为北京到广州的开销 30 加上广州到上海的开销 50，总开销是 80，小于北京直接到上海的网络开销 120。在该过程中，并不考虑北京经过广州再到达上海的路径上所经过的跳数大于北京直接连接到上海的跳数，一切的网络质量优劣均由站点连接的开销来评判。

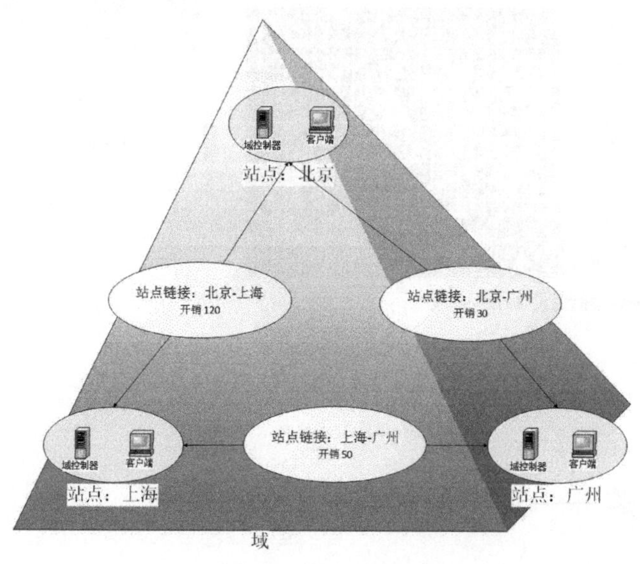

图 3-43　链路开销

复制间隔的单位是分钟，默认每 180 分钟在不同的站点之间进行一次复制。同时可以根据实际情况，在“Active Directory 站点和服务”控制台中，依次展开“Sites”→“Inter-Site Transports”→“IP”，在右侧的站点链接上右键选择“属性”，打开站点间链接属性窗口，如图 3-44 所示。点击“更改计划”按钮，选择复制的时间段，如图 3-45 所示。

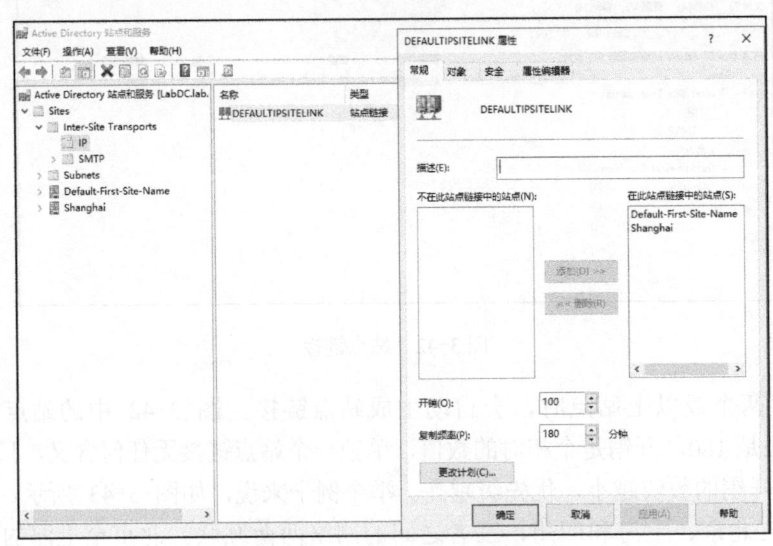

图 3-44　站点间链接属性窗口

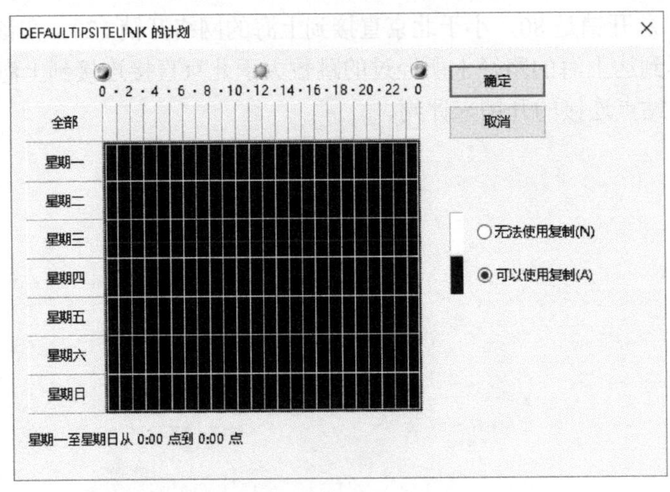

图 3-45　站点链接复制时间

3.4　配置组策略——实现配置统一下发

AD 域环境部署完成之后，可以通过组策略管理器创建 GPO（Group Policy Object，组策略对象），然后将 GPO 分发给域中不同的计算机。计算机的分类，通常是基于域、站点和组织单元来进行区分的。

通过组策略，可以将许多需要人工手动配置的选项一次性配置完成，统一下发到环境中的各个计算机上，省时省力。常见的组策略有用户账户的安全性策略、计算机开机和关机或用户登录或注销时执行的一些相关脚本，软件的安装和删除、计算机上的统一化标准配置等。组策略分成两种：计算机策略和用户策略。计算机策略主要包括计算机相关的一些配置，任意的用户登录到该计算机上，都是生效的。用户策略主要包括用户相关的一些配置，用户登录到任意一台计算机上，都是生效的。

在 AD 域环境中，默认已经存在了两条组策略，分别是 Default Domain Policy 和 Default Domain Controllers Policy，如图 3-46 所示。Default Domain Policy 已经应用于整个域，其配置信息对域中的所有计算机和用户均生效。Default Domain Controllers Policy 已经应用给 Domain Controllers 的组织单元，该组织单元中包含所有的域控制器服务器。除非特别需要，不建议对这两个默认的组策略进行修改。当需要对域环境中的一些配置做调整时，建议新建组策略，根据功能和用途进行分类，修改相应的配置项后，在应用到对应的域、站点或者组织单元上。

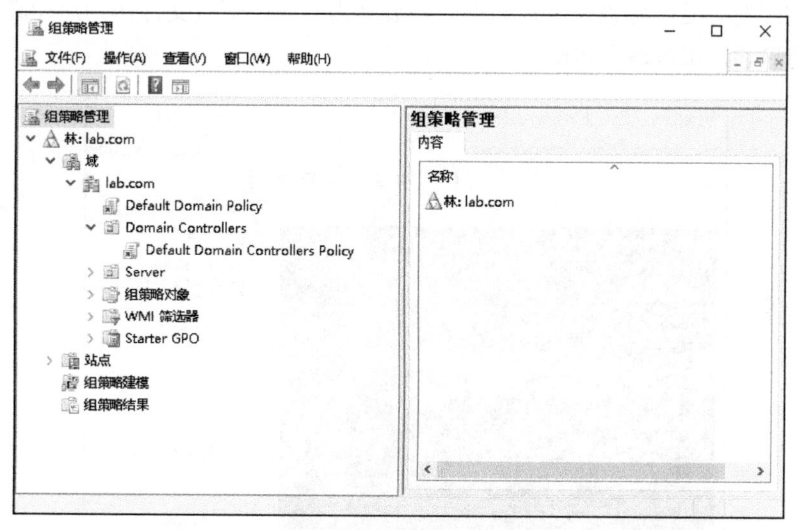

图 3-46　默认组策略

组策略在配置完成，应用给对应的域、站点或者组织单元之后，并不会立刻生效，而是需要将组策略的配置信息更新到相应的计算机或者用户后才会生效。对于计算机配置来说，计算机在开机时会自动应用相关组策略的相关配置。但如果计算机已经处于开机状态，根据域成员服务器的角色不同，相关配置的应用时间也不同。在默认情况下，非域控制器每隔 90 分钟会更新一次计算机组策略，但为了避免大量的非域控制器同时更新计算机组策略，会自动对时间做 0 到 30 分钟的随机调整，避免同一时间更新造成系统负载较高或网络拥塞。域控制器会每 5 分钟更新一次计算机组策略。因域控制器的数量相对较少，故没有对时间做随机调整。用户策略的应用与此类似，用户登录时会自动应用相关的用户策略，若用户已经登录，则每隔 90 分钟更新一次用户策略，也会有 0 到 30 分钟的随机调整。此外，也可以在 Windows 的命令提示符或者 PowerShell 窗口中使用 gpupdate /force 命令手动更新计算机策略和用户策略。

Tips:

计算机策略和用户策略的组策略相关设置也可以通过组策略中的“计算机配置”→“策略”→“管理模板”→“系统”→“组策略”中的配置项进行修改。

接下来通过组策略来推送一个小工具到所有的计算机上，并执行该程序。

BgInfo 是一款运行在 Windows 平台上的小工具，可以在桌面上显示 CPU、内存、硬盘、IP 地址、用户名等信息，方便用户在登录不同的服务器时便于区分。接下来会将 BgInfo 程序的相关配置通过组策略的方式分发给所有的计算机，这样一来，在用户登录到计算机时，桌面的右下角就会显示所登录的计算机的一些相关信息。

打开 BgInfo 程序，可以看到若干的显示项，如图 3-47 所示，可以在文本区域设置文字的字体、字号、颜色等信息。此外，还可以设置文字所在的位置和桌面背景图片等信息。待设置好相关的配置之后，可以将配置项保存扩展名为.bgi 的配置文件作为启动脚本来运行。该启动脚本可以通过组策略来实现。

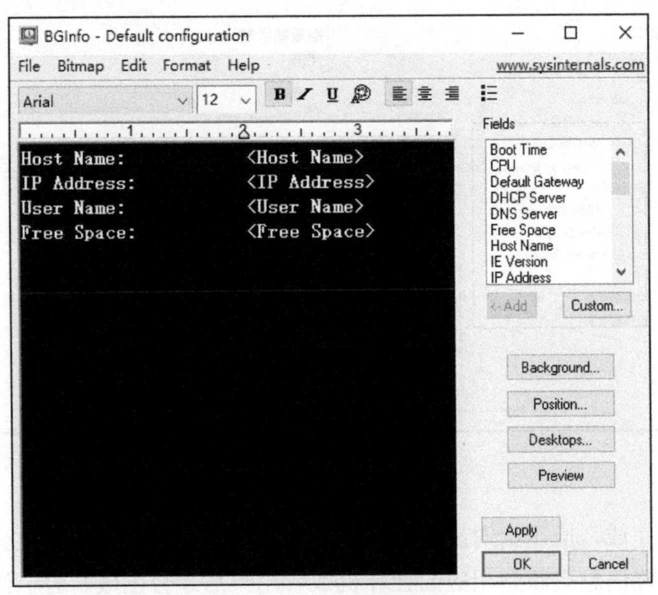

图 3-47 BgInfo 程序界面

1）打开“组策略管理”控制台，在“lab.com”域上右击，选择“在这个域中创建 GPO 并在此处链接”，如图 3-48 所示。

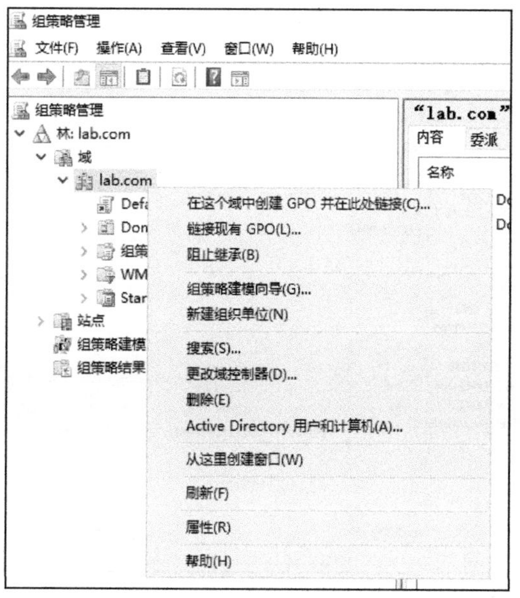

图 3-48 新建组策略

2）填写新建的 GPO 名称，如图 3-49 所示。

3）在新建的 GPO 上右击，选择“编辑”，如图 3-50 所示。

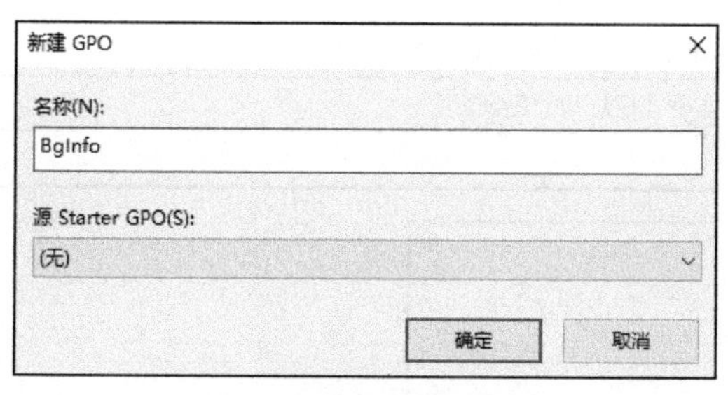

图 3-49 填写组策略名称

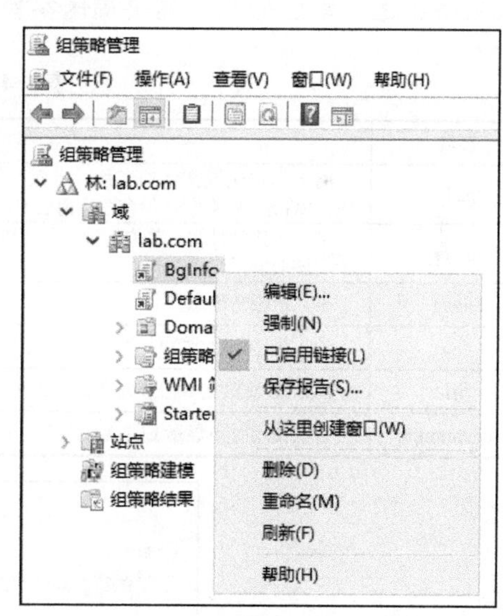

图 3-50 编辑 BgInfo 组策略

4）在“组策略管理编辑器”中，依次展开“用户配置”→“Windows 配置”→“脚本（登录/注销）”，在登录脚本中添加 BgInfo 的程序路径和参数，如图 3-51 所示。

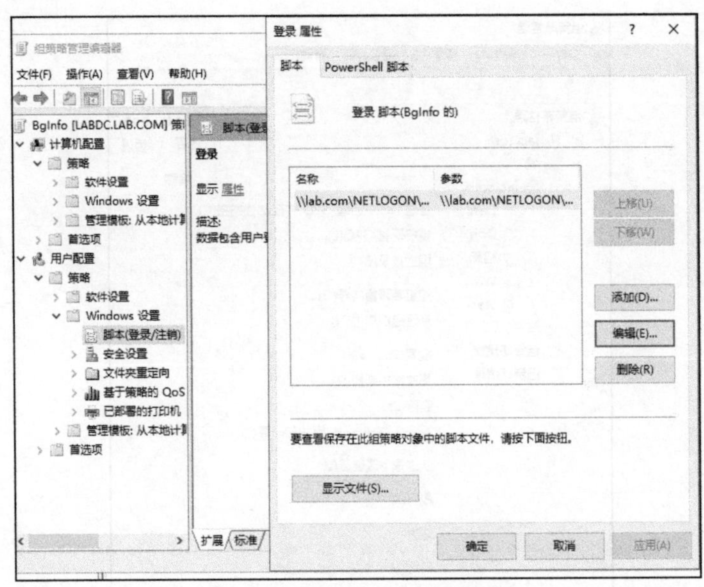

图 3-51　BgInfo 组策略

Tips:

BgInfo 的参数如表 3-4 所示，本节中所使用的参数如图 3-52 所示。需要注意的是，使用组策略推送相关 GPO 时，需要确保各客户端都能访问到 BgInfo 程序和.bgi 配置文件。

表 3-4　BGInfo 参数

参数	描述
<path>	用于指定配置文件的名称。当保存新的配置变更并应用后，会自动保存相关配置信息。若该参数不存在，BGInfo 则会默认保存在注册表 HKEY_CURRENT_USER\Software\Winternals\BGIfo
/timer	指定倒计时时间，单位为秒。若该值设置为 0，则不显示配置信息。若该值设置为 300 或更大的数值，则禁用该功能
/silent	不显示报错信息
/log	输入报错信息到文件中，而不显示警告提示框。通常在定时任务状态下记录错误信息时使用
/rtf	BGInfo 输出文本信息到富文本文件中，包含格式信息和颜色设置等
/nolicprompt	首次使用时不显示 EULA 信息

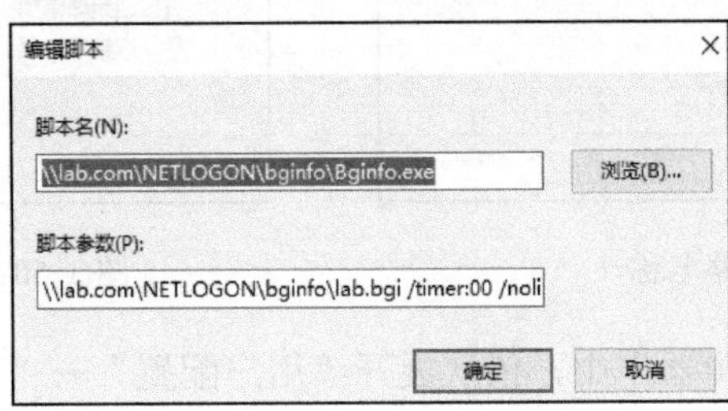

图 3-52　编辑 BgInfo 脚本

至此，就完成 BgInfo 组策略的配置。

当用户在注销后重新登录到计算机后，会发现桌面发生了变化，如修改了桌面背景，添加了该计算机的硬件配置信息等，如图 3-53 所示。

图 3-53　BgInfo 配置效果图

在有些情况下，使用组策略也会发生冲突。例如，为了保证域控制器能够稳定地运行，在域控制器服务器禁止执行或安装非必需的程序或脚本，以免影响 AD 域服务的运行。但是，在整个域下也建立了 BgInfo 的组策略，该策略对域内的所有用户账户生效。这样一来，如果某个域用户具有登录到域控制器的权限，那么在成功登录后，就会自动执行 BgInfo 的脚本了。

如果避免这个问题的发生呢？组策略还有一个配置项，叫作回环处理模式。该模式分为两种：替代模式和合并模式。替代模式是指用这台计算机的组策略对象中定义的用户设置替换通常情况下应用于用户的用户设置。使用合并模式会将在这台计算机的组策略对象中定义的用户设置与通常情况下应用于用户的用户设置组合在一起。如果设置相冲突，则计算机的组策略对象中的用户设置优先于用户的通常设置。也就是说，如果需要屏蔽掉 BGInfo 的相关配置，只需要将该选项配置为替代模式。如果该选项为合并模式，只有计算机 GPO 和用户 GPO 中的用户配置发生冲突时，才会以计算机 GPO 的用户配置为准，否则以用户 GPO 的用户配置为准。

3.5　配置 DNS 服务器——实现域名解析

在前面的章节中，我们已经完成了 DC 服务器的部署。由于 DNS 服务器和 AD 域是高度集成的，因此在默认情况下，部署第一台 DC 服务器时会自动在该服务器上部署 DNS 服务。除此之外，DNS 服务不必要和 DC 服务器捆绑在一起，也就是说，除了第一台 DC 服务器外，DNS 服务可以部署在 DC 服务器上，也可以部署在其他的单独一台服务器上。

当在互联网上访问某个企业的网站时，需要知道该网站的 IP 地址，比如 A 公司网站首页的服务器 IP 地址是 1.1.1.1，B 公司网站首页的服务器 IP 地址是 2.2.2.2，在浏览器里输入这个 IP 地址，就可以完成正常的访问。但是，用户很难记住这一串服务器 IP 地址的数字，通过部署 DNS 服务器，用户输入容易记住的、体现企业名称的 www.A.com 网址即可访问该公司的网站首页。

本节将讲解在 DNS 服务器上添加 A 记录和 PTR 记录，在企业内部添加域名解析功能。

DNS 服务器上会有以下常见的记录。

- A 记录：将某个域名指向对应的 IPv4 地址，如将 www.lab.com 指向 192.168.0.1。
- AAAA 记录：与 A 记录类似，但将域名指向对应的 IPv6 地址。
- CNAME 记录：增加一个域名的别名，如将 web.lab.com 指向 www.lab.com。
- MX 记录：指向邮件服务器的记录，通常在搭建邮件服务器时使用，如将 mail.lab.com 指向 192.168.0.1。
- TXT 记录：用途不唯一，常用于验证记录时使用，如验证某个域名的所有权或者添加 SPF（Sender Policy Framework，发信者策略架构，在设置邮件反垃圾策略时使用）记录。
- PTR 记录：反向解析记录，将 IP 地址解析成主机名。
- NS 记录：用于指向某个域名的该域名解析的 DNS 服务器。
- SOA 记录：当有多台服务器同时某个域名提供 DNS 解析服务时，在所有的 DNS 服务器中标记主服务器。
- SRV 记录：标记提供 SRV 服务的服务器。通常用于微软 AD 环境。

接下来，在 DNS 服务器上查看相关的配置信息，并且添加一些 DNS A 记录，从而满足企业内部通过域名快速访问服务器的功能需求。

在 DNS 服务器上，依次打开“控制面板”→“管理工具”→“DNS 管理器”，如图 3-54 所示。

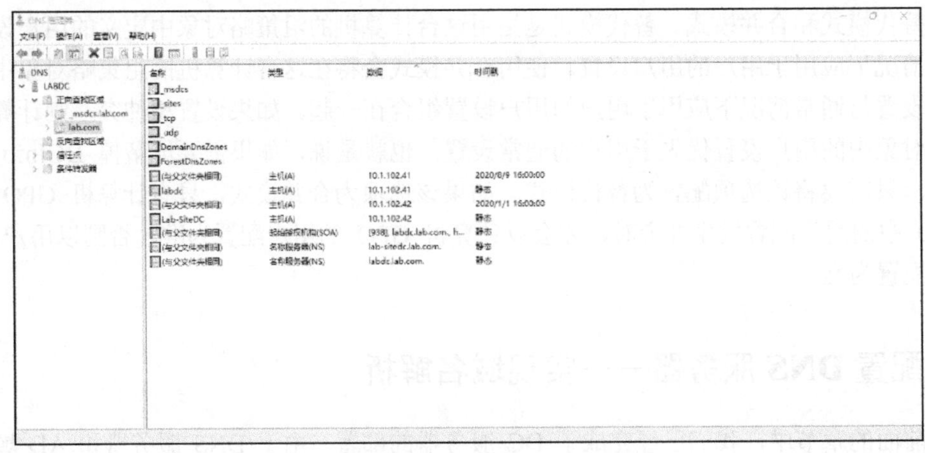

图 3-54　打开 DNS 管理器

在“DNS 管理器”窗口中，可以看到 DNS 管理器已经自动连接到名为“LABDC”的 DNS 服务器，这个是第一台域控制器，安装时默认将 DNS 功能安装在这台服务器上。

在左侧树状菜单中，有两个查找区域：正向查找区域和反向查找区域。所谓“正向查找”，是将域名解析成 IP 地址的过程，如将 www.A.com 解析出对应的 IP 地址 1.1.1.1；而“反向查找”，是通过 IP 地址查找到对应的域名信息，如通过 1.1.1.1 找到对应的域名 www.A.com。因为在本书实验环境中的 DNS 服务器是在创建第一台 DC 服务器时默认安装的，所以在 DNS 管理器中已经包含了之前已经创建的 lab.com 域的相关 DNS 记录。

在“正向查找区域”中，分为两部分：_msdsc.lab.com 和 lab.com，其中 lab.com 是实验环境中的域名称。在_msdsc.lab.com 中，包含了林和域中的一些基本信息，如 DC、GC（Global Catalog，全局编录）等信息。展开“lab.com”，可以看到现在已有的 DNS 记录。由于该 DNS 服务器是和 AD 集成的，因此已经存在一些和 DC 服务器相关的 DNS 记录。DNS 服务器在和 AD 集成的情况下，所有加入域的计算机都会自动生成一条以计算机名称的 DNS A 记录。

在 lab.com 上单击右键，在命令菜单中可以添加各种类型的 DNS 记录，如图 3-55 所示。接下来以添加 A 记录为例，来说明添加 DNS 记录的方法。

点击“新建主机（A 或 AAAA）”，打开“新建主机”窗口，如图 3-56 所示。在“名称”处填写需要添加的名称，填写完成后，在“完全限定的域名（FQDN）”处会自动进行修改。在“IP 地址”处填写 www.lab.com 服务器对应的 IPv4 地址。点击“确定”按钮，就完成了 A 记录的添加。返回“DNS 管理器”窗口，可以看到刚刚添加的 A 记录，如图 3-57 所示。

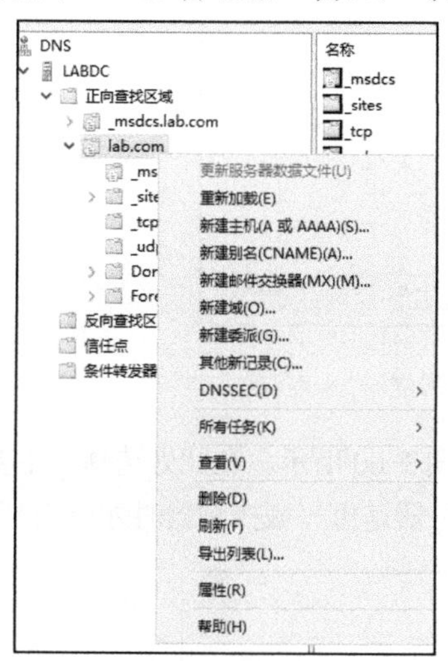

图 3-55　添加 DNS 记录

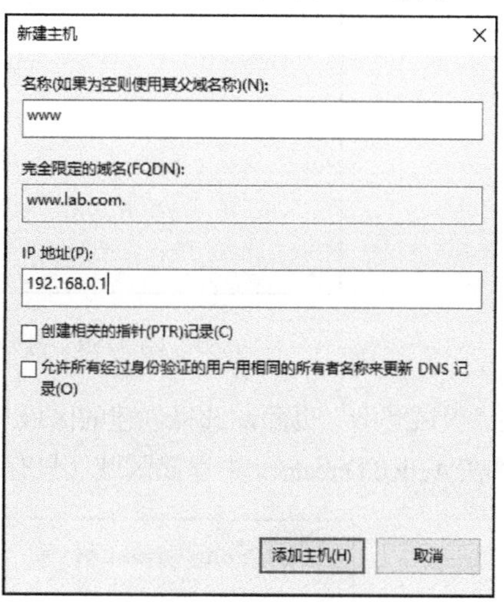

图 3-56　添加 A 记录

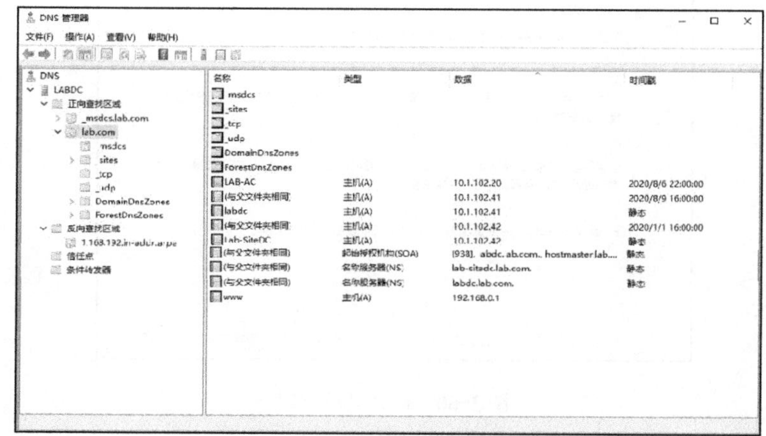

图 3-57　已添加 DNS 记录

默认情况下，“反向查找区域”中不存在任何的区域和记录。接下来在反向查找区域中添加一个新的区域。

1）在 DNS 控制器中，在“反向查找区域”上单击右键，选择“新建区域”，如图 3-58 所示。

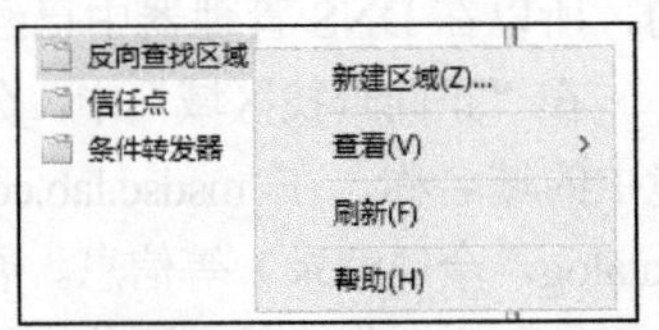

图 3-58　添加反向区域

2）在新建区域向导中，点击“下一步”按钮继续，如图 3-59 所示。

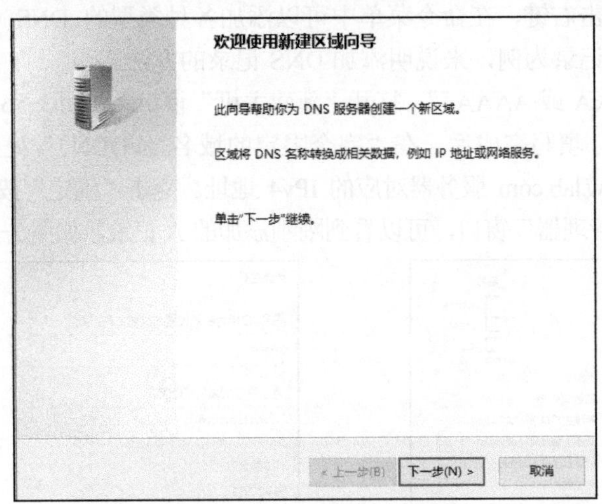

图 3-59　打开新建区域向导

3）在“区域类型”页面，选择创建的区域类型，如图 3-60 所示。在此处选择“主要区域”，默认勾选“在 Active Directory 中存储区域（只有 DNS 服务器是可写域控制器时才可用）”。

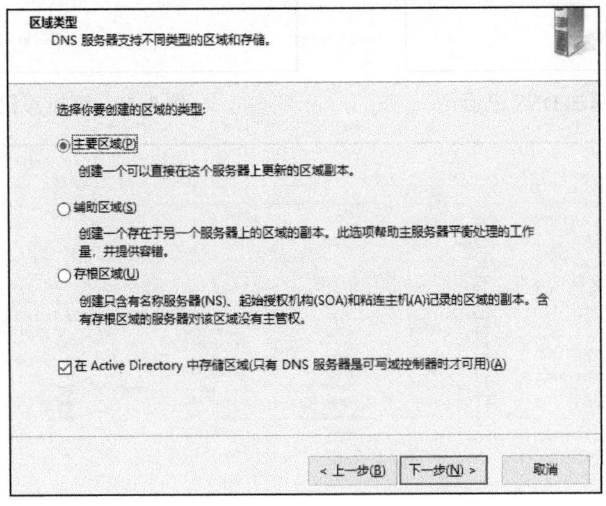

图 3-60　选择区域类型

4）在“Active Directory 区域传送作用域”页面，选择在网络上如何复制 DNS 数据，如

图 3-61 所示。在该页面上，可以选择 DNS 数据传送的范围。在此处采用的林、域架构是单林单域架构，选择“至此域中控制器上所有 DNS 服务器：lab.com”。

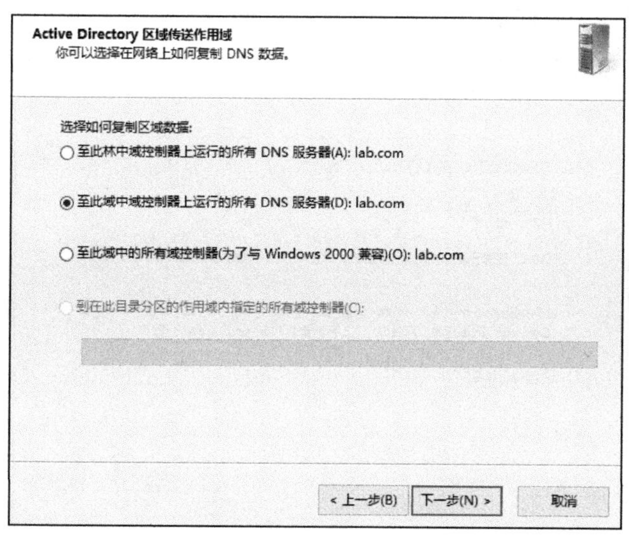

图 3-61　选择区域传送作用域

5）在“反向查找区域名称”页面，选择为 IPv4 地址或 IPv6 地址创建反向查找区域，如图 3-62 所示。在本书实验环境中没有涉及 IPv6 地址，因此选择“IPv4 反向查找区域”。

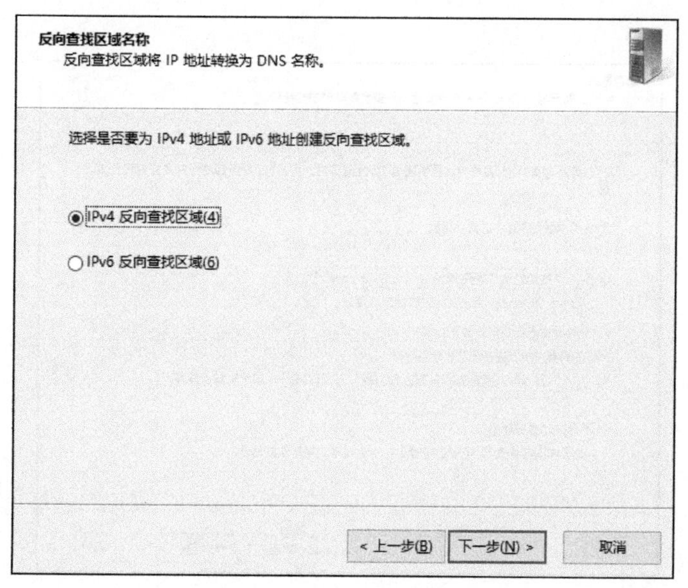

图 3-62　选择 IPv4 或 IPv6

6）在“反向查找区域名称”页面，输入网络 ID 或者区域名称，如图 3-63 所示。需要注意的是，反向查找区域的名称通常是将反向的 IP 地址段加上特定的名称“in-addr.arpa”组合在一起的。如创建的反向查找区域 IP 地址段是 192.168.1.0，则对应的网络 ID 是 192.168.1，反向查找区域名称是 1.168.192.in-addr.arpa。

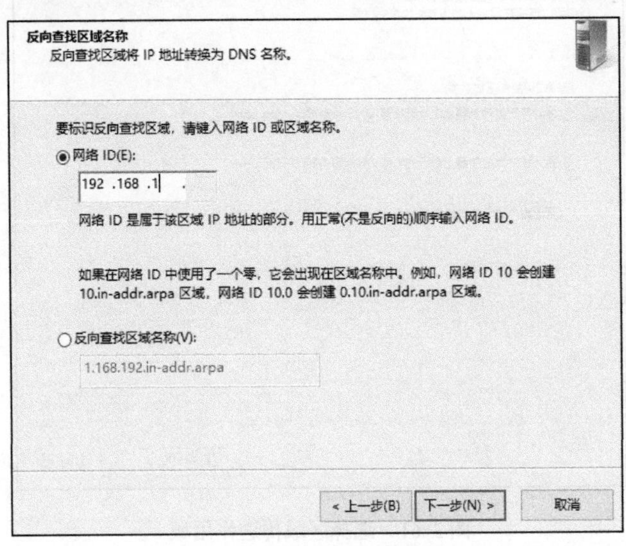

图 3-63　反向查找区域名称

7）在“动态更新”页面，选择允许的动态更新类型，如图 3-64 所示。在本书的实验环境中，DNS 是和 AD 集成的，因此此处选择“只允许安全的动态更新（适合 Active Directory 使用）”。

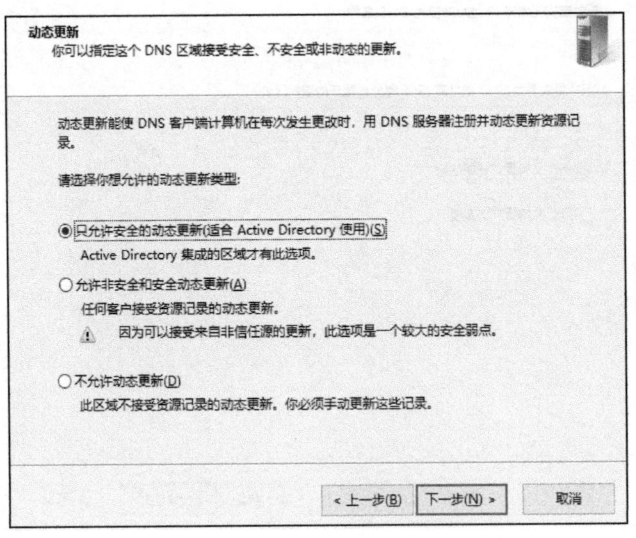

图 3-64　动态更新

8）最后，点击“完成”按钮完成新建区域，如图 3-65 所示。

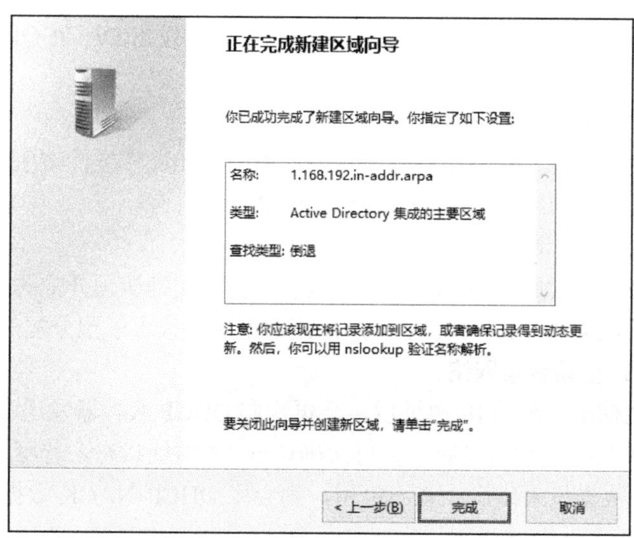

图 3-65　完成新建区域

3.6　部署 DHCP 服务器——实现自动分配 IP 地址

在本节中，将部署 DHCP 服务器，并使用 DHCP 服务器自动为客户端分配 IP 地址。

计算机之间通信最终是通过 IP 地址来进行的。因此，在每台服务器上需要分配至少一个 IP 地址。IP 地址的分配有两种方式：静态分配和动态分配，如表 3-5 所示。

表 3-5　静态分配和动态分配 IP 地址对比

	静态分配	动态分配
含义	管理员手动分配 IP 地址，并配置在网卡上	由 DHCP 服务器自动分配 IP 地址给终端的网卡
优点	IP 地址永久有效，不会改变	无须人工管理 IP 地址，并可以在一定程度上避免 IP 地址重复分配而造成冲突
缺点	静态分配 IP 地址需要人工管理 IP 地址表，增加运维工作量	DHCP 服务器在一定时间内未得到 DHCP 客户端的续期响应，可能会将该 IP 地址分配给其他终端
常用场景	多用于生产环境服务器或者重要角色的服务器（如 DC 服务器、网站等）	多用于用户终端

一台配置了 IP 地址自动分配的客户端，在具有自动分配 IP 地址功能的网络中往往会经历以下 6 个阶段获得 IP 地址。

1．DHCP 发现

在客户端刚刚接入网络时，还没有 IP 地址，则该客户端会向网络中发起以源 IP 地址是 0.0.0.0，目的 IP 地址是 255.255.255.255 的广播，该数据包被称为 DHCP Discover。该数据包会被所有支持 TCP/IP 协议的终端接收，但只有 DHCP 服务器才会做出响应。

2．DHCP 服务器响应

DHCP 服务器在收到网络中传送过来的请求 IP 地址分配的广播后，会查找 DHCP 相关的配置信息。若 DHCP 地址池中存在可用的 IP 地址，则会发出 DHCP Offer 广播数据包来回应 DHCP Discover。

3．DHCP 客户端请求使用

DHCP 客户端在收到 DHCP 服务器发出的 DHCP Offer 数据包的信息后，会正式发起 DHCP Request 数据包，向 DHCP 服务器正式请求 IP 地址。

4．DHCP 服务器确认请求使用

DHCP 服务器在收到 DHCP Request 数据包后，会再次确认预分配的 IP 地址状态。若处于可用状态，则会回应 DHCP ACK 数据包，在该数据包中包含了预分配的 IP 地址。

5．DHCP 客户端重新登录网络

DHCP 客户端在使用分配的 IP 地址后，会再次向 DHCP 服务器发送 DHCP Request 数据包进行确认。DHCP 收到该数据包后，会再次确认该 IP 地址状态。若可用，则 DHCP 服务器回应 DHCP ACK 数据包来确认。若不可用，则会用 DHCP NACK 数据包。DHCP 客户端重新申请 IP 地址。

6．DHCP 客户端续约

在 DHCP 客户端获得 IP 地址之后，还会有租约期的限制。在租约期内可以使用该 IP 地址，但还有两个特殊的时间：1/2 租约期和 7/8 租约期。当到达 1/2 租约时，DHCP 客户端会向 DHCP 服务器发起租约请求。若该 IP 地址仍在 DHCP 地址池中，则 DHCP 服务器会回应 DHCP ACK 来确认继续 DHCP 客户端继续使用该 IP 地址，否则会会用 DHCP NACK 来让 DHCP 客户端重新申请 IP 地址。若到达 7/8 租约期时，DHCP 客户端仍在没有得到 DHCP 服务器的续租结果，则会重新申请 IP 地址。

接下来，在一台 Windows Server 2019 服务器上部署安装 DHCP 服务器，并添加 DHCP 地址池。

1）在“服务器管理器”中，点击“添加角色和功能”，打开安装向导，如图 3-66 所示。

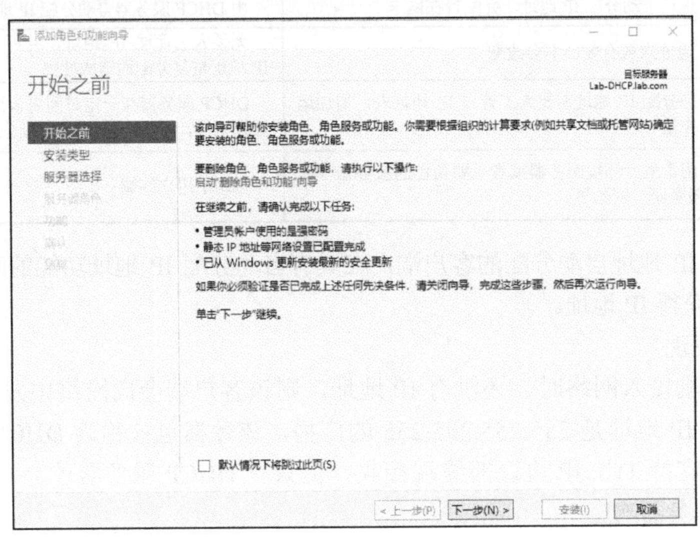

图 3-66　开始之前页面

2）在“安装类型”页面，选择“基于角色或局域功能的安装”，如图 3-67 所示。

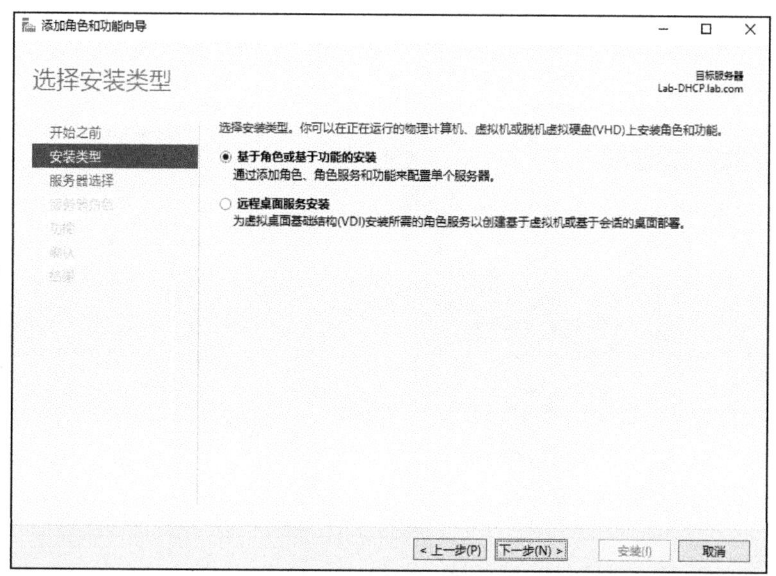

图 3-67　选择安装类型

3）在“服务器选择”页面中，选择“从服务器池中选择服务器”，并选择该服务器，如图 3-68 所示。

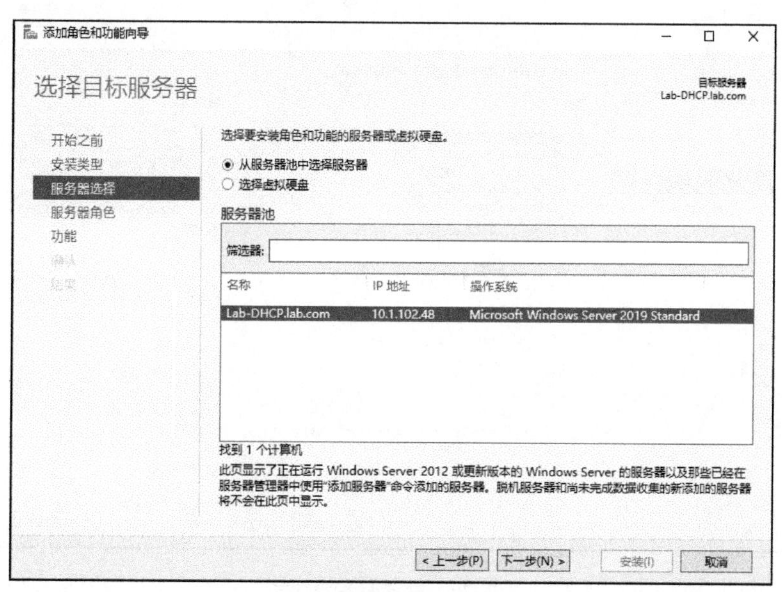

图 3-68　服务器选择

4）在“服务器角色”页面，勾选“DHCP 服务器”，如图 3-69 所示。

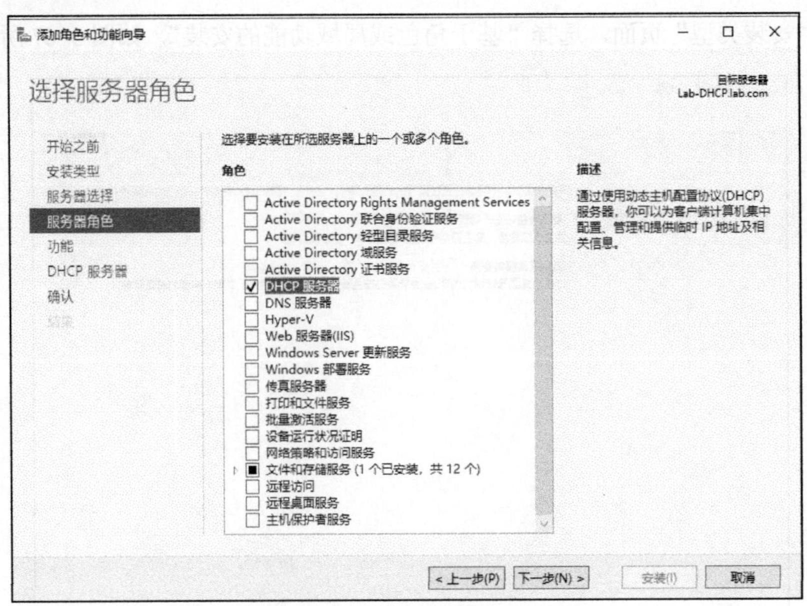

图 3-69　选择服务器角色

5）在“功能”页面保持默认配置，如图 3-70 所示。

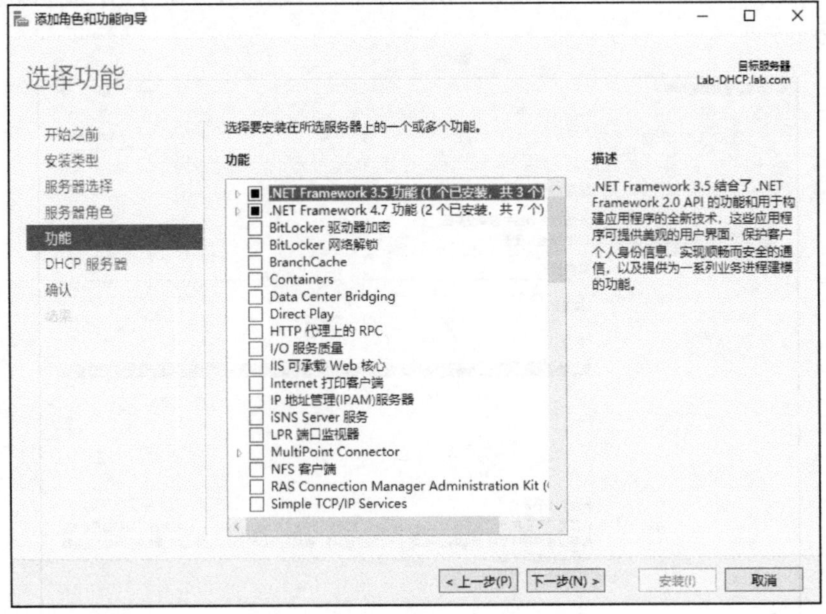

图 3-70　设置服务器功能

6）在“DHCP 服务器”页面，点击“下一步”按钮，如图 3-71 所示。在该页面上，请仔细阅读 DHCP 的注意事项。

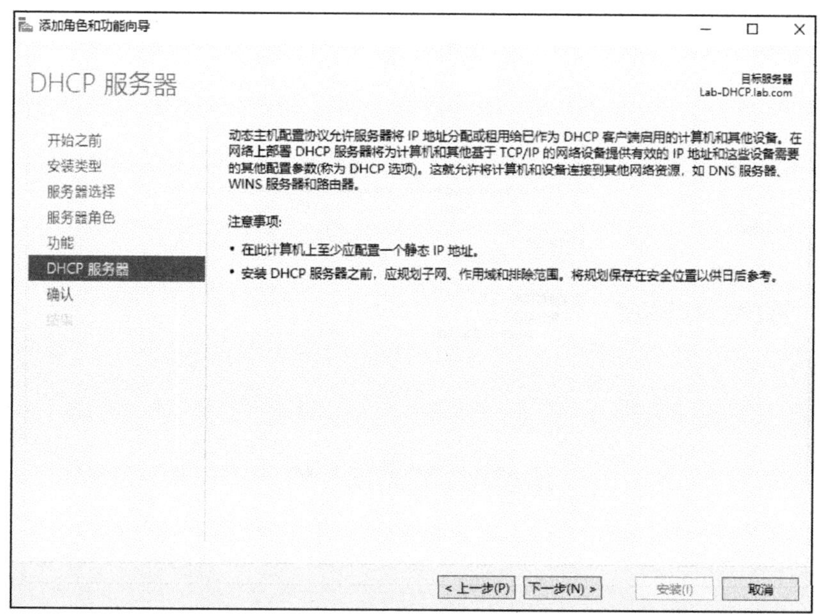

图 3-71　DHCP 服务器

7）在“确认”页面，查看安装 DHCP 功能所需要安装的组件，并点击“安装”按钮开始安装，如图 3-72 所示。

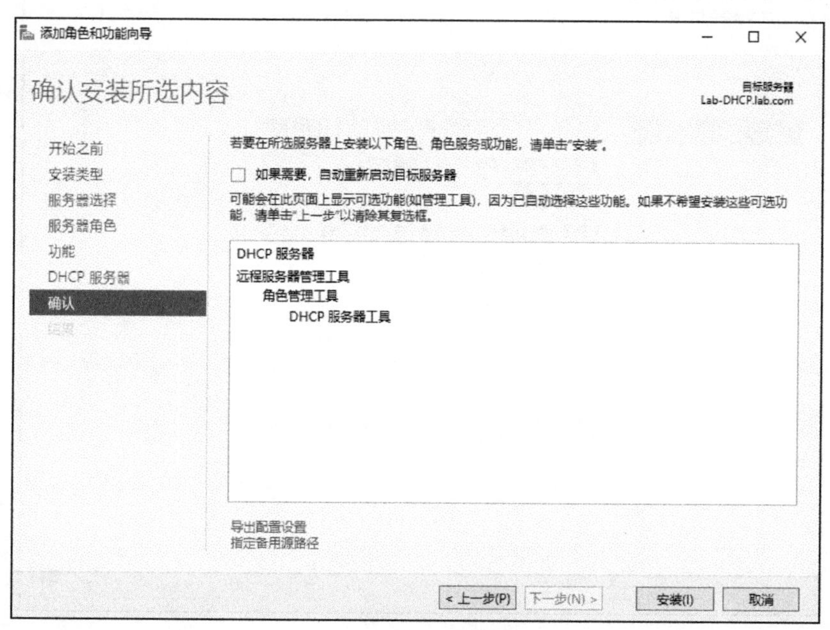

图 3-72　安装前确认所选内容

8）稍等片刻，完成 DHCP 的安装，如图 3-73 所示。

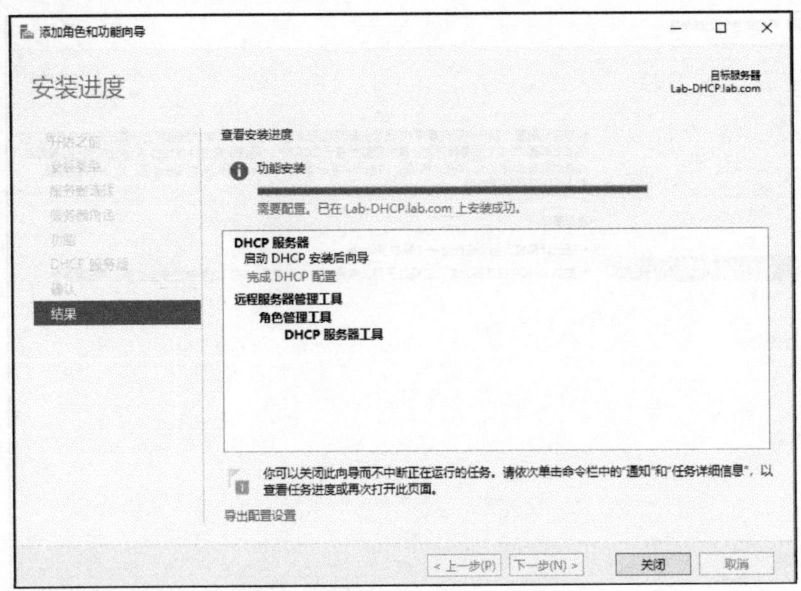

图 3-73　DHCP 安装完成

9）在“结果”页面，直接点击“完成 DHCP 配置”链接，打开“DHCP 安装后配置向导”，如图 3-74 所示。

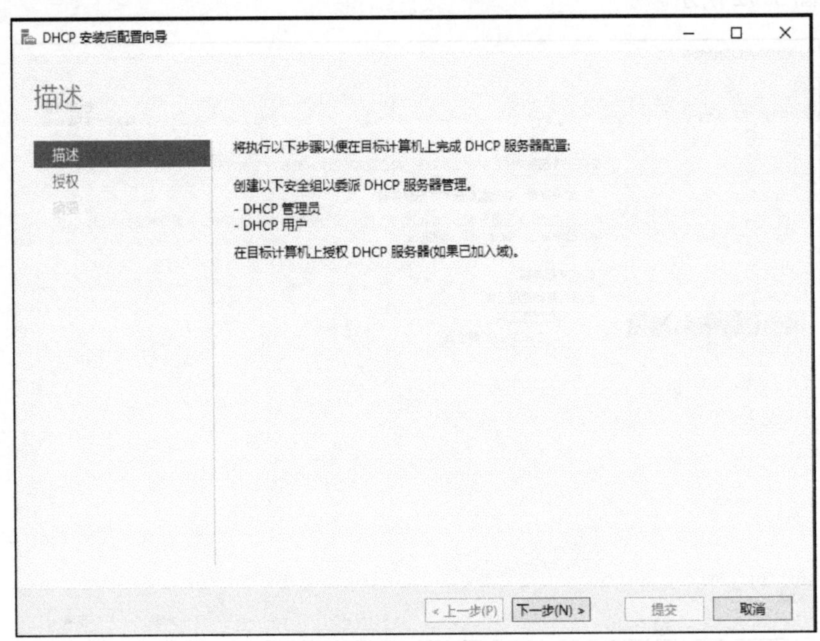

图 3-74　安装后配置向导

10）在“授权”页面，输入具有管理员权限的凭据信息，如图 3-75 所示。

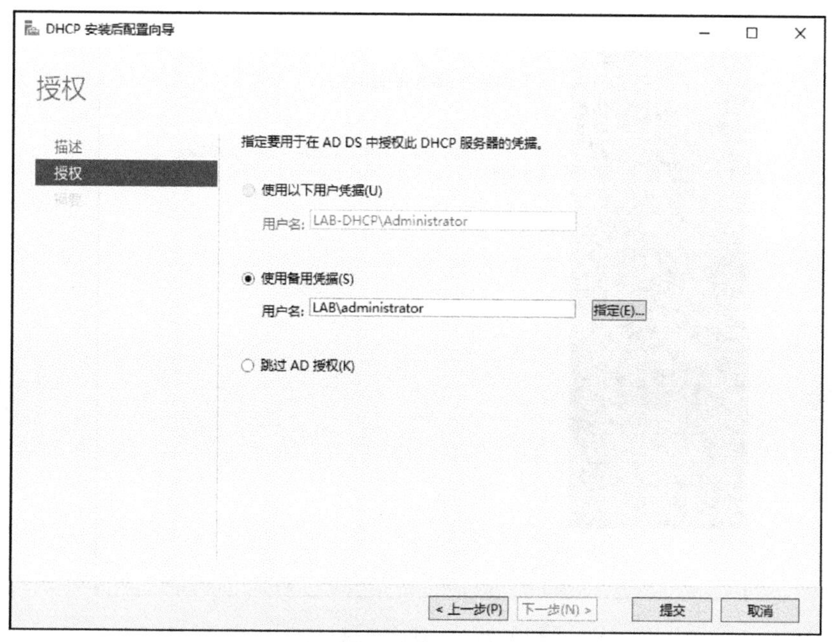

图 3-75　添加授权凭据信息

11）完成授权后，打开“DHCP”控制台，如图 3-76 所示。

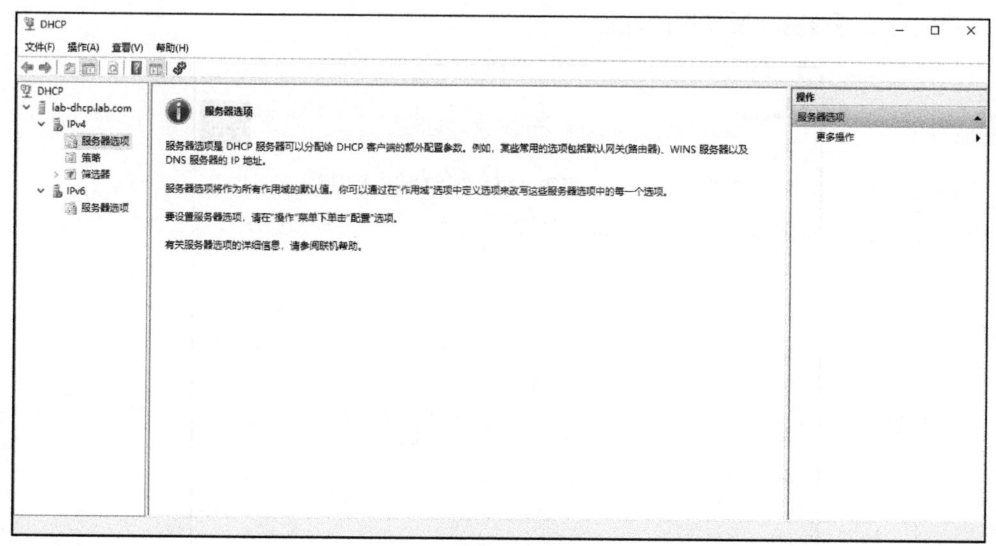

图 3-76　DHCP 控制台

12）在“DHCP”控制台上左侧树状目录中，展开 DHCP 服务器名称的树状结构，在“IPv4”下级菜单“服务器选项”上单击右键选择“新建作用域”，打开“新建作用域向导”，如图 3-77 所示。

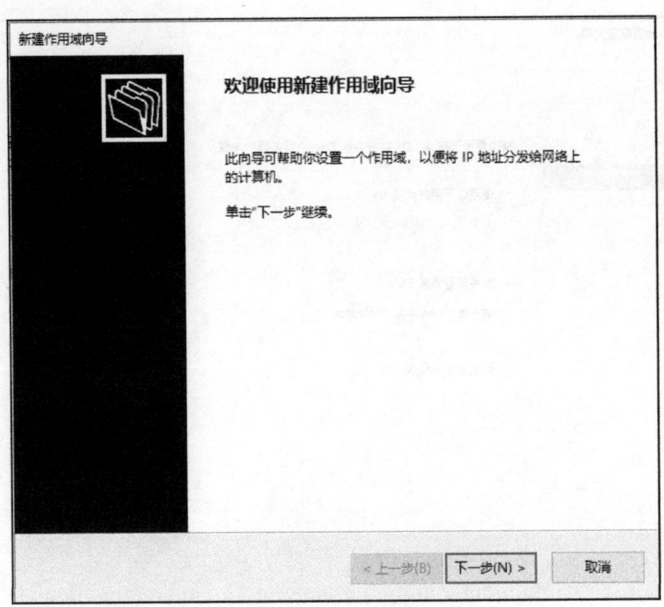

图 3-77　新建作用域向导

13）在“作用域名称”页面，输入该作用域的名称和描述，如图 3-78 所示。在名称和描述处建议填写容易区分并且有意义的名称和描述信息。在此处，名称处填写了分配的网段地址，描述处填写该网段所使用的地点。

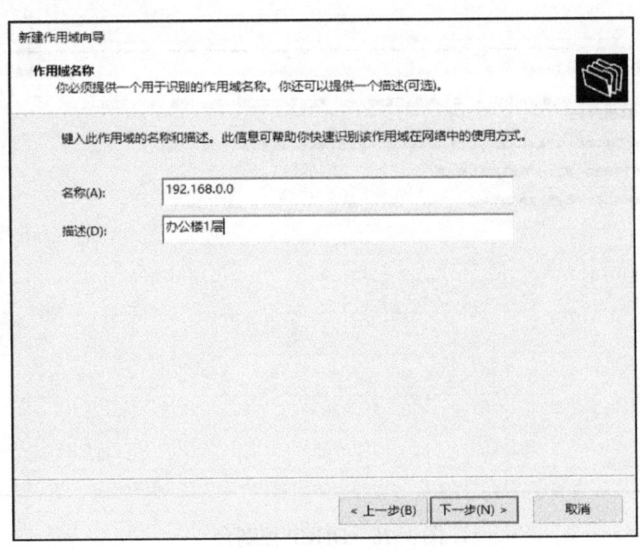

图 3-78　作用域名称和描述

14）在“IP 地址范围”页面，填写 DHCP 地址池的起始 IP 地址和结束 IP 地址，并填写 DHCP 地址池 IP 地址的子网掩码，在此处填写的 IP 地址范围将分配给客户端使用，如图 3-79 所示。

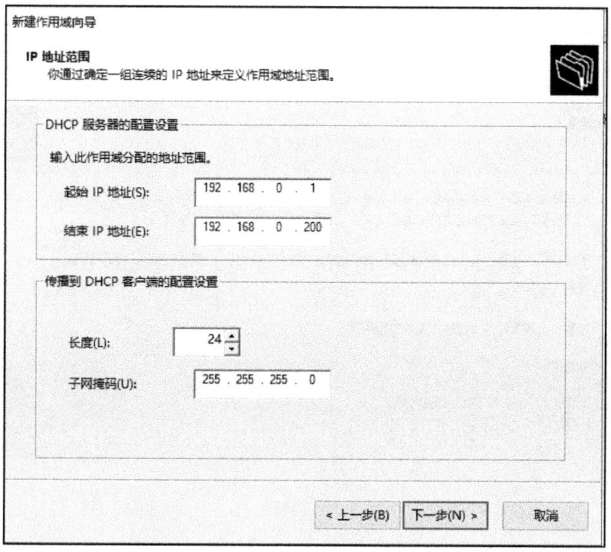

图 3-79　设置 IP 地址范围

15）在“添加排除和延迟”页面，填写 DHCP 地址池内做排除 IP 地址的范围，并选择 DHCPOFFER 的延迟时间，如图 3-80 所示。排除 IP 地址范围的作用是，排除不分配给终端的 IP 地址。一般情况下，“子网延迟”时间设置为 0 毫秒（默认值）即可。在子网中存在多个 DHCP 服务器时，可通过设置子网延迟时间来调整子网优先级，较大的子网延迟时间，子网优先级较低。

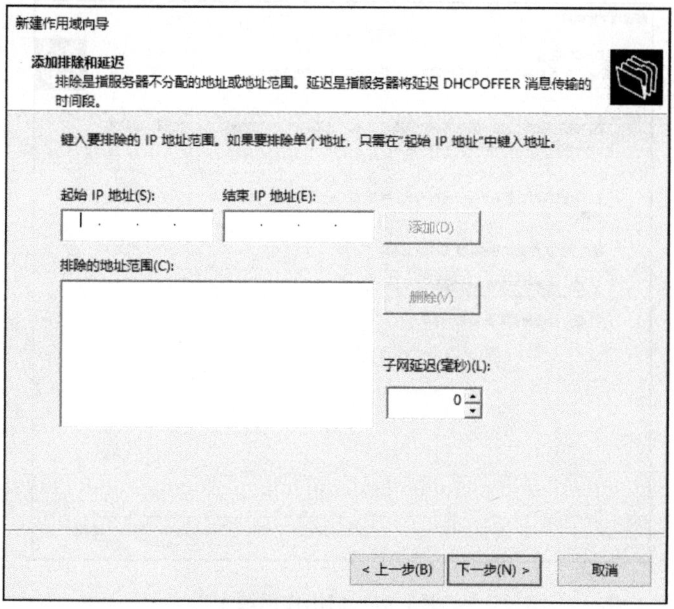

图 3-80　设置要排除（不参与自动分配）的 IP 地址

16）在“租用期限”页面，选择 IP 地址的租用期限，如图 3-81 所示。

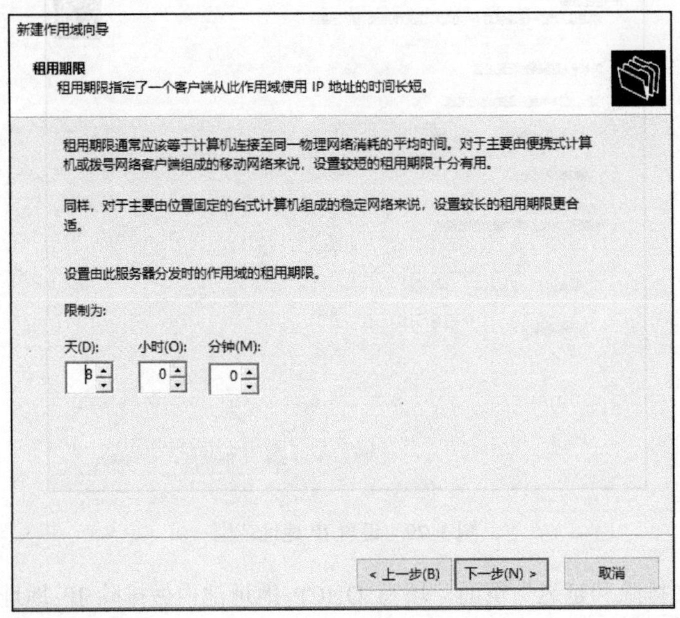

图 3-81　租用期限

17）在“配置 DHCP 选项”页面，选择是否立即配置 DHCP 选项，此处选择“是”，如图 3-82 所示。

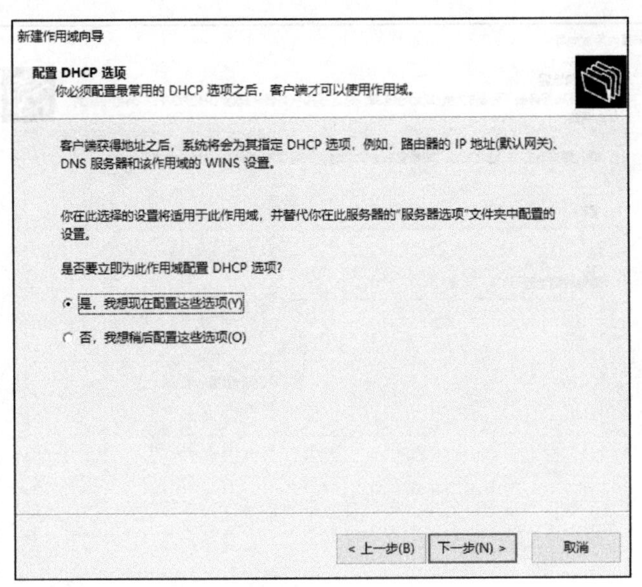

图 3-82　启用作用域

18）在“路由器（默认网关）”页面，配置该作用域的网关地址，此处设为 192.168.0.254，如图 3-83 所示。

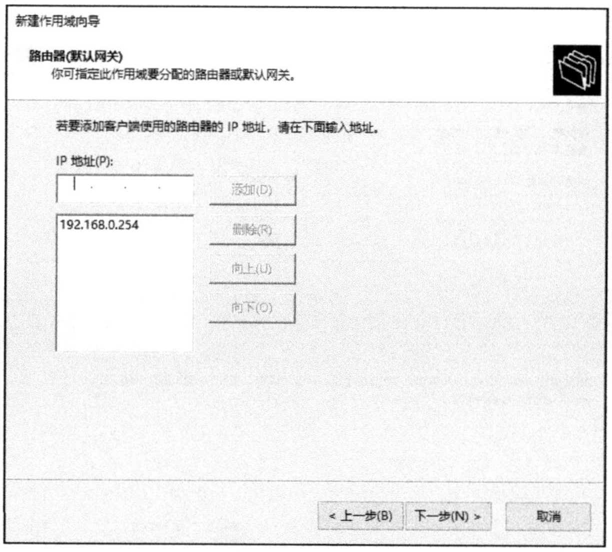

图 3-83　添加网关

19）在“域名称和 DNS 服务器”页面，填写用于解析 DNS 名称的父域名称和 DNS 地址，填写 DNS 地址时可直接填写 IP 地址，也可以填写服务器名称后进行解析，如图 3-84 所示。

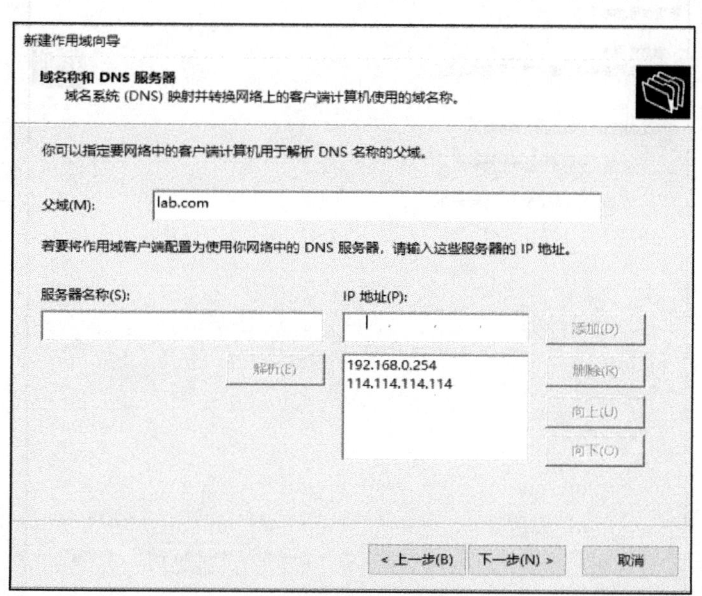

图 3-84　添加 DNS 地址

20）在“WINS 服务器”页面，填写 WINS 服务器的地址，可以直接填写 IP 地址，也可以通过服务器名称进行解析，如图 3-85 所示。

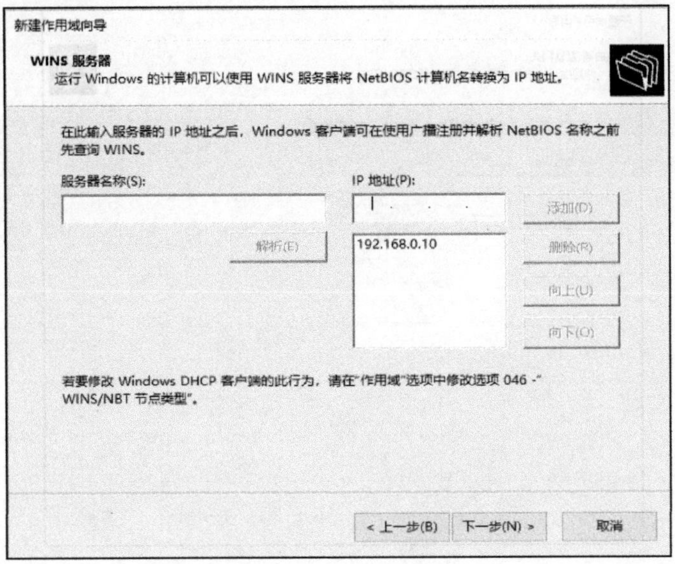

新建作用域向导
WINS 服务器
运行 Windows 的计算机可以使用 WINS 服务器将 NetBIOS 计算机名转换为 IP 地址。
在此输入服务器的 IP 地址之后，Windows 客户端可在使用广播注册并解析 NetBIOS 名称之前先查询 WINS。
服务器名称(S):
IP 地址(P):
添加(D)
解析(E)
192.168.0.10
删除(R)
向上(U)
向下(O)
若要修改 Windows DHCP 客户端的此行为，请在"作用域"选项中修改选项 046 -"WINS/NBT 节点类型"。
< 上一步(B)
下一步(N) >
取消

图 3-85　添加 WINS 地址

21）在“激活作用域”页面，选择是否立即激活该作用域，此处选择“是”，如图 3-86 所示。

新建作用域向导
激活作用域
作用域激活后客户端才可获得地址租用。
是否要立即激活此作用域?
是，我想现在激活此作用域(Y)
否，我将稍后激活此作用域(O)
< 上一步(B)
下一步(N) >
取消

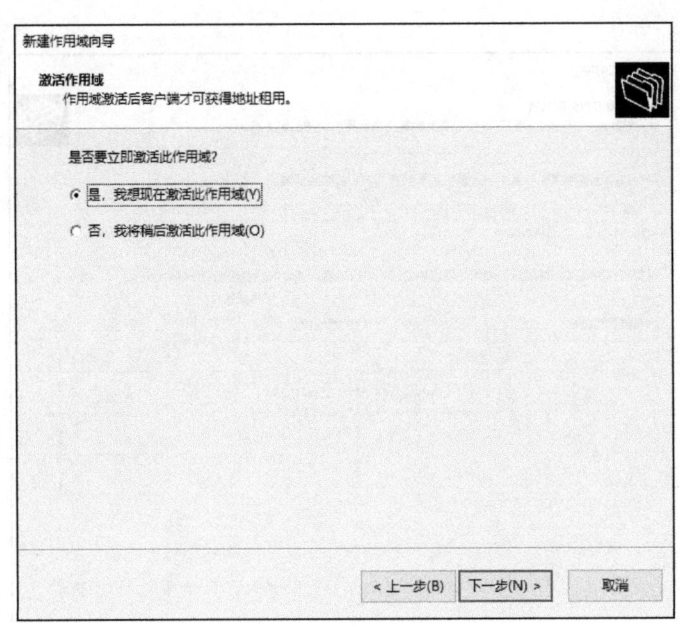

图 3-86　启用作用域

22）完成该作用域的创建，如图 3-87 所示。

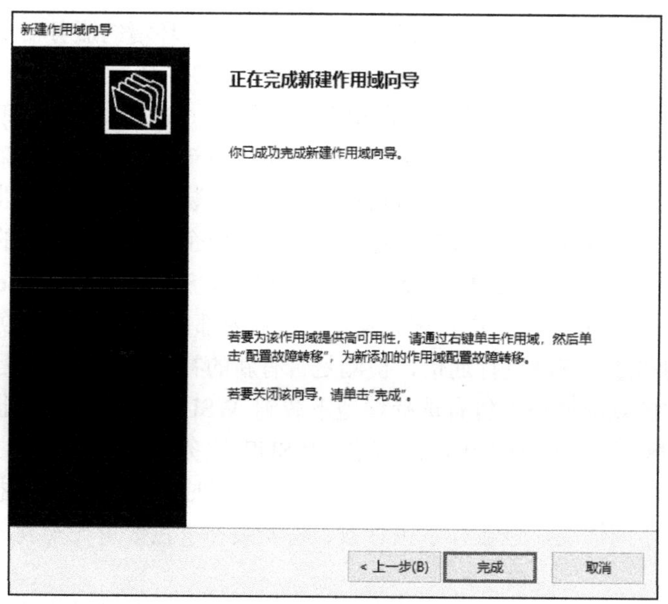

图 3-87　完成作用域向导

选择在同一网段的另外一台计算机，将 IP 地址设置为自动获取，如图 3-88 所示。稍等片刻后，将会从 DHCP 作用域中自动获取到 IP 地址，如图 3-89 所示。

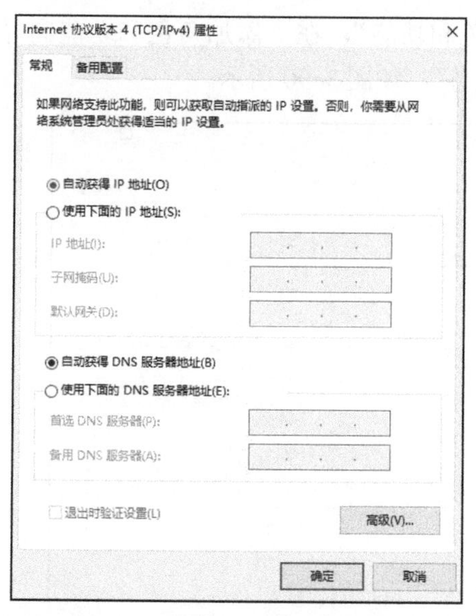

图 3-88　设置自动获取 IP 地址

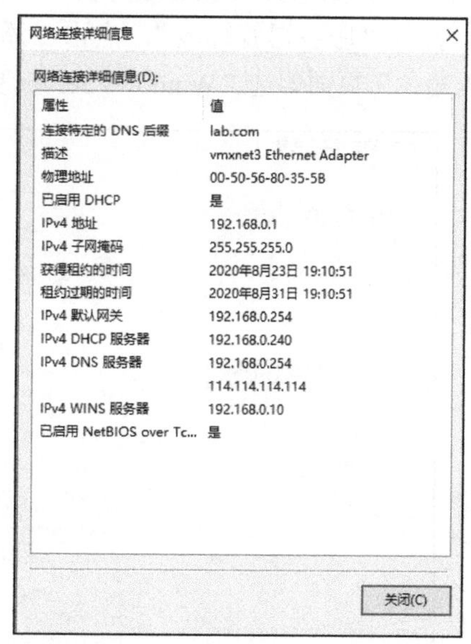

图 3-89　成功获取 IP 地址

3.7　部署 WSUS 服务器——实现补丁统一下发

任何软件产品都会存在 Bug（漏洞）或者安全性问题，因此为软件安装补丁是日常运维工作中必不可少的一件事，尤其是为承担着重要业务的生产环境的服务器安装补丁。目前，微软每个月至少发布一次补丁包，会覆盖到所有在生命周期内的操作系统的不同版本。

在 Windows 操作系统中已经安装了自动更新的服务，Windows 操作系统会每隔一段时间与微软官网进行通信，检查微软官方是否已经发布了最新的补丁包。若微软官方已经发布了最新的补丁，操作系统会自动连接到微软官网下载并安装。但是，在企业内部，如果有大量的计算机都去连接到微软官网下载补丁包，会严重占用企业互联网出口的链路，影响其正常的互联网访问。因此，微软提供了 WSUS（Windows Server Update Services，Windows Server 更新服务），可对补丁统一更新和分发。在企业内部部署 WSUS 服务器后，该服务器会定时或不定时的和微软官网进行通信，检测是否有新的补丁包发布。一旦检测到最新的补丁包，会根据设定的规则将补丁包有选择性地下载到 WSUS 服务器。企业中其余的计算机均向这台 WSUS 服务器发起补丁更新的请求，WSUS 服务器在接受请求之后，将按照制定好的规则，有选择性地将补丁包分发不同的计算机组。同时，WSUS 服务器还可以检测到各个计算机上安装补丁的情况，包含补丁包总数、待安装补丁包数量、安装成功或安装失败情况等。

WSUS 服务器部署完成后，可以极大程度地避免了企业内部计算机均通过互联网访问微软官网获取补丁包从而产生了大量的互联网流量，并且提供了图表工具检测和查看各台计算机上安装补丁的情况，降低了企业内部的安全风险。

接下来，开始部署 WSUS 服务器。

1）打开“服务器管理器”，点击“添加角色和功能”，在“添加角色和功能向导”中“服务器角色”页面勾选“Windows Server 更新服务”，如图 3-90 所示。

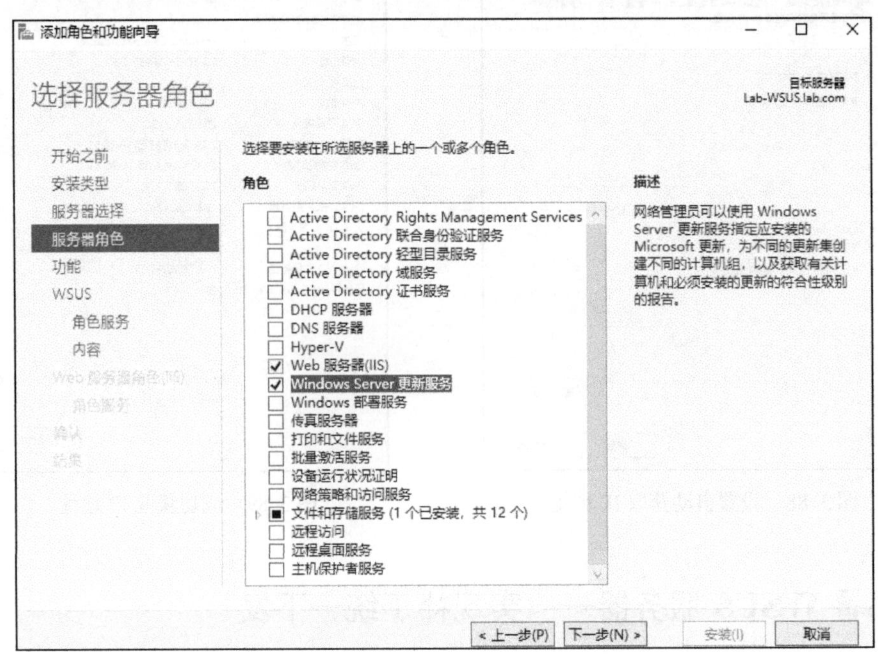

图 3-90　添加 Windows Server 更新服务

2）在“角色服务”页面选择所需要安装的角色，如图 3-91 所示。该界面上主要是进行数据库的选择，WSUS 支持两种不同类型的数据库：内置的 WID 数据库和外置的 SQL Server 数据库。在此选择 WID Connectivity，也即内置的 WID 数据库。

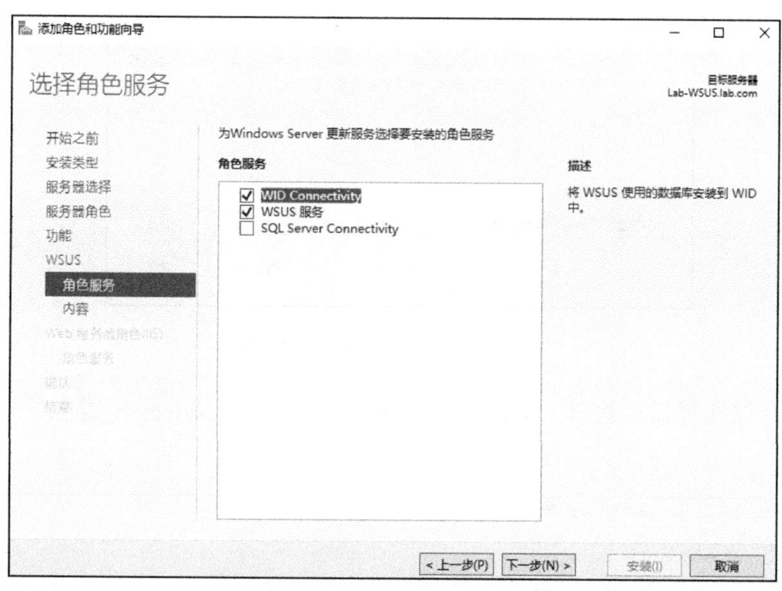

图 3-91　WSUS 角色服务页面

3）在“内容”页面，选择存储更新包的位置，如图 3-92 所示。

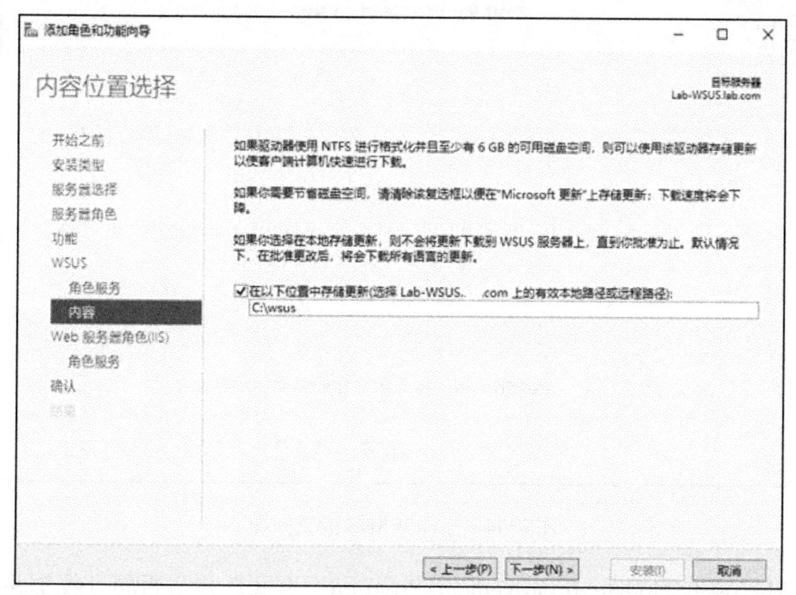

图 3-92　选择 WSUS 更新包的存储位置

4）安装完 WSUS 角色之后，打开 WSUS 控制台，默认会弹出“完成 WSUS 安装”的窗口，需要再次确认更新包的存储路径，如图 3-93 所示。

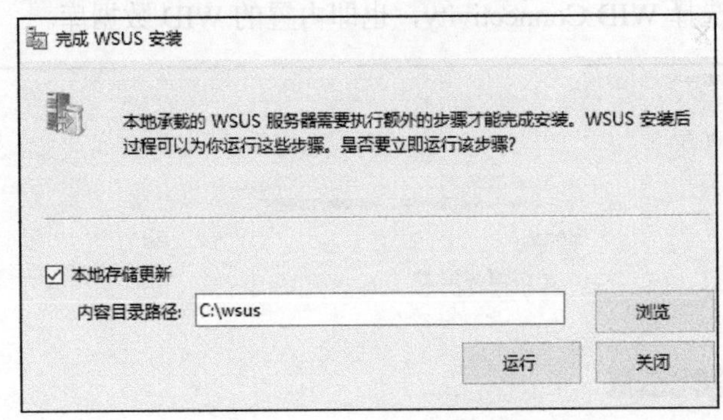

图 3-93　完成 WSUS 安装窗口

5）确认存储路径后，打开“Windows Server Update Services 配置向导”，如图 3-94 所示。

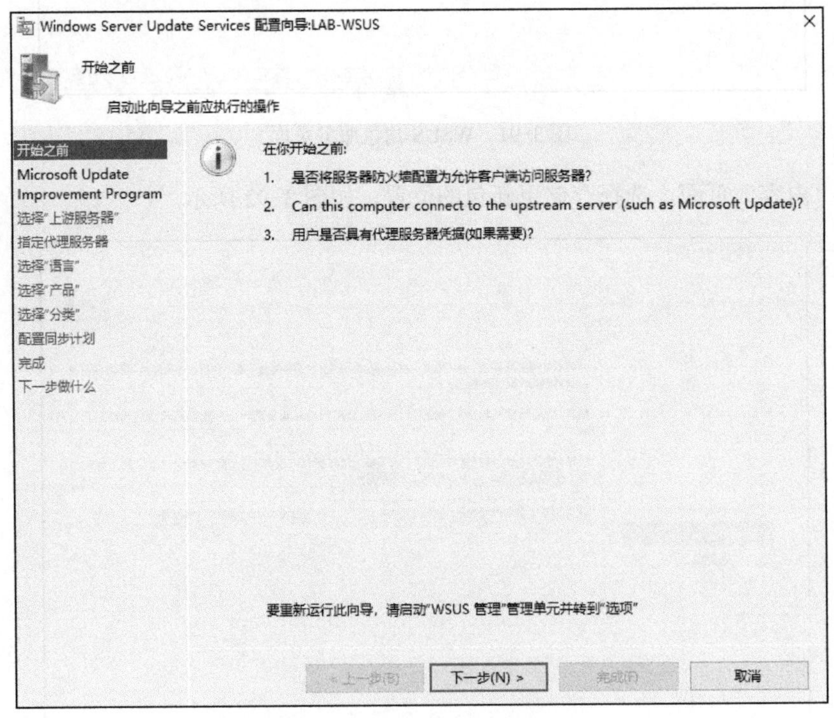

图 3-94　启动 WSUS 配置向导

6）在“Microsoft Update Improvement Program”页面选择是否同意收集并发送相关信息，如图 3-95 所示。

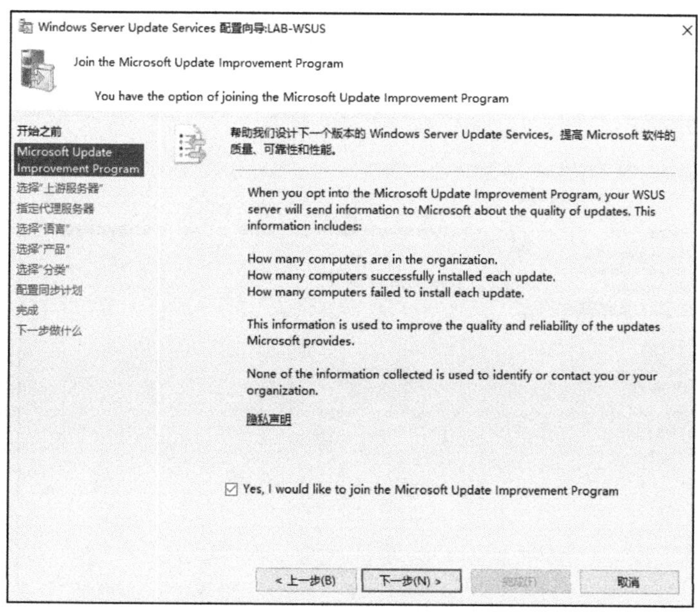

图 3-95　“Microsoft Update Improvement Program”页面

7）在“选择‘上游服务器’”页面，选择该服务器的上游服务器类型，如图 3-96 所示。如果该服务器是第一台 WSUS 服务器，或是直接连接到微软官方获取 Windows 补丁的 WSUS 服务器，请选择 Synchronize from Microsoft Update（从 Windows Update 同步）；如果该服务器的 Windows 补丁从其他 WSUS 服务器获取，请选择从其他 WSUS 服务器中进行同步。

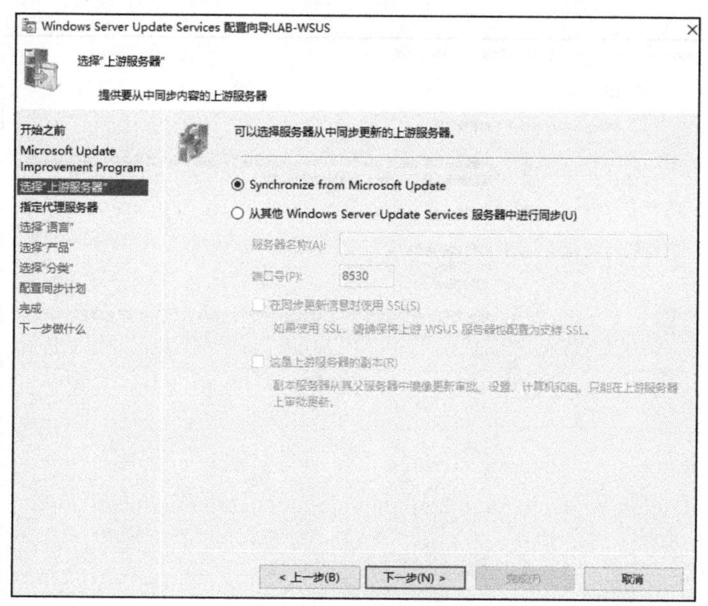

图 3-96　选择上游服务器

8）在“指定代理服务器”页面，选择所使用的代理服务器，如图 3-97 所示。该步骤仅在该服务器连接到上游服务器需要代理服务器时使用，通常在企业内部连接互联网时使用代理服务器。

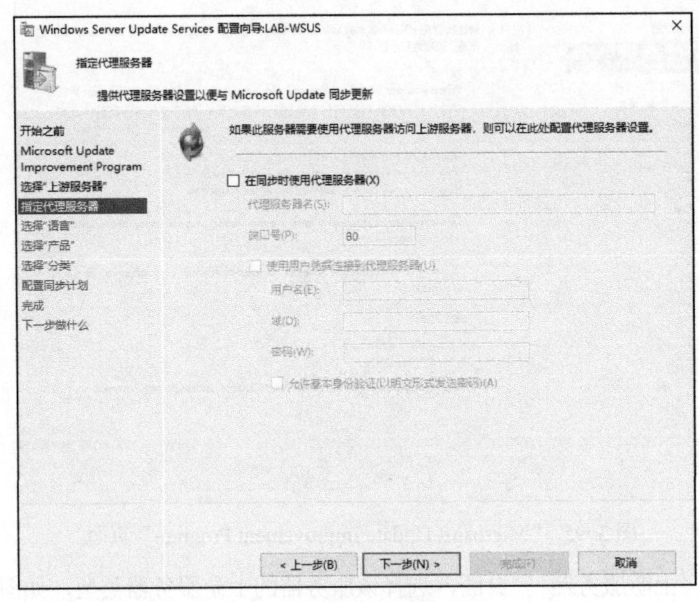

图 3-97　设置代理服务器

9）点击“开始连接”按钮，将上游服务器上的更新信息同步到该 WSUS 服务器上，如图 3-98 所示。

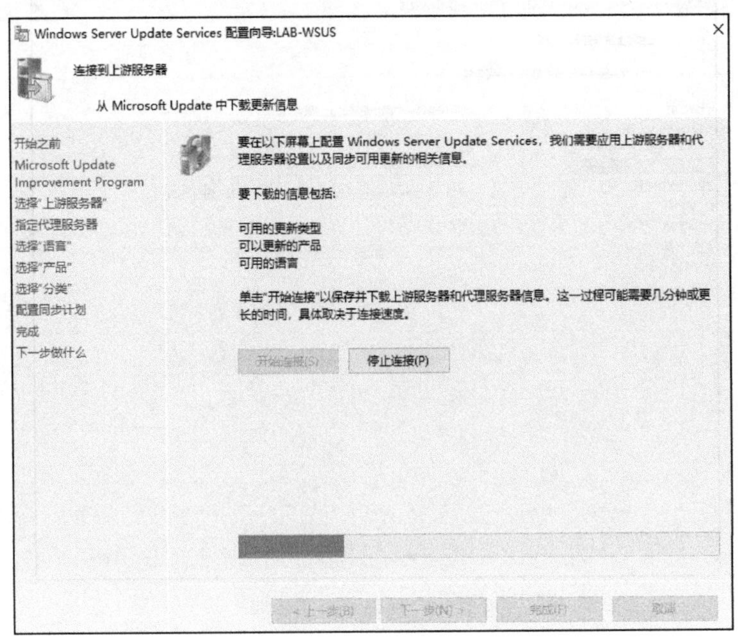

图 3-98　下载更新信息

10）在“选择‘语言’”页面，选择下载与操作系统相对应的语言补丁包，如图 3-99 所示。

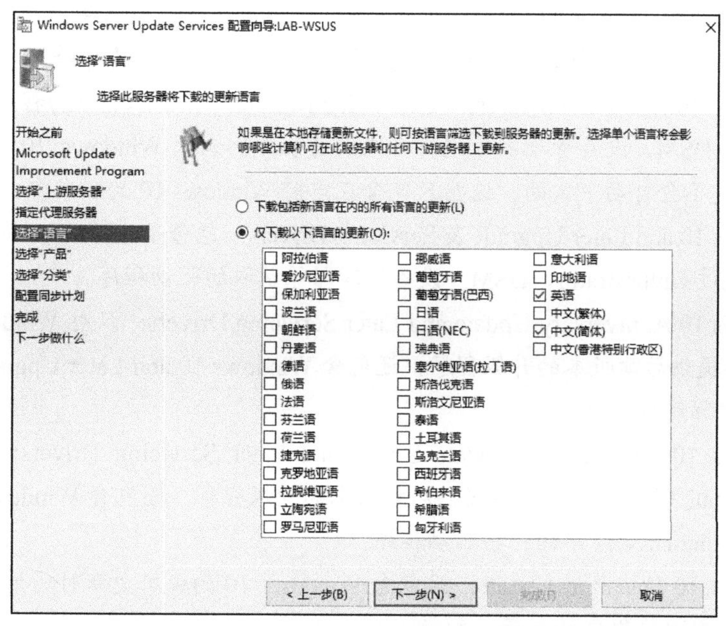

图 3-99　选择要更新的语言

11）在“选择‘产品’”页面，选择需要下载的产品名称，如图 3-100 所示。微软除了提供各种操作系统和应用程序的安全补丁包，还提供相关产品的语言包、功能包、驱动等。

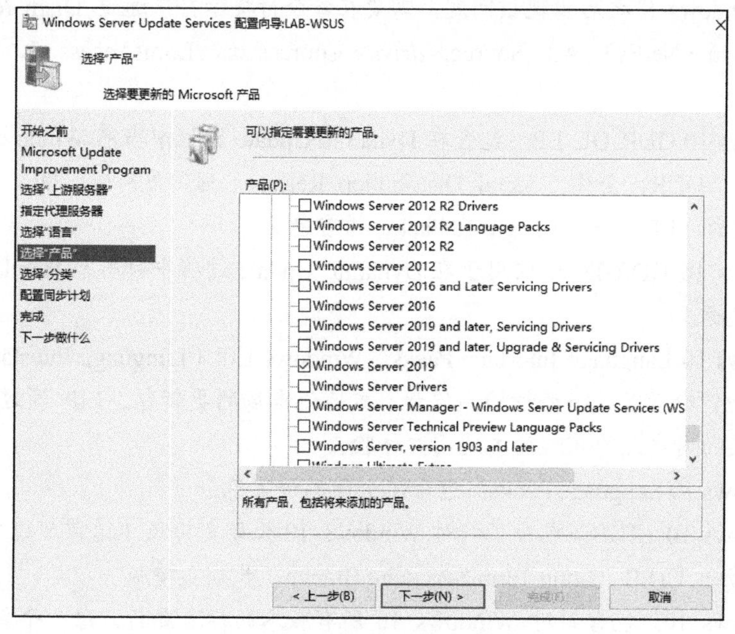

图 3-100　选择要更新的产品

Tips:

在 WSUS 中，标记有 Windows 10 的“产品”种类有很多，但从字面的英文说明又很难分辨清楚，那么如何才能选择适合的产品种类呢？在这里做个详细的解释。

1）Windows 10 and Later Drivers：包含 Windows 10 所有版本的驱动程序，但不包括通过 Orchestrator、DSM、设备管理器等进行升级的场景。例如从 Windows 10 的 1511 版本升级到 1607 版本是不会自动下载的。这些只包含在当前 Windows 10 的版本中。

2）Windows 10 and Later Upgrade & Servicing Drivers：包含 Windows 10 所需要的所有驱动程序，包括通过 Orchestrator、DSM、设备管理器等获取的驱动程序。

3）Windows 10 Anniversary Update and Later Servicing Drivers：只对 Windows 10 的 1607 版本有效，但不提供后续版本的升级程序，还包含 Windows 10 and Later Upgrade & Servicing Drivers 中的一些驱动程序。

4）Windows 10 Anniversary Update Server and Later Servicing Drivers：只对 Windows Server 2016 的 1607 版本有效，但不提供后续版本的升级程序，还包含 Windows 10 and Later Upgrade & Servicing Drivers 中的一些驱动程序。

5）Windows 10 Dynamic Update：只包含 Windows 10 的版本更新时（如从 1511 版本升级到 1607）所需要安装程序的更新。

6）Windows 10 Features On Demand：将会加载 Windows 10 操作系统中“添加/删除程序”中的功能和特性到 WSUS 服务器中。例如，当需要在 Windows 10 操作系统中安装.Net Framework 3.5 时，将会从 WSUS 上获取相关的文件，而不是通过 Windows 10 的安装光盘获取（注：从 Windows 8 之后出现该问题，需要在命令行提示符下通过 Dism /online /enable-feature /featurename:NetFx3 /All /Source:*<drive>*:\sources\sxs /LimitAccess 来安装旧版的.Net Framework 3.5）。

7）Windows 10 GDR-DU LP：包含在 Dynamic Update 过程中当前 Windows 10 版本所需要的语言包（注：GDR，全称 General Distribution Release，通用发行版；DU，全称 Dynamic Update，动态更新；LP，全称 Language Pack，语言包）。

8）Windows 10 GDR-DU：仅用于在 Dynamic Update 过程中对当前 Windows 10 版本的通用发行版的更新。

9）Windows 10 Language Interface Packs：Windows LIP（Language Interface Pack，语言接口包）是一种针对新兴或小语种的高质量、本地化市场的更新包。LIP 通过翻译用户界面元素，提供给桌面用户大约 80%的本地用户体验。

10）Windows 10 Language Packs：包含了全面的语言包。

11）Windows 10 LTSB：包含了针对 Windows 10 长期支持版（通常超过 10 年的技术支持）的更新。（注：LTSB，Long Term Servicing Branch，长期支持版）

12）Windows 10：包含针对 Windows 10 所有版本的标准更新，每一个更新都会有 KB（Knowledge Base，知识库）文档说明。

13）在“选择‘分类’”页面，选择下载补丁包的分类，如图 3-101 所示。

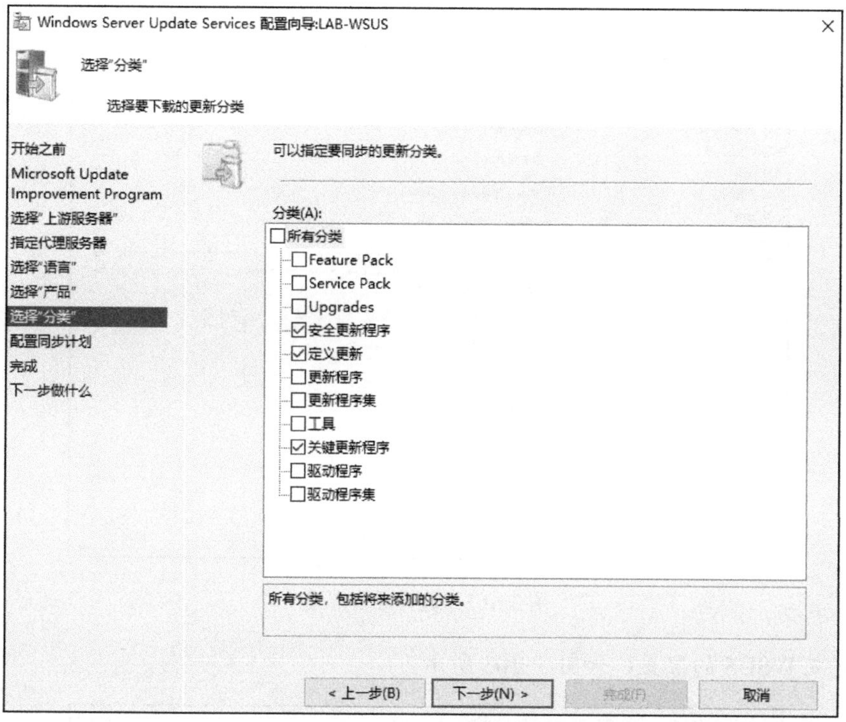

图 3-101　选择更新的分类

Tips:

WSUS 中的“分类”种类如下。

Feature pack（功能包）：新功能的发布，通常在下个发布的版本加入到产品中。

Service pack（服务包）：所有修补程序、安全更新、关键性更新、自产品发布以来的更新集，也可能包含一些有限数量的客户请求的设计变更或功能。

安全更新程序：广泛发布的针对特定产品的安全性问题的更新。

定义更新：针对病毒或其他定义文件的更新。

更新程序：广泛发布的针对特定问题的、非关键性、非安全性的更新。

更新程序集：用于轻松部署的修补程序、安全更新、关键性更新和打包的更新补丁集，通常是针对特定范围（如安全）或特定组件（如 IIS）。

工具：完成任务或工作的工具。

关键更新程序：广泛发布针对特定问题的关键性、非安全问题的更新。

驱动：为了支持新硬件而设计的软件组件。

14）在“配置同步计划”页面，选择同步的方式，如图 3-102 所示。推荐选择“自动同步”方式，可根据实际情况，选择同步的时间和频率，建议避开互联网访问高峰期。

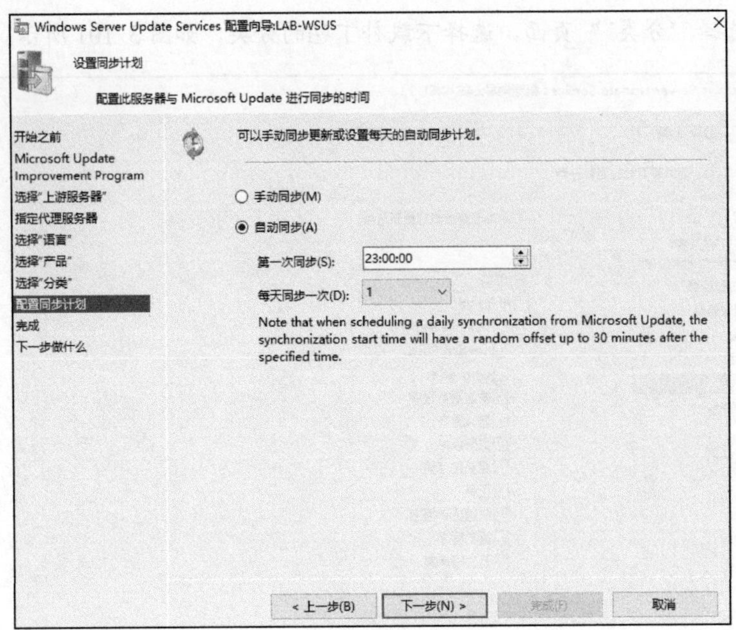

图 3-102　选择同步方式

15）完成 WSUS 的配置，如图 3-103 所示。

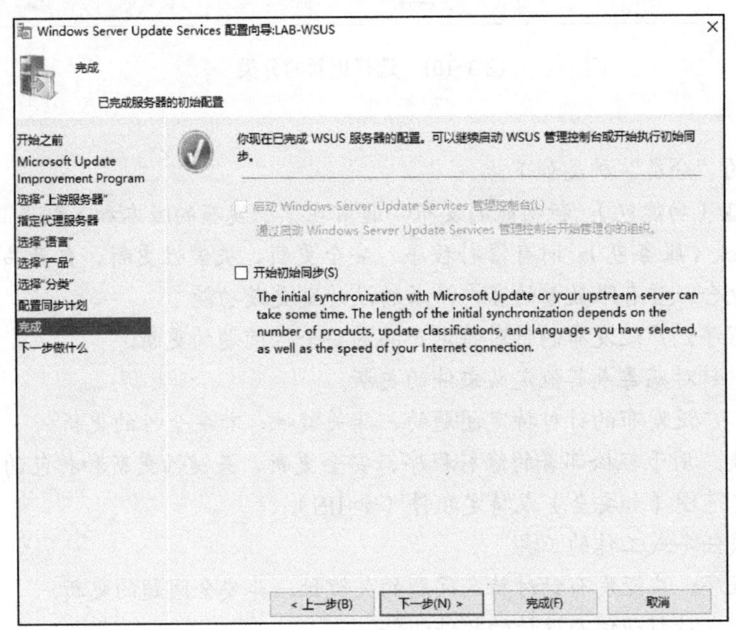

图 3-103　完成配置向导

16）配置完成后，安装向导中提示将 WSUS 服务器集成到环境中的后续步骤，如图 3-104 所示。

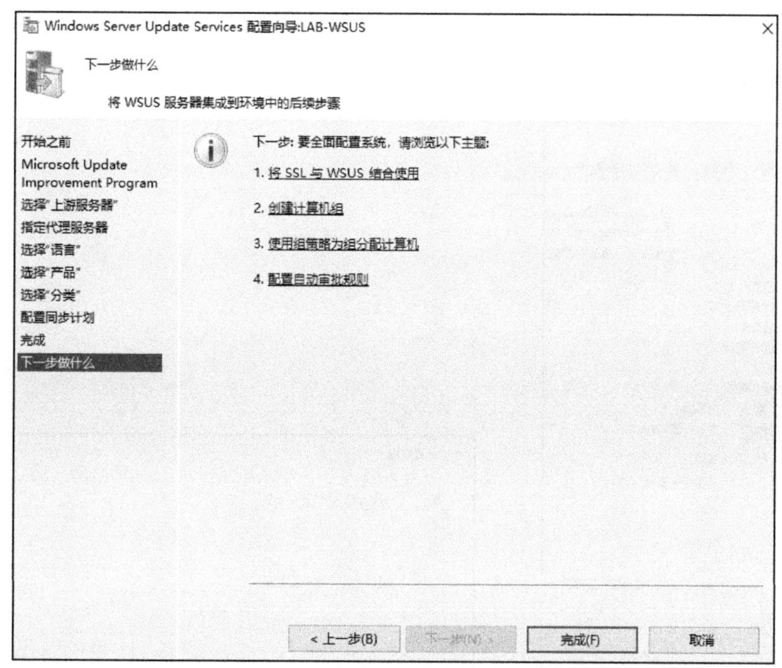

图 3-104　将 WSUS 服务器集成到环境中的后续步骤

17）成功打开“更新服务”控制台，如图 3-105 所示，则证明 WSUS 服务器已经安装配置完成。

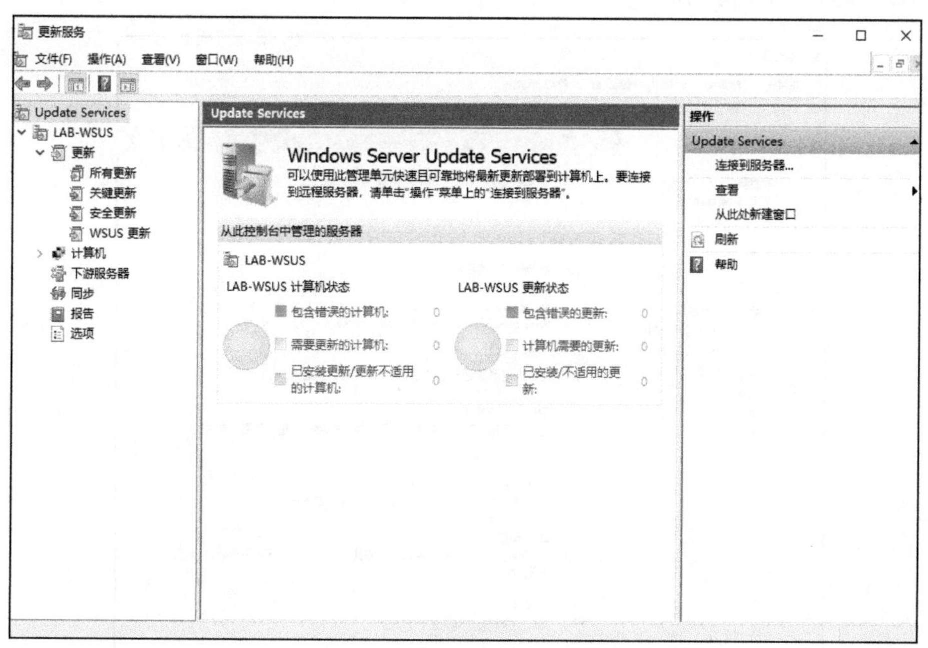

图 3-105　更新服务控制台

18）在“更新服务”控制台中，建立计算机的分组，如图 3-106 所示，分组名称和分类方法可以根据实际的情况进行灵活调整。

19）在“名称”处填写计算机组的名称，如图 3-107 所示。

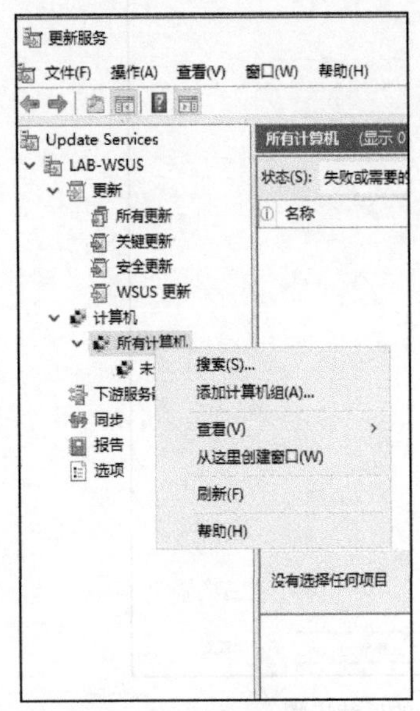

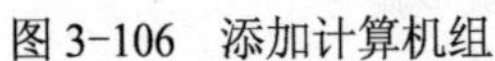
图 3-106 添加计算机组

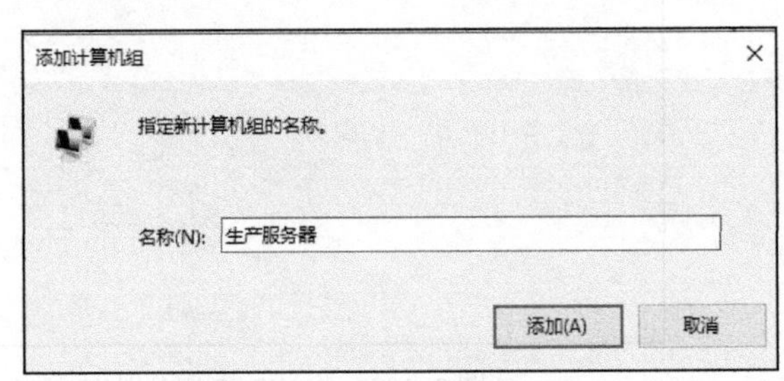

图 3-107 填写计算机组名称

20）接下来配置补丁的审批规则。在“更新服务”控制台的选项中，依次打开“选项”→“自动审批”选项，如图 3-108 所示。

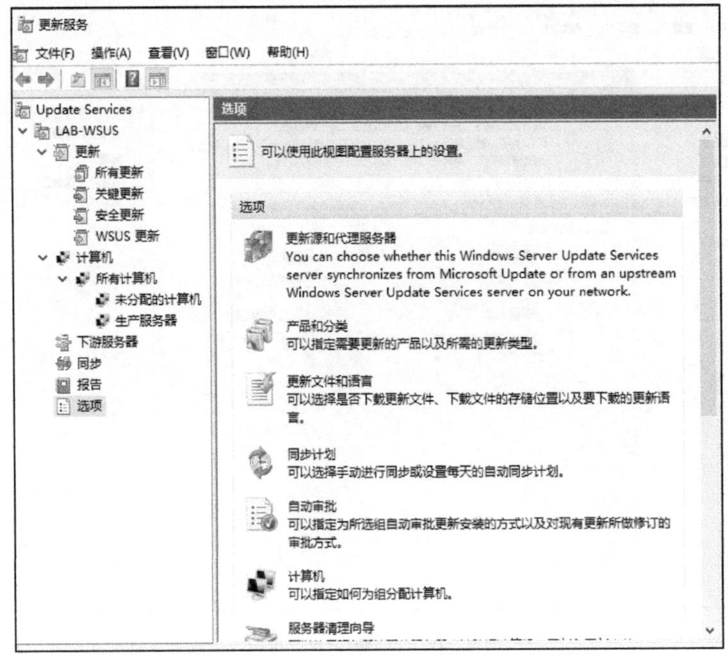

图 3-108 配置补丁的审批规则为自动审批

21）在“自动审批”窗口中修改默认的自动审批规则，制定自动审批的补丁类型和适用的计算机组等信息，如图 3-109、图 3-110 所示。

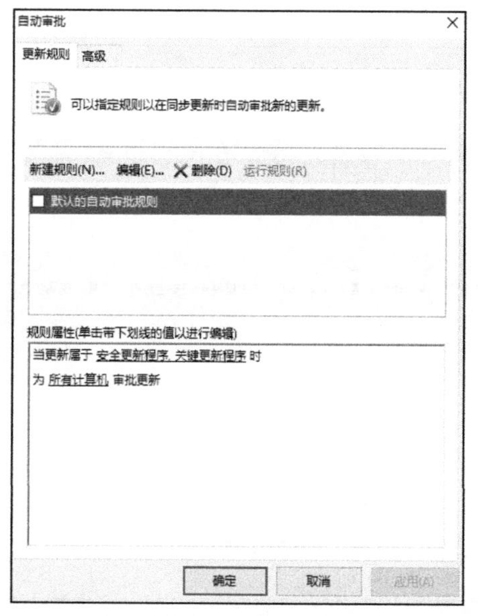

图 3-109　自动审批规则页面

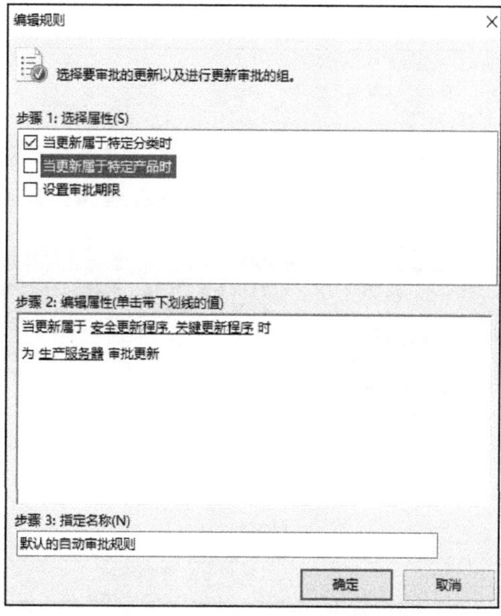

图 3-110　编辑自动审批规则

22）修改完成后，在审批规则名称的方框中勾选，启用该规则，如图 3-111 所示。

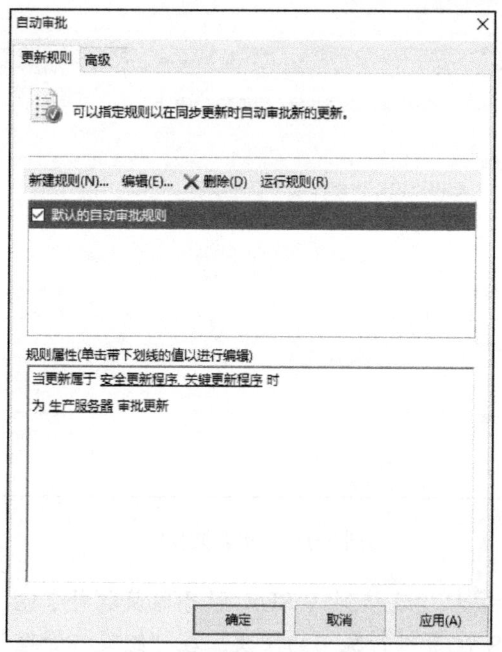

图 3-111　启用自动审批规则

23）如图 3-112 所示，在“更新服务”控制台中查看同步的状态为空闲，选择立即同步，会根据刚刚指定的自动审批规则从微软官网下载符合自动审批规则的补丁包，如图 3-113 所示。

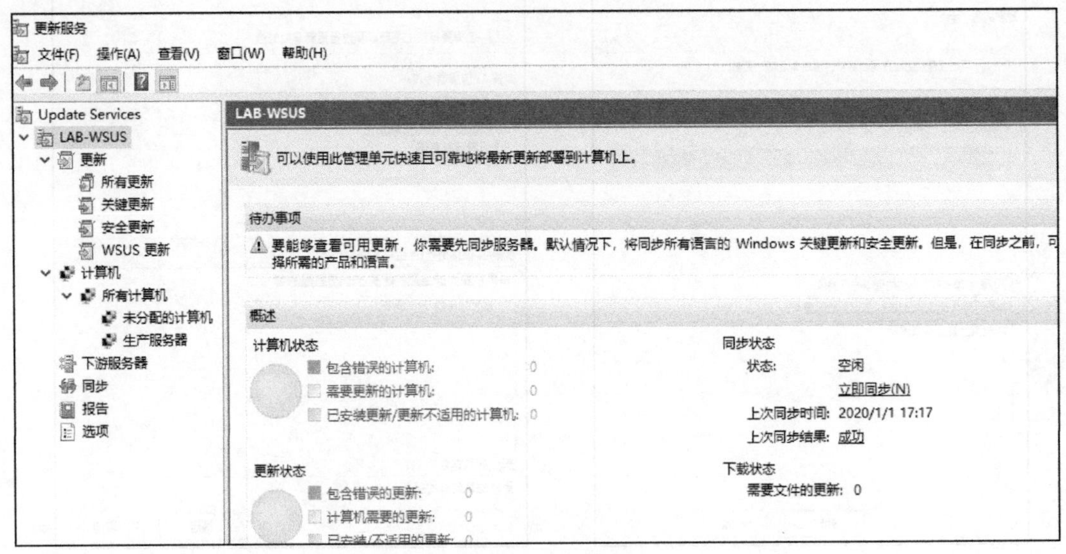

图 3-112　查看同步状态

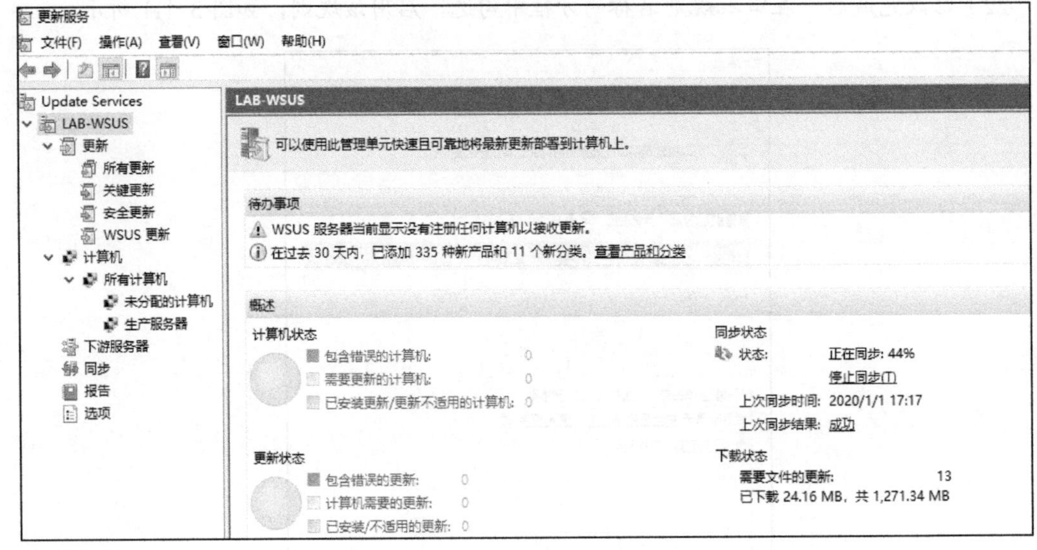

图 3-113　更新同步中

24）为了让所有的计算机均连接到 WSUS 服务器获取补丁包，可以通过组策略的方式对各台计算机上的 WSUS 配置进行统一的修改。在“组策略管理”控制台中，在“组策略对象”上右击，点击“新建”，新建一个名称为 WSUS 的组策略，并且将该组策略应用到整个域，如图 3-114 所示。

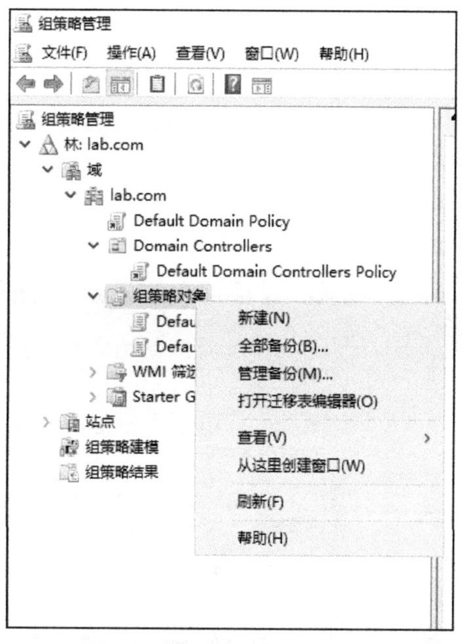

图 3-114　新建 WSUS 自动更新组策略

25）WSUS 组策略创建完成后，对组策略的内容进行修改，依次打开“计算机配置”→“策略”→“管理模板”→“Windows 组件”→“Windows 更新”，查看到所有 WSUS 相关的配置，如图 3-115 所示，列出了常见的配置项。

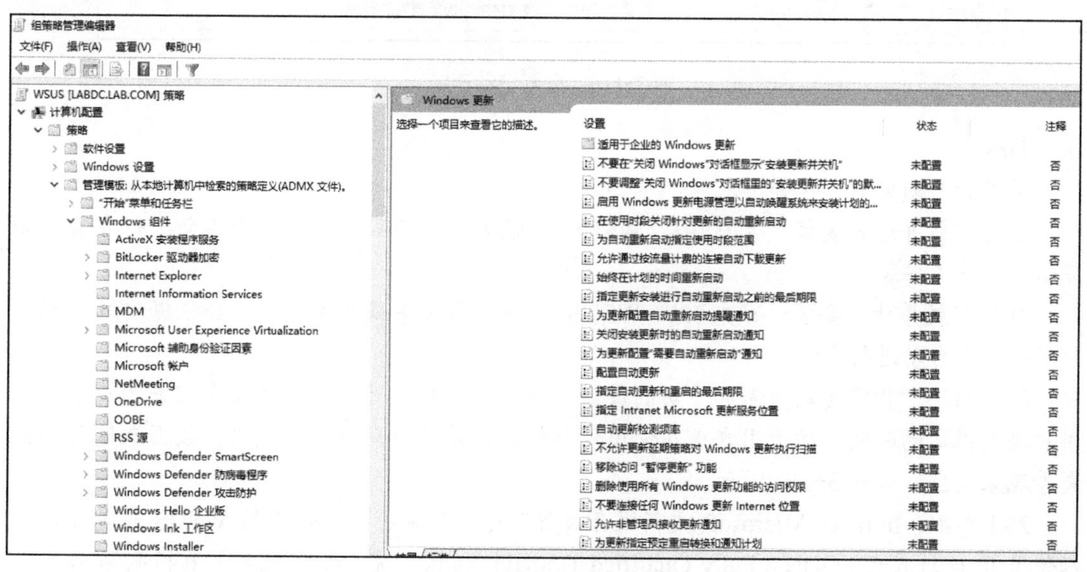

图 3-115　WSUS 的相关配置

26）在“配置自动更新”窗口中，点击“已启用”选项，并根据实际情况调整自动更新的方式和时间计划，如图3-116所示。

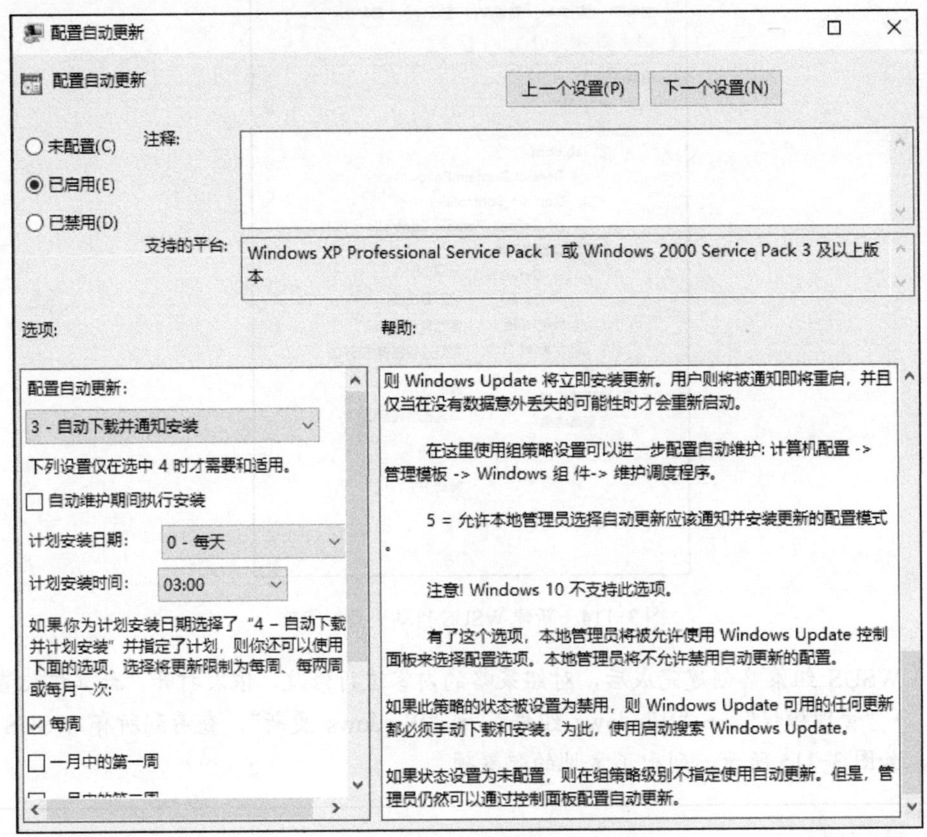

图3-116　配置自动更新

Tips:

常用的自动更新方式如下。

自动下载并通知安装：客户端从WSUS源服务器上下载相关补丁后不会进行安装，会提示用户手工安装。

自动下载并计划安装：客户端从WSUS原服务器上下载相关补丁后会根据安装计划的时间和频率自动进行安装。

27）启用“指定自动更新和重启的最后期限”选项后，客户端会在接受相关的补丁后由用户决定推迟的时间，防止用户正在使用计算机时，系统自动重启造成用户数据未保存而丢失等现象发生，如图3-117所示。

28）“指定Intranet Microsoft更新服务位置”选项用来指定所使用的WSUS服务器，可以使用IP地址或者FQDN（Fully Qualified Domain Name，完全限定域名）来指定WSUS服务器，如图3-118所示。

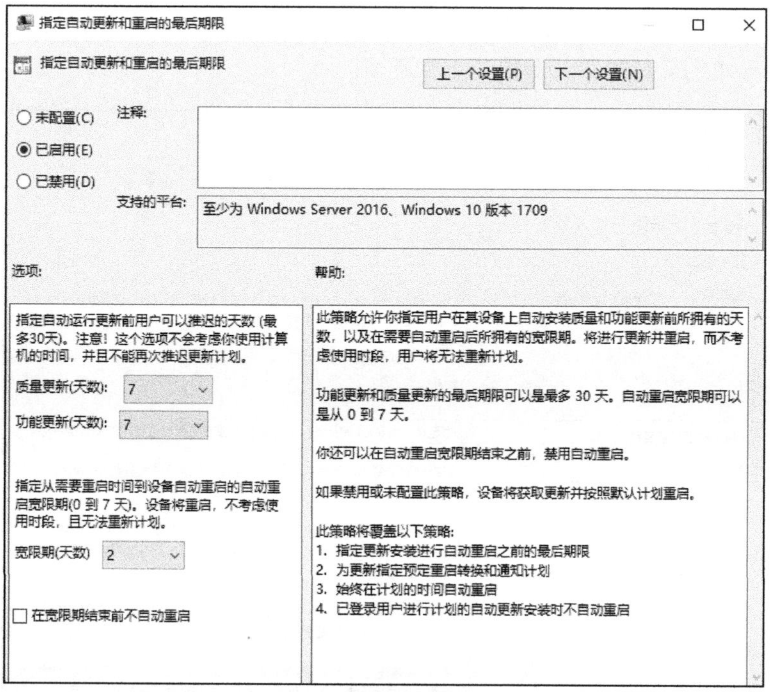

指定自动更新和重启的最后期限

指定自动更新和重启的最后期限　　上一个设置(P)　下一个设置(N)

○ 未配置(C)　注释:
◉ 已启用(E)
○ 已禁用(D)

支持的平台:　至少为 Windows Server 2016、Windows 10 版本 1709

选项:

指定自动运行更新前用户可以推迟的天数 (最多30天)。注意! 这个选项不会考虑你使用计算机的时间，并且不能再次推迟更新计划。

质量更新(天数):　7

功能更新(天数):　7

指定从需要重启时间到设备自动重启的自动重启宽限期(0 到 7 天)。设备将重启，不考虑使用时段，且无法重新计划。

宽限期(天数)　2

☐ 在宽限期结束前不自动重启

帮助:

此策略允许你指定用户在其设备上自动安装质量和功能更新前所拥有的天数，以及在需要自动重启后所拥有的宽限期。将进行更新并重启，而不考虑使用时段，用户将无法重新计划。

功能更新和质量更新的最后期限可以是最多 30 天。自动重启宽限期可以是从 0 到 7 天。

你还可以在自动重启宽限期结束之前，禁用自动重启。

如果禁用或未配置此策略，设备将获取更新并按照默认计划重启。

此策略将覆盖以下策略:
1. 指定更新安装进行自动重启之前的最后期限
2. 为更新指定预定重启转换和通知计划
3. 始终在计划的时间自动重启
4. 已登录用户进行计划的自动更新安装时不自动重启

图 3-117　指定自动更新和重启的最后期限

指定 Intranet Microsoft 更新服务位置

指定 Intranet Microsoft 更新服务位置　　上一个设置(P)　下一个设置(N)

○ 未配置(C)　注释:
◉ 已启用(E)
○ 已禁用(D)

支持的平台:　Windows XP Professional Service Pack 1 或 Windows 2000 Service Pack 3 及以上版本，不包括 Windows RT

选项:

设置检测更新的 Intranet 更新服务:
http://10.1.102.43

设置 Intranet 统计服务器:
http://10.1.102.43

设置备用下载服务器:

(例如: http://IntranetUpd01)

☐ 如果设置了备用下载服务器，则下载元数据中没有 Url 的文件。

帮助:

备用下载服务器将 Windows 更新代理配置为从备用下载服务器而不是 Intranet 更新服务下载文件。

通过用于下载缺少 Url 的文件的选项，可以在更新元数据中没有文件的下载 Url 时从备用下载服务器下载内容。仅当 Intranet 更新服务未在更新元数据中提供文件的下载 Url，并且备用下载服务器上有这些文件时，才应使用此选项。

注意: 如果 “配置自动更新” 策略已禁用，则此策略将不起作用。

注意: 如果未设置 “备用下载服务器”，则默认情况下将使用 Intranet 更新服务来下载更新。

注意: 仅当设置了 “备用下载服务器” 时才会使用 “下载没有 Url 的文件...” 选项。

注意: Windows RT 不支持此策略。在 Windows RT 电脑上设置此策略不起任何作用。

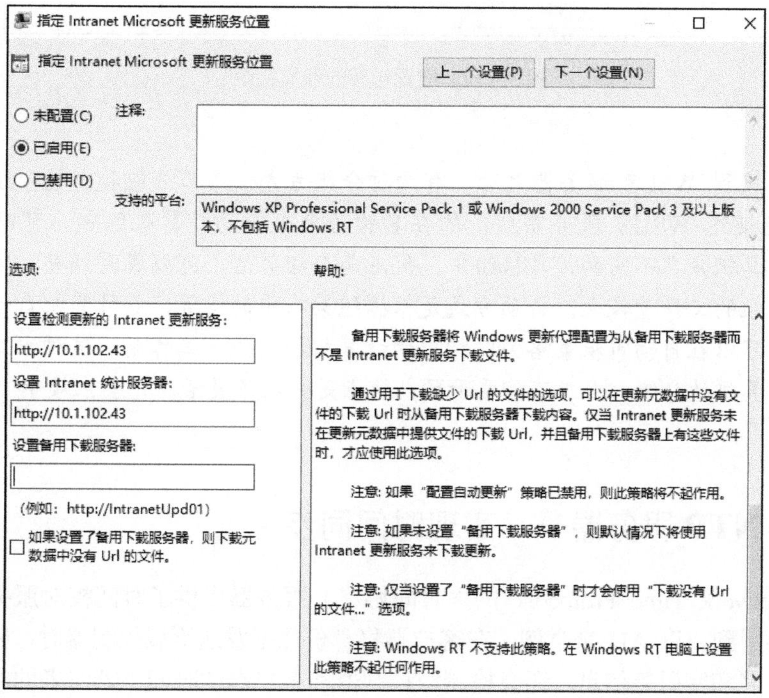

图 3-118　配置 WSUS 源服务器

29）开启“允许客户端目标设置”选项后，该组策略应用的所有计算机账户会自动移动到 WSUS 控制台中的目标组中，如图 3-119 所示。

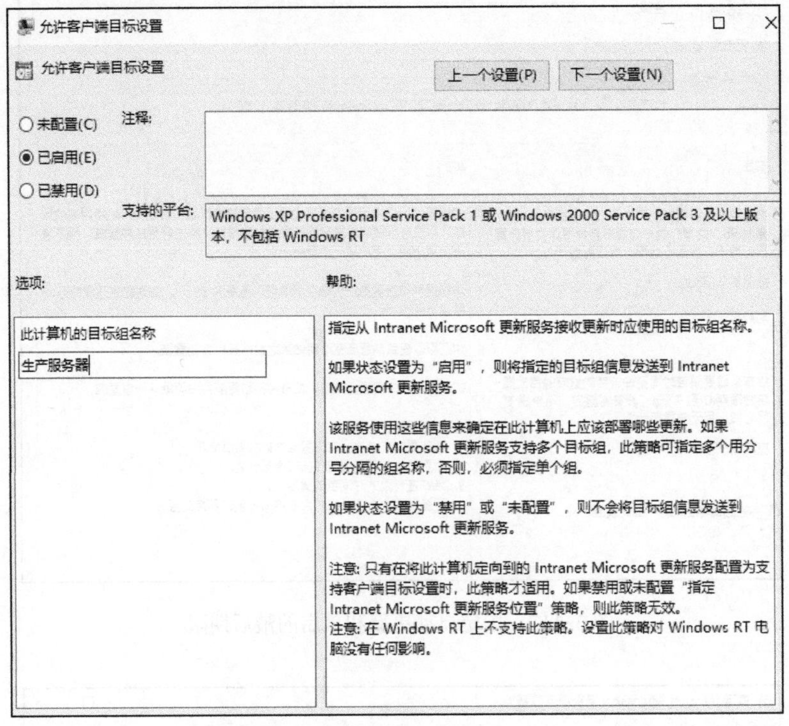

图 3-119 配置对应的计算机组

Tips:

客户端连接到 WSUS 服务器之后，有两种分组方式：手工分组和自动分组。手工方式是在客户端连接到 WSUS 服务器后，均在名称为未分组的计算机组中，可以根据实际情况，将这些计算机分在不同的计算机组中。优点是分组灵活，可以及时调整，缺点是计算机数量较大时分组的工作量较大。自动方式是根据组策略中的设置，将计算机自动移至相应的计算机组中，可以在自动审批策略关联相应的计算机组，减少工作量。这种方式的优点是自动完成所有计算机的分组，人工不需要干预，缺点是分组不灵活，完全依赖于 OU 和组策略的分类。

3.8 部署 NTP 服务器——实现时间同步

NTP（Network Time Protocol，网络时间协议）服务器提供了时间校对服务，在几乎所有系统中均会用到。以 AD 来举例，在客户端将身份凭据发送给域控制器时，除了会验证用户输入的用户名和密码等信息，还会检测域控制器和客户端的时间。若二者的时间相差超过 5 分钟，则验证不会通过。由此可见，时间在各个系统中也起着举足轻重的作用。

在通常情况下，各个硬件设备的主板上 BIOS 都能够提供时钟的作用，但由于依赖于电池进行供电，并且会受到其他因素的干扰造成计时不准确。目前最准确的时钟是使用原子振荡周期所计算的物理时钟。

NTP 服务器，Windows 操作系统和 Linux 操作系统中均可实现，但从易用性来说，Linux 操作系统更胜一筹。因此本节中涉及的 NTP 服务器采用 CentOS 7.9 1909 操作系统来进行部署，其他 Linux 操作系统也可以参考该小节中的步骤做相应的配置。

另外准备一台服务器主机，操作系统是 CentOS 7.9 1909。部署完成后按以下命令安装 NTP 服务。以下命令行中每行以“#”的内容是解释说明部分，在实际部署时可忽略。

```
[root@NTP ~]# yum install -y chrony
#安装 chrony 包，用于时间同步，CentOS 7.9 1909 中默认安装
Last metadata expiration check: 0:04:56 ago on Sun 05 Jan 2020 09:24:58 PM CST.
Package chrony-3.3-3.el8.x86_64 is already installed.
Dependencies resolved.
Nothing to do.
Complete!
[root@NTP ~]# timedatectl set-timezone Asia/Shanghai
#调整时区为中国标准时区（东八区）
[root@NTP ~]# systemctl enable chronyd
#设置开机自动启动 chronyd 服务
[root@NTP ~]# systemctl start chronyd
#开启 chronyd 服务
[root@NTP ~]# systemctl status chronyd
#查看当前 chronyd 的状态
● chronyd.service - NTP client/server
   Loaded: loaded (/usr/lib/systemd/system/chronyd.service; enabled; vendor preset: enabled)
#第一个分号后的 enabled 代表该服务在开机后会自动启动
   Active: active (running) since Sun 2020-01-05 21:22:02 CST; 8min ago
#active 状态则证明 chronyd 服务已经在运行中
     Docs: man:chronyd(8)
           man:chrony.conf(5)
 Main PID: 791 (chronyd)
    Tasks: 1 (limit: 11513)
   Memory: 1.9M
   CGroup: /system.slice/chronyd.service
           └─791 /usr/sbin/chronyd

Jan 05 21:22:02 NTP systemd[1]: Starting NTP client/server...
Jan 05 21:22:02 NTP chronyd[791]: chronyd version 3.3 starting (+CMDMON +NTP +REFCLOCK +RTC
+PRIVDROP +SCFILTER +SIGND +ASYNCDNS +SECHASH +IPV6 +DEBUG)
Jan 05 21:22:02 NTP chronyd[791]: Frequency -31.211 +/- 0.034 ppm read from /var/lib/chrony/drift
Jan 05 21:22:02 NTP chronyd[791]: Using right/UTC timezone to obtain leap second data
Jan 05 21:22:02 NTP systemd[1]: Started NTP client/server.
Jan 05 21:22:13 NTP chronyd[791]: Selected source 124.108.20.1
Jan 05 21:22:13 NTP chronyd[791]: System clock TAI offset set to 37 seconds
Jan 05 21:23:20 NTP chronyd[791]: Selected source 144.76.76.107
[root@NTP ~]# vim /etc/chrony.conf
```

```
#修改时间同步服务的配置文件 chrony.conf
# Use public servers from the pool.ntp.org project.
# Please consider joining the pool (http://www.pool.ntp.org/join.html).
pool 2.centos.pool.ntp.org iburst
#默认使用 centos.pool.ntp.org 作为时间源，指向一个时间源服务器池。推荐修改成直接指向阿里云
NTP 服务器 ntp1.aliyun.com 至 ntp7.aliyun.com

#server ntp1.aliyun.com
#指向阿里云 NTP 服务器
# Record the rate at which the system clock gains/losses time.
driftfile /var/lib/chrony/drift

# Allow the system clock to be stepped in the first three updates
# if its offset is larger than 1 second.
makestep 1.0 3

# Enable kernel synchronization of the real-time clock (RTC).
rtcsync

# Enable hardware timestamping on all interfaces that support it.
#hwtimestamp *

# Increase the minimum number of selectable sources required to adjust
# the system clock.
#minsources 2

# Allow NTP client access from local network.
#allow 192.168.0.0/16
#在此处可以配置允许进行时间同步的网段
# Serve time even if not synchronized to a time source.
#local stratum 10

# Specify file containing keys for NTP authentication.
keyfile /etc/chrony.keys

# Get TAI-UTC offset and leap seconds from the system tz database.
leapsectz right/UTC

# Specify directory for log files.
logdir /var/log/chrony

# Select which information is logged.
#log measurements statistics tracking

[root@NTP ~]# systemctl restart chronyd
#修改完配置文件后，需要重启服务才能生效
[root@NTP ~]# timedatectl
#查看时间同步的状态
                  Local time: Sun 2020-01-05 21:38:04 CST
#系统本地时间
```

```
               Universal time: Sun 2020-01-05 13:38:04 UTC
#UTC（Coordinated Universal Time，协调时间时）时间，和中国标准时间相差 8 个小时
                     RTC time: Sun 2020-01-05 13:38:04
#RTC（Real-Time Clock，真实时间）时间，即硬件设备上的时间
                    Time zone: Asia/Shanghai (CST, +0800)
#时区
System clock synchronized: yes
#是否开启了时间同步
                  NTP service: active
#NTP 服务状态
              RTC in local TZ: no
#RTC 时区是否与本地时区一致
```

至此，NTP 服务器搭建完成，所有需要进行时间同步的客户端做好 NTP 服务器指向即可。

第 4 章 实现服务器虚拟化——基于 VMware vSphere

在上一章中已经搭建了各类 IT 基础架构服务器，本章将在其基础上介绍通过 VMware vSphere 实现服务器虚拟化，从而提高服务器的利用率，节省不必要的开支。

VMware vSphere 是美国 VMware（威睿）公司提出的服务器虚拟化解决方案，2019 年底 vSphere 6.7 Update 3 版本正式发布。

本章中主要介绍以下内容：

- VMware vSphere 产品及其应用场景。
- 配置 Dell 服务器。
- 部署 ESXi——实现服务器虚拟化。
- 部署 vCenter Server——实现主机和虚拟机的统一管理。
- 创建模板——实现快速创建虚拟机。
- 添加网络虚拟交换机——实现虚拟机、主机、交换机互联互通。
- 添加共享存储——实现虚拟机高可用。
- 权限分配——实现分权管理。

本章中要部署的服务器如表 4-1 所示。

表 4-1　要部署的服务器列表

主机名	CPU	内存	硬盘	备注
ESXi-01	Intel E5-2620*2	128GB	300G*2	
ESXi-02	Intel E5-2620*2	128GB	300G*2	
ESXi-03	Intel E5-2620*2	128GB	300G*2	
vCenter	8vCPU	16GB	200GB	Windows 操作系统 vCenter Server
VCSA	8vCPU	16GB	200GB	Linux 操作系统 vCenter Server
Win7	2vCPU	4GB	100GB	Windows 模板机
CentOS7	2vCPU	4GB	50GB	Linux 模板机
Openfilter	2vCPU	4GB	500GB	共享存储

4.1　VMware vSphere 产品及其应用场景

VMware vSphere 系列中包含几个主要的产品：ESXi、vCenter、vRealize Log Insight、NSX、Replication、vRealize Orchestrator、AppDefense、Integrated Container。根据所使用的许可类型，支持的产品也不相同。本节中将主要介绍 ESXi 和 vCenter 的部署和配置。

4.1.1　VMware vSphere 产品介绍

VMware vSphere 系列产品中的核心组件为 ESXi，是一款可以直接运行在物理硬件上的系统。ESXi 安装之后，在物理设备上以虚拟化层的方式存在。在虚拟化层上，可以根据用户的需要，在虚拟化层上分别部署不同的虚拟机，虚拟机与虚拟机之间相互独立，互不影响，通过内核和控制台管理虚拟化层上创建的虚拟机，是典型的裸金属架构。

类似 VMware ESXi 的这种裸金属架构的部署方式，大大降低了对底层操作系统的依赖，可以依据不同的需求部署不同的操作系统。

VMware vSphere 中还提供了一种统一管理 VMware 虚拟化环境的工具——VMware vCenter。通过 vCenter，用户不仅可以管理目前已有的 ESXi 主机及运行在 ESXi 主机中的虚拟机，而且还可以对虚拟机模板、ESXi 内部网络、数据存储等高级功能做调整。

4.1.2　VMware vSphere 高可用设计

在服务器虚拟化项目中，会包含若干个软件程序和硬件设备。任何一个软件程序中的服务或者硬件设备的部件发生故障，都可能会造成整个服务器虚拟化系统发生故障或宕机。HA（High Availability，高可用性）是指某个系统通过一些特殊的技术手段，降低故障时间，从而提高系统的可用性。

VMware vSphere 的高可用设计可以分成 3 个维度。

1．物理层上的高可用设计

从单台物理服务器上来说，每一个设备的组成部分，都需要尽可能考虑因达到寿命或者意外故障导致整台服务器无法继续正常运行的情况。对于服务器的硬盘，强烈推荐使用 RAID 组的方式来构建存储空间。通常情况下，可根据硬盘的数量或者空间要求，规划出安装 ESXi 所使用的 RAID 组为 RAID1 或者 RAID10，既能够提高硬盘冗余度，又可以满足性能的要求。有条件的话，可以使用 BOSS 卡安装 ESXi，但也需要考虑冗余设计。对于服务器的网卡，也需要考虑到冗余设计。常规情况下，服务器会有一组板载的网卡，若其端口速率等参数能够满足性能要求，建议再增加一组网卡，与之做端口绑定。即板载网卡的一个网口和添加的 PCI 网卡的一个网口在 ESXi 或者交换机上做端口绑定，可以使用 A-A（Active-Active，活动-活动）或 A-S（Active-Standby，活动-备用）的方式将在不同插槽的两个网口做端口绑定，降低因单个网卡或者网口故障造成网络中断。与之类似的还有服务器的电源采用双路供电（一路市电，一路 UPS 供电）、网络交换机和光纤交换机高可用等，尽可能地保证各个组件做到冗余的设计。

2．ESXi 集群的高可用设计

虽然在服务器的硬件设备上已经考虑了冗余设计，但仍然有一些风险点，如 CPU 或内存故障导致 ESXi 出现“紫屏”或者服务器意外重启。该种情况下，ESXi 上运行的虚拟机将无法正常运行，导致业务中断。为了避免该情况，VMware 提供了两种方式：HA（High Available，高可用）和 FT（Fault Tolerance，容错）。这两种方式的前提是，多台 ESXi 主机在一起组建成主机集群。在组建集群时，需要保证 ESXi 主机不少于 3 台，并且建议每台 ESXi 主机上的 CPU 数量和型号相同、所能承载的虚拟机容量相同和网卡数量相同。

当启用 HA 功能后，一旦 ESXi 主机发生故障，无法承载主机上的虚拟机，虚拟机会在其他的主机上重新启动。业务中断的时间大致等同于虚拟机重新启动和应用程序启动的时长。当启用 FT 功能时，当 ESXi 主机发生故障时，不会出现虚拟机在其他主机上重新启动而造成的业务中断。因为被保护的虚拟机在创建时，虽然在第一台 ESXi 主机上运行，但同时在另外一台 ESXi 主机上创建了该虚拟机的影子版本。这个影子版本的虚拟机会执行和主虚拟机相同的操作。一旦主虚拟机所在的 ESXi 主机发生故障导致主虚拟机无法正常共奏，影子版本的虚拟机会立刻接管相关的工作。但需要注意的是，FT 功能所保护的虚拟机数量和虚拟机的 CPU 内核数量有限制。

3．vCenter 的高可用设计

在物理服务器上安装 ESXi 后，可以通过 VMware Client 或者 VMware Web Client 直接连接到 ESXi 主机对虚拟机进行管理。但 VMware vSphere 的高级选项都需要使用 vCenter 才能被支持，因此 vCenter 对于统一管理 ESXi 主机和虚拟机尤为重要。

VMware 提供了 vCenter HA 集群的解决方案，由 3 台 vCenter Server Applicance 组成 vCenter HA 集群：一台承担主动节点功能；一台承担被动节点功能；一台承担见证节点功能。3 台 vCenter Server Appliance 之间建议使用单独的网络进行通信，作为心跳网络。vCenter HA 集群中，只有承担主动角色节点的 vCenter 上才具有 vCenter 的管理 IP 地址，如图 4-1 所示。在正常情况下，主动节点的数据都会同步复制到被动节点上。一旦主动节点发生故障，会由被动节点角色的 vCenter 承担。同时，为了提高 vCenter 的可用性，建议将 3 台 vCenter Server Appliance 放置在 3 台不同的 ESXi 主机，将 3 台 ESXi 主机组成集群，并开启集群的 HA 和 DRS 功能。

处于 vCenter HA 集群中 vCenter 服务器，可以使用嵌入式 PSC 或者外部 PSC 进行部署。需要注意的是，使用外部 PSC 时，可以部署多台 PSC 服务器并借助负载均衡器（如 NetScaler、F5 BIG-IP 或 NSX Edge 等）实现 PSC 和 vCenter 的高可用，如图 4-2 所示。

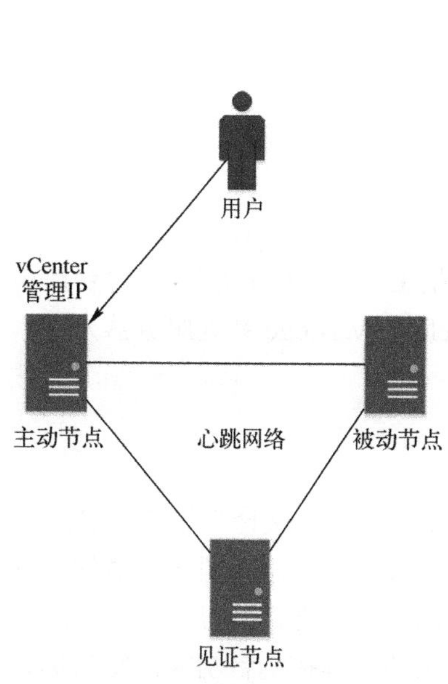

图 4-1　vCenter HA 集群

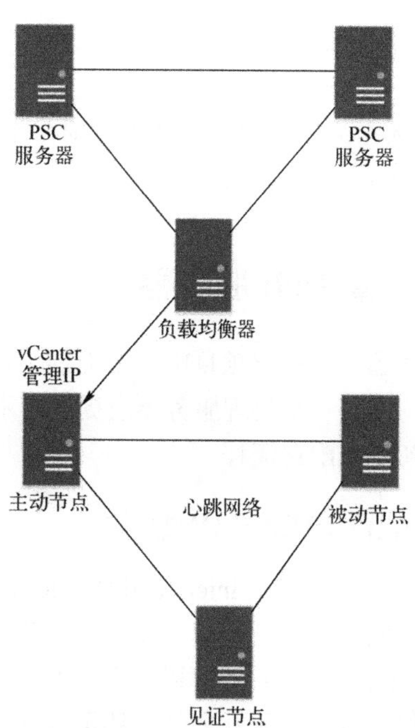

图 4-2　具有外部 PSC 的 vCenter HA 集群

4.1.3　VMware vSphere 的常见应用场景介绍

由 VMware vSphere 构建的虚拟化环境可以为用户提供一个完整的数据中心解决方案，提供计算资源、网络资源、存储资源。在传统的数据中心中，各个业务系统使用单独的主机，主机的资源利用率主要受到业务系统的繁忙程度影响。为了保证各业务系统运行的稳定性，在主机资源规划时都会按照高峰期的资源利用率进行设计，这可能就会造成了全年有 80%的时间主机都处于资源利用率低的情况。虚拟化技术的出现，很大程度避免了这个问题。多台主机在一起组成集群，将所有的资源池化，为业务部门提供了足够的资源。当业务系统出现高峰或者低谷时，可以灵活地从资源池中增加或者减少资源给对应的业务系统虚拟机，从整体上来看，节省了硬件资源，提高了各个主机的资源利用率，是服务器虚拟化最大的优势。

在企业内部，借助于 VMware vSphere 和 NSX 产品，可以将不同服务器按照多种形式进行分类，彼此通信需要经过虚拟防火墙，做到微分段，在同一网段之间进行通信时数据包也要经过防火墙进行过滤，这就在一定程度上保证了安全，这也是服务器虚拟化的一个重要使用场景。

4.1.4　VMware vSphere 服务器虚拟化项目的部署流程

相比于其他项目，VMware vSphere 服务器虚拟化项目涉及的软件、硬件产品较多，部署和调试步骤也比较多，其主要的部署流程如下。

1）服务器与存储设备通过网络连通。

2）服务器硬件设备初始化。

3）服务器安装操作系统。

4）存储硬件设备初始化。

5）服务器上的操作系统连接到存储。

6）用户权限分配。

4.2 配置 Dell 服务器

服务器在虚拟化项目中主要提供了计算资源（包括 CPU 和内存资源），每台虚拟机的计算资源均由某一个物理服务器所提供。本节中将以 Dell PowerEdge 系列服务器为例，介绍服务器的初始化配置流程。

4.2.1 配置 iDRAC IP 地址

iDRAC，全称是 integrated Dell Remote Access Controller，中文译为集成式 Dell 远程访问控制器。它是单独的一套系统，和服务器上的系统相互独立，用于管理服务器的硬件系统。通过 iDRAC 控制台，可以查看到服务器上各个硬件的健康状态，并可在发生故障时发送邮件报警给管理员。除此之外，还可以通过 iDRAC 提供的远程控制台功能，将鼠标、键盘、移动驱动器等远程映射到服务器上，进行远程安装操作系统或变更配置，省去了管理员必须到机房通过 KVM（Keyboard、Video、Mouse，键盘、视频、鼠标）设备管理的麻烦。

如果 Dell 服务器的面板上带有液晶屏幕和操作面板，则可以通过面板更改 iDRAC 管理 IP 地址，可以通过面板上的“<”“>”“√”按钮依次进入到“Setup（设置）”菜单中设置静态 IP 地址或动态 IP 地址（需额外提供 DHCP 服务器）作为 iDRAC 的管理 IP 地址。

Dell 服务器在出厂时设置的默认 iDRAC IP 地址是 192.168.0.120，默认用户名是 root，初始密码是 calvin，可以通过该账号登录到 Dell 服务器的 iDRAC 控制台。然后在“概述”→“iDRAC 设置”→“网络”页面，对 iDRAC 的 DNS 名称、IP 地址、子网掩码、网关和 DNS 服务器等进行设置。如图 4-3 所示。

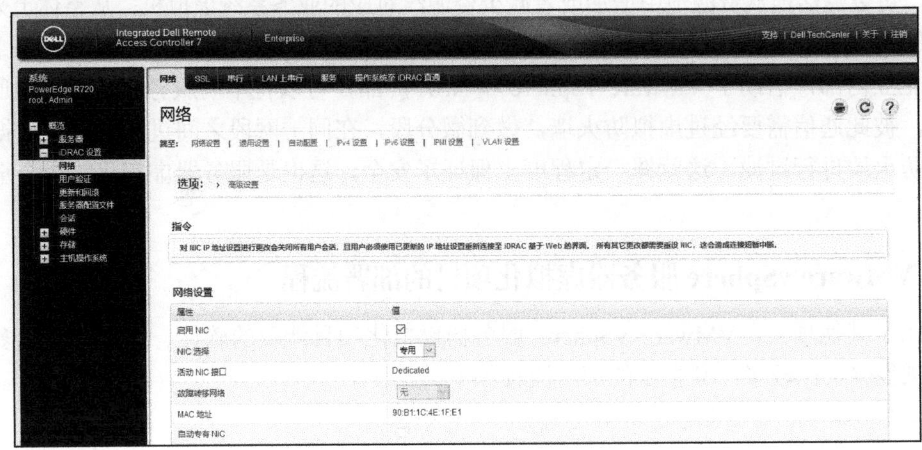

图 4-3　iDRAC 控制台网络的设置

如果 Dell 服务器上无液晶屏幕和操作面板，则需要在服务器 POST（Power on Self Test，开机自检）过程中按〈F2〉键进入到 System Setup（系统配置）中配置 iDRAC 管理地址。具体步骤如下。

1）在主机引导后，显示图 4-4 所示功能菜单，按〈F2〉键进入系统设置功能模块中。

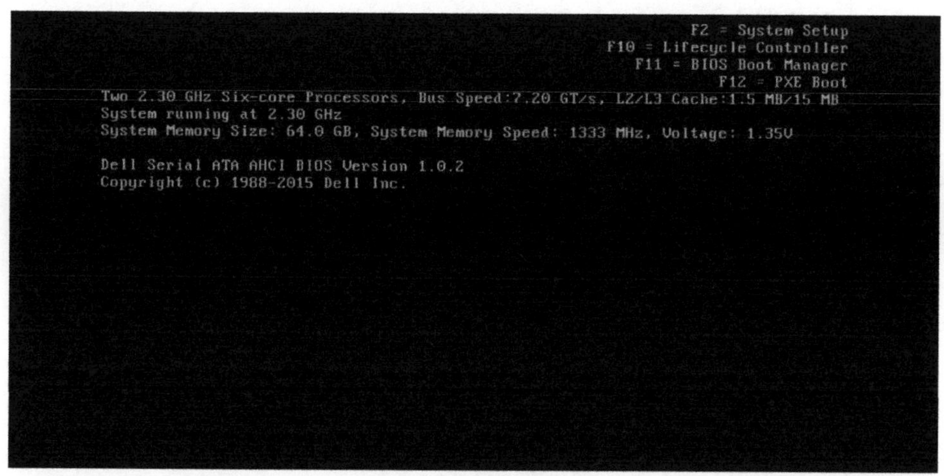

图 4-4　功能菜单

2）在系统设置主菜单中，选择“iDRAC Settings”，如图 4-5 所示。

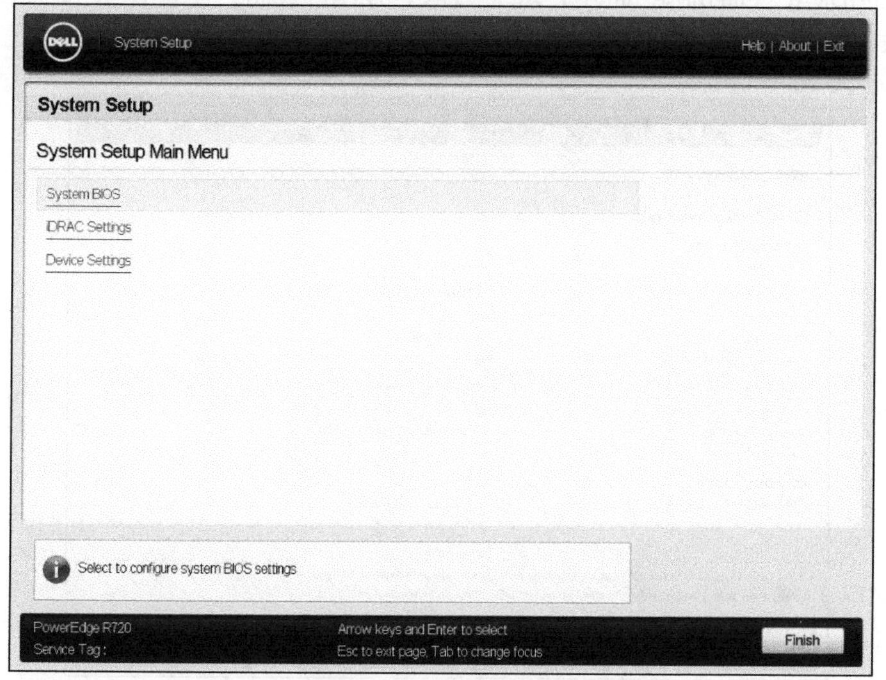

图 4-5　系统设置主菜单

3）在 iDRAC 设置菜单中，选择“Network”对网络进行设置，如图 4-6 所示。

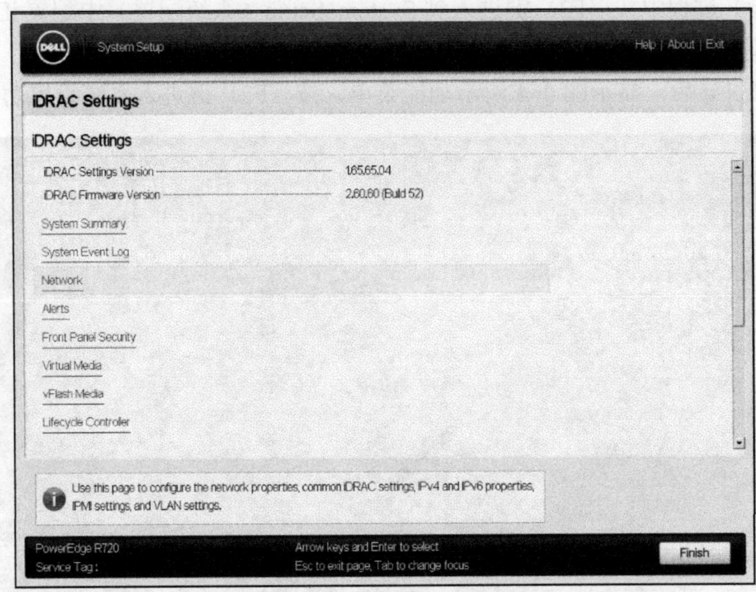

图 4-6　iDRAC 设置菜单

4）在网络配置菜单，将“Enable NIC”设置为“Enabled”，“NIC Selection”设置为“Dedicated(iDRAC Enterprise only)”，填写“DNS iDRAC Name”并配置 IP 地址、子网掩码、网关、DNS 服务器，如图 4-7 所示。

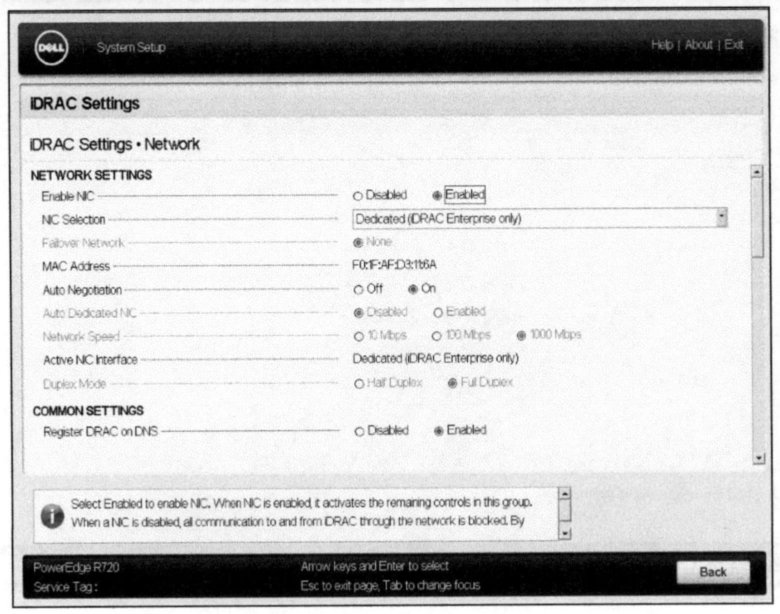

图 4-7　网络配置菜单

iDRAC 的管理地址所在网段建议单独划分，以便于在大规模场景下通过 OME（Open Manager Essential）或者 OMEnt（Open Manager Enterprise）进行统一的管理。

4.2.2　配置 RAID 组

阵列卡的全称是磁盘阵列卡，是在服务器上用于构建 RAID（Redundant Array of Independent Disks，廉价冗余磁盘阵列）的物理硬件，通过阵列卡可以实现两个目的：一是可以将多块小容量的物理磁盘组成一块或多块大量容的逻辑磁盘；二是可以通过数据冗余的方式，防止因磁盘故障造成数据丢失。

根据阵列卡的不同类型，支持的 RAID 组的种类也不尽相同。在服务器上，常见的 RAID 组类型有 RAID 0、RAID 1、RAID 5、RAID 6、RAID 10、RAID 50、RAID60。

在 Dell 服务器 POST 过程中，当出现 BIOS 版本信息后（如图 4-8 所示），根据屏幕提示，按〈Ctrl+R〉组合键进入配置工具界面。如果该服务器上有多个阵列卡控制器，需要先选择需要配置的阵列卡控制器。

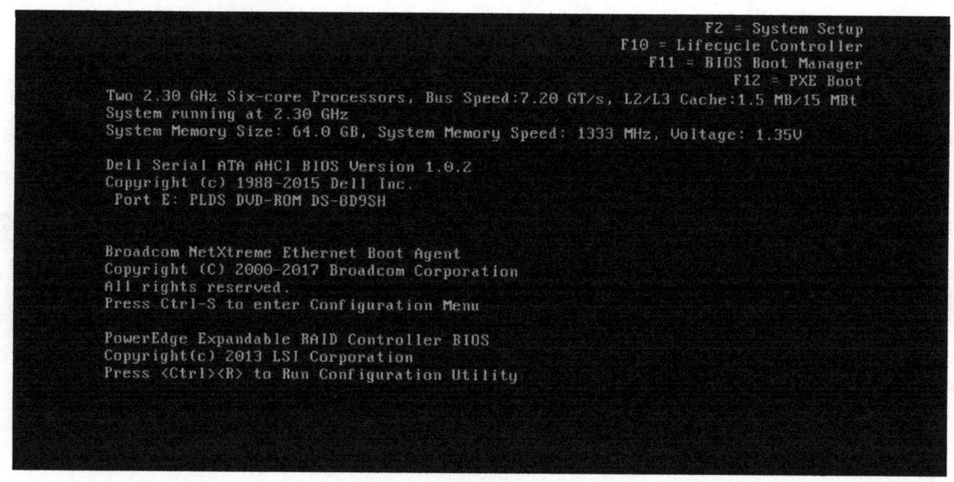

图 4-8　BIOS 版本信息

在磁盘管理的界面中，根据不同 RAID 卡的类型，配置过程可能会有所不同。在配置界面中，选择划分在同一个 RAID 组的物理磁盘后，选择合适的 RAID 组，并对 RAID 进行初始化配置。划分 RAID 组后，根据实际情况，可在全局配置中选择剩余的物理磁盘作为全局热备盘或者局部热备盘来使用。其中，全局热备盘可以在任意一个 RAID 组的磁盘发生故障时替换故障的磁盘，局部热备盘仅能在指定的 RAID 组内的磁盘发生故障时进行磁盘替换。关于 RAID 组的配置通常在企业生产环境中进行，此处不再详述。

4.2.3　升级固件

在戴尔的官网上，可以根据服务器的设备序列号查找固件的升级包，选择需要的固件进行下载，如图 4-9 所示。

查找适用于以下项目的驱动程序：PowerEdge R740

关键字：输入驱动程序名称或关键字

操作系统：Windows Server 2016

类别：全部

格式：全部

仅显示紧急下载

名称	类别	发布日期	操作
Dell EMC Server PowerEdge BIOS R740/R740xd/R640/R940/7920R Version 2.5.4	BIOS	21 Feb 2020	下载
R740/R740XD CPLD 版本 1.1.3	CPLD	26 Jun 2019	下载
PERC H740P/H840/H745 RAID Controller Firmware 50.9.4-3025 紧急	SAS RAID	09 Jan 2020	下载
适用于 PERC10 RAID 控制器的 Windows Server 2016 驱动程序 7.711.4.0 紧急	SAS RAID	11 Dec 2019	下载

图 4-9　固件安装程序列表

在 iDRAC 控制台中，依次打开“维护”→“系统更新”→“手动更新”，上次已经下载的固件升级包并进行安装，如图 4-10 所示。根据固件升级包的不同，安装完成后可能需要重启服务器才能生效。

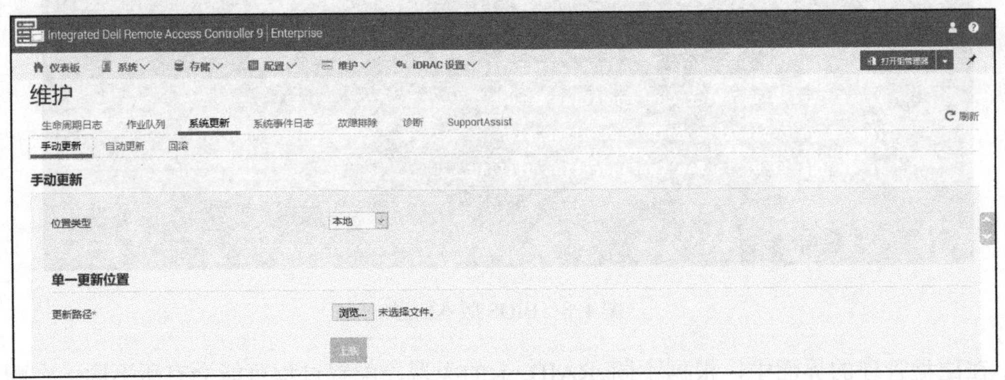

图 4-10　升级固件

4.3　部署 ESXi——实现服务器虚拟化

本节中将通过 iDRAC 和 U 盘两种方式介绍在 Dell PowerEdge R720 服务器上部署 ESXi。

4.3.1　通过 iDRAC 安装 ESXi 主机

本节介绍通过 iDRAC 虚拟控制台来安装 ESXi 主机的具体步骤。

1）登录到 iDrac 控制台，依次打开“服务器”→“属性”→“摘要”页面，如图 4-11 所示。在右侧“虚拟控制台概览”区域，点击“启动”按钮，打开虚拟控制台。

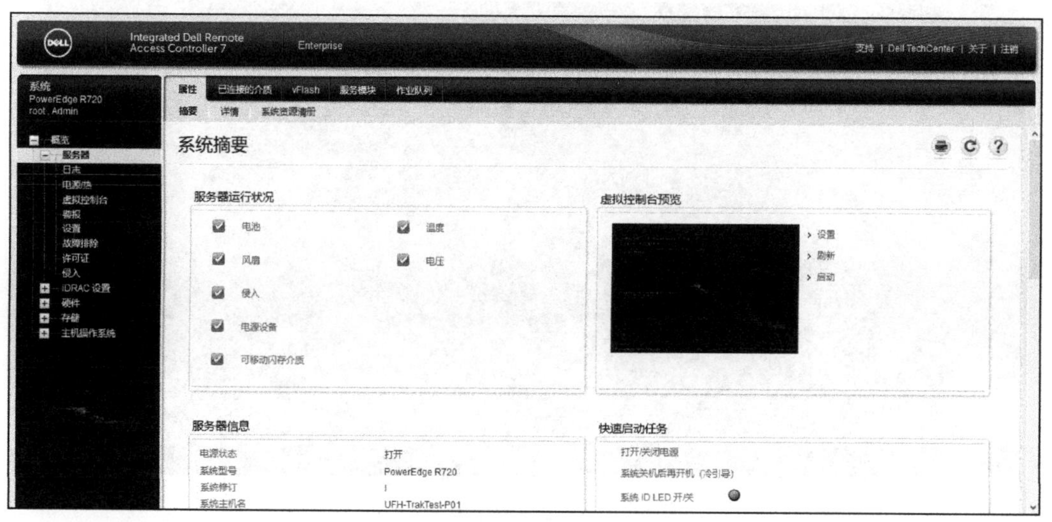

图 4-11　登录到 iDRAC 虚拟控制台

2）点击右上角的“虚拟介质”按钮，弹出虚拟介质挂载页面，如图 4-12 所示。点击“映射 CD/DVD”区域的“浏览”按钮，将 ESXi 的安装 ISO 文件挂载到虚拟控制台上。

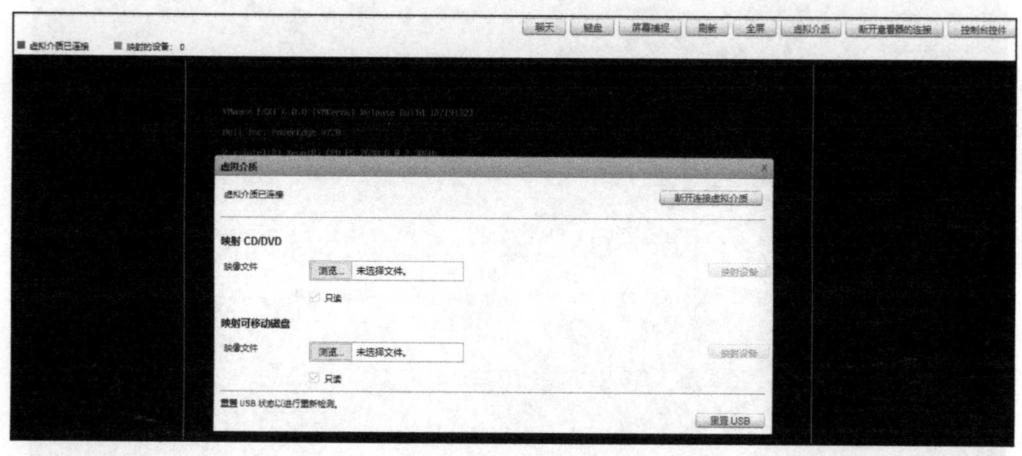

图 4-12　挂载虚拟介质

3）重启服务器，当屏幕出现 BIOS 版本信息后，可参考图 4-8，按下〈F11〉键修改引导顺序为从虚拟 CD/DVD 光驱启动。

4）在 ESXi 启动菜单中，选择“DellEMC-ESXi-6.7.0-8941472-A02 Installer”进行安装。如图 4-13 所示。

5）稍等片刻，开始读取 ESXi 安装程序，执行安装如图 4-14 所示。

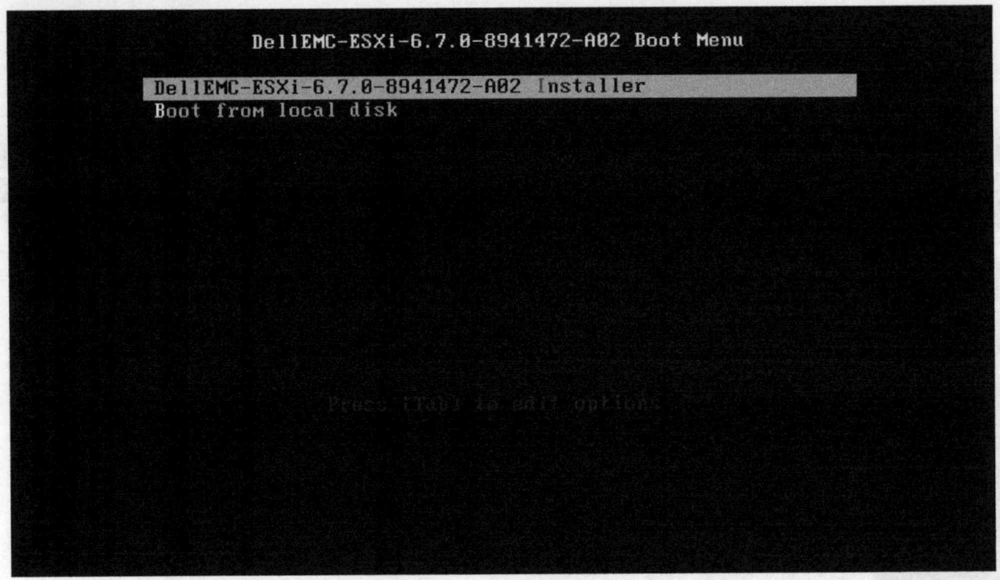

图 4-13　ESXi 启动菜单

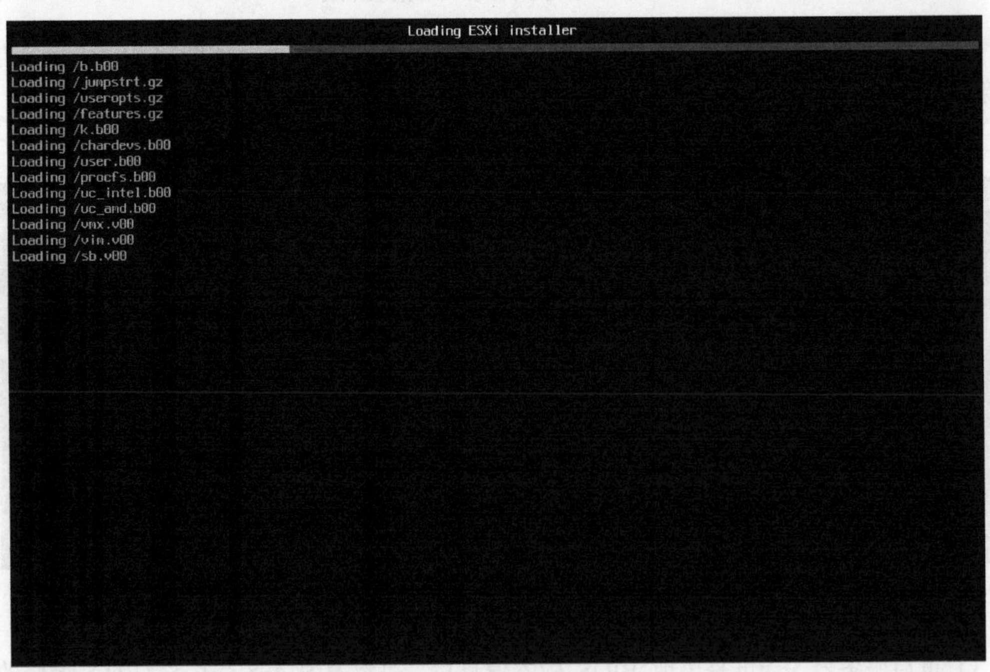

图 4-14　开始安装 ESXi

6）待安装文件读取完成后，会出现安装程序欢迎界面，如图 4-15 所示。

7）根据屏幕提示，按下〈Enter〉键开始安装，出现最终用户许可协议界面，如图 4-16 所示。

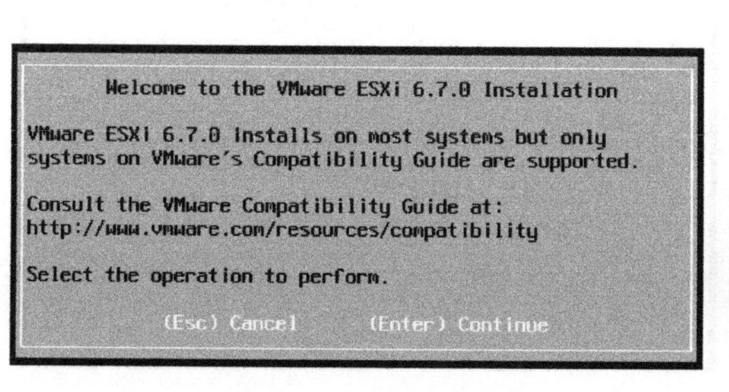

图 4-15　欢迎界面

End User License Agreement (EULA)

VMWARE END USER LICENSE AGREEMENT

PLEASE NOTE THAT THE TERMS OF THIS END USER LICENSE AGREEMENT SHALL GOVERN YOUR USE OF THE SOFTWARE, REGARDLESS OF ANY TERMS THAT MAY APPEAR DURING THE INSTALLATION OF THE SOFTWARE.

IMPORTANT-READ CAREFULLY: BY DOWNLOADING, INSTALLING, OR USING THE SOFTWARE, YOU (THE INDIVIDUAL OR LEGAL ENTITY) AGREE TO BE BOUND BY THE TERMS OF THIS END USER LICENSE AGREEMENT ("EULA"). IF YOU DO NOT AGREE TO THE TERMS OF THIS EULA, YOU MUST NOT DOWNLOAD, INSTALL, OR USE THE SOFTWARE, AND YOU MUST DELETE OR RETURN THE UNUSED SOFTWARE TO THE VENDOR FROM WHICH YOU ACQUIRED IT WITHIN THIRTY (30) DAYS AND REQUEST A REFUND OF THE LICENSE FEE, IF ANY, THAT

Use the arrow keys to scroll the EULA text

(ESC) Do not Accept　(F11) Accept and Continue

图 4-16　用户许可协议界面

8）按下〈F11〉键，接受最终用户协议，选择安装 ESXi 的位置，如图 4-17 所示。建议在安装 ESXi 前拔掉 ESXi 所连接的外部存储连接线（如光纤线、iSCSI 网线等），以免因误操作将外部存储数据覆盖。

9）选中磁盘分区，按下〈Enter〉键确认后，进行键盘布局的选择，如图 4-18 所示。

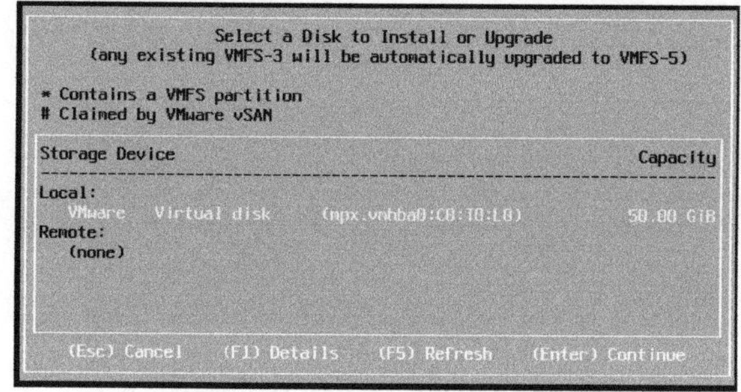

图 4-17　选择安装 ESXi 的磁盘

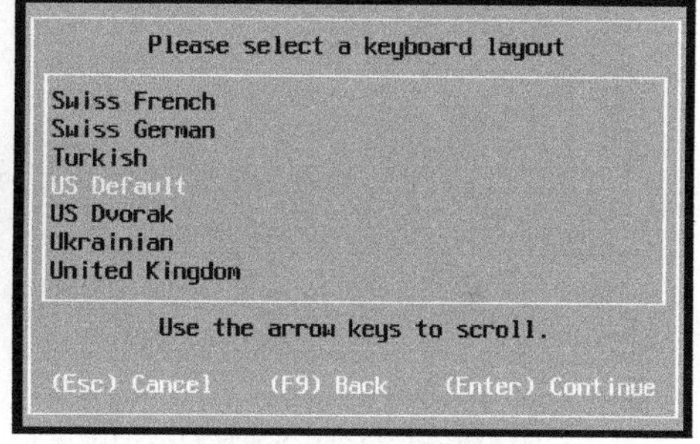

图 4-18　选择键盘布局

10）设置 root 账户的密码，如图 4-19 所示。

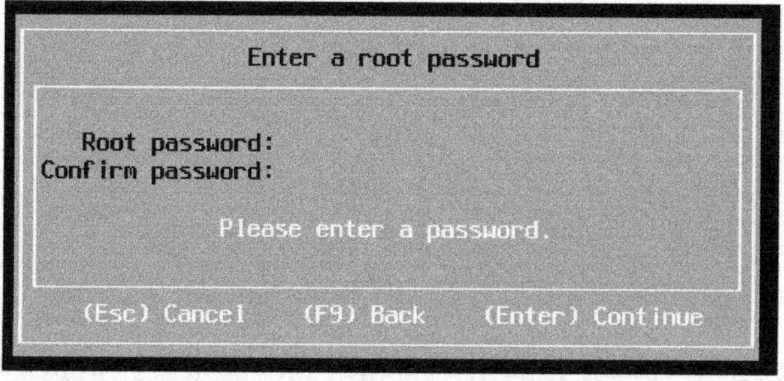

图 4-19　设置 root 账户的密码

11）所有配置完成后，在确认安装页面按下〈F11〉确认安装。如图 4-20 所示。

12）稍等片刻，完成 ESXi 的安装，提示安装过程已完成，如图 4-21 所示。

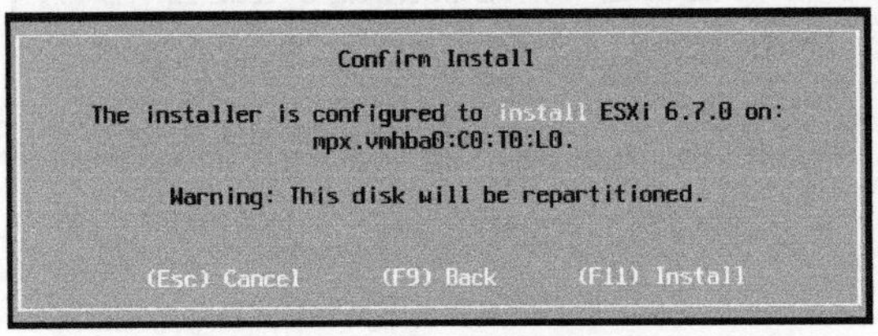

Confirm Install
The installer is configured to install ESXi 6.7.0 on:
mpx.vmhba0:C0:T0:L0.
Warning: This disk will be repartitioned.
(Esc) Cancel
(F9) Back
(F11) Install

图 4-20　确认安装

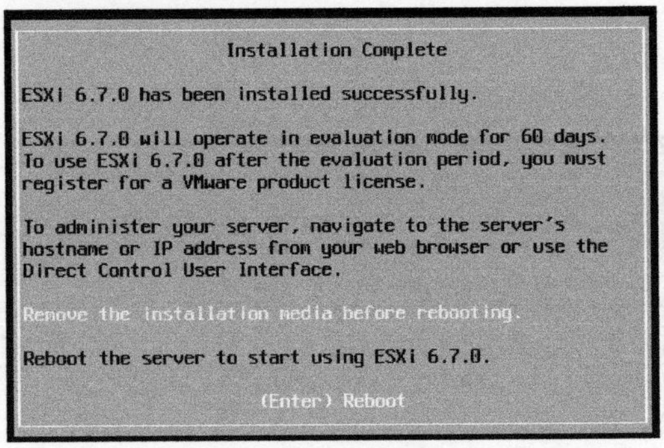

Installation Complete
ESXi 6.7.0 has been installed successfully.
ESXi 6.7.0 will operate in evaluation mode for 60 days.
To use ESXi 6.7.0 after the evaluation period, you must
register for a VMware product license.
To administer your server, navigate to the server's
hostname or IP address from your web browser or use the
Direct Control User Interface.
Remove the installation media before rebooting.
Reboot the server to start using ESXi 6.7.0.
(Enter) Reboot

图 4-21　完成安装

13）重启 ESXi 主机后，显示 ESXi 的 DCUI 界面，如图 4-22 所示。

VMware ESXi 6.7.0 (VMKernel Release Build 8941472)
VMware, Inc. VMware Virtual Platform
2 x Intel(R) Xeon(R) CPU E5-2670 0 @ 2.60GHz
8 GiB Memory
To manage this host go to:
http://0.0.0.0/
http://[fe80::250:56ff:fe80:bf96]/ (STATIC)
<F2> Customize System/View Logs
<F12> Shut Down/Restart

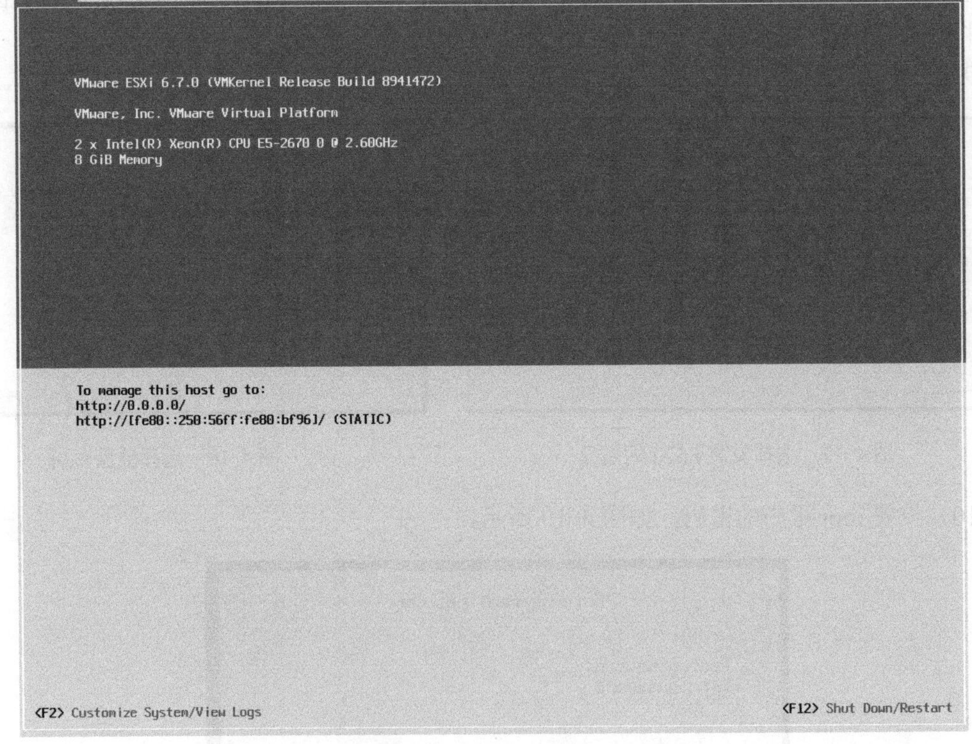

图 4-22　DCUI 界面

14）按下〈F2〉键，输入刚设置的用户名和密码，显示系统自定义菜单，如图 4-23 所示。选择“Configure Management Network”，按下〈Enter〉键，对管理网络进行配置。

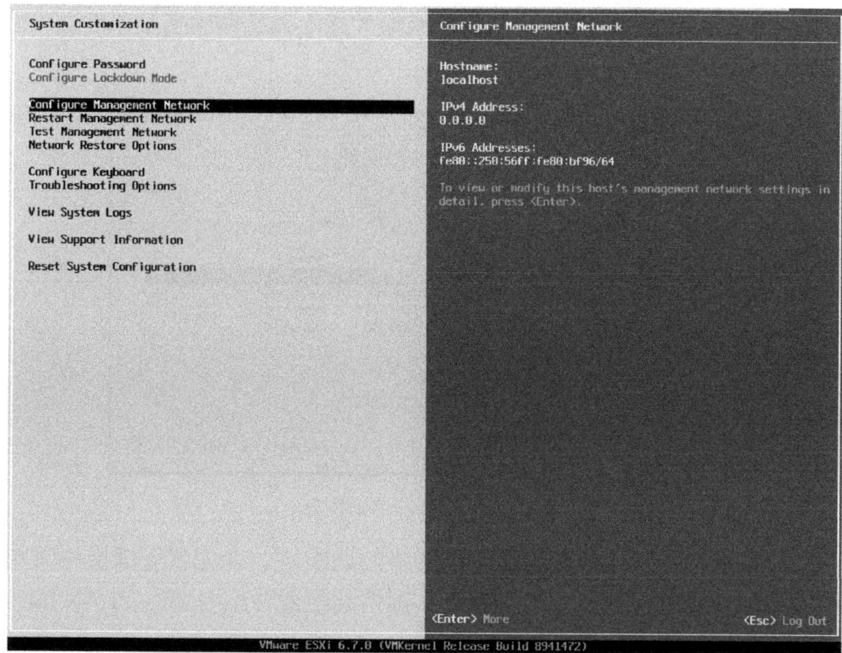

图 4-23　系统自定义菜单

15）在管理网络菜单中，如图 4-24 所示，选择“Network Adapters”，来指定管理网口。

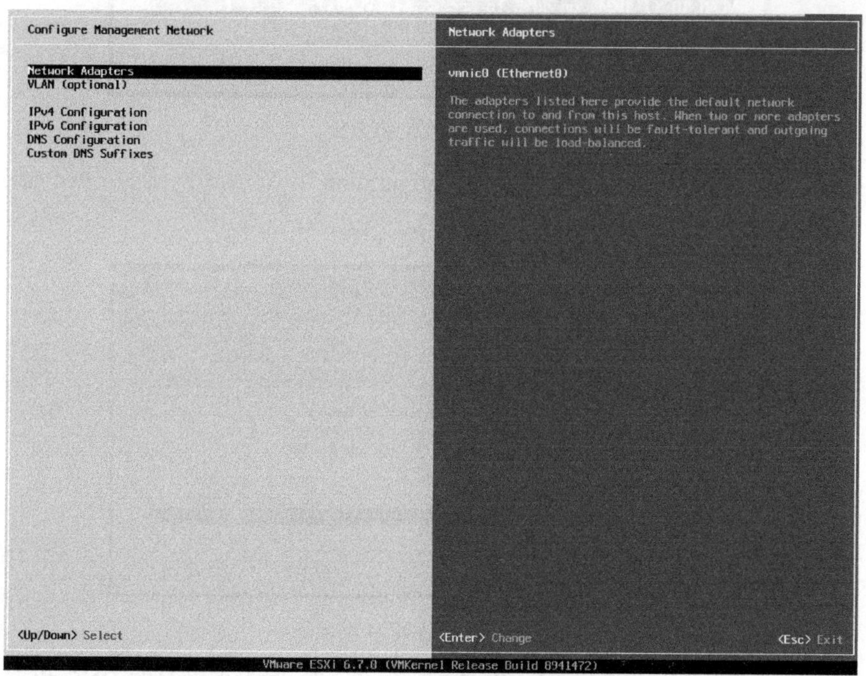

图 4-24　配置管理网络菜单

16）在网络适配器清单中，选中用于管理网络的适配器。网络适配器被选中时会被标记为“X”。如图 4-25 所示。

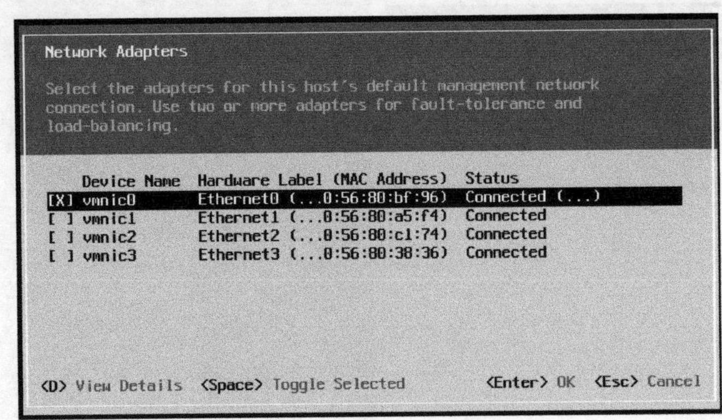

图 4-25　选择网络适配器

17）按下〈Enter〉键确认选中用于管理网络的适配器。在配置管理网络菜单中，选择“VLAN”进行配置，如图 4-26 所示，可根据实际情况配置管理网络的 VLAN ID。

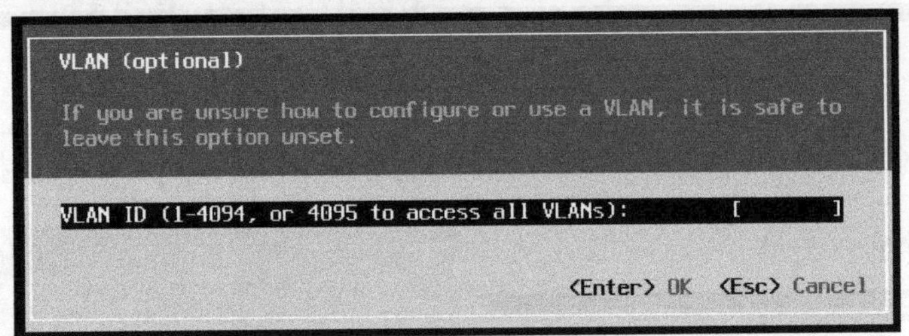

图 4-26　配置 VLAN

18）在配置网络菜单中，选择“IPv4 Configuration”，对管理网络的 IPv4 地址进行配置，如图 4-27 所示。

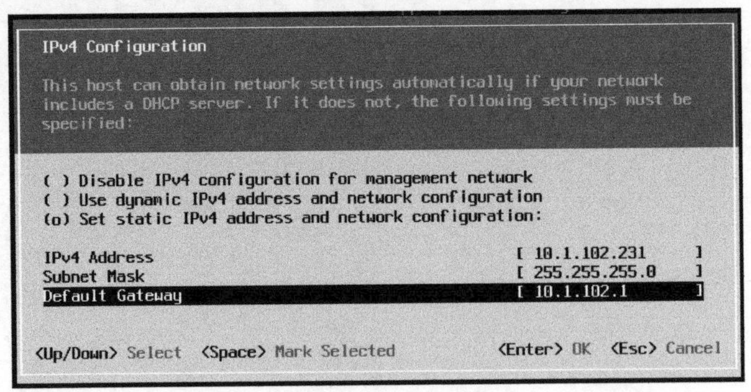

图 4-27　配置 IPv4 地址

19）在配置网络菜单中，选择“DNS Configuration”，对管理网络的 DNS 和主机名进行配置，如图 4-28 所示。

20）在配置网络菜单中按下〈Esc〉键退出，由于修改了网络的相关配置，会提示是否重启管理网络应用配置，如图 4-29 所示。按下〈Y〉键确认配置并重启管理网络。

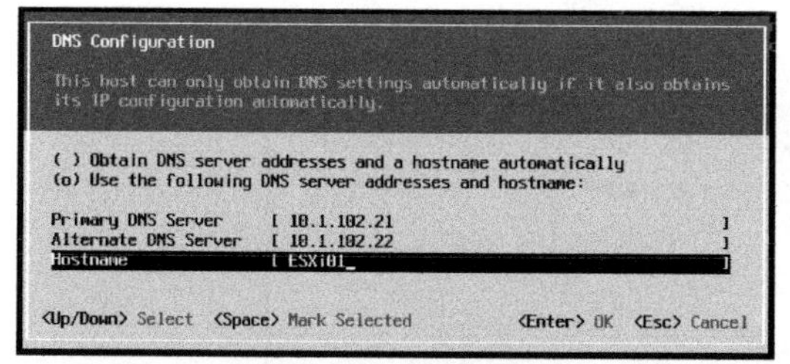

图 4-28　配置 DNS

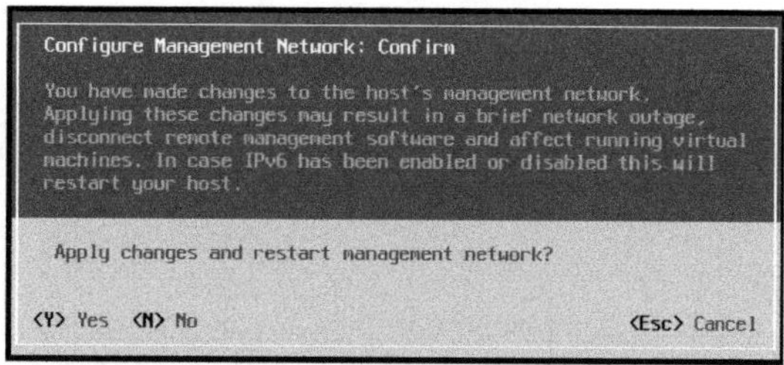

图 4-29　应用管理网络配置

21）退回到 ESXi 的 DCUI 默认页面，显示已经配置的主机名、IPv4 和/或 IPv6 地址，如图 4-30 所示。

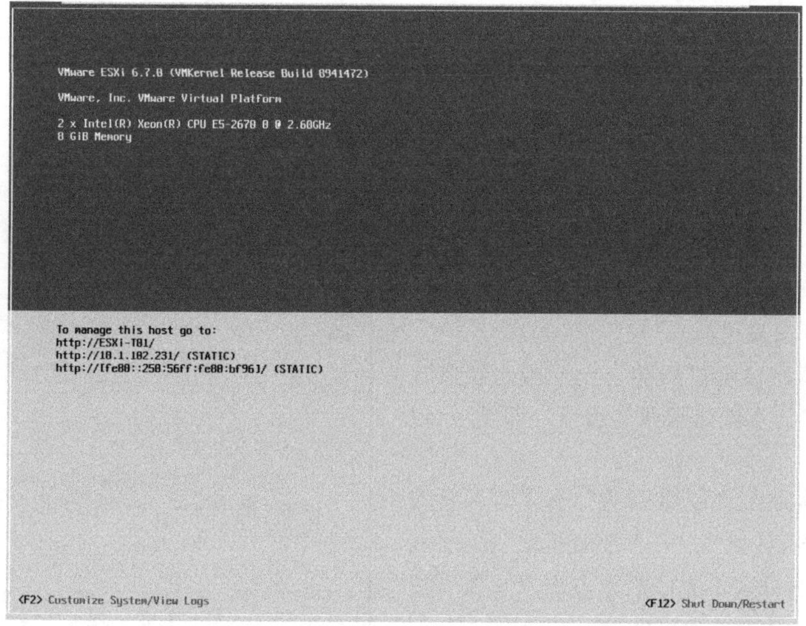

图 4-30　DCUI 显示 ESXi 主机的主机名和 IP 地址

22）至此，完成 ESXi 主机的部署。

4.3.2　通过 USB 方式安装 ESXi 主机

使用 USB 方式安装 ESXi 主机，需要准备一个空白的 U 盘并制作成启动盘（如 U 盘中有数据，因在制作过程中会清空 U 盘的全部数据，请提前做好备份），具体步骤如下。

1）用于制作 U 盘启动盘的磁盘格式为 FAT32。如非该种磁盘格式，需要重新格式化时并修改磁盘格式。

2）从官网下载 UltraISO（软碟通）的安装包并进行安装，打开 UltraISO 程序，如图 4-31 所示。

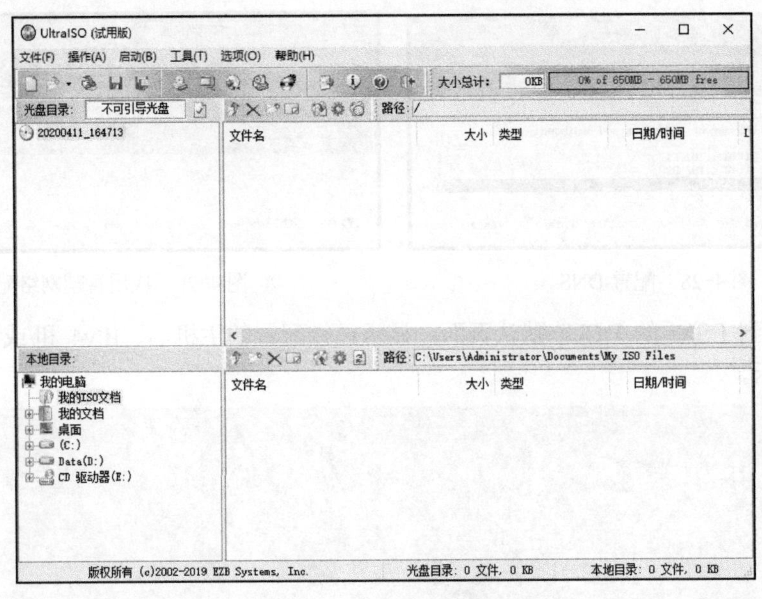

图 4-31　UltraISO 程序界面

3）依次点击“文件”→“打开”，选择 ESXi 的 ISO 安装包。

4）再依次点击“启动”→“写入硬盘映像”，打开“写入硬盘映像”窗口，如图 4-32 所示。

5）依次点击“便捷启动”→“写入新的驱动器引导扇区”→“Syslinux”，写入 Syslinux 引导分区。完成后再点击“写入”按钮，将 ESXi 安装包写入 U 盘。

6）将 U 盘插到服务器上，并将 U 盘调整为服务器的首选引导顺序，然后开始 ESXi 主机的安装，安装过程略。

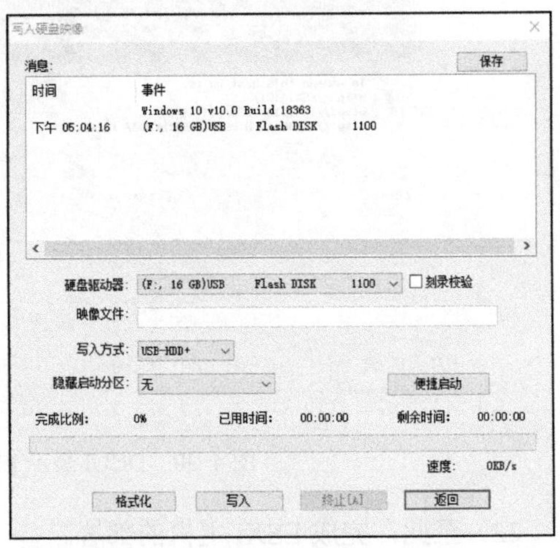

图 4-32　将 ESXi 安装包写入 U 盘

4.4　部署 vCenter Server——实现主机和虚拟机的统一管理

在上一节中已经完成了 ESXi 主机的安装，现在就可以在 ESXi 主机上创建虚拟机了。但是一些高级的功能，如分布式交换机、动态资源调度、高可用等，这些功能都是需要 vCenter 服务器来提供的。

作为 VMware vSphere 系列产品的一个重要组件，vCenter 的设计和规划也显得尤为重要，合理的角色和功能规划起着不可或缺的作用。资源分配多了，造成了资源的浪费，等同于提高了企业的成本。资源分配少了，资源难以满足需求，性能就会减低，影响工作的效率。图 4-33 展示了 vCenter 的组成部分。

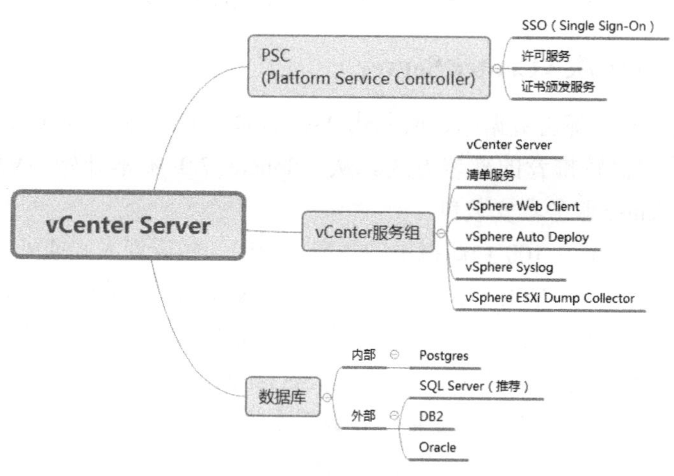

图 4-33　vCenter 的组成部分

根据 VMware 的建议，按照 vCenter 所管理的宿主机和虚拟机的数量划分，虚拟化环境可以分为小型环境和大型环境，超过 20 台主机和 200 个虚拟机的环境被认为是大型环境。但在实际的环境中，强烈建议在生产环境下按照大型环境的情况进行规划和部署，既能够保证高性能，又能在出现故障时便于故障排查。图 4-34 展示了设计和部署 vCenter 的流程图。

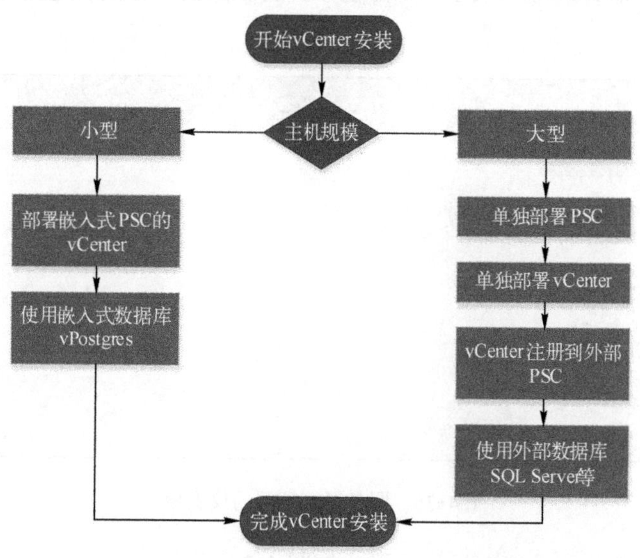

图 4-34　设计和部署 vCenter 的流程图

部署 vCenter 之后，可以通过 vCenter 集中管理主机、虚拟机、模板、网络、存储等，便于进行统一的管理。VMware vCenter 提供了 Windows、Linux 两种操作类型的 vCenter，Windows 版 vCenter 称为 vCenter Server，通常简称 VC，通过在 Windows 的服务器上安装相应的 vCenter 安装包部署安装；Linux 版 vCenter 称为 vCenter Server Appliance，简称 VCSA，通过安装向导在 ESXi 导入 ovf 包生成的虚拟机部署安装。

4.4.1 部署 Windows 版 vCenter Server

本节中将会按照独立部署数据库、嵌入式 PSC 的 vCenter 方式部署 vCenter Server，这也是在企业生产环境中比较推荐的部署方式。从 vSphere 7.0 版本开始，VMware 不再提供 Windows 版本的 vCenter 服务器安装包。

对于不超过 10 台主机、100 台虚拟机的微型环境中，建议嵌入式或外部 PSC 的 vCenter 服务器最低硬件资源为 2 核 CPU，10 GB 内存，安装 vCenter 相关程序所需要的磁盘空间不少于 17 GB。Windows 版本的 vCenter 6.7 所支持操作系统为 64 位操作系统，支持的 Windows Server 操作系统的最早版本是 Windows Server 2008 SP2，并安装最新的 Windows 更新包。此外，如果使用外部数据库，支持大多数版本的 SQL Server 数据库，但需要使用 64 位 DSN 进行连接。

本节中将使用 Windows Server 2019 操作系统和 SQL Server 2016 安装 Windows 版本 vCenter 服务器。具体步骤如下。

1．部署.Net Framework 3.5

SQL Server 某些组件需要依赖于.Net Framework 3.5，如果缺少了.Net Framework 3.5 后续安装其他组件时会安装失败。所以首先要部署.Net Framework 3.5。

1）打开“服务器管理器”，在“仪表板”页面，点击“添加角色和功能”，如图 4-35 所示。

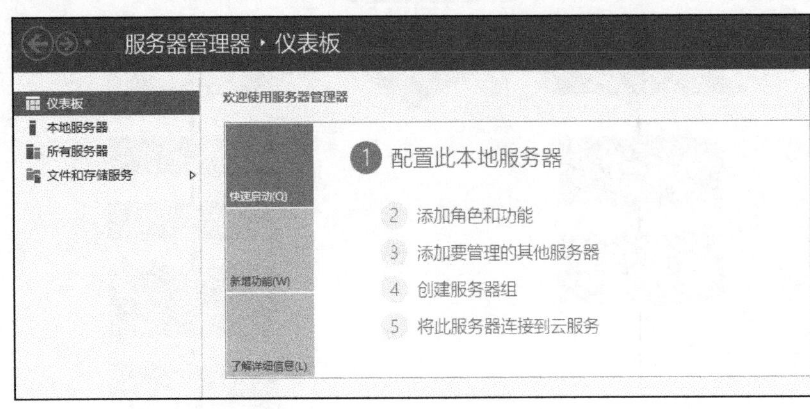

图 4-35 服务器管理器的仪表板

2）打开“添加角色和功能向导”页面，如图 4-36 所示。

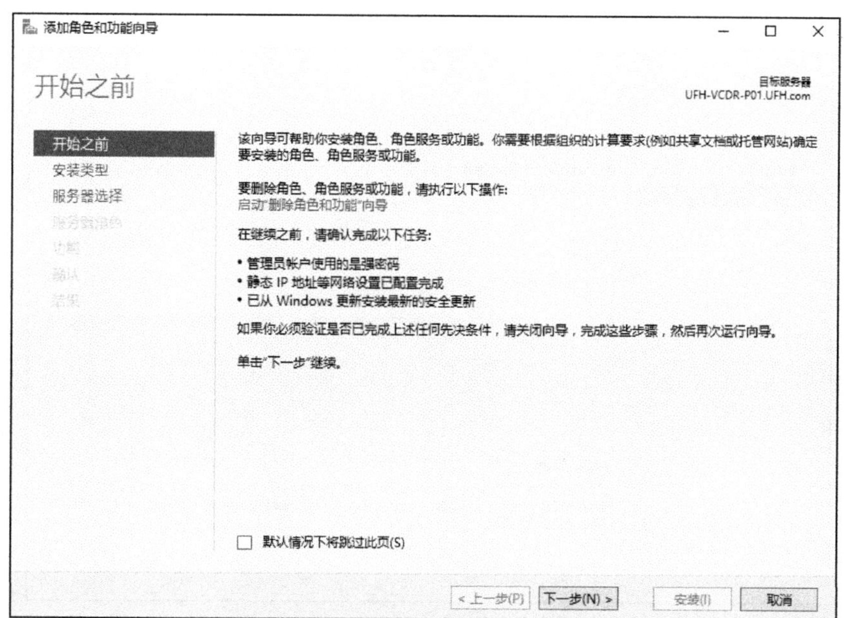

图 4-36　添加角色和功能向导页面

3）在“安装类型”页面，选择“基于角色或基于功能的安装”，如图 4-37 所示。

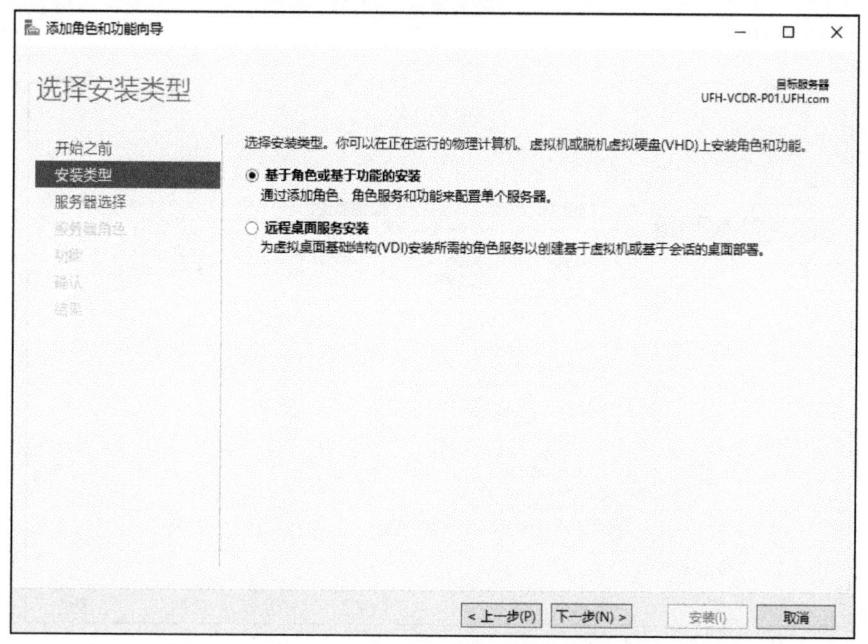

图 4-37　选择基于角色或基于功能安装

4）在“选择目标服务器”页面，选择“从服务器池中选择服务器”。在“服务器池”中，选择需要安装.Net Framework 3.5 的计算机，如图 4-38 所示。

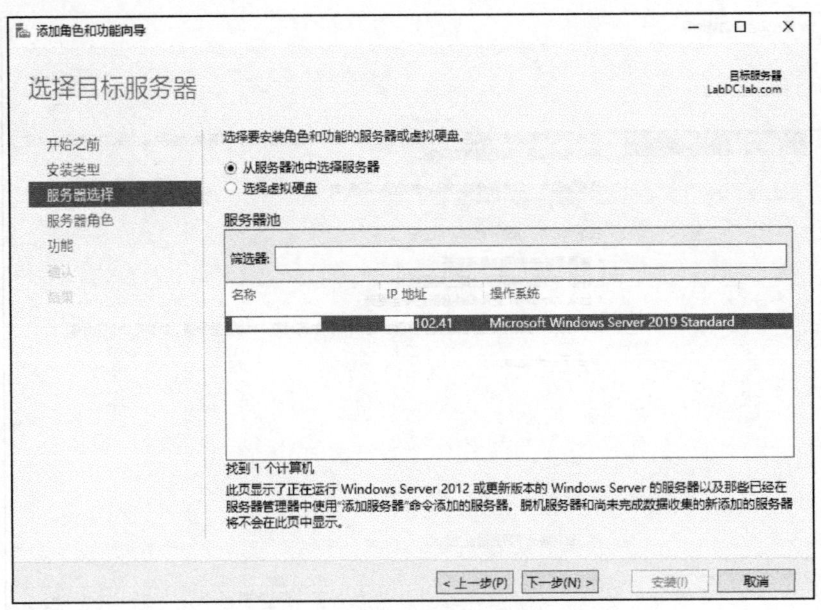

图 4-38　选择目标服务器页面

5）在“服务器角色”页面，无须选择任何角色，如图 4-39 所示。

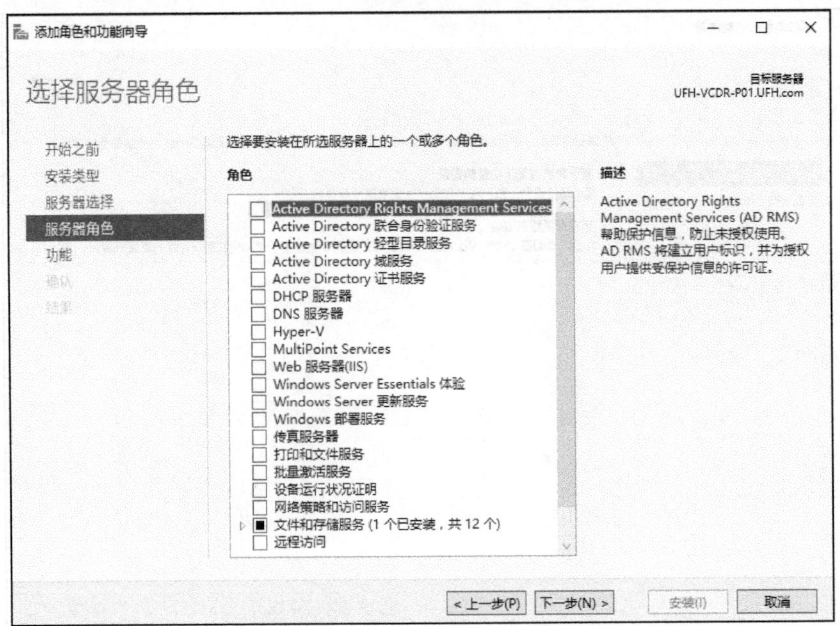

图 4-39　选择服务器角色页面

6）在“功能”页面，选择“.NET Framework 3.5 功能”和其下级选项“.NET Framework 3.5（包括.NET 2.0 和 3.0）”，如图 4-40 所示。

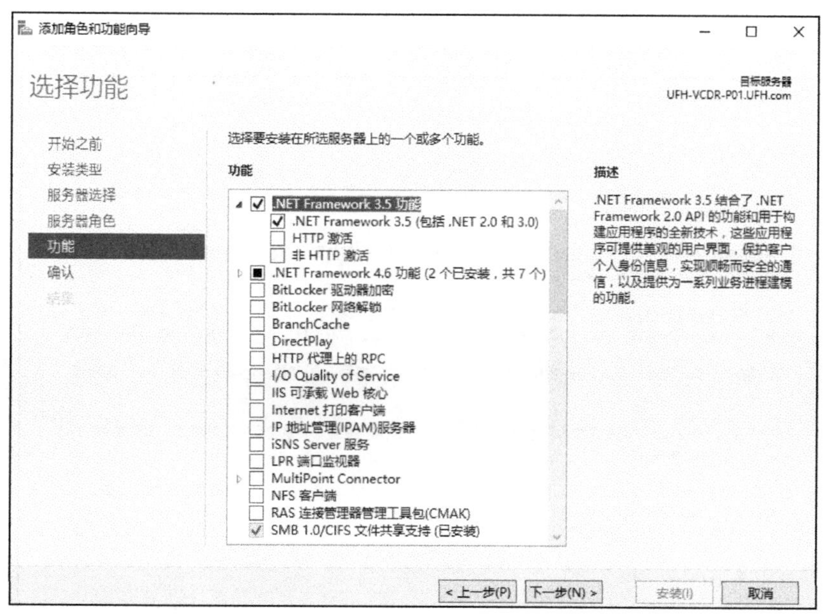

图 4-40　选择功能页面

7）在“确认安装所选内容”页面，查看已经选中的角色或功能。点击“指定备用源路径”，添加.Net Framework 3.5 的相关安装包路径，如图 4-41 所示。

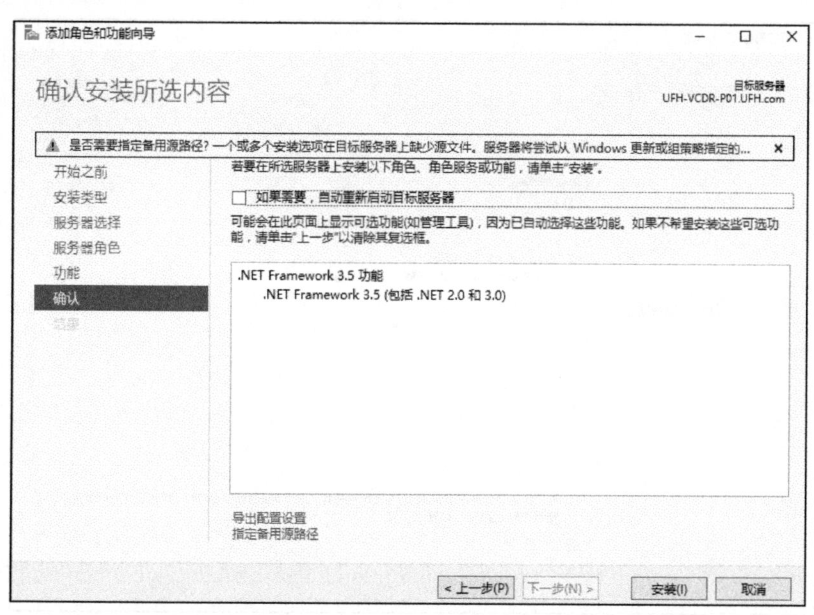

图 4-41　确认安装所选内容页面

8）在“指定备用源路径”界面，填写.Net Framework 3.5 的安装包路径。通常情况下，路径是 X:\Sources\SxS\（X:是 Windows 安装光盘所在驱动器盘符）。填写完整路径后，点击

“确定”，如图 4-42 所示。

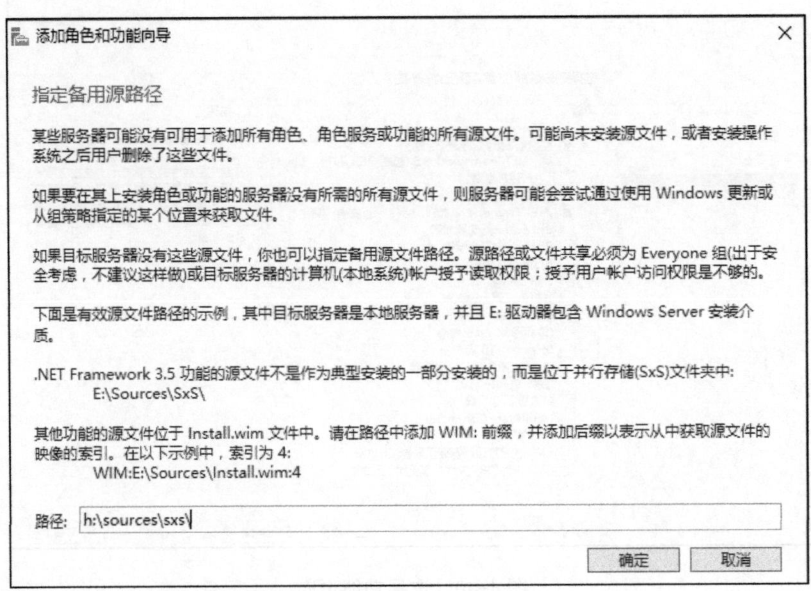

图 4-42　指定备用源路径页面

9）系统会开始安装.Net Framework 3.5 的安装，如图 4-43 所示。

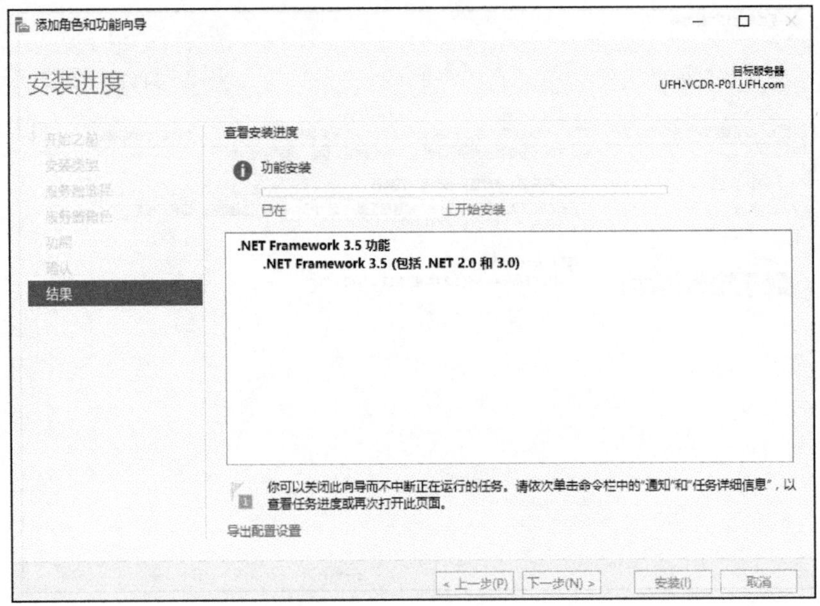

图 4-43　安装.Net Framework 3.5

2．部署 SQL Server

SQL Server 数据库作为 vCenter 的重要一部分，用于存储 vCenter 的配置信息等。接下来进行 SQL Server 2016 的安装。

1）打开 SQL Server 的安装光盘，执行“setup.exe”文件，如图 4-44 所示。

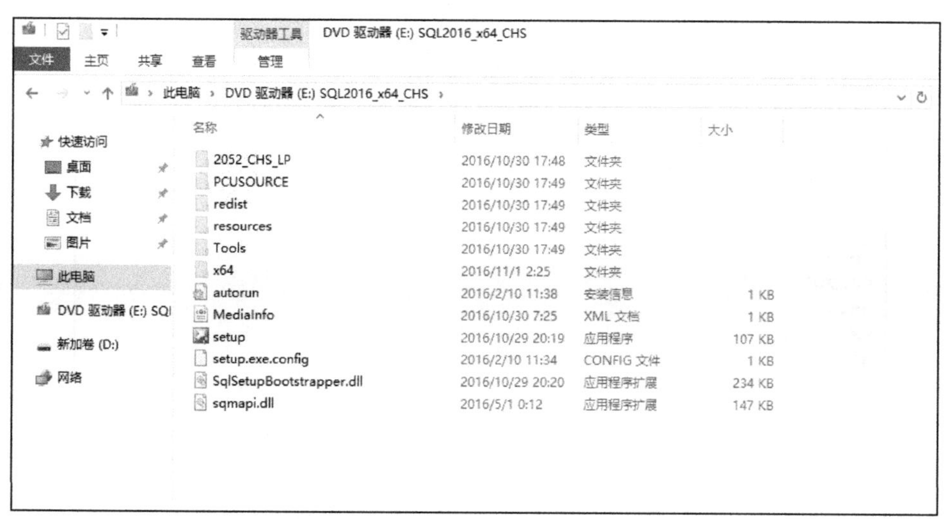

图 4-44　打开 SQL Server 光盘

2）在“SQL Server 安装中心”，打开“安装”页面，选择“全新 SQL Server 独立安装或向现有安装添加功能”，如图 4-45 所示。

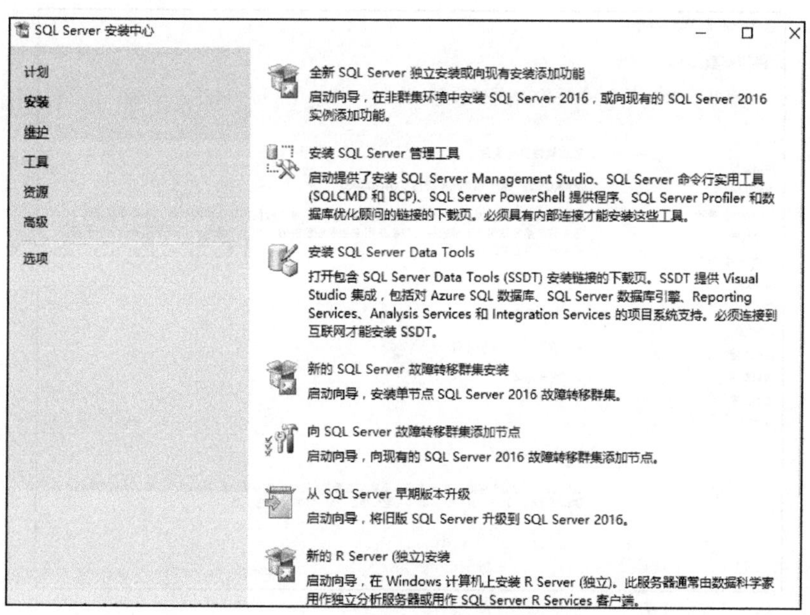

图 4-45　在 SQL Server 安装中心

3）输入 SQL Server 对应版本的产品密钥，如图 4-46 所示。若无密钥，可以使用评估版，但需要在生产环境正式上线前修改成正式的产品密钥。

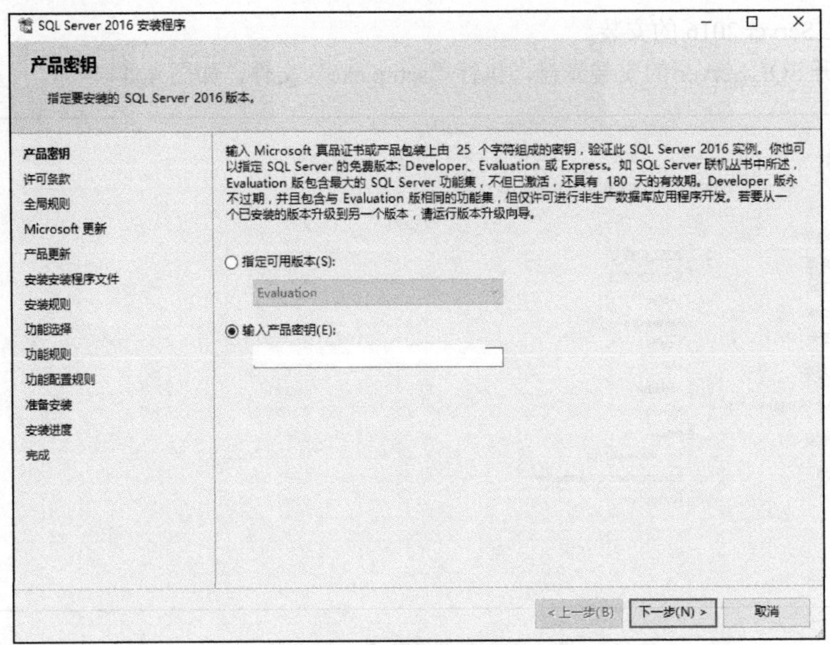

图 4-46　输入产品密钥

4）在“许可条款”页面，勾选“我接受许可条款”，如图 4-47 所示。

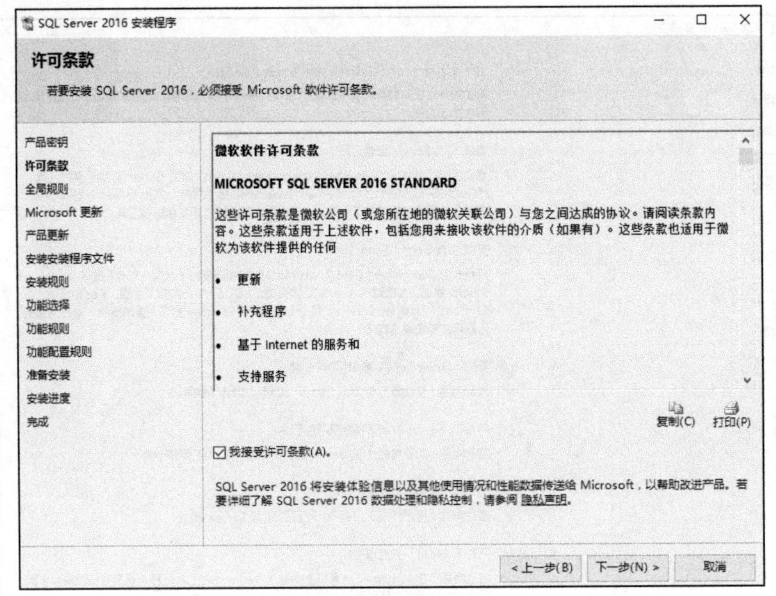

图 4-47　接受许可条款

5）安装前，系统会自动检测全局规则，如图 4-48 所示。若未检查通过，会给出相关解释和建议。

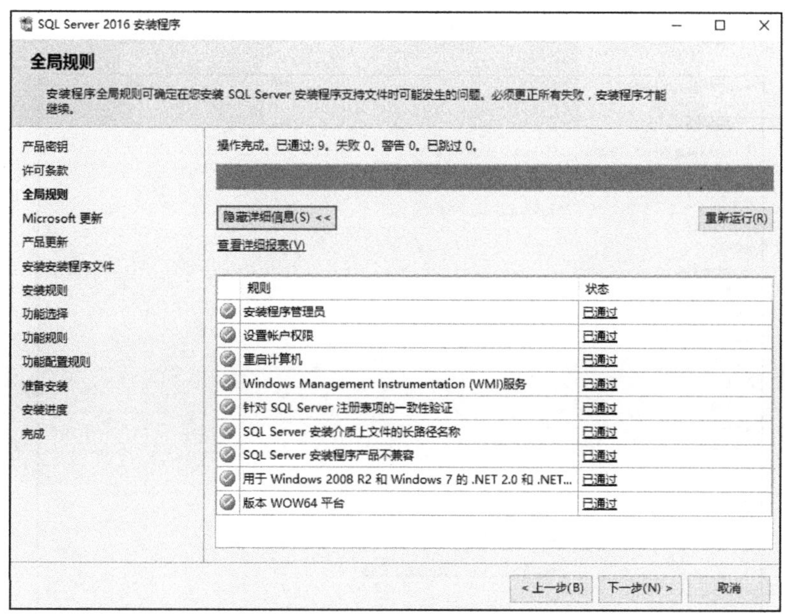

图 4-48　全局规则检查

6）安装向导会提示通过 Microsoft Update 检查更新，如图 4-49 所示。为了提高安全性，建议将 SQL Server 安装最新的补丁，但该步骤是直接连接到微软官网在线安装，连接速度可能会比较慢。建议在安装向导中忽略此步骤，待 SQL Server 安装完成后，从微软官网下载离线补丁包再进行安装。

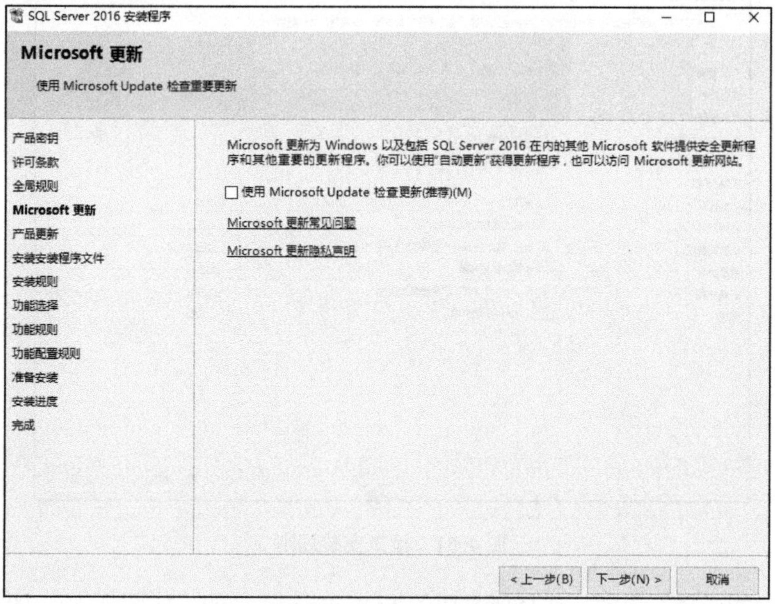

图 4-49　Microsoft 更新页面

7）选择产品更新的内容，如图 4-50 所示。

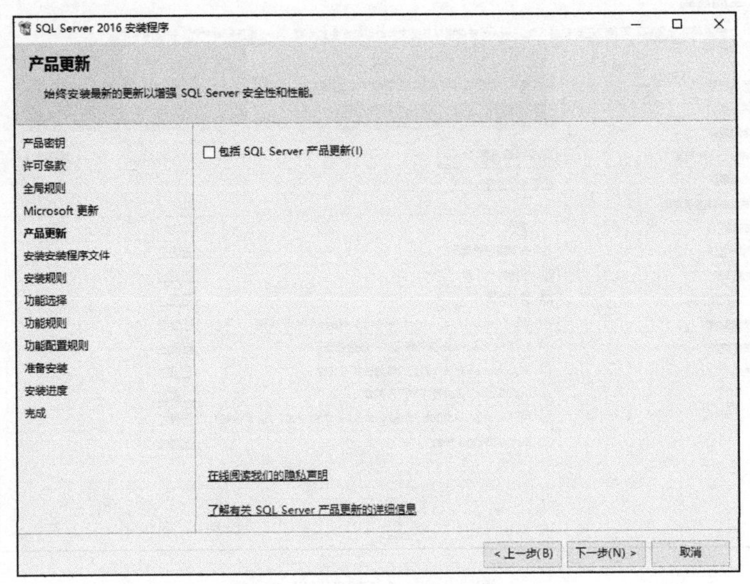

图 4-50　选择产品更新的内容

8）在“安装规则”页面，会检测是否符合安装前提条件，如图 4-51 所示。若不满足，会显示相关的建议。

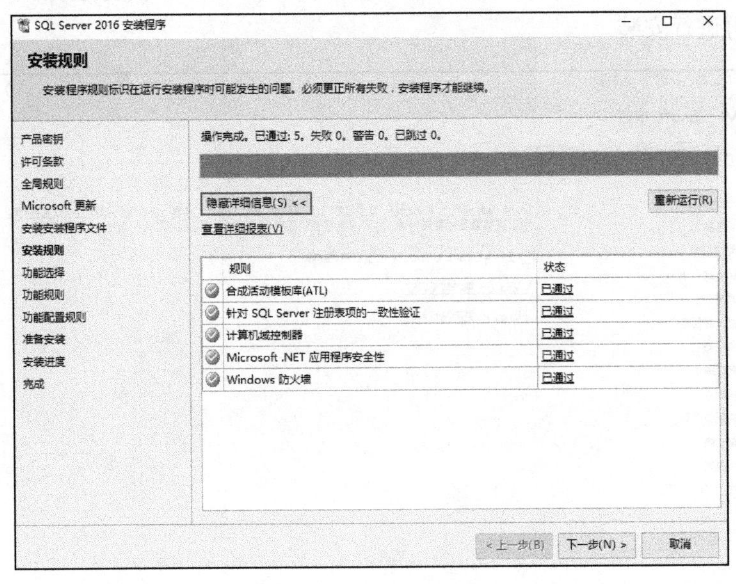

图 4-51　检查安装规则

9）在“功能选择”界面，选择所需要的 SQL Server 功能，如图 4-52、图 4-53 所示。对于 vCenter 所使用数据库服务来说，选择“数据库引擎服务”“SQL Server 复制”“客户端工具连接”“客户端工具向后兼容性”就满足需求了。

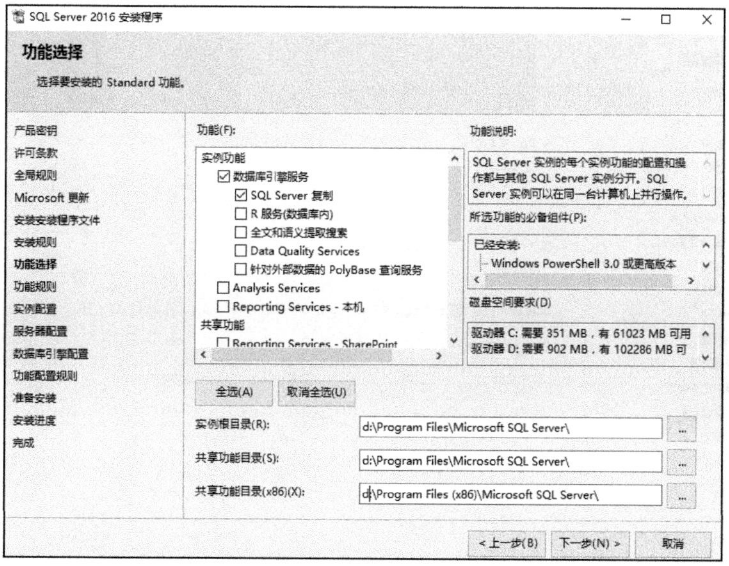

图 4-52　功能选择 a

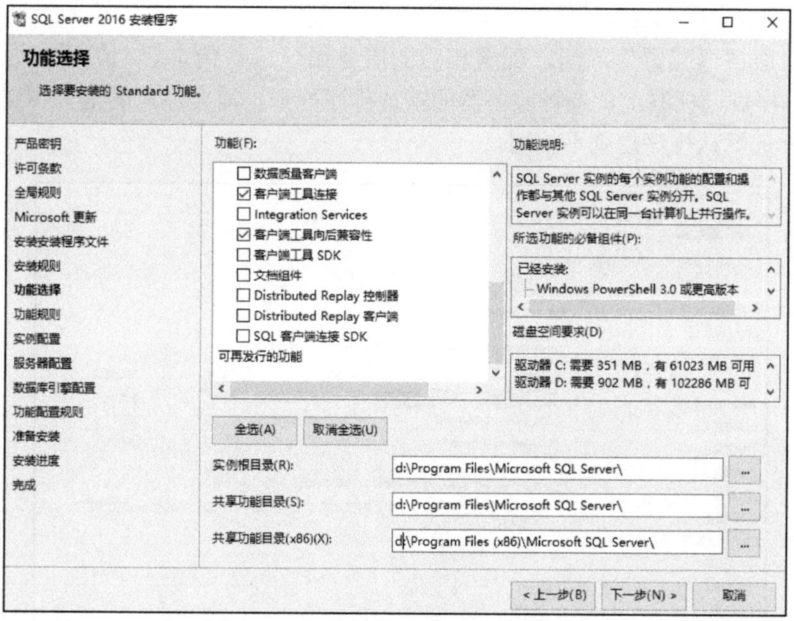

图 4-53　功能选择 b

10）在“实例配置”页面，配置实例的名称，如图 4-54 所示。若选择“默认实例”，将会使用 MSSQLSERVER 作为数据库实例名。需要注意，如果数据库采用 SQL Server 2008 标准版，请勿使用 MSSQLSERVER 作为数据库实例名。如果使用该名称作为实例名，SQL

Server 某些功能将不可用。

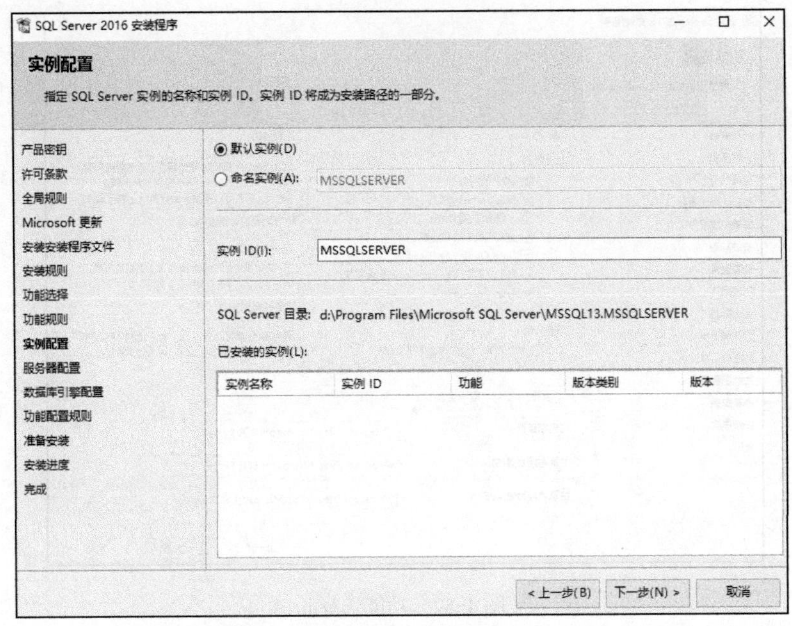

图 4-54　实例配置页面配置实例名称

11）在“服务器配置”界面，配置相应的服务账户，并指定启动类型，如图 4-55 所示。切换到排序规则标签上，选择服务器的默认排序规则。需要注意的是，中文和其他语言的 SQL Server 的默认排序规则不相同。

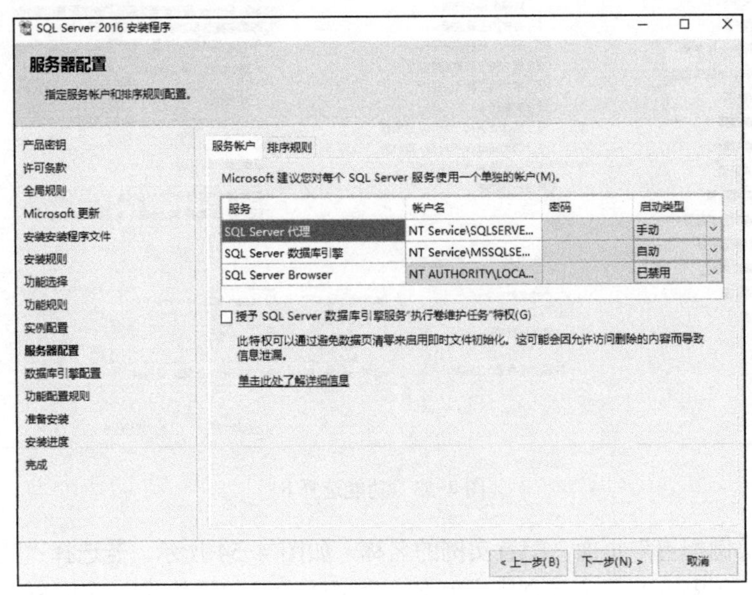

图 4-55　配置服务账户

12）在“数据库引擎配置”页面，添加 SQL Server 管理员账户，并且可根据实际情况，设置系统管理员（sa）的密码，如图 4-56 所示。

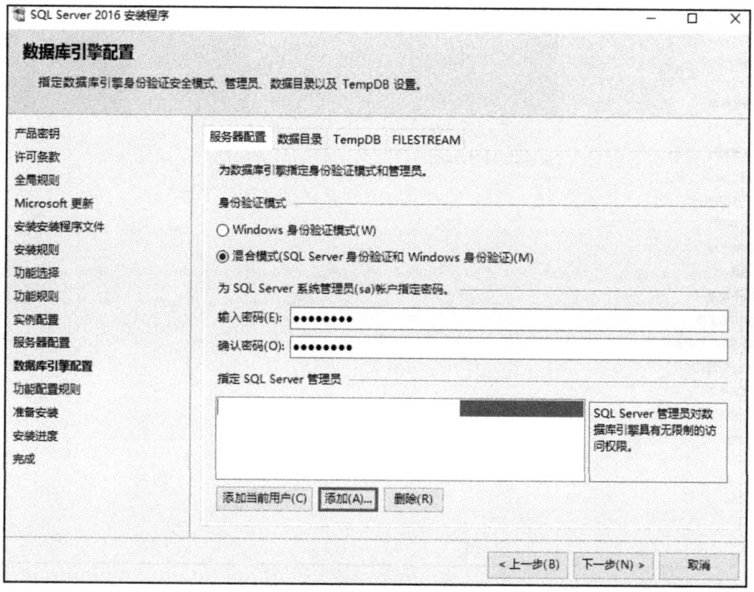

图 4-56　数据库引擎配置页面

13）在“准备安装”界面，会列出所有已经选择的功能，点击“安装”，开始 SQL Server 的安装，如图 4-57 所示。

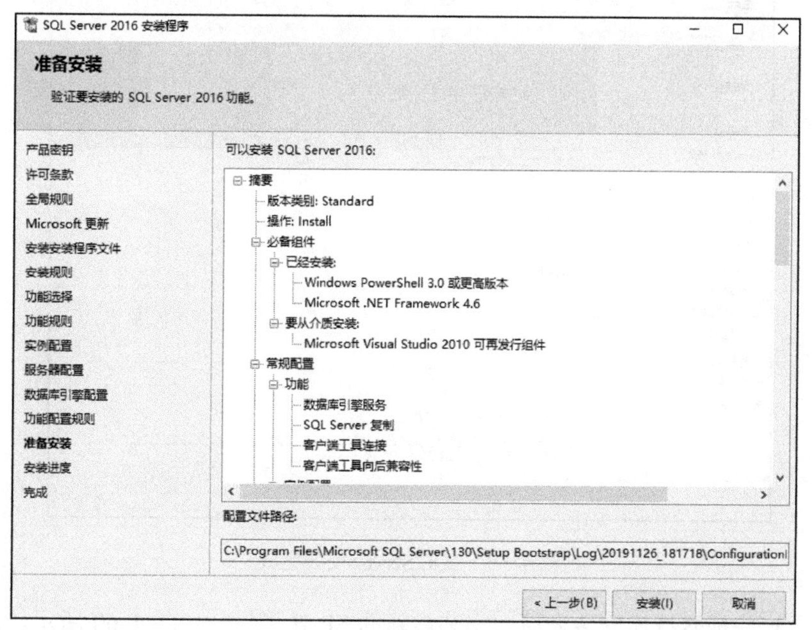

图 4-57　准备安装页面

14）开始 SQL Server 的安装，如图 4-58 所示。

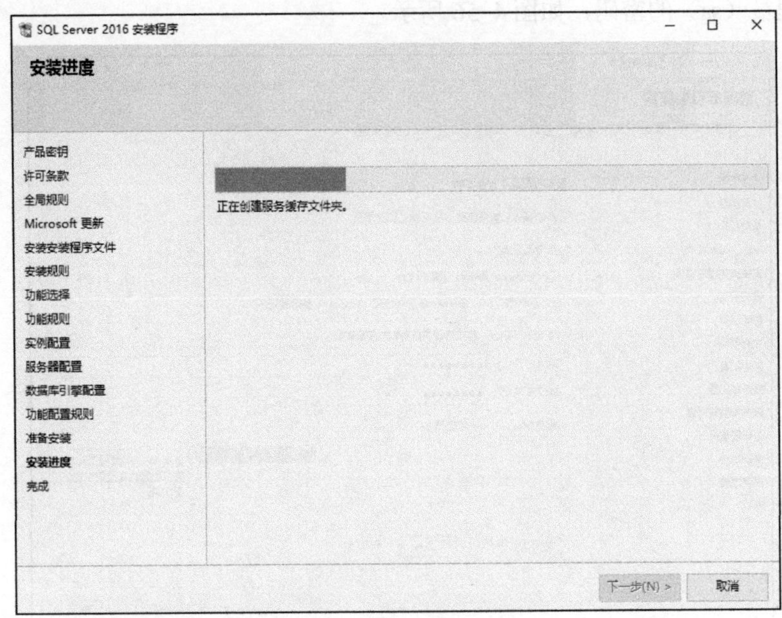

图 4-58　SQL Server 正在安装

15）稍等一会，完成 SQL Server 的安装，如图 4-59 所示。

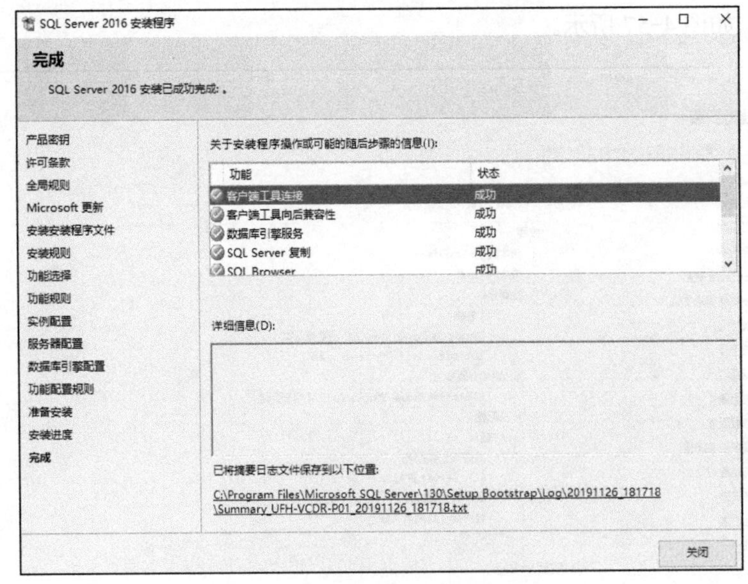

图 4-59　SQL Server 安装完成

16）建议在完成数据库安装之后，安装最新的 SP 补丁包，如图 4-60 所示。同样，系统会进行安装前的检查。

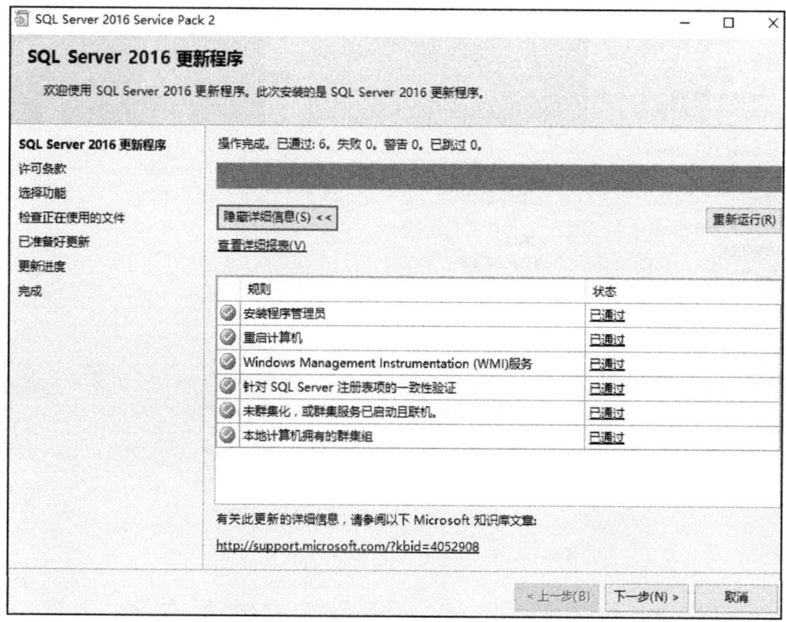

图 4-60　安装 SQL Server 补丁

17）接受许可条款，如图 4-61 所示。

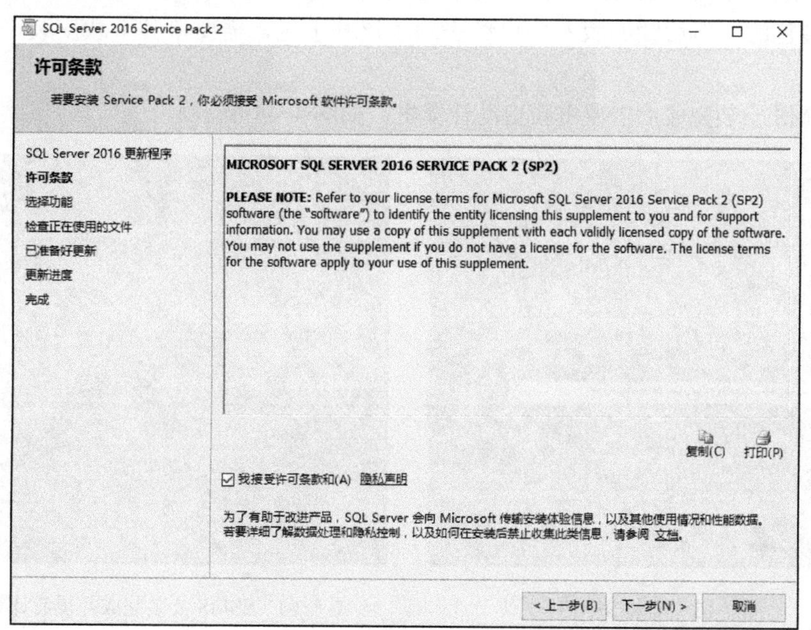

图 4-61　接受补丁包许可条款

18）查看 SP 补丁包中的功能，如图 4-62 所示。

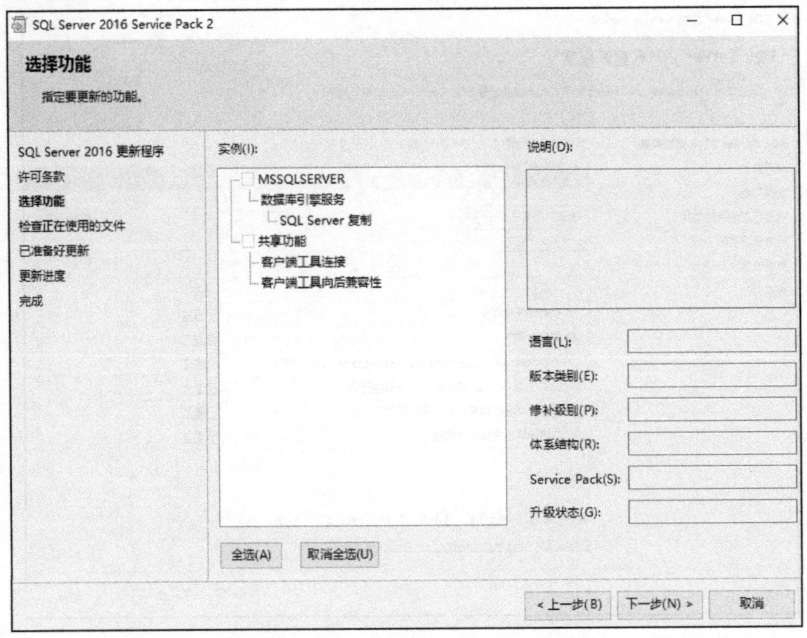

图 4-62　查看补丁包功能

19）之前的 SQL Server 安装光盘中是包含 SQL Server Management Studio（简称 SSMS）安装包的，但后续的版本中已经去除了该补丁包，需要单独下载安装，如图 4-63 所示。

20）SSMS 安装完成后需要重新启动计算机，如图 4-64 所示。

图 4-63　安装 SSMS

图 4-64　SSMS 安装完成并重启计算机

至此，SQL Server 安装完成。

3．配置 ODBC

在按照上一节的操作步骤安装 SQL Server 2016 之后，已经完成了 ODBC 的安装，接下来对 ODBC 进行配置。

ODBC 分为 32 位和 64 位两个版本，作为 vCenter 所使用的数据库，需要使用 64 位的 ODBC。

1）依次打开“控制面板”→“管理工具”→“ODBC 数据源（64 位）”，如图 4-65 所示。

图 4-65　添加 ODBC 数据源

2）在“ODBC 数据源管理程序（64 位）”窗口中，切换到“系统 DSN”标签页。点击“添加”按钮，打开“创建新数据源”的向导，如图 4-66 所示。

3）选择数据源的驱动程序为“SQL Server Native Client 11.0”，如图 4-67 所示。

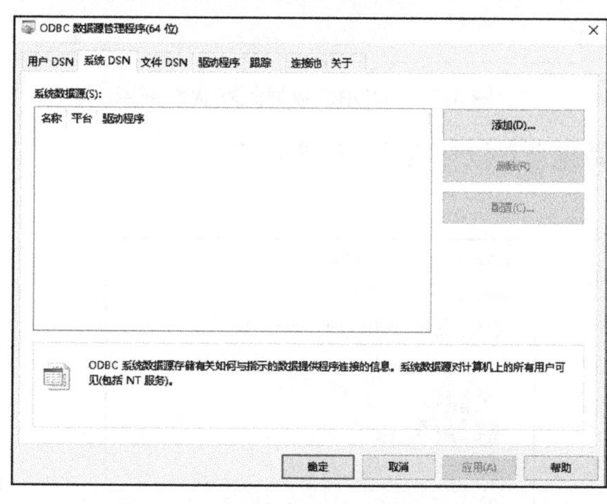

图 4-66　ODBC 数据源管理程序页面

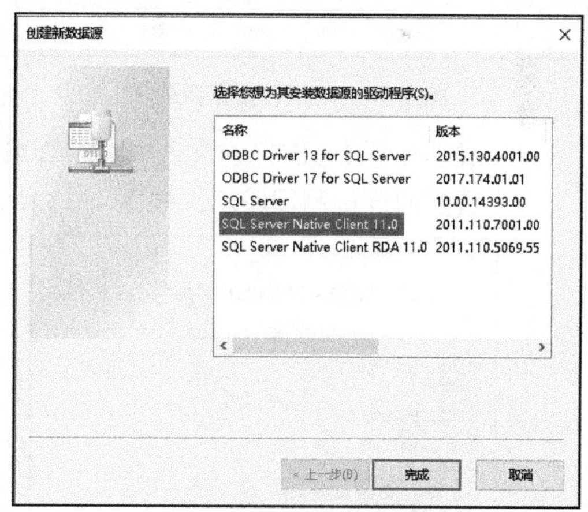

图 4-67　数据源驱动程序

4）在安装向导中，输入数据源的名称、说明、服务器 3 项内容，如图 4-68 所示，其中名称处建议填写易于区分、有实际意义的名称，说明是可选项。

5）需要提供 SQL Server 数据源的凭证，如图 4-69 所示。

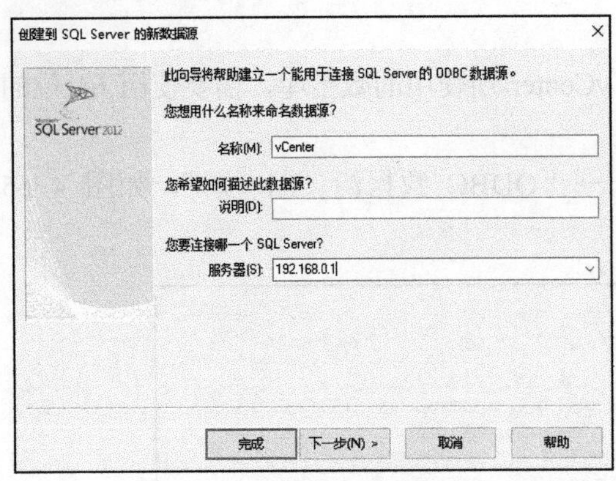

图 4-68　ODBC 数据源命名

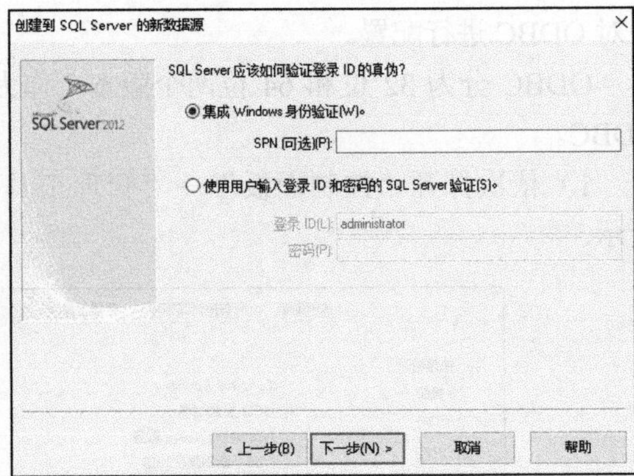

图 4-69　提供 ODBC 数据源凭证

6）其余各项选项保持默认即可，如图 4-70 所示。

7）更改默认的数据库为新创建的数据库，如图 4-71 所示。

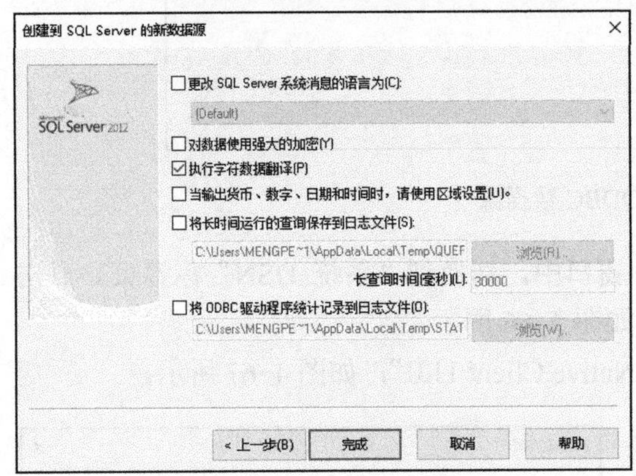

图 4-70　ODBC 数据源杂项

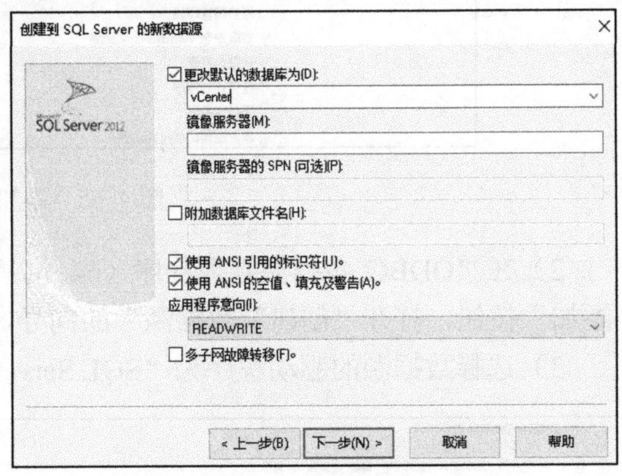

图 4-71　ODBC 数据源默认数据库

8）成功配置 ODBC 数据源。点击“测试数据源”进行测试，如图 4-72 所示。

9）数据源连接测试成功，如图 4-73 所示。

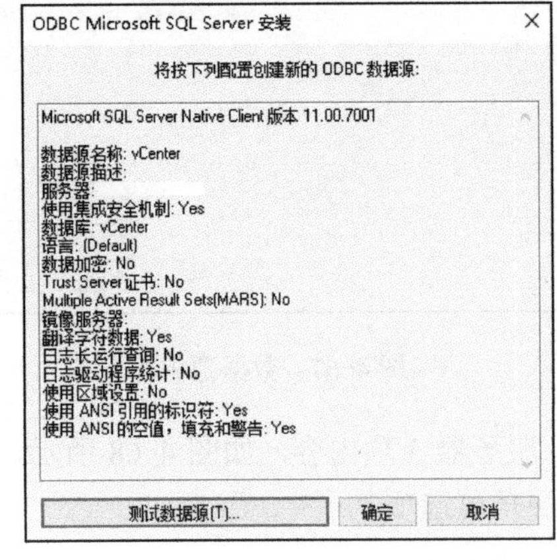

图 4-72　ODBC 数据源创建完成

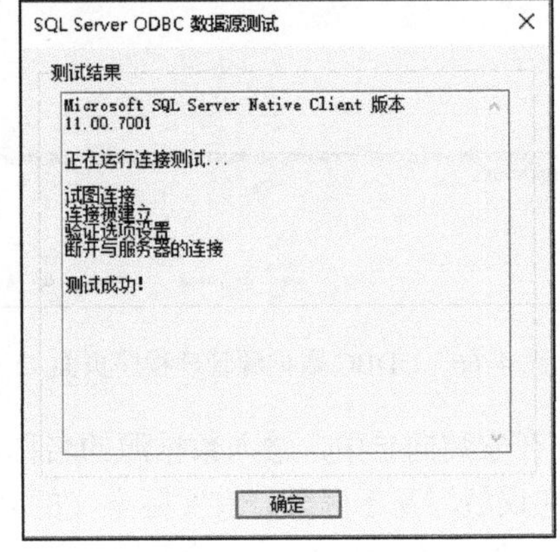

图 4-73　ODBC 数据源测试成功

10）在“ODBC 数据源管理程序（64 位）”中看到已经建立好的系统数据源，如图 4-74 所示。

4．安装 vCenter

最后，进行 vCenter 组件的安装。

1）打开 SSMS，在“数据库”文件夹上右击，点击“新建数据库”，如图 4-75 所示。

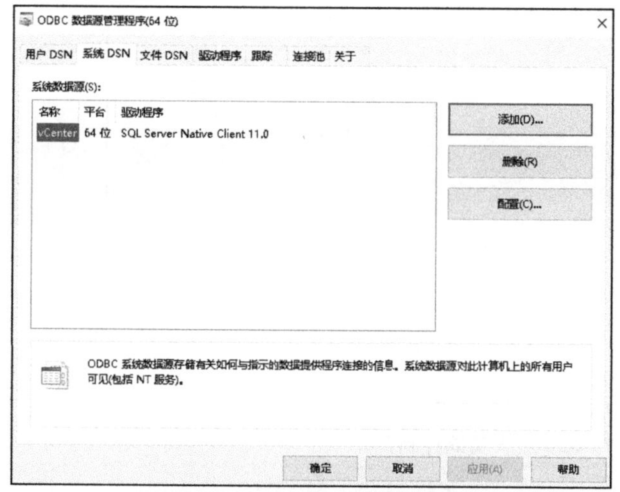

图 4-74　ODBC 数据源列表

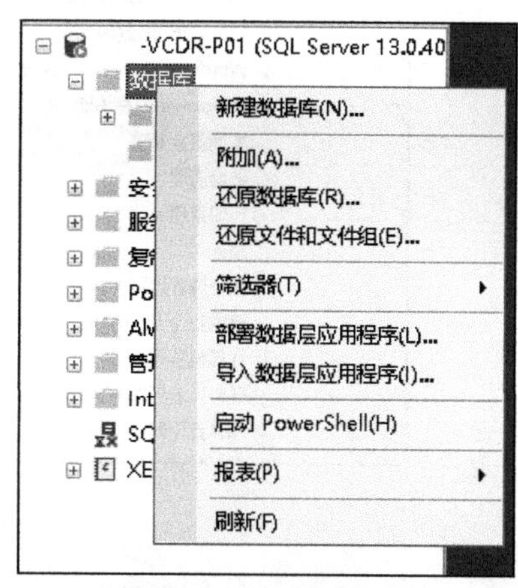

图 4-75　新建数据库

2）在“新建数据库”页面，输入数据库名称，选择数据库文件和数据库日志文件所存储的位置，如图 4-76 所示。

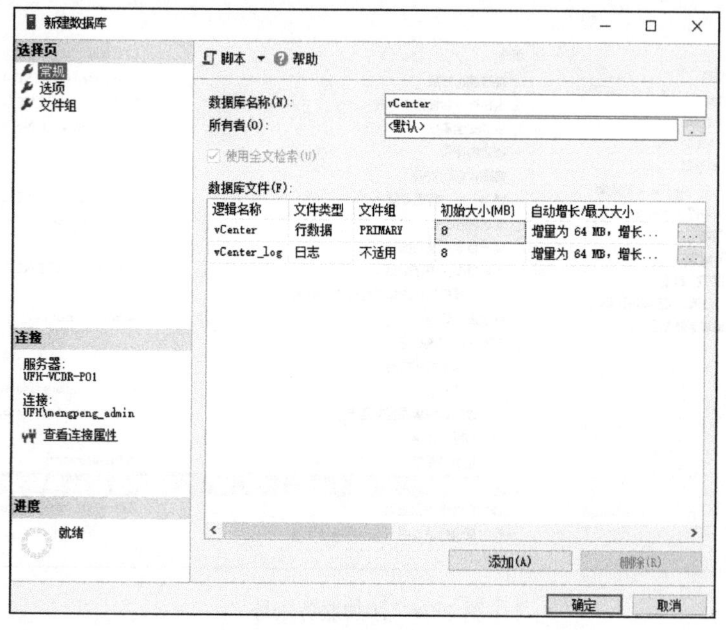

图 4-76　指定数据库名称

3）依次打开“控制面板”→“管理工具”→“本地安全策略控制台”，如图 4-77 所示。

控制面板 › 所有控制面板项 › 管理工具

名称	修改日期	类型	大小
iSCSI 发起程序	2016/7/16 21:18	快捷方式	2 KB
Microsoft Azure 服务	2016/7/16 21:19	快捷方式	2 KB
ODBC 数据源(32 位)	2016/7/16 21:18	快捷方式	2 KB
ODBC 数据源(64 位)	2016/7/16 21:18	快捷方式	2 KB
Windows Server Backup	2016/7/16 21:20	快捷方式	2 KB
Windows 内存诊断	2016/7/16 21:19	快捷方式	2 KB
本地安全策略	2016/7/16 21:19	快捷方式	2 KB
磁盘清理	2016/7/16 21:19	快捷方式	2 KB
打印管理	2016/7/16 21:19	快捷方式	2 KB
服务	2016/7/16 21:18	快捷方式	2 KB
服务器管理器	2016/7/16 21:19	快捷方式	2 KB
高级安全 Windows 防火墙	2016/7/16 21:18	快捷方式	2 KB
计算机管理	2016/7/16 21:18	快捷方式	2 KB
任务计划程序	2016/7/16 21:18	快捷方式	2 KB
事件查看器	2016/7/16 21:18	快捷方式	2 KB

图 4-77　本地安全策略控制台

4）依次展开“安全设置”→“本地策略”→“用户权限分配”，在“作为服务登录”项中添加作为服务账号的账号信息，如图 4-78 所示。

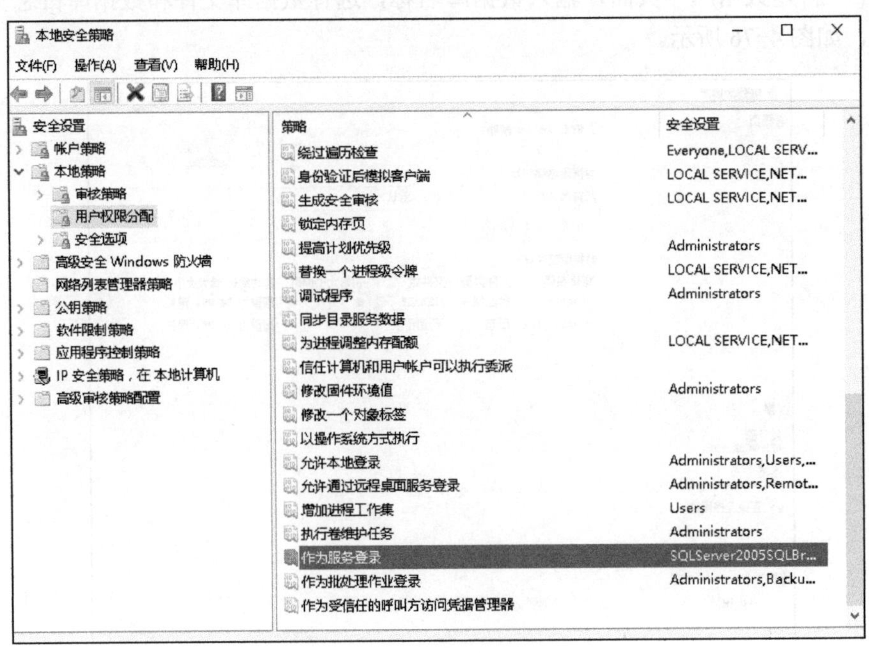

图 4-78　添加服务账号

5）打开 vCenter 的安装光盘，执行“autorun.hta”，开始 vCenter 的安装，如图 4-79 所示。

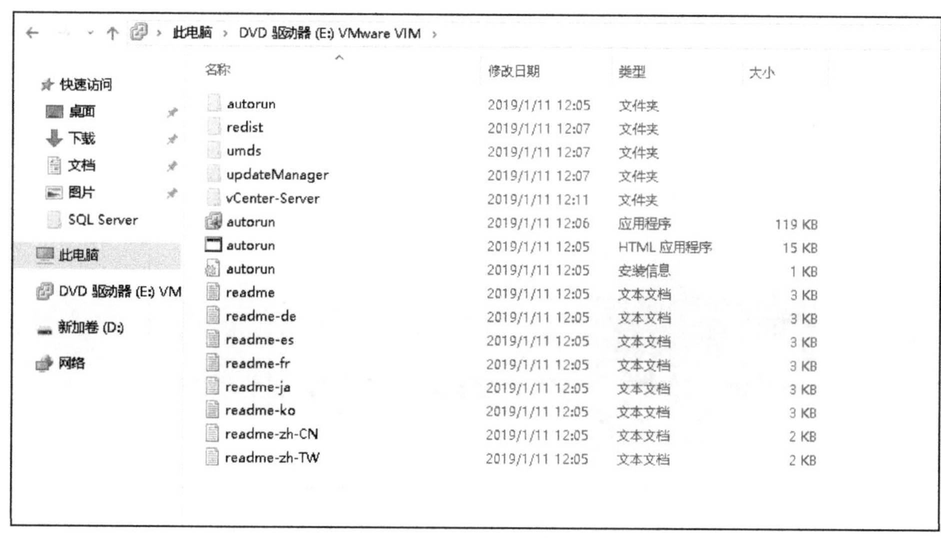

图 4-79　打开 vCenter 安装程序

6）在安装程序界面，选择“适用于 Windows 的 vCenter Server”，点击“安装”，如图 4-80 所示。

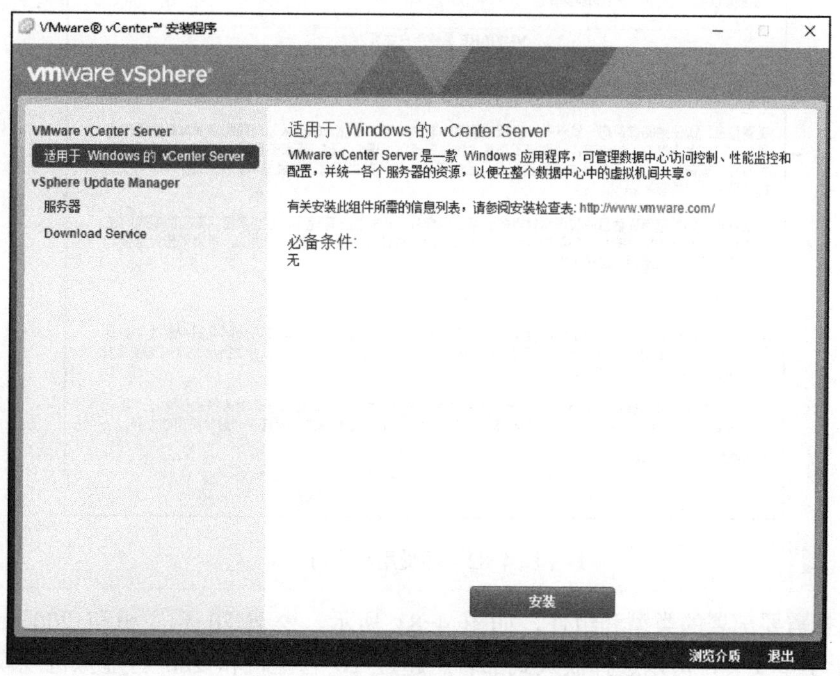

图 4-80　vCenter 安装程序界面

7）开始运行安装向导，如图 4-81 所示。

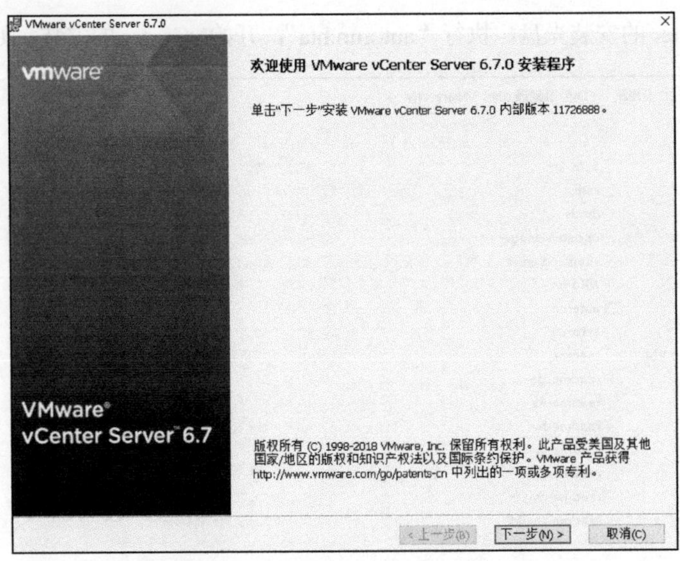

图 4-81　vCenter 安装向导

8）接受用户许可，如图 4-82 所示。

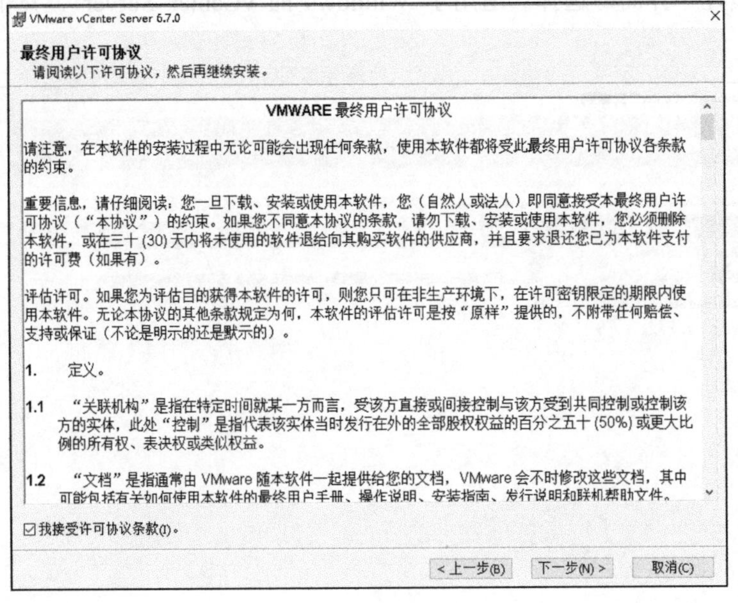

图 4-82　接受用户许可

9）选择需要部署的类型和组件，如图 4-83 所示。少于 20 台主机和 200 台虚拟机规模，适用于小型安装，可以选择嵌入式部署。超过 20 台主机和 200 台虚拟机规模，适用于大型安装，可以选择外部部署。在实际的环境下，在生产环境可以优先选择外部部署模式，测试环境或者 PoC（Proof of Concept，概念性验证）可以选择嵌入式部署模式。

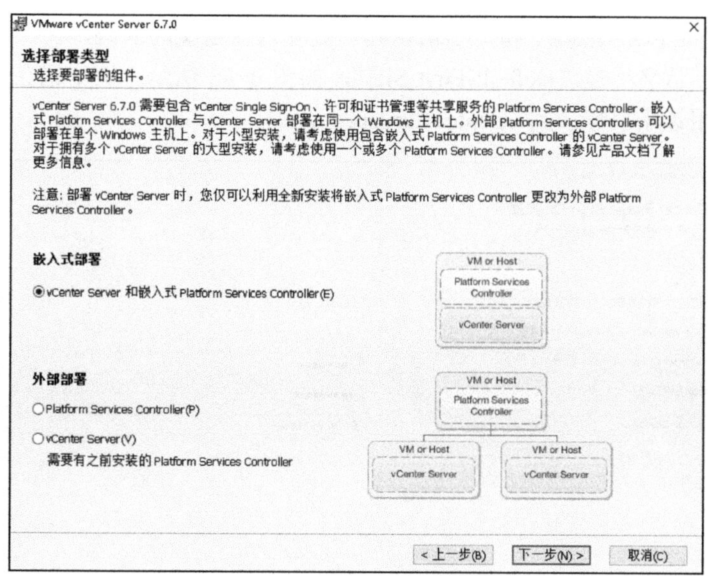

图 4-83　选择部署类型

10）输入系统网络名称，如图 4-84 所示，建议使用 FQDN（Fully Qualified Domain Name，完全限定域名），但需要注意的是，需要确保正确配置了 DNS 并且能够正常解析。

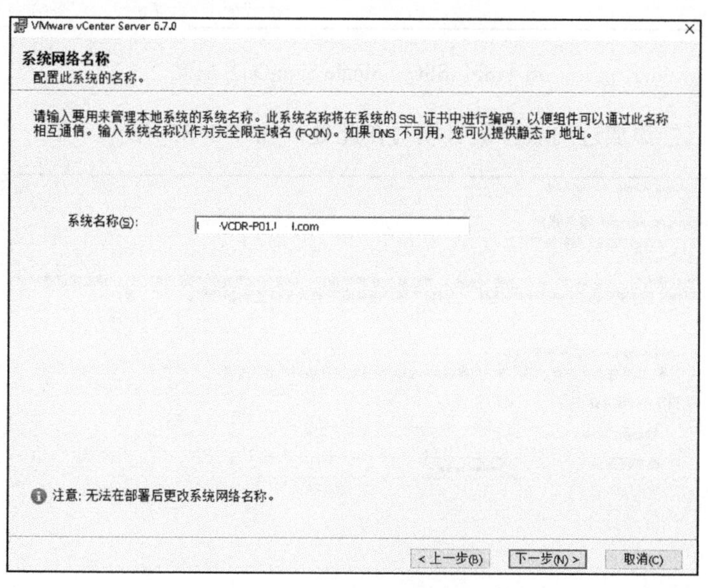

图 4-84　指定系统网络名称

11）在“vCenter Single Sign-On 配置”页面，可以配置第一个管理员的账号信息。通过设置 SSO（Single Sign-On，单点登录），可以将身份验证与 AD 集成，用户使用域账号登录到 vCenter Server。vCenter Single Sign-On 默认的域名是 vsphere.local，用户可以自定义为其他域名。默认的 vCenter Single Sign-On 用户名是 administrator，该用户名不可修改。在

“vCenter Single Sign-On 密码”和“确认密码”处输入自定义的密码，在“站点名称”处输入站点的名称，默认名称是“Default-First-Site”，如图 4-85 所示。请牢记在此处设置的账号信息，稍后将使用该账户登录到 vCenter Server。

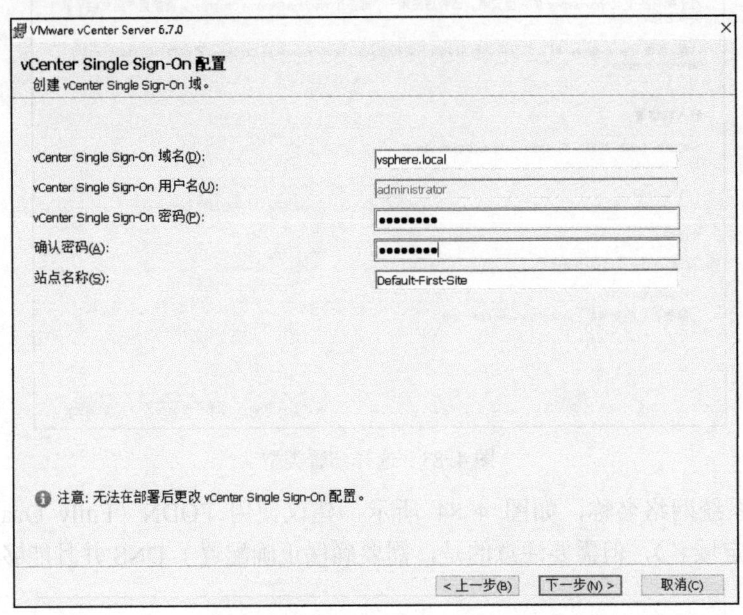

图 4-85　SSO（Single Sign-On）配置

12）将之前已经添加过的服务账号填写在此处，如图 4-86 所示。

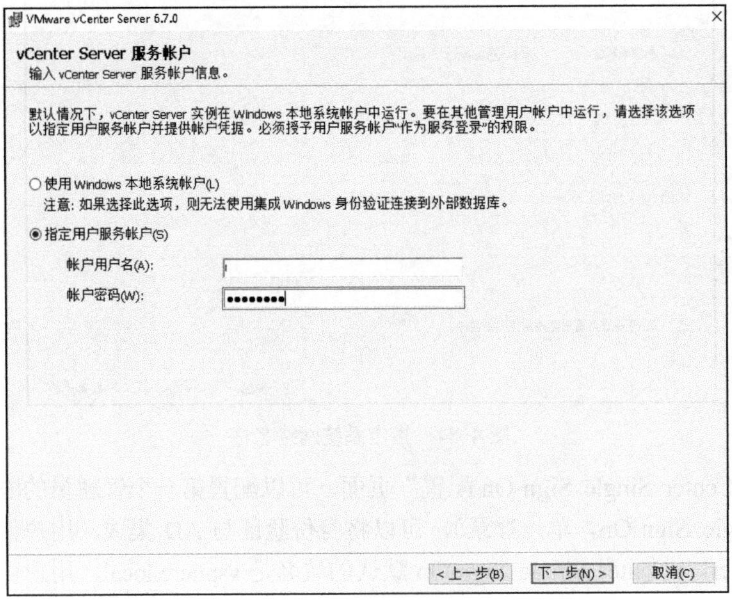

图 4-86　指定服务账号

13）选择“使用外部数据库”，选择之前已经配置完成的系统 DSN，如图 4-87 所示。

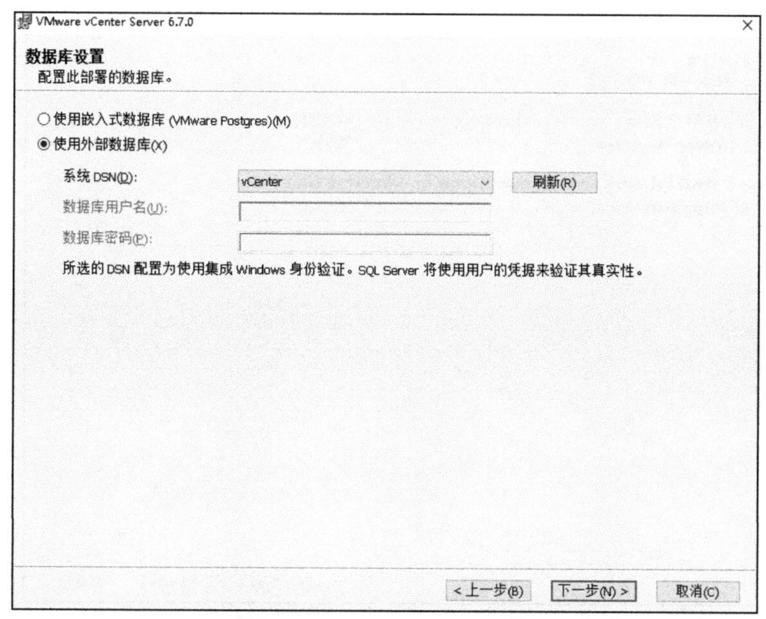

图 4-87　配置 vCenter 的数据库

14）配置 vCenter 所使用的端口号。在一般情况下，可以使用默认值。如果修改了默认的端口，需要在防火墙上开放该端口，如图 4-88 所示。

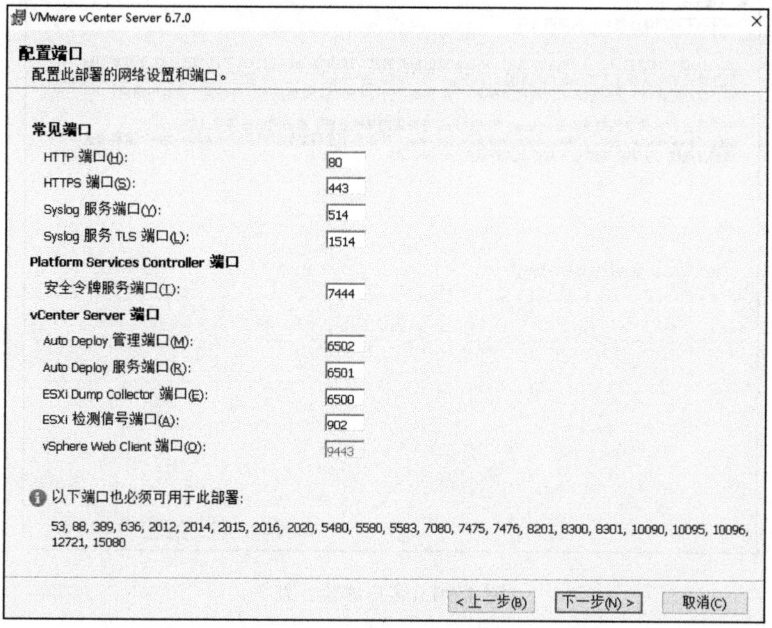

VMware vCenter Server 6.7.0

配置端口

配置此部署的网络设置和端口。

常见端口

HTTP 端口(H): 80

HTTPS 端口(S): 443

Syslog 服务端口(Y): 514

Syslog 服务 TLS 端口(L): 1514

Platform Services Controller 端口

安全令牌服务端口(T): 7444

vCenter Server 端口

Auto Deploy 管理端口(M): 6502

Auto Deploy 服务端口(R): 6501

ESXi Dump Collector 端口(E): 6500

ESXi 检测信号端口(A): 902

vSphere Web Client 端口(O): 9443

以下端口也必须可用于此部署:

53, 88, 389, 636, 2012, 2014, 2015, 2016, 2020, 5480, 5580, 5583, 7080, 7475, 7476, 8201, 8300, 8301, 10090, 10095, 10096, 12721, 15080

< 上一步(B)　下一步(N) >　取消(C)

图 4-88　配置 vCenter 的端口

15）选择 vCenter 的安装位置，如图 4-89 所示。

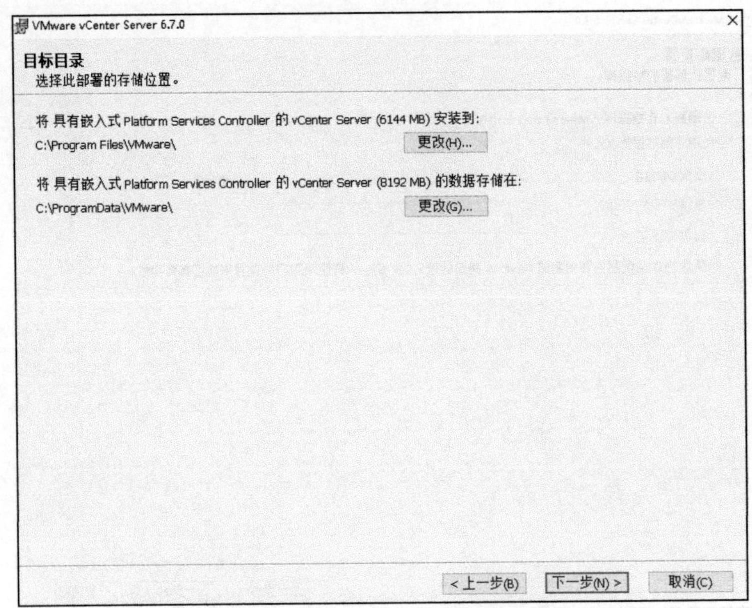

图 4-89　配置 vCenter 的存储位置

16）客户体验提升计划如图 4-90 所示，单击“下一步”按钮继续。

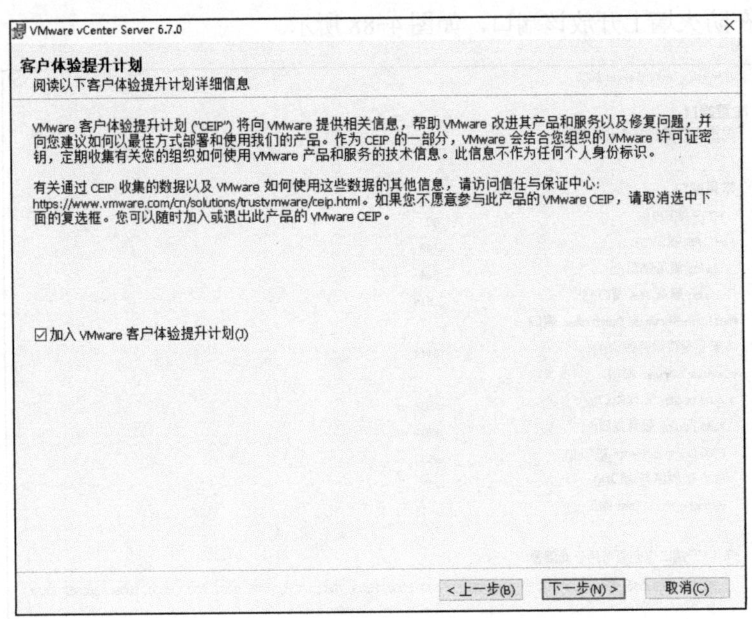

图 4-90　客户体验计划

17）确认配置清单中的各项安装配置如图 4-91 所示。

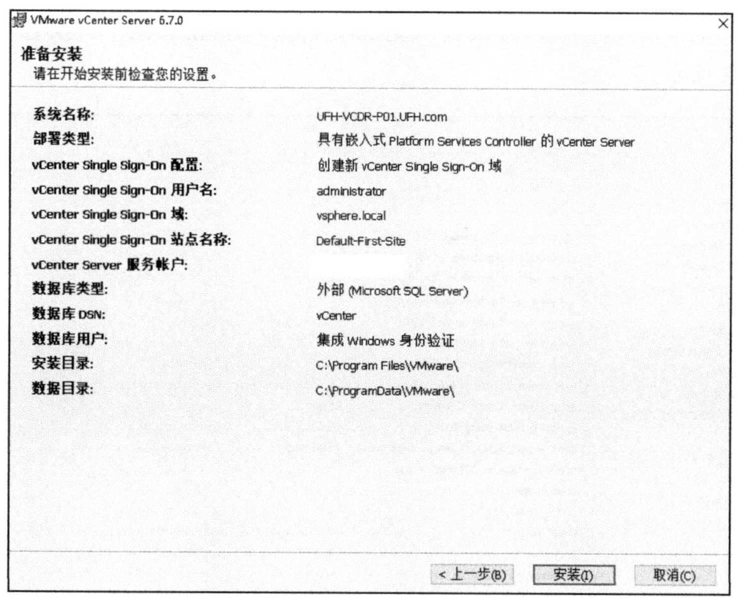

图 4-91　配置清单

18）开始安装 vCenter，如图 4-92 所示。

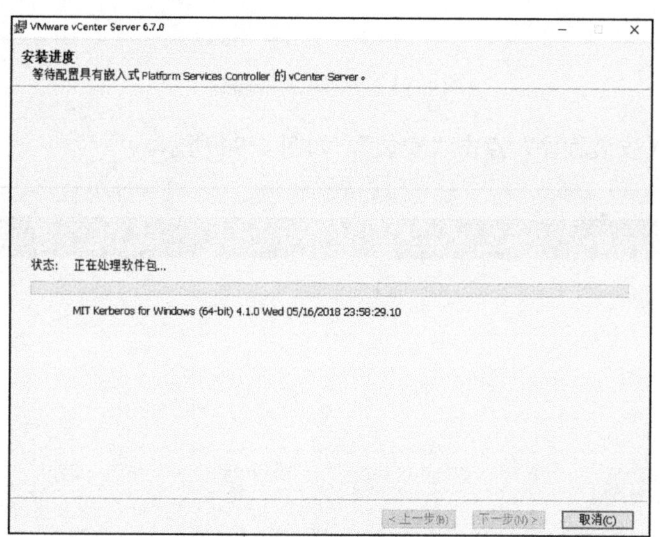

图 4-92　开始安装 vCenter

19）稍等一会儿，完成 Windows 版的 vCenter 的安装。

4.4.2　部署 Linux 版 vCenter Server

从 vSphere 6.7 版本开始，根据 VMware 的建议，推荐使用 VMware vCenter Server Appliance（VCSA），即 Linux 版本 vCenter。从 vSphere 7.0 版本开始，VMware 只提供 VCSA，不再提供 Windows 版本的 vCenter Server。接下来开始安装 VCSA。

1）打开 VCSA 的安装光盘，进入到 vcsa-ui-installer\win32 目录下，执行“installer.exe”文件，如图 4-93 所示。

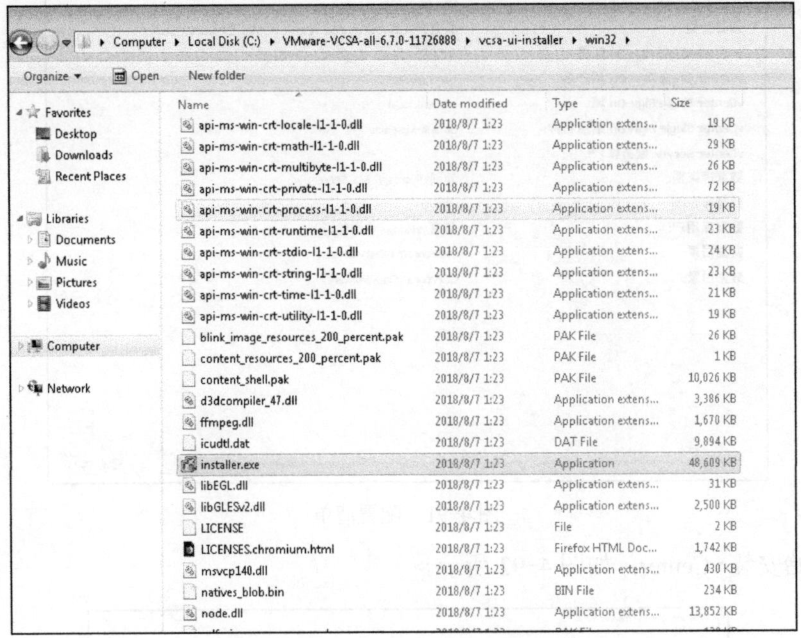

图 4-93　VCSA 安装路径

2）打开 VCSA 安装程序，点击“安装”，如图 4-94 所示。

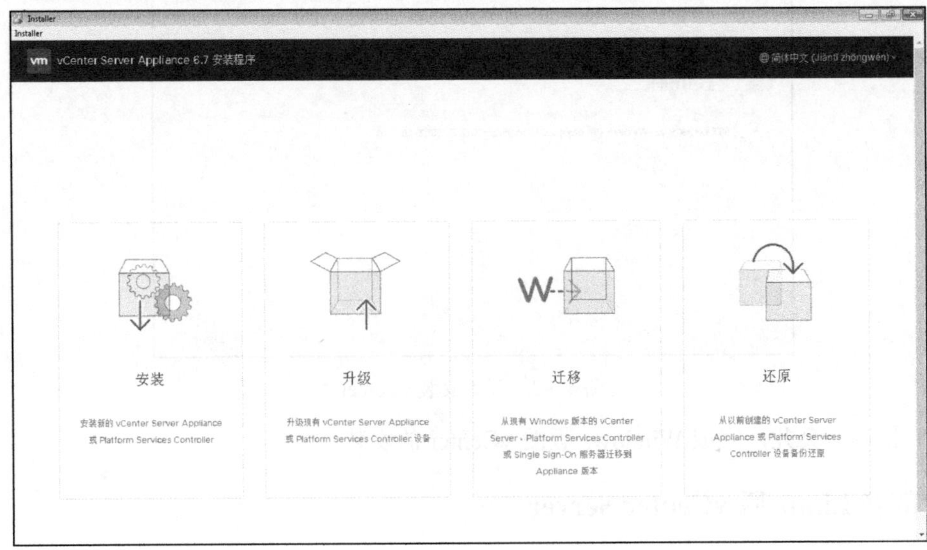

图 4-94　VCSA 安装程序

3）开始 VCSA 第一阶段的安装，首先部署 VCSA 虚拟机，如图 4-95 所示。

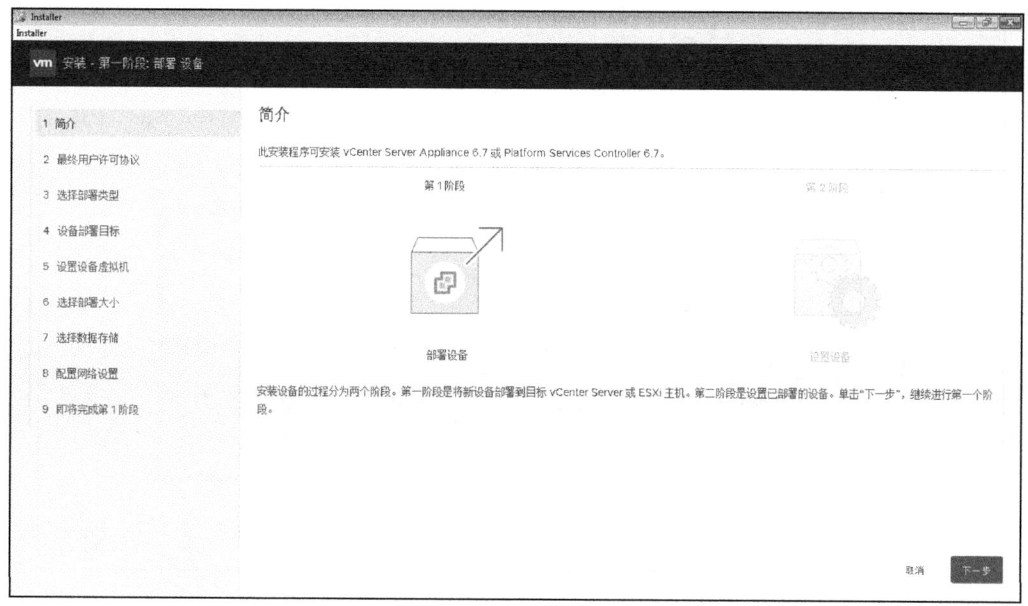

图 4-95　部署 VCSA 虚拟机

4）接受最终用户许可协议，如图 4-96 所示。

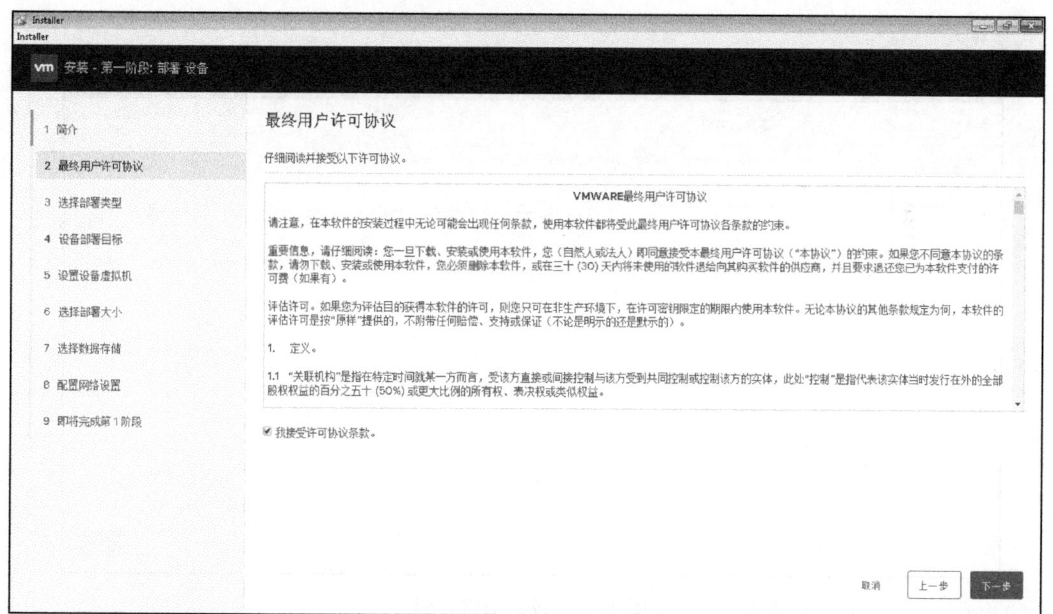

图 4-96　最终用户许可协议

5）选择部署类型，如图 4-97 所示。嵌入式 PSC 和外部 PSC 的部署方式可依据所管理的主机和虚拟机的数量来确定。

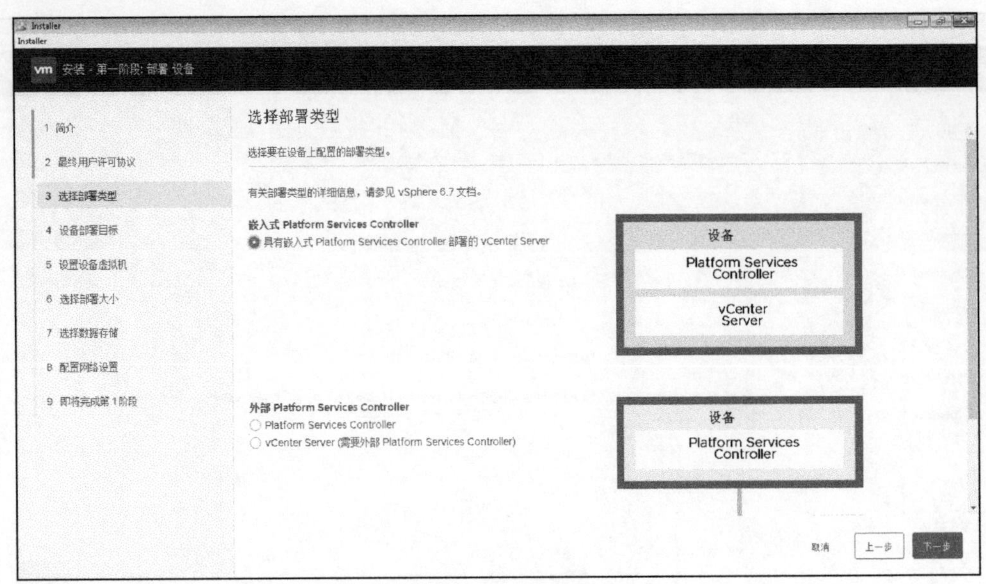

图 4-97　选择部署类型

6）填写要部署 VCSA 的目标服务器信息，如图 4-98 所示。部署目标支持 ESXi 和 vCenter 两种方式。

图 4-98　设备部署目标

7）在连接 ESXi 或者 vCenter 时可能会提示证书警告，如图 4-99 所示。

8）选择部署 VCSA 所在的文件夹，如图 4-100 所示。

9）选择 VCSA 所在的宿主服务器，如图 4-101 所示。若集群开启了 DRS 功能，也可以将创建 VCSA 服务器的位置指定为该集群。

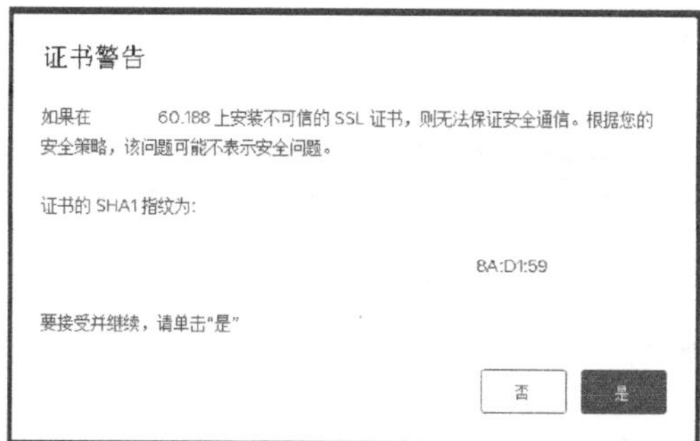

图 4-99　证书警告

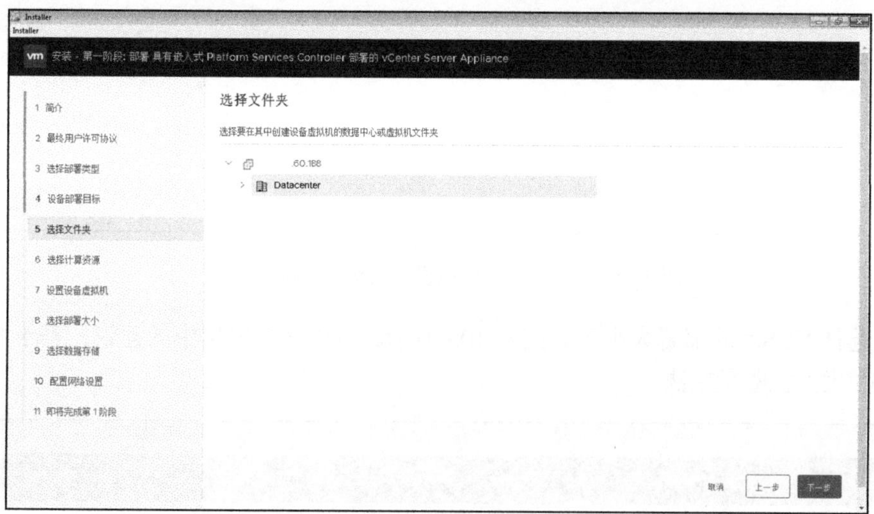

图 4-100　选择部署 VCSA 所在的文件夹

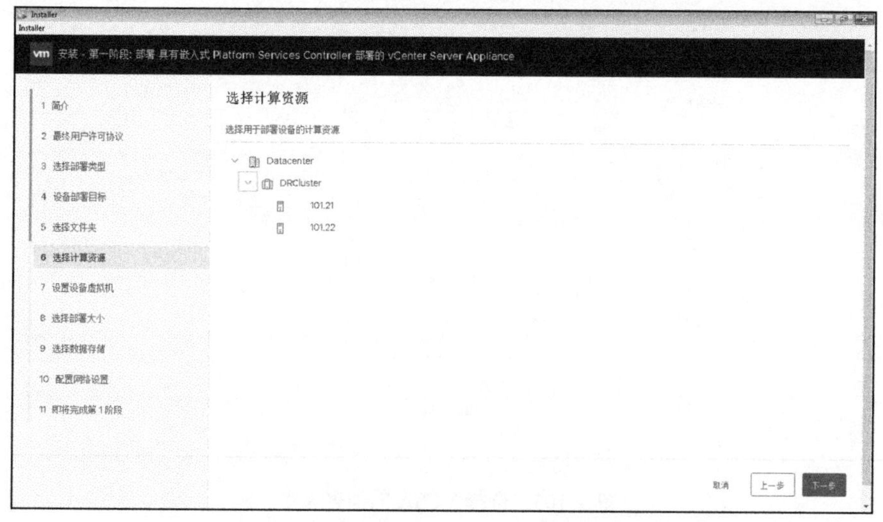

图 4-101　选择用于部署 VCSA 的宿主服务器

10）填写 VCSA 虚拟机的名称和 root 密码，如图 4-102 所示。

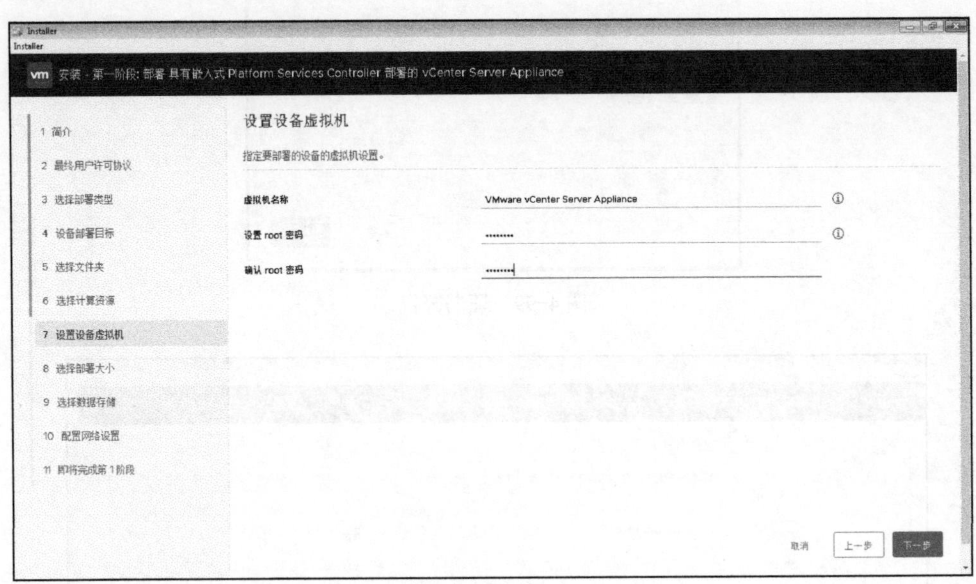

图 4-102　设置设备虚拟机（名称及 root 密码）

11）选择 VCSA 的部署大小，如图 4-103 所示。可以根据表格中的建议，基于其所管理的主机数和虚拟机数量来决定。

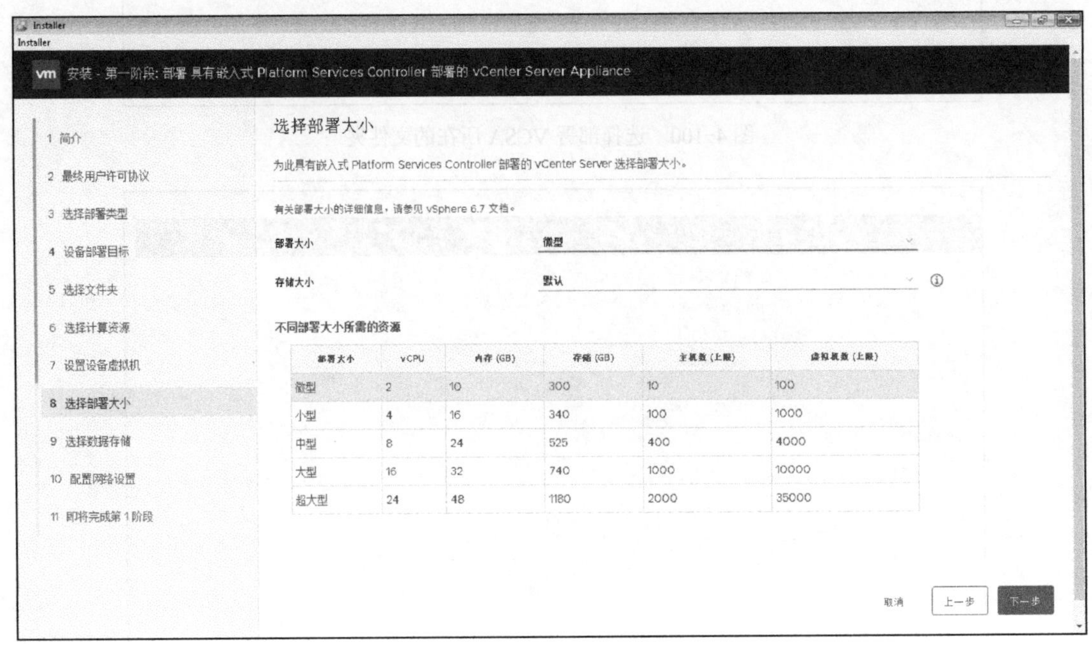

部署大小	vCPU	内存 (GB)	存储 (GB)	主机数 (上限)	虚拟机数 (上限)
微型	2	10	300	10	100
小型	4	16	340	100	1000
中型	8	24	525	400	4000
大型	16	32	740	1000	10000
超大型	24	48	1180	2000	35000

图 4-103　选择 VCSA 的部署大小

12）选择 VCSA 虚拟机所在的存储位置，如图 4-104 所示。

图 4-104　选择 VCSA 虚拟机的存储位置

13）填写 VCSA 的网络信息，包含 IP 地址、子网掩码、网关、DNS 等信息，如图 4-105 所示。

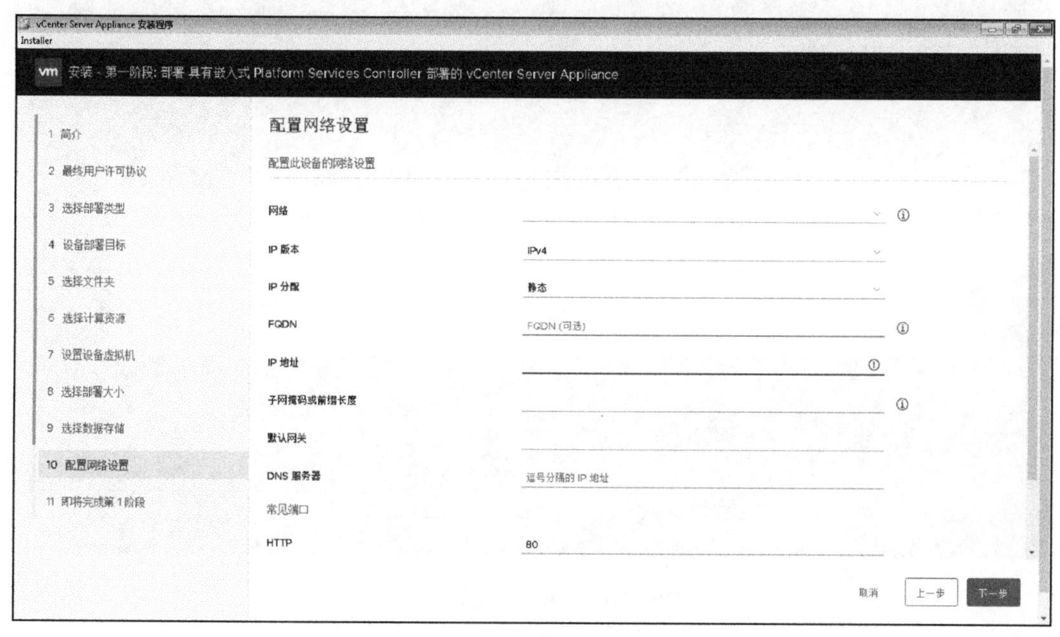

图 4-105　配置 VCSA 的网络设置

14）显示第一阶段的配置清单，如图 4-106 所示。

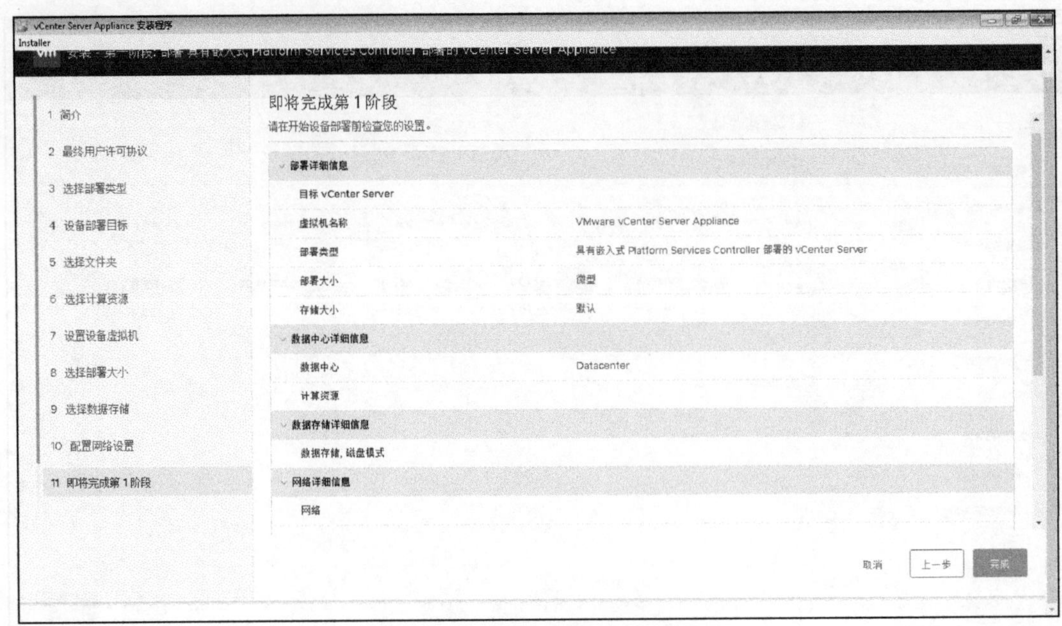

图 4-106　第一阶段的配置清单

15）开始第一阶段的部署，如图 4-107 所示。

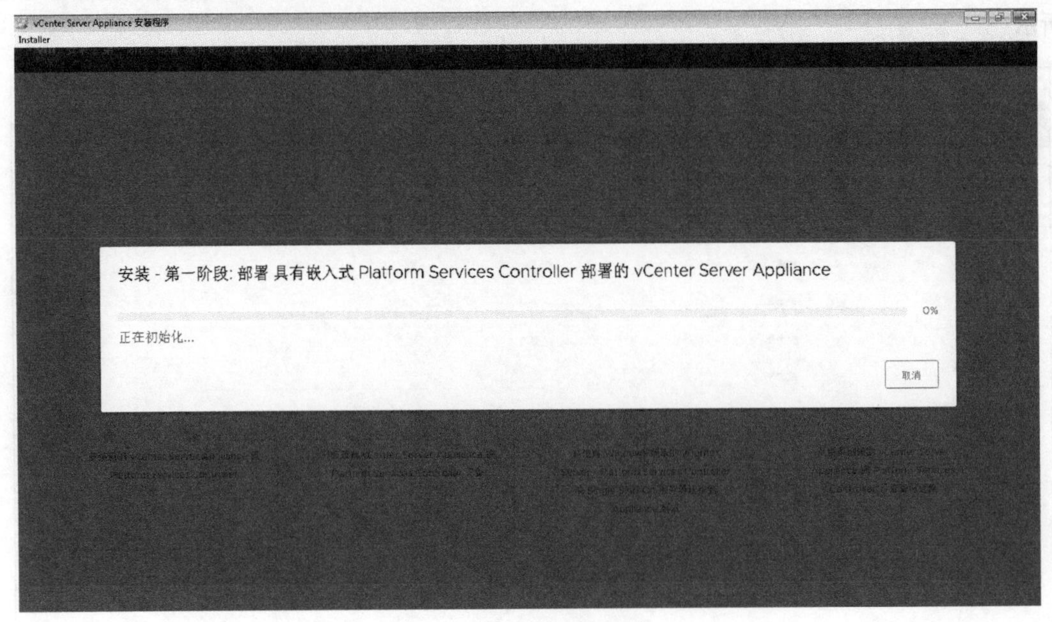

图 4-107　第一阶段部署中

16）等待一段时间后，完成 VCSA 第一阶段的部署，提示开始第二阶段的部署，如图

4-108 所示。若在第一阶段部署过程中填写了 FQDN，需要确保 DNS 服务器上存在该条 A 记录，以便能够通过访问 https://FQDN:5480 继续第二阶段的部署。

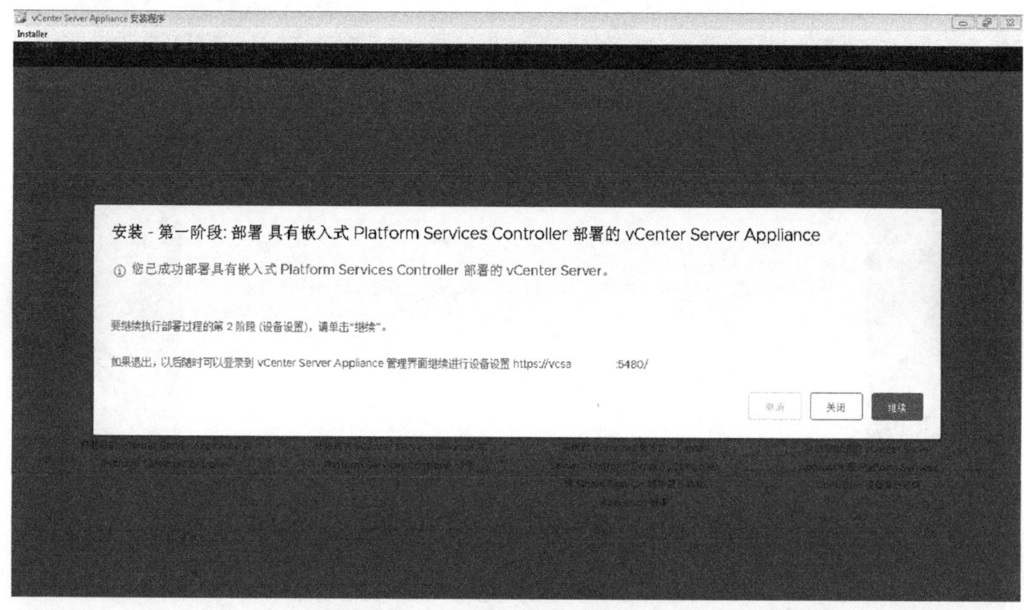

图 4-108　第一阶段部署完成

17）进入到 VCSA 第二阶段的部署，如图 4-109 所示。

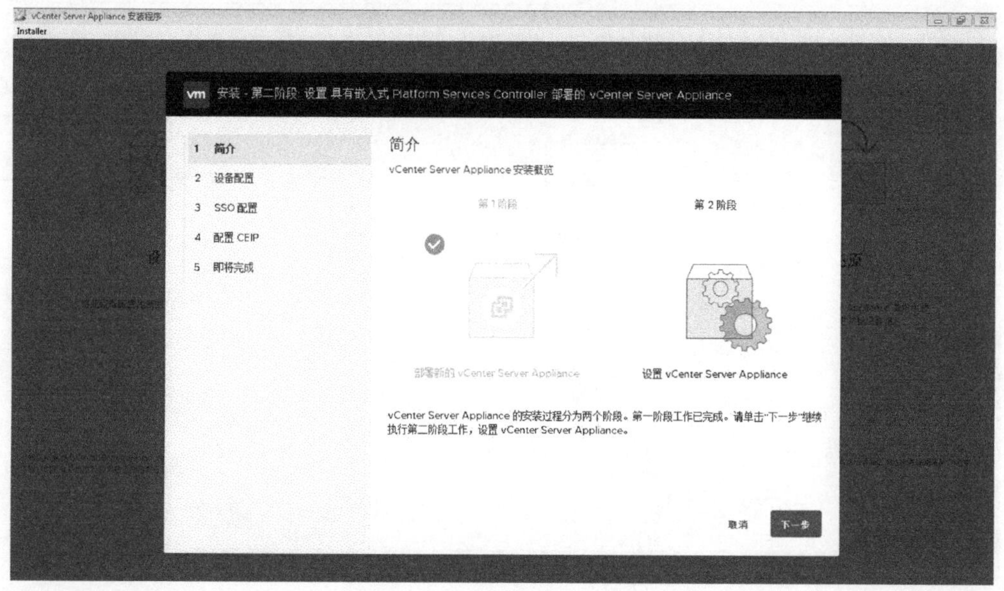

图 4-109　开始第二阶段的部署

18）配置时间同步模式和 SSH 访问功能，如图 4-110 所示。建议采用 NTP 服务器方式进行时间同步，以保证时间的准确性。

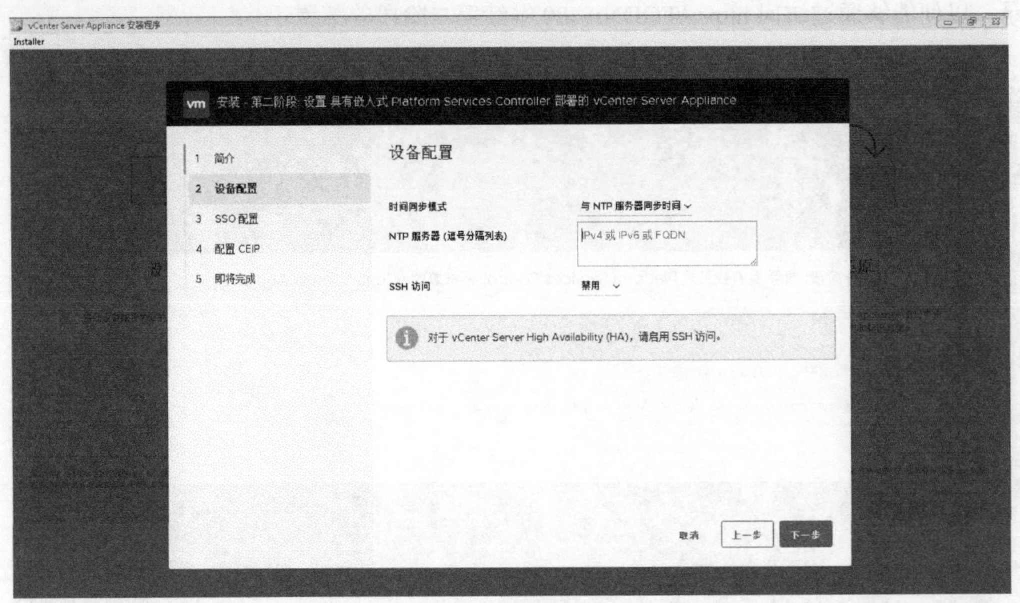

图 4-110　配置时间同步模式和 SSH 访问功能

19）配置 SSO 域，可以指定 SSO 域名和默认账号 administrator 的密码，如图 4-111 所示。

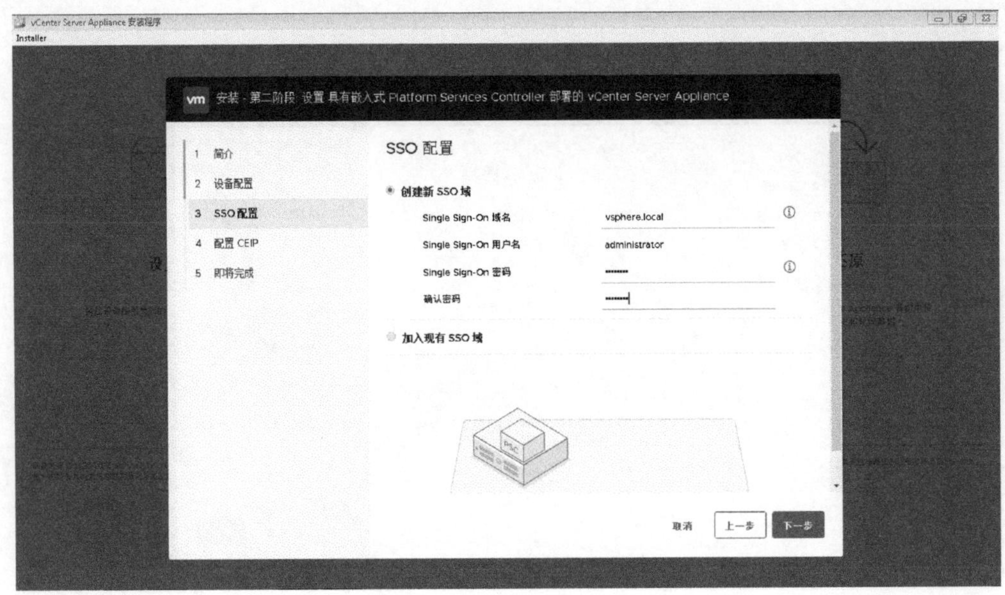

图 4-111　配置 SSO 域

20）视实际情况，决定是否参加 CEIP（VMware 客户体验提升计划），如图 4-112 所示。

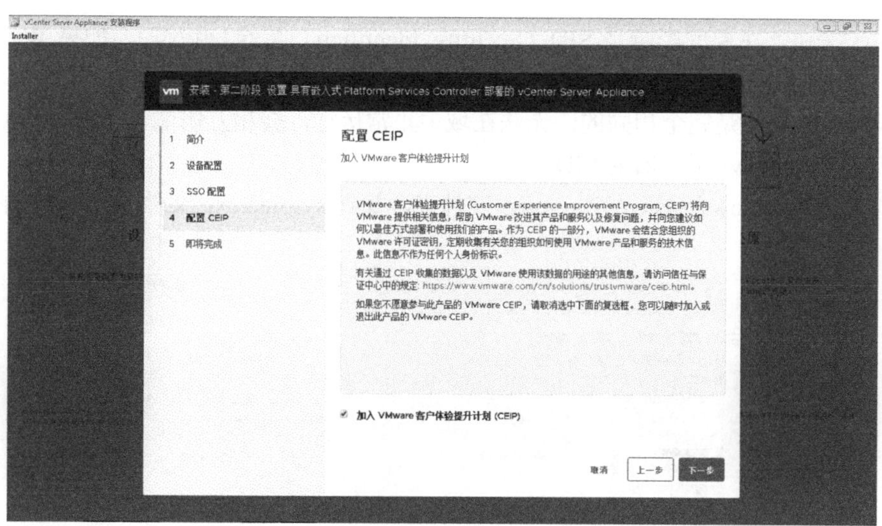

图 4-112　配置 CEIP

21）显示 VCSA 第二阶段部署的配置清单，如图 4-113 所示。待完成第二阶段的安装之后，即完成了 VCSA 的部署。

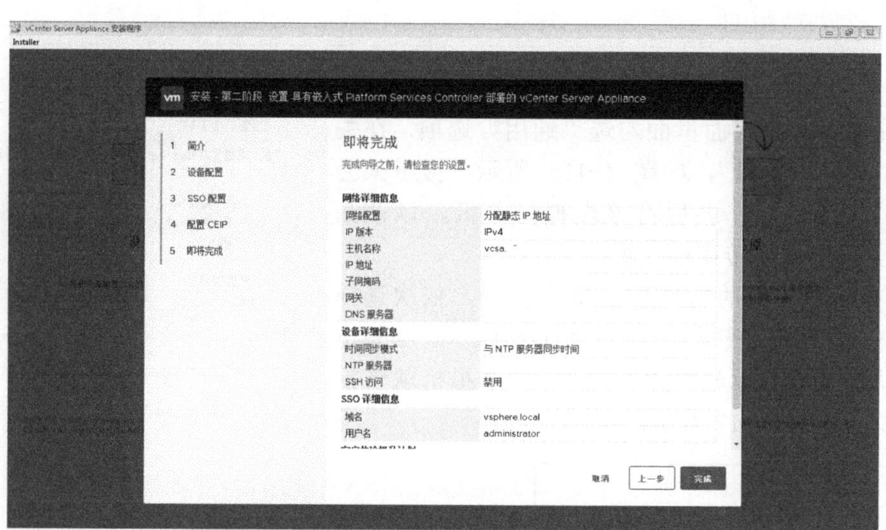

图 4-113　VCSA 第二阶段部署的配置清单

4.5　创建模板——实现快速创建虚拟机

当需要大量创建虚拟机的时候，一台一台地进行安装就会显得效率很低了。借助模板可以快速、批量建立所需要的虚拟机。

4.5.1　创建 Windows 模板

在 Windows 的虚拟机上，将所需要的软件安装完成后，便可以对虚拟机进行封装。对于 Windows 来讲，主要的影响是 SID（Security Identifiers，安全标识符）。如果 Windows 服务器需要加入域，则需要保证域中所有服务器的 SID 都不相同。而通过克隆方式复制出来的虚拟机其 SID 号码均是完全相同的，无法在域中正常运行，会相互影响。因此就需要在生成模板之前修改 Windows 服务器的 SID。

1）打开 C:\Windows\System32\sysprep 文件夹，找到 sysprep.exe 文件并执行，如图 4-114 所示。

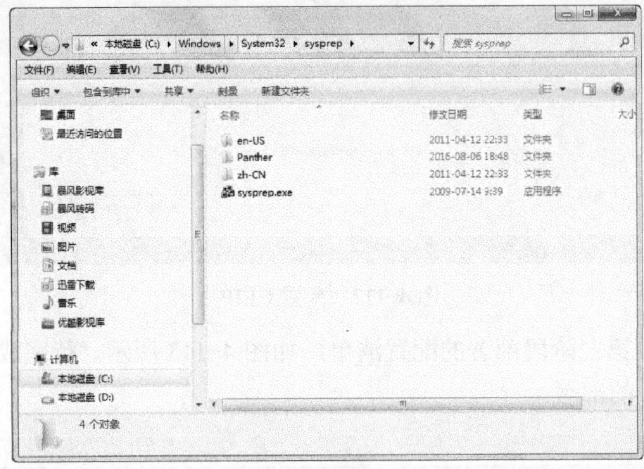

图 4-114　找到并执行 sysprep.exe 文件

2）在 Sysprep 界面里面勾选“通用”选项，在关机选项中选择“关机”，如图 4-115 所示。接下来会在执行 sysprep 操作之后将该虚拟机关机，以便在 vCenter 上将虚拟机转换成模板。

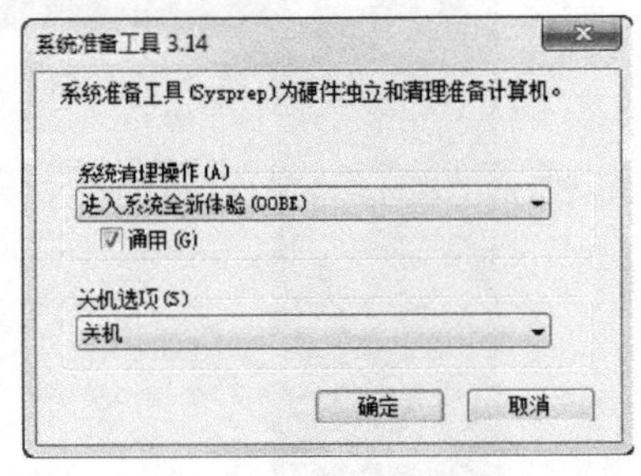

图 4-115　Sysprep 界面

3）在已经关机的虚拟机上单击右键，依次选择“模板”→“转换成模板”，如图 4-116 所示，在弹出的“确认转换”提示框中选择“是”，虚拟机就转换成了模板，如图 4-117 所示。

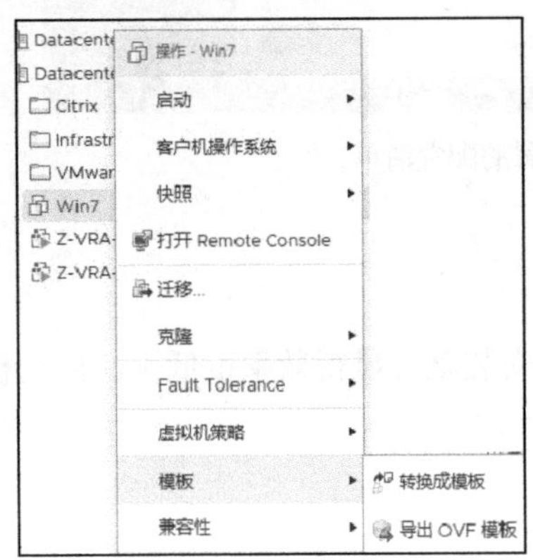

图 4-116　转换成模板菜单

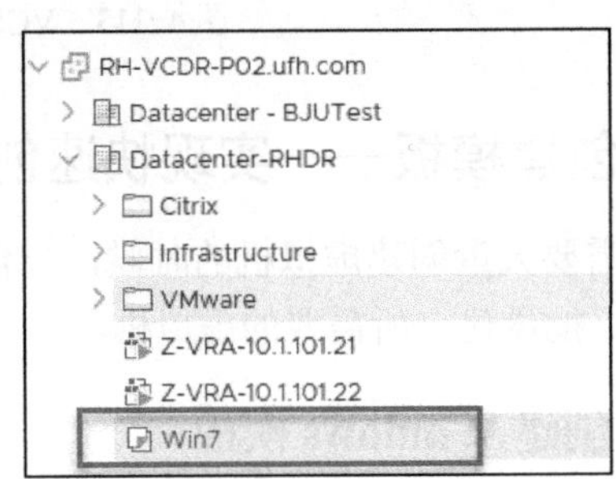

图 4-117　转换完成的模板

4.5.2　创建 Linux 模板

和 Windows 类似，Linux 在创建模板时也需要清除掉系统自带的一些信息，例如 Linux 主机中的 UUID、网卡 MAC 地址等。

接下来以 CentOS 7.6 版本为例介绍创建模板的过程。

1）登录到 Linux 虚拟机命令行。

2）删除 SSH 主机的密钥。

```
# rm -rf /etc/ssh/ssh_host_*
```

3）在/etc/sysconfig/network 文件中将 HOSTNAME 的值修改为 localhost.localdomain。

4）将/etc/sysconfig/network-scripts 目录下所有网络接口配置文件 ifcfg-eth*中的 HWADDR 和 UUID 行删除。

5）删除/var/log 下的所有日志文件。

6）删除/root 下的所有 build 日志。

7）对系统进行初始化。

```
# sys-unconfig
```

8）待虚拟机关机后，在虚拟机名称上点击右键，依次选择“模板”→“转换成模板”，如图 4-115 所示，在弹出的“确认转换”提示框中选择“是”，虚拟机就转换成了模板。

4.6　添加网络虚拟交换机——实现虚拟机、主机、交换机互联互通

在 VMware 虚拟化场景下，虚拟交换机作为服务器内部虚拟机之间或者服务器内部虚拟机与服务器外部网络之间互联互通的媒介，起着十分重要的作用。本节讲解如何添加网络虚拟交换机实现网络设备互联互通。

4.6.1　添加标准交换机

先介绍一下和虚拟交换机相关的概念。

- 交换机上联口：指交换机上联至上层交换机的端口，在 VMware 中从 vmnic 0 开始编号。
- 物理适配器：物理服务器上的物理网卡接口，通常作为虚拟交换机的上联口使用，连接至交换机，用于服务器与其内部虚拟机连通至外部网络。
- 端口组：一组相同配置的网络端口集合，可以在同一组端口组上配置相同的策略，如 VLAN、流量控制策略等。
- VMkernel 端口：对外进行网络通信时使用。

在安装 ESXi 主机完成后，系统中会默认生成名为 vSwitch0 的标准交换机，并且将 ESXi 主机的管理 IP 设置在该交换机的 VMkernel 端口上。为了方便平时使用和管理，可在现有的标准交换机上添加新的端口组供虚拟机使用，如图 4-118 所示，交换机左侧是端口组，可用于 VMkernel 端口或虚拟机的端口。交换机右侧是交换机的上联口，对应物理服务器的网卡端口。

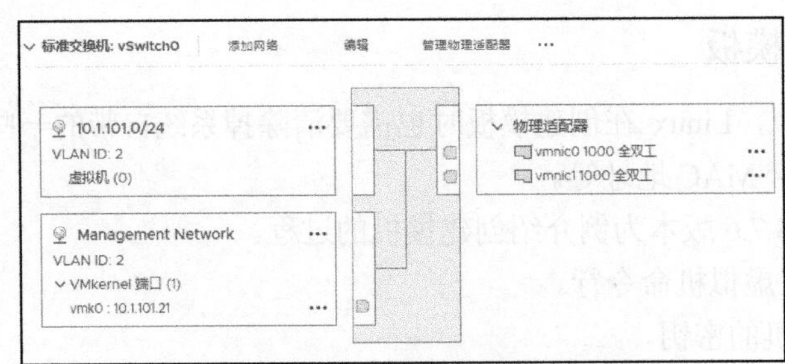

图 4-118　标准交换机上的端口组设置

4.6.2　添加分布式交换机

标准交换机的所有配置都保存在 ESXi 主机上，如果虚拟化环境的规模比较大，涉及较多的 ESXi 主机，需要在每一台 ESXi 主机上做一次虚拟交换机的配置，费时费力。为了解决该问题，VMware 提供了分布式交换机的方式来统一管理 ESXi 主机上的网络配置。

分布式交换机的相关配置均保存在 vCenter Server 上，可以通过 vCenter 对所有 ESXi 主机的网络进行统一配置。在所有 ESXi 主机的物理适配器上选取各自主机的网口作为主机的上联口，并且在分布式交换机上划分端口组。分布式交换机的端口组配置与标准交换机的端口组配置不同，配置信息可以跨多个 ESXi 主机，不局限于某一台 ESXi 主机上。如图 4-119 所示，分布式交换机跨越了 3 台 ESXi 主机，在该分布式交换机上有 3 个不同的端口组，每个端口组供不同业务的虚拟机使用。

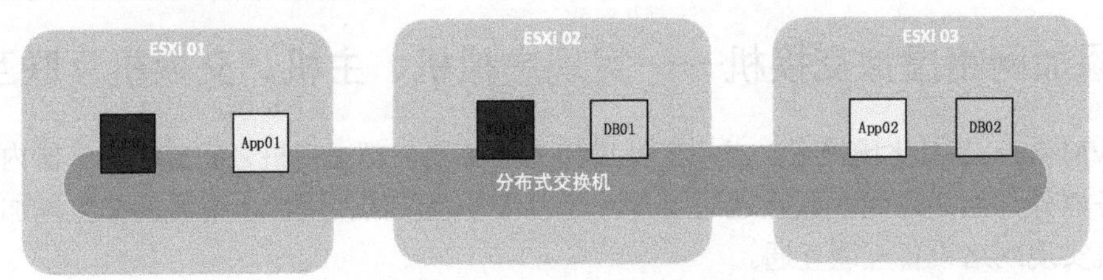

图 4-119　分布式交换机

分布式交换机的所有配置信息都保存在 vCenter 上，但当 vCenter 发生故障无法恢复时，分布式交换机仍可以正常运行，只是无法对网络相关配置信息进行修改。解决的办法是重新创建一台 vCenter 服务器，将所有 ESXi 主机的网络重置后重新修改网络的相关配置信息。但是这样，就有可能会对 ESXi 主机已经运行的虚拟机造成业务中断等影响。所以对于分布式交换机的配置信息需要定时备份。

对分布式交换机的配置信息进行备份时，在 vCenter 控制台切换到网络标签页，在所需要备份的分布式交换机名称上右击，依次选择“配置”→“导出配置”，如图 4-120 所示。

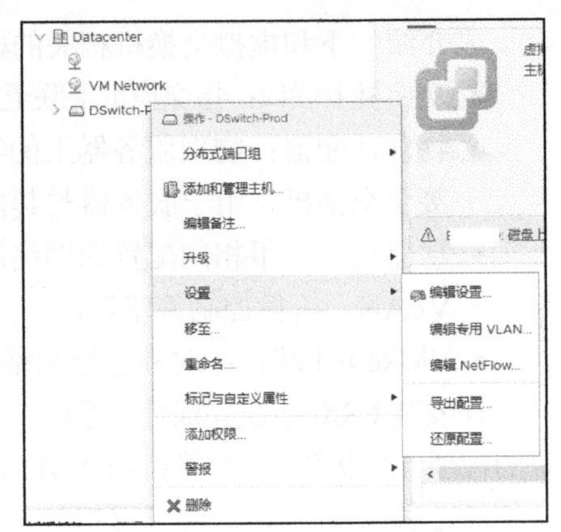

图 4-120　导出分布式交换机配置信息

当 vCenter 发生故障无法恢复，重新部署后，可以将已备份的分布式交换机配置信息重新导入到 vCenter，就可以继续对网络进行管理了。

4.7　添加共享存储——实现虚拟机高可用

VMware 虚拟化环境中，存储是十分重要的组成部分。在 ESXi 主机上，不仅可以提供计算资源，也可以提供存储资源。在 ESXi 主机单台独立运行模式下，虚拟机运行在某台 ESXi 上主机，如果 ESXi 主机发生了故障，该虚拟机将无法正常运行。借助共享存储，将多台 ESXi 主机连接共享存储，并将 ESXi 主机组成 HA 集群，当单台 ESXi 主机发生故障时，运行在该主机上的虚拟机会在其他 ESXi 主机上重新启动，由其他主机继续提供计算资源。由于存储资源由共享存储设备提供，ESXi 主机的故障不会产生业务中断的影响。存储资源仍由共享存储设备提供，只是借助于另外一台 ESXi 主机和存储设备的连接。

在生产环境下，建议使用专用的存储设备承担共享存储的角色，在测试环境或 PoC 时，可以使用一台带有大容量的硬盘服务器安装 openfiler 承担共享存储的功能。openfiler 不仅能够提供 CIFS、NFS、HTTP 等方式的 NAS 存储，而且还能提供 iSCSI、FC 方式的 SAN 存储。此外，openfiler 还提供了了基于 Web 页面的管理工具。

本节中将以 openfiler 为例组建共享存储。

4.7.1　openfiler 初始化

openfiler 官网提供了 ISO 格式的安装光盘，可以挂载在 VMware 虚拟机中。根据系统要求，openfiler 虚拟机的内存不少于 4 GB，系统磁盘不少于 20 GB，数据磁盘可以根据实际需求划分磁盘空间。

1）挂载 openfiler 的安装光盘后，修改成光驱启动。虚拟机开机后，出现图 4-121 所示界面，按〈Enter〉键进入到图形化安装界面。

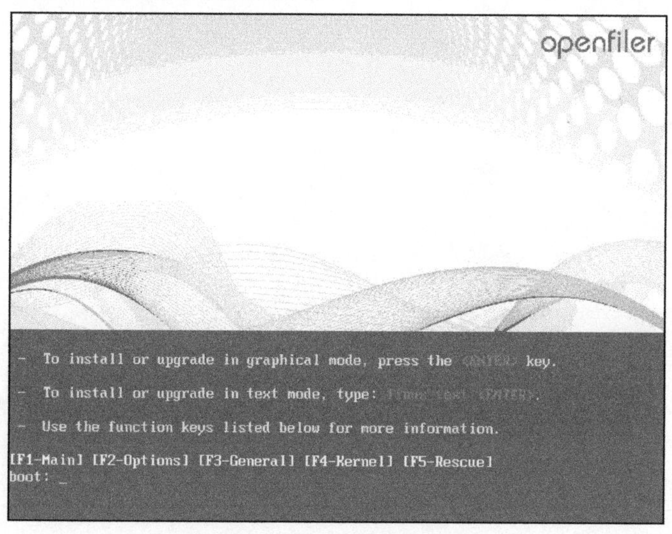

图 4-121　openfiler 安装主页面

2）进入到图形化安装界面后，如图 4-122 所示，点击“Next”按钮进入下一步。

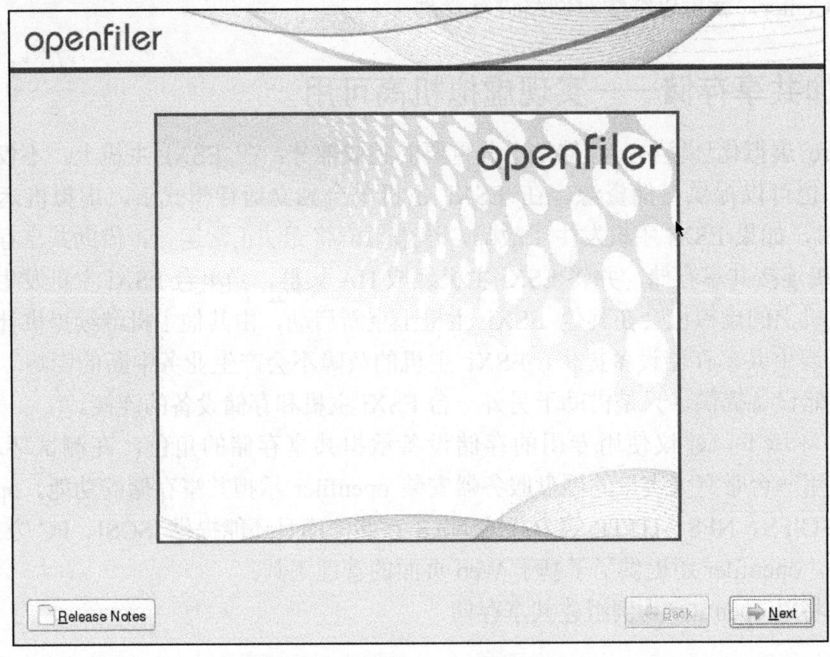

图 4-122 openfiler 安装初始页面

3）选择合适的键盘布局，如图 4-123 所示。

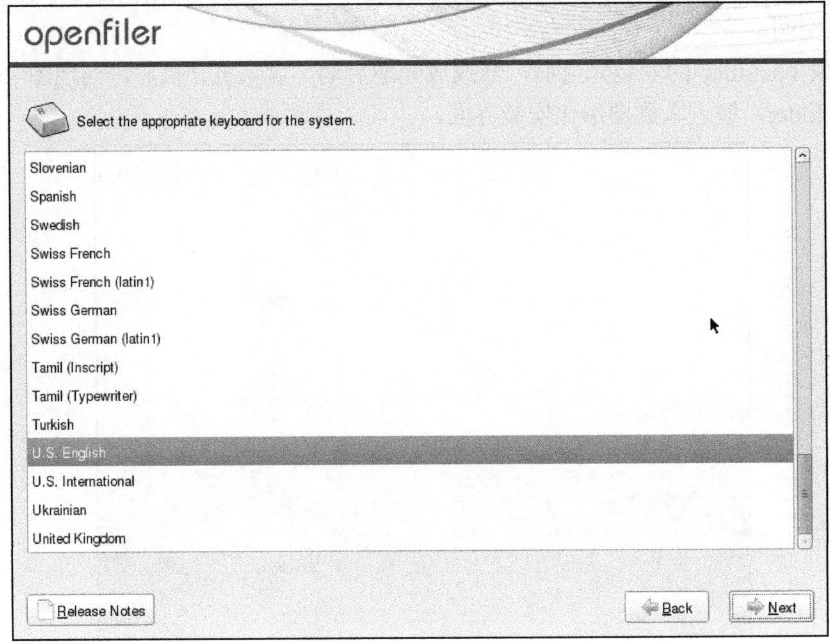

图 4-123 选择键盘布局

4）选择系统所在的磁盘并设置分区，如图 4-124 所示。

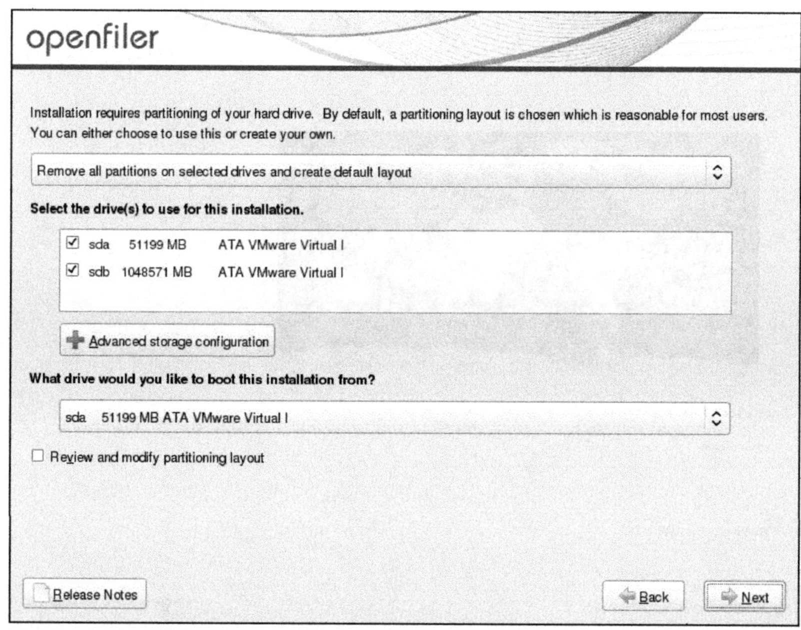

图 4-124　选择磁盘并设置分区

5）配置网络端口的 IP 地址，如图 4-125 所示。

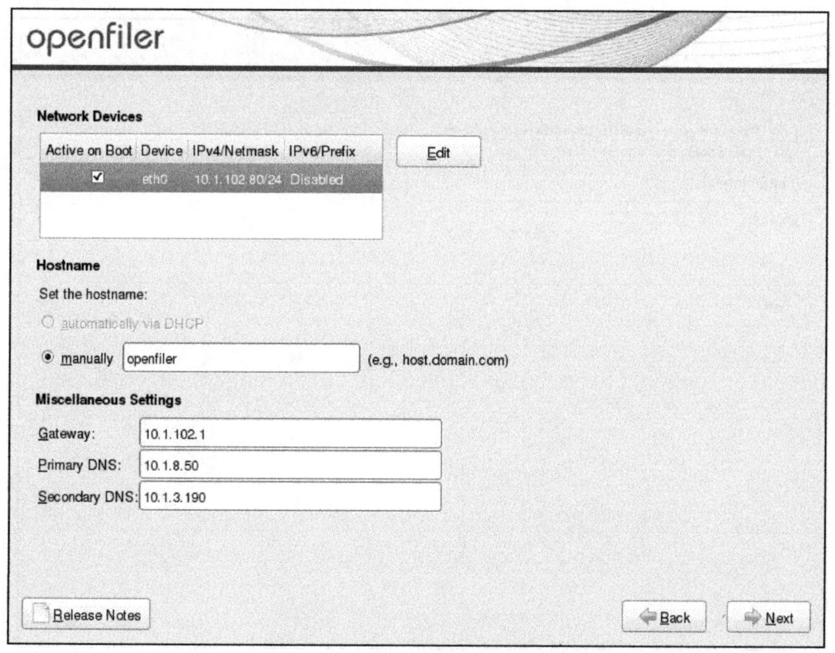

图 4-125　配置网络端口及 IP 地址

6）配置系统的时区，如图 4-126 所示。

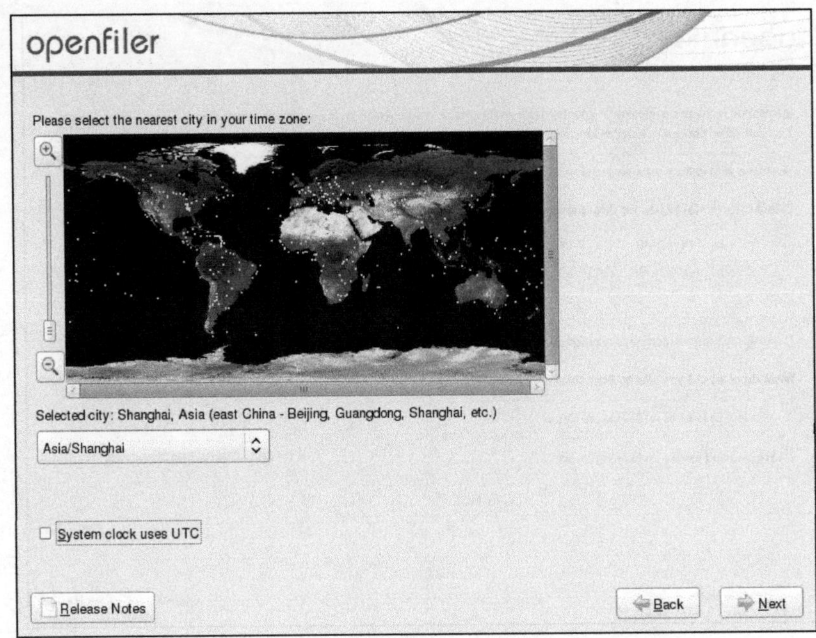

图 4-126　选择时区

7）配置管理员 root 账户的密码，如图 4-127 所示。

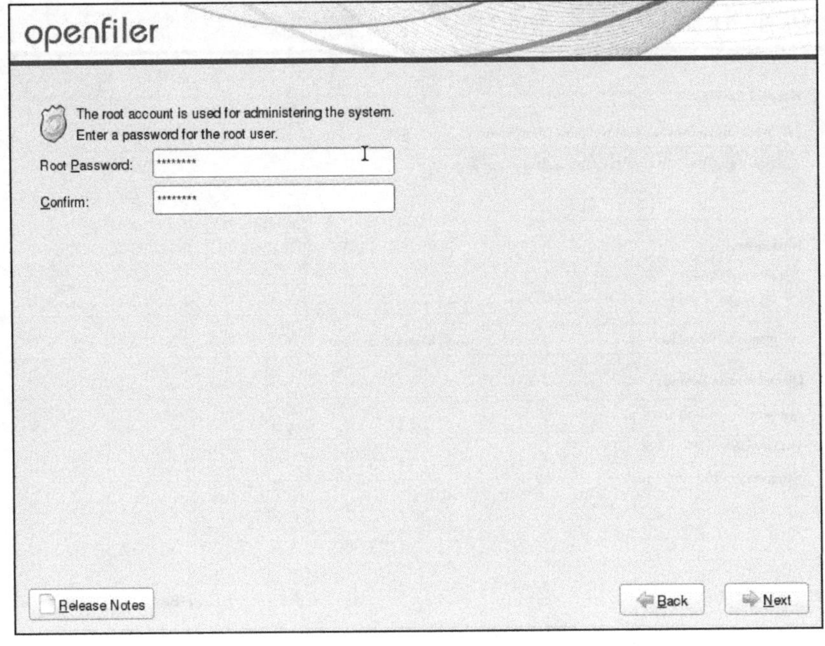

图 4-127　配置 root 账户的密码

8）完成初始化的配置，如图 4-128 所示，点击“Next”按钮开始安装。

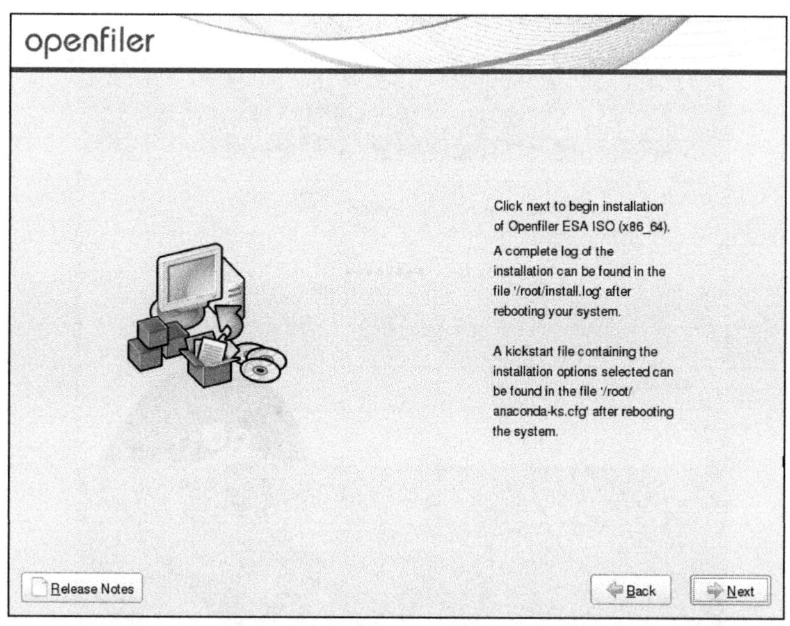

图 4-128　开始安装

9）稍等一会儿后，完成全部安装过程，如图 4-129 所示，点击“Reboot”按钮重新启动服务器。

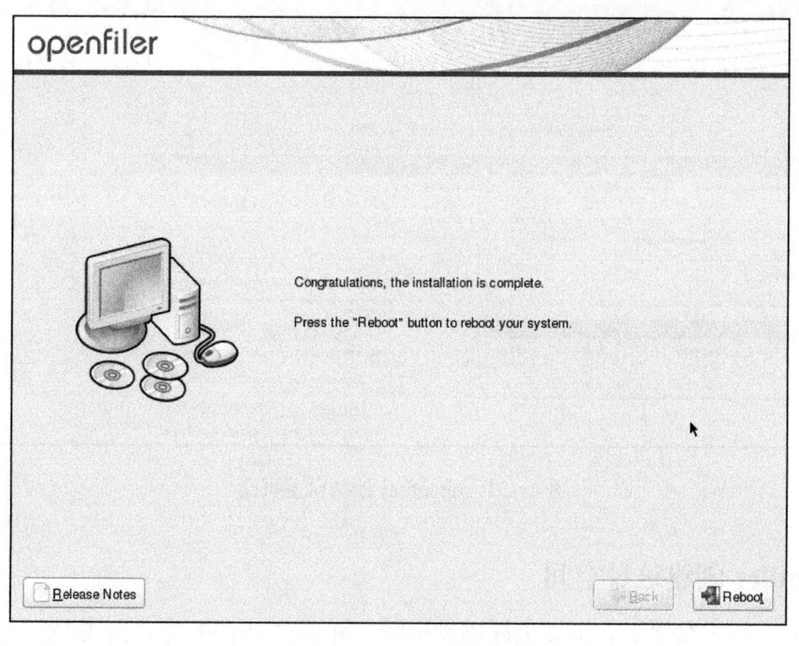

图 4-129　完成安装

10）使用浏览器打开 https://< openfiler IP Address>:446，如图 4-130 所示，使用默认的用户名 openfiler 和默认密码 password 登录。

图 4-130　登录 openfiler

11）登录成功后，可以看到系统的状态页面，如图 4-131 所示。

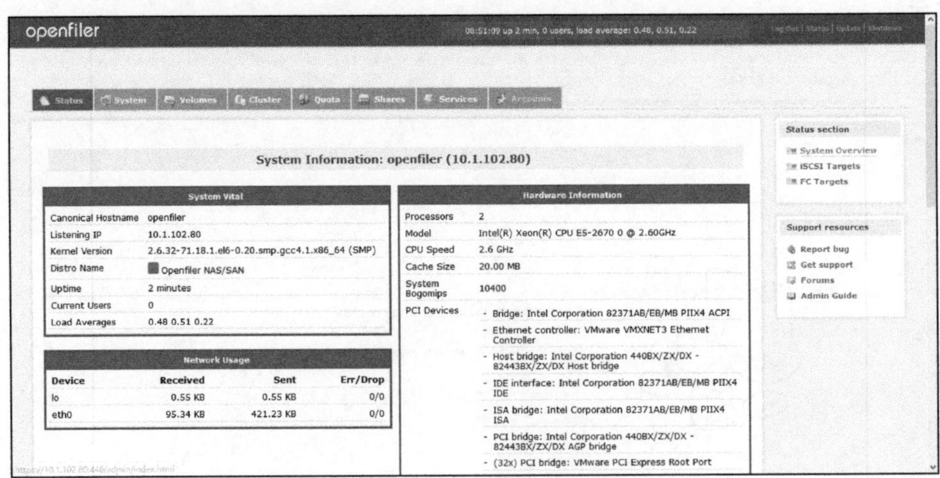

图 4-131　openfiler 控制台主页面

4.7.2　openfiler 创建磁盘空间

openfiler 完成安装之后，需要创建磁盘空间，并通过 iSCSI 方式为 ESXi 主机提供共享存储。

1）登录到 openfiler 控制台后，切换到“Services”（服务）标签下，如图 4-132 所示，开启 iSCSI Target 服务，并设置为开机自启动。

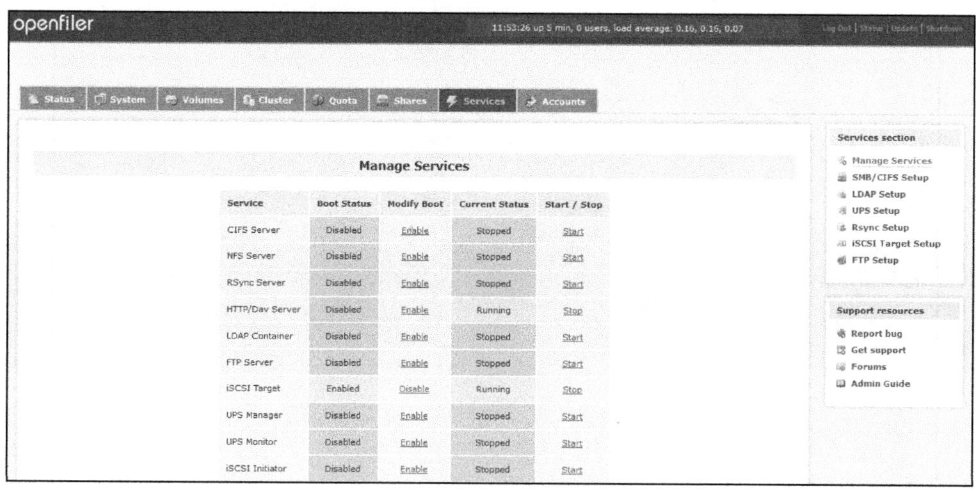

图 4-132　开启 ISCSI Target 服务

2）切换至“Volumes”（卷）标签页，在右侧选项栏中切换到“Block Devices”（块设备）页面，可以看到所有的块设备，如图 4-133 所示。

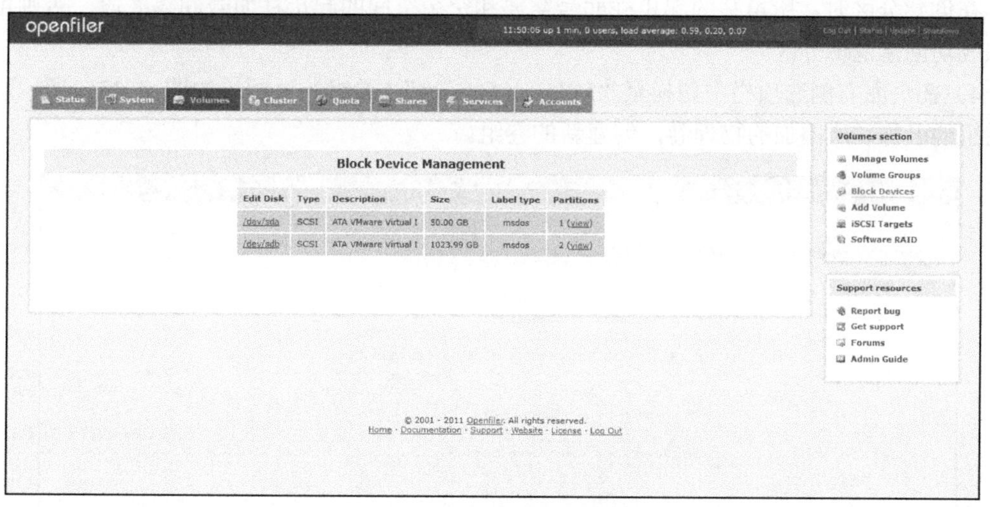

图 4-133　查看块存储设备

3）在所有的块设备列表中，点击设置数据分区所在的物理磁盘名称，显示该物理磁盘下所有的磁盘分区，如图 4-134 所示。在页面下方，选择数据空间分区的起止柱面号和分区类型后创建分区。

Tips:

为了提高数据分区的可用性，建议使用 LVM（Logical Volume Manager，逻辑卷管理）方式管理分区。

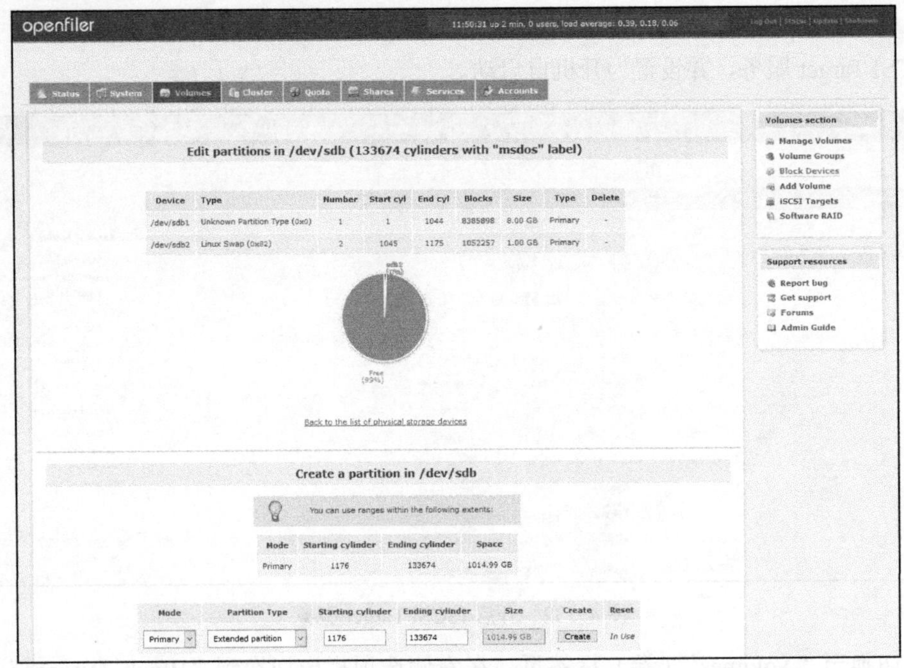

图 4-134　新建物理卷

在创建分区时，所填写的起止柱面号需要和空余空间的起止柱面号间隔一段，否则可能无法成功创建逻辑分区。

4）在页面右侧选项栏中切换至“Volume Groups”（卷组）页面，如图 4-135 所示，输入卷组的名称和所添加的物理卷，创建新的卷组。

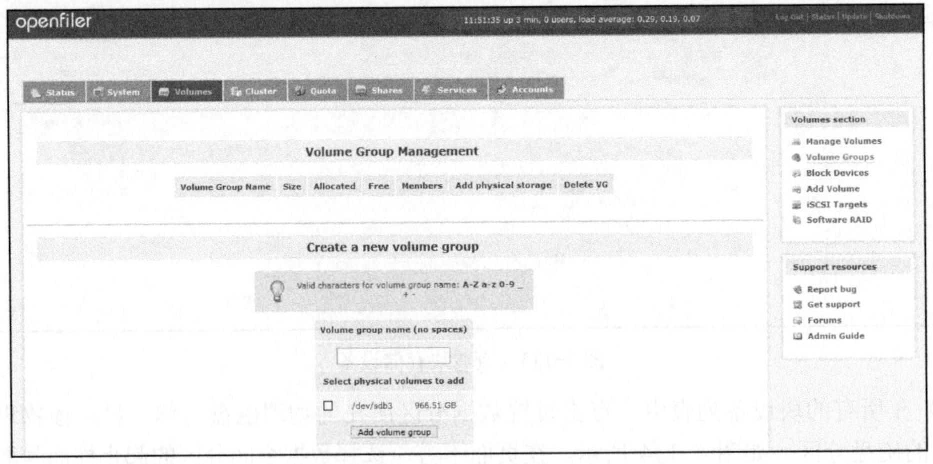

图 4-135　新建卷组

5）在页面右侧切换到“Add Volume”（添加逻辑卷）页面，如图 4-136 所示，在选择卷组后，显示卷组中的逻辑卷信息。在下方新建逻辑卷区域，填写逻辑卷名称并选择逻辑卷空间大小，File System/ Volume Type（文件系统/卷组类型）处选择“Block”（块）。

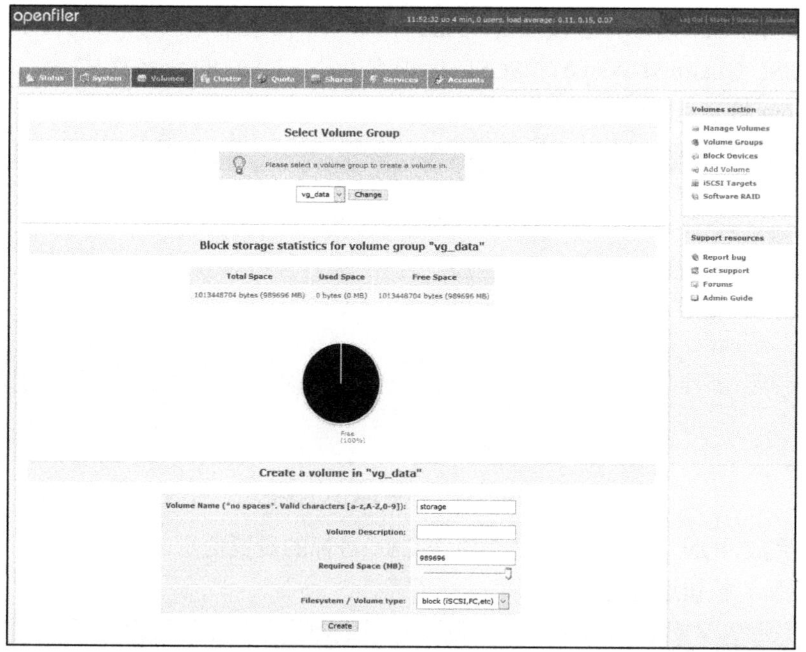

图 4-136　新建逻辑卷

6）在页面上方，切换到“System”（系统）标签，页面右侧选项栏中切换到“Network Setup”（网络设置）页面，查看所有的网络配置，如图 4-137 所示。在页面下方的“Network Access Configuration”（网络访问配置）区域添加 ESXi 主机的 IP 信息。

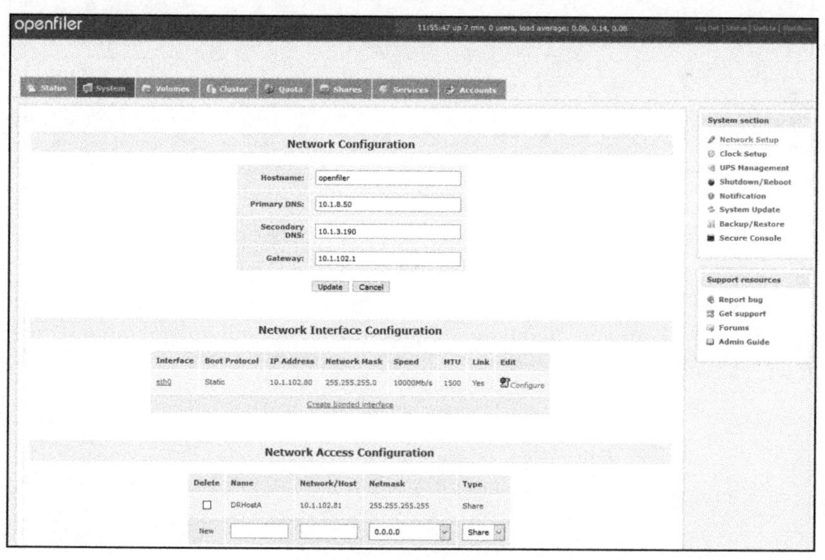

图 4-137　配置 ACL

7）在页面上方，切换到“Volumes”（卷）标签，在页面右侧选项栏中，切换到“iSCSI Targets”（iSCSI 目标）页面。由于系统中不包含任何的 iSCSI 目标，会自动打开添加 iSCSI

目标页面，如图 4-138 所示，直接点击“Add”（添加）按钮即可。每个 iSCSI 目标都会有一个 IQN（iSCSI Qualified Name，iSCSI 标识名称），IQN 的命名格式为：iqn.年份-月份.com|cn|net|org.域名:自定义标识。

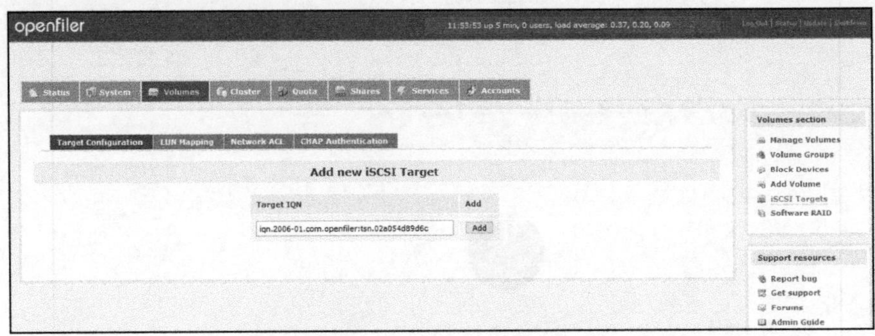

图 4-138　新建 iSCSI 目标

8）添加完成 IQN 后，会详细列出该 iSCSI 目标的设置信息，如图 4-139 所示，点击“Update”（更新）按钮进行更新。

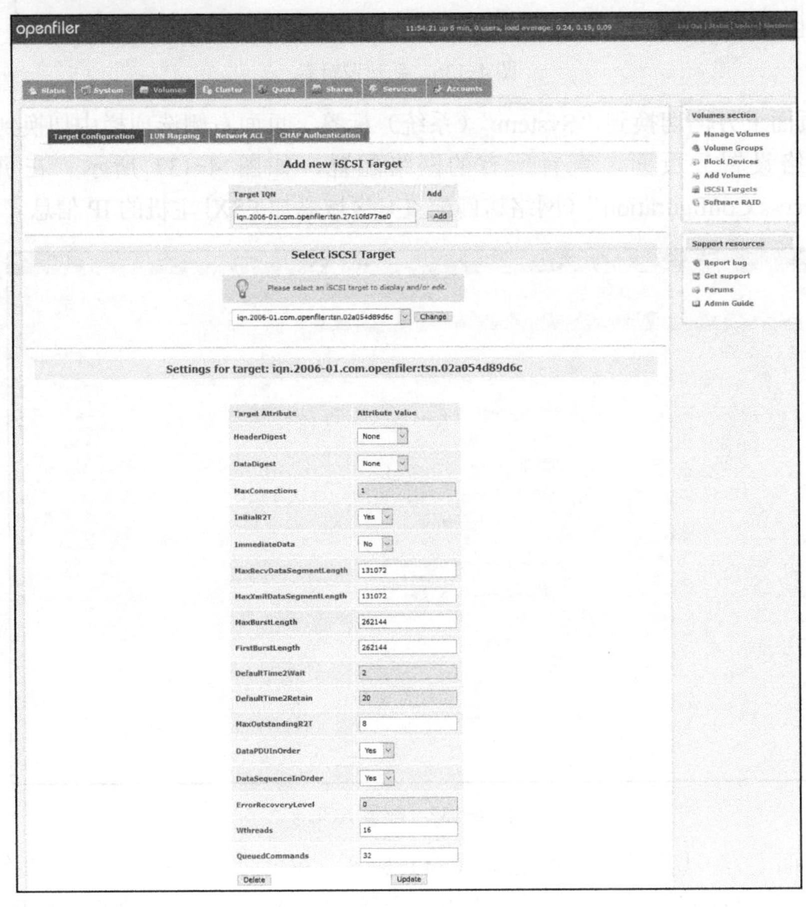

图 4-139　更新 iSCSI 目标的详细配置

9）切换到“LUN Mapping”（LUN 映射）页面，选择读/写模式和传递模式，进行 LUN 映射，如图 4-140 所示。

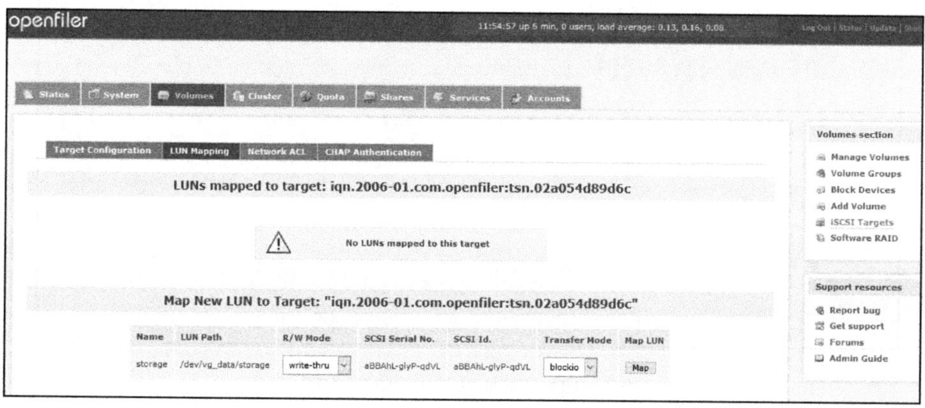

图 4-140　LUN 映射

10）切换到“Network ACL”（网络访问控制）页面，如图 4-141 所示，设置已经添加的网络或者主机对该 LUN 的访问权限（允许或拒绝）。

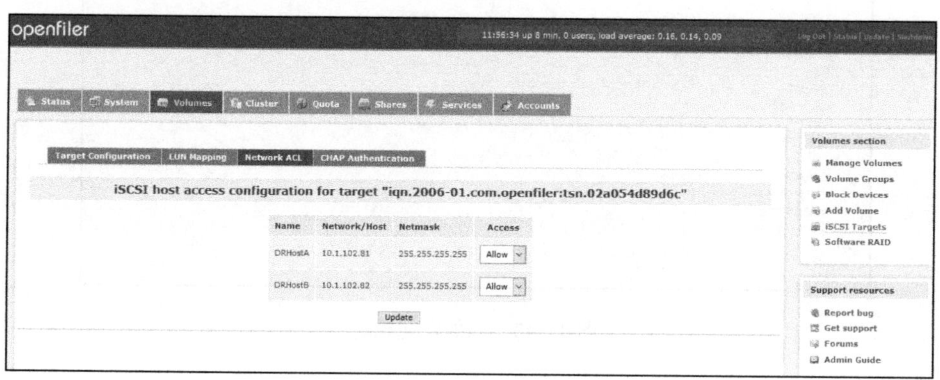

图 4-141　设置 ACL 规则

4.7.3　ESXi 主机添加共享存储

在 ESXi 主机上，通过软件 iSCSI（Internet Small Computer System Interface，互联网小型计算机系统接口）卡，连接到已经在 openfiler 上配置完成的 iSCSI 目标，完成共享存储的添加。

1）打开 vCenter 的控制台，打开 ESXi 主机的“存储适配器”页面，如图 4-142 所示，点击“添加软件适配器”按钮，添加软件 iSCSI 适配器。

2）添加 iSCSI 适配器后，在“动态发现”中点击“添加”按钮，添加发现规则，即添加 iSCSI 目标服务器的 IP 地址和端口，如图 4-143 所示。

3）在 vCenter 控制台上切换到“VMkernel 适配器”页面，如图 4-144 所示，点击“添加网络”，添加该主机上连接 iSCSI 目标的 VMkernel 适配器。

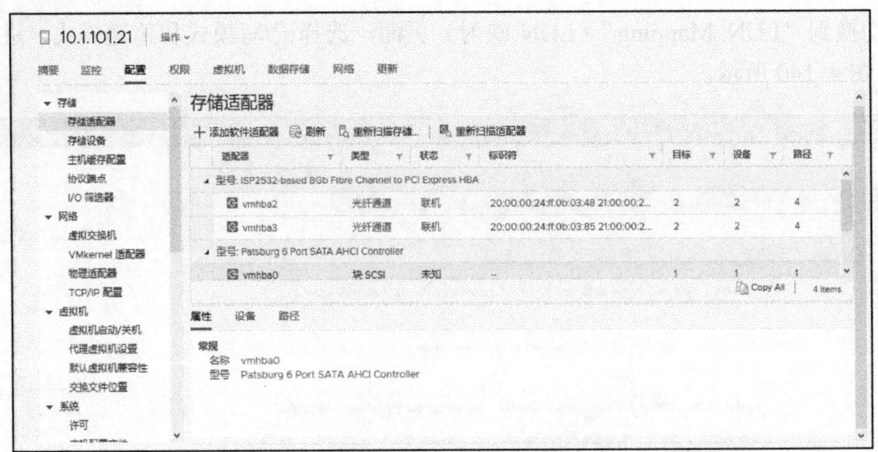

图 4-142　添加软件 iSCSI 适配器

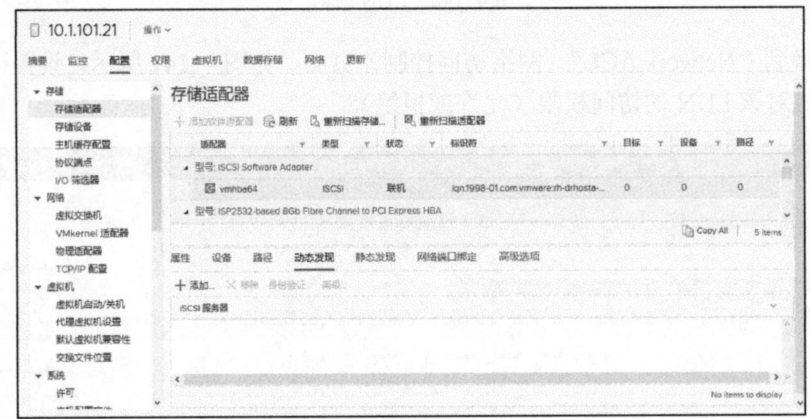

图 4-143　添加发现规则

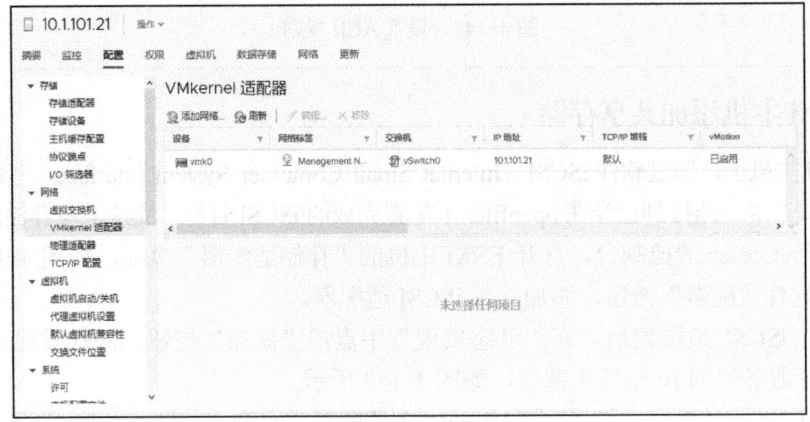

图 4-144　添加 VMkernel 适配器

4）在“添加网络”向导中，选择添加的网络连接类型，如图 4-145 所示。

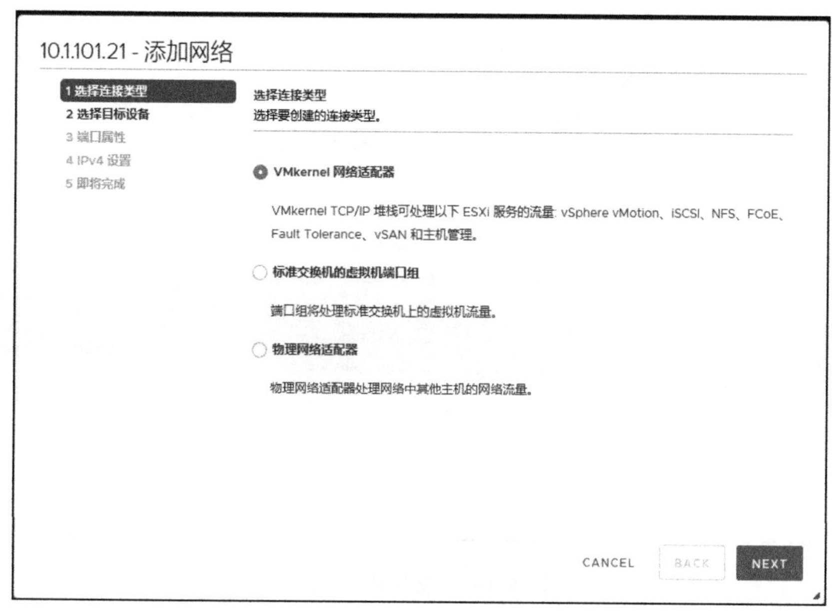

图 4-145　选择网络连接类型

5）在“选择目标设备”页面，如图 4-146 所示，选择所使用的交换机和端口。

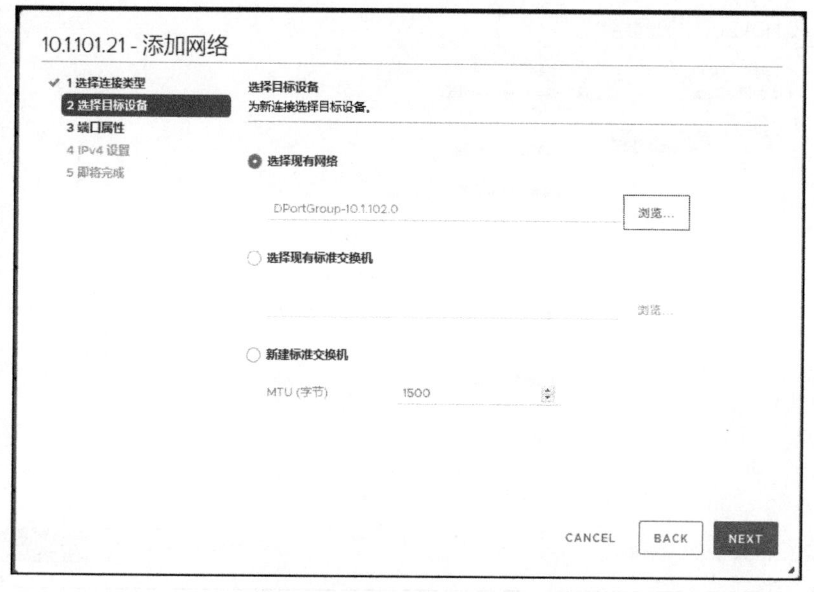

图 4-146　选择交换机和端口

6）在“端口属性”页面中，如图 4-147 所示，设置 VMkernel 端口的详细信息。

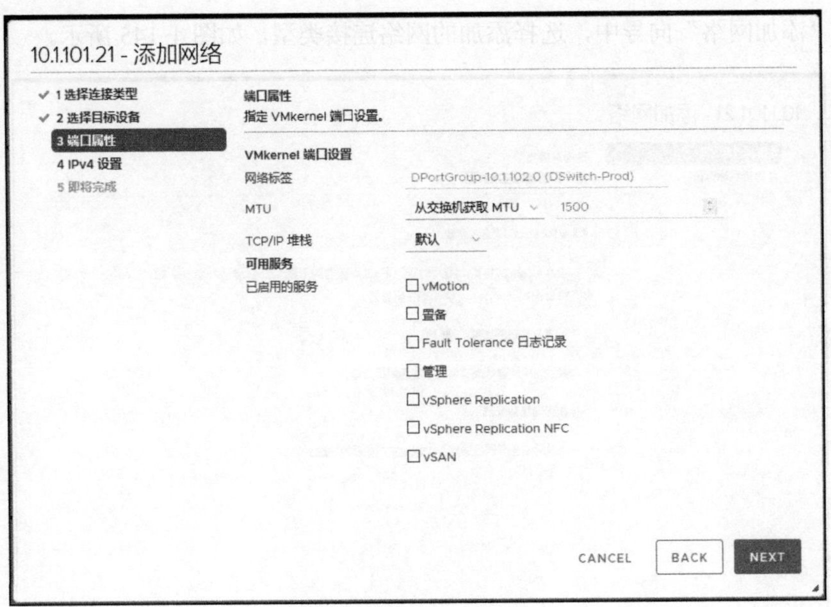

图 4-147　设置端口属性

7）在“IPv4 设置”页面，如图 4-148 所示，配置 VMkernel 的 IP 地址、网关和 DNS 地址。

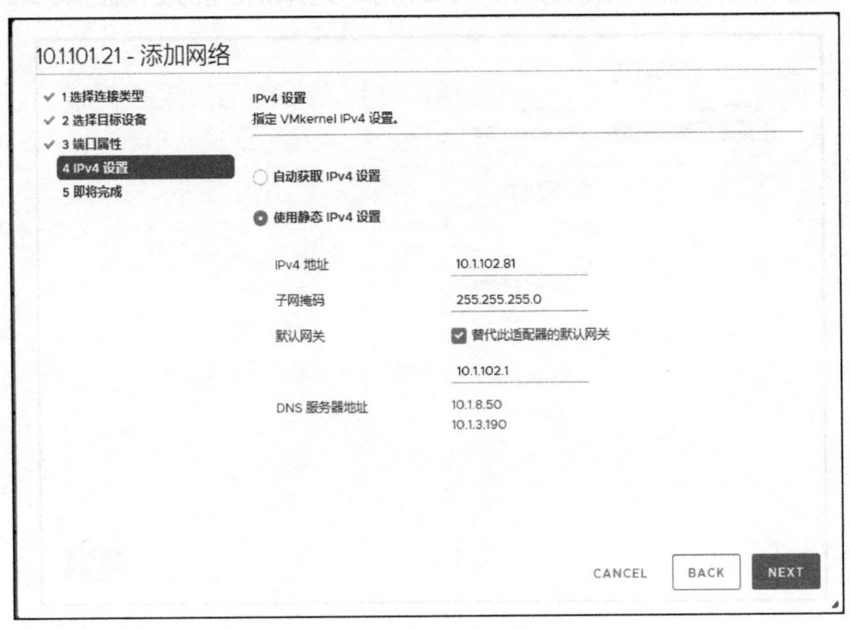

图 4-148　配置 VMkernel 接口地址

8）在“即将完成”页面，如图 4-149 所示，显示相关的配置信息。

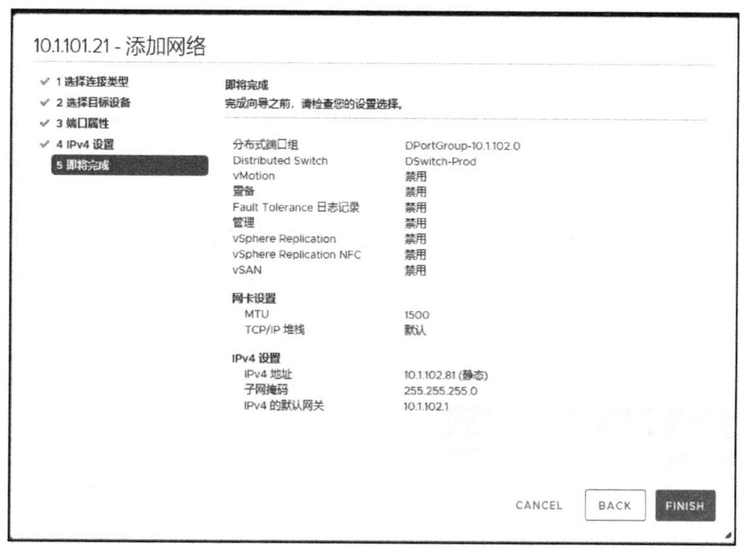

图 4-149　配置信息汇总

至此，就完成了在 ESXi 主机上添加共享存储的操作，建立了实现虚拟机高可用的基础。

4.7.4　配置集群高可用

在之前的章节中已经介绍过，为了提高虚拟服务器上运行的业务系统的高可用性，需要将每一台主机均连接一个共享存储，并且将多台 ESXi 主机组成集群。在集群中的 ESXi 主机都会受到监控。一旦有 ESXi 主机发生故障，该主机上运行的虚拟机将会在其他的 ESXi 主机上重新启动，从而降低故障时间，提高系统可用性。

在组成集群后，在所有的 ESXi 主机中会选举一台 ESXi 主机作为该集群的 Master（首要）主机，其余主机被称为 Slave（备辅助主机）。Master 主机会和 vCenter 服务器进行通信，检查 Slave 主机和所有被保护的虚拟机的健康状态。当 Master 主机出现关机或故障等情况时无法继续正常运行，则会在集群的剩余主机中重新选取新的 Master 主机。

在 ESXi 主机集群中，共有 3 种主机故障的类型：故障、隔离和分区。

- 故障是指某台 ESXi 主机无法再继续正常运行。
- 隔离是指 ESXi 主机出现了网络隔离。在 ESXi 主机集群中，ESXi 主机之间通过网络检测信号和数据存储检测信号共同判断是否各个主机的健康状态。Master 主机会每秒交换一次网络检测信号，当 Master 主机无法从某台 Slave 主机上获取到网络检测信号，则会通过数据存储进行信号检测。被确定为数据存储信号检测的存储空间中会建立一个名称为.vSphere-HA 的目录，用于各个主机通过数据存储进行信号检测。
- 分区是指 ESXi 主机和承担 Master 角色的 ESXi 主机失去连接。当集群中的管理网络发生故障，造成某些 ESXi 主机无法和其他主机通信，该集群就会产生多个网络分区。

接下来对多台 ESXi 主机组成集群，并配置集群的高可用。

1．组建 ESXi 主机集群

1）打开 vCenter 的“主机和集群”标签页，在 vCenter 或者数据中心名称上右击，点击“新建群集”选项，如图 4-150 所示。在“新建群集”页面上提供了集群 DRS、HA 和 vSAN 功能的快速开启和关闭的选项。开启相关功能时会启用对应功能的默认值，在该界面无法进行修改，因此在此处暂不启用任何功能。

2）在新建的集群名称上右击，点击“添加主机”或者将已经存在的主机移动到该集群中。在添加主机时，需要提供 ESXi 主机的 IP 地址和响应的凭据信息。

3）依次添加 3 台 ESXi 主机后，可以看到 3 台主机都在同一个集群中了，如图 4-151 所示。

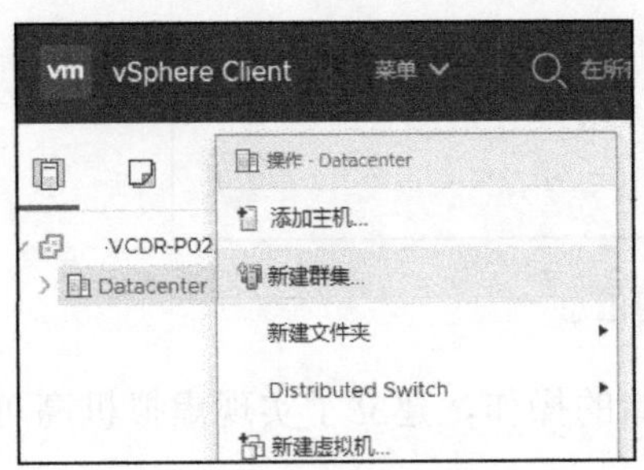

图 4-150　新建集群

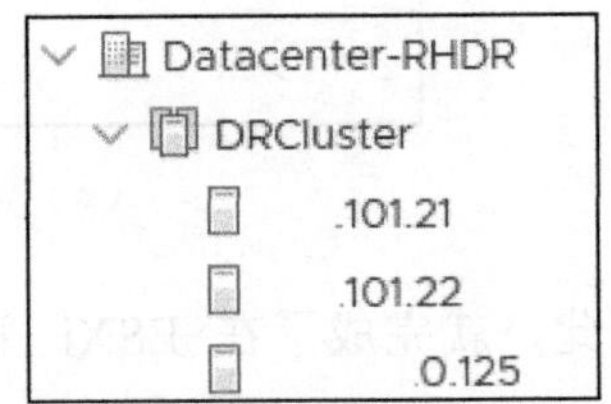

图 4-151　集群中的 ESXi 主机

2．配置 ESXi 主机集群的高可用

1）向集群中添加所有的 ESXi 主机后，在集群的“配置”→“服务”→“vSphere 可用性”页面，点击“已关闭 vSphere HA”功能的“编辑”按钮，打开详细的配置页，如图 4-152 所示。

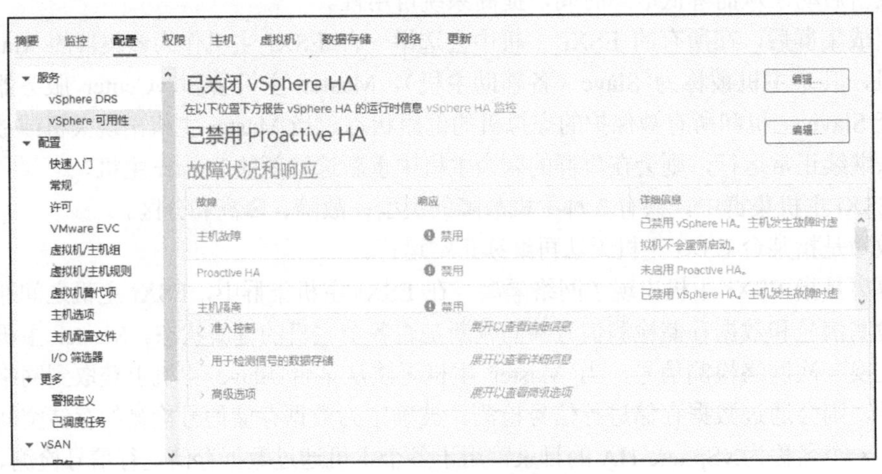

图 4-152　集群 HA 配置页

2）首先开启“vSphere HA”功能，然后切换到在详细配置信息的“故障和响应”标签页，如图 4-153 所示。默认已经开启了“启用主机监控”功能。该功能开启后，集群中的主机可以相互交换网络检测信号。

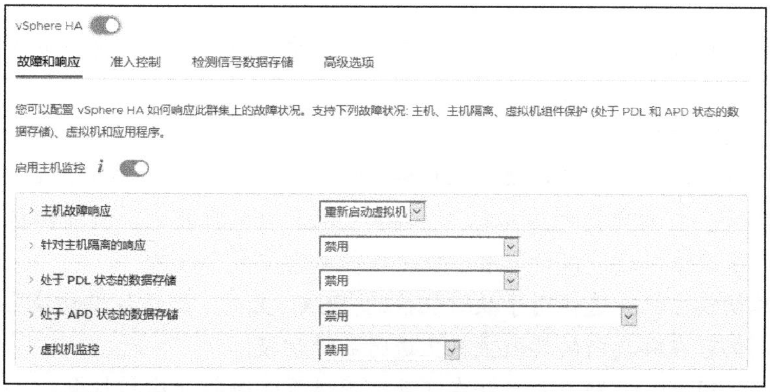

vSphere HA
故障和响应　准入控制　检测信号数据存储　高级选项
您可以配置 vSphere HA 如何响应此群集上的故障状况。支持下列故障状况: 主机、主机隔离、虚拟机组件保护 (处于 PDL 和 APD 状态的数据存储)、虚拟机和应用程序。
启用主机监控
主机故障响应　重新启动虚拟机
针对主机隔离的响应　禁用
处于 PDL 状态的数据存储　禁用
处于 APD 状态的数据存储　禁用
虚拟机监控　禁用

图 4-153　故障和响应标签页

Tips:

主机故障响应：当 ESXi 主机发生故障时所进行的响应操作，在当主机故障时，默认重新启动虚拟机。

针对主机隔离的响应：当 ESXi 主机发生网络隔离时所进行的响应操作。

处于 PDL 状态的数据存储：当数据存储出现永久设备丢失（PDL）现象时的响应操作。在 PDL 状态下，数据存储在 vCenter 中显示为不可用状态，存储适配器指示设备的状态为不可用或者错误。

处于 APD 状态的数据存储：当数据存储出现全部路径异常（APD）现象时的响应操作。在 APD 状态下，数据存储在 vCenter 中显示为不可用状态，存储适配器指示设备的状态为通信中断。

虚拟机监控：通过 VMTools 对虚拟机进行监控，当 VMTools 未处于运行中状态时，则认为虚拟机处于不健康状态。

3）在“准入控制”标签页，如图 4-154 所示，可以设置集群在进行故障切换容量的一种策略，在此处选择“群集资源百分比”。

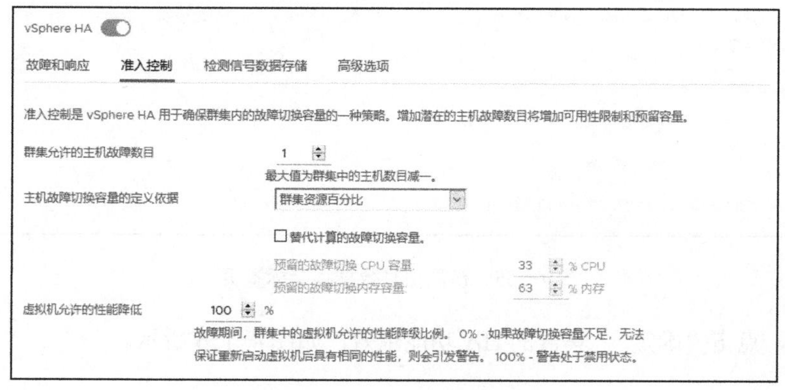

图 4-154　准入控制标签页

Tips:

在“准入控制”标签页中，相关配置项的说明如下。

集群允许的主机故障数目：设置在集群中的主机发生故障时，所允许发生主机故障的最大数量，最大值为主机的数目减 1。

主机故障切换容量的定义依据：

- 群集资源百分比：为故障切换而在集群中预留的 CPU 和内存资源的百分比。
- 插槽策略（已打开电源的虚拟机）：选择可覆盖所有打开电源的虚拟机或为固定大小的插槽大小策略，还可以计算有多少个虚拟机需要多个插槽。
- 专用故障切换主机：选择用于故障切换的 ESXi 主机。默认故障切换主机没有足够的资源时，仍可在群集内的其他主机上进行故障切换。
- 已禁用：禁用准入控制，并允许在违反可用性限制时打开虚拟机电源。
- 虚拟机允许的性能降低：发生故障时，集群中的虚拟机允许的性能降级比例。该值设置为 0%，则如果故障切换时的容量不足，无法保证重新启动虚拟机后具有相同的性能，会引发警告。该值设置为 100%，则警告处于禁用状态。

4）切换到“检测信号数据存储”标签，如图 4-155 所示，可以指定数据存储信号检测所使用的存储空间，本处选择“使用指定列表中的数据存储并根据需要自动补充”。

Tips:

- 自动选择可从主机访问的数据存储：该选项可以让集群自动选择所有主机均可访问的共享存储作为检测集群中主机可用性的根据。
- 仅使用指定列表中的数据存储：手工选择列表中指定的共享存储作为检测集群中主机可用性的根据。
- 使用指定列表中的数据存储并根据需要自动补充：手工选择列表中指定的共享存储作为检测集群中主机可用性的根据，并且根据集群中共享存储变化自动调整用于检测集群中主机可用性的共享存储。

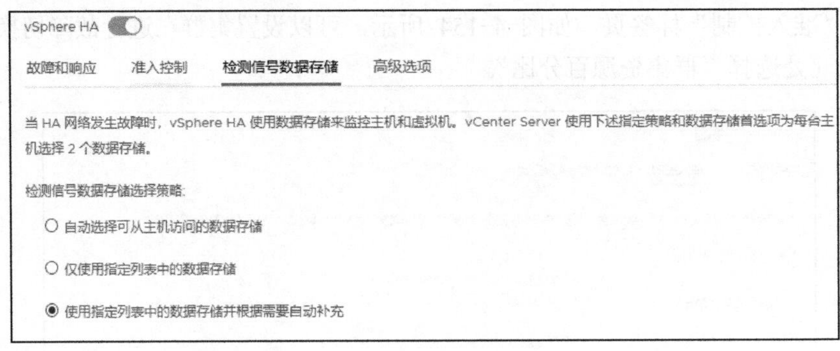

图 4-155　检测信号数据存储标签页

5）最后，点击“确定”，集群的 HA 功能生效，如图 4-156 所示。

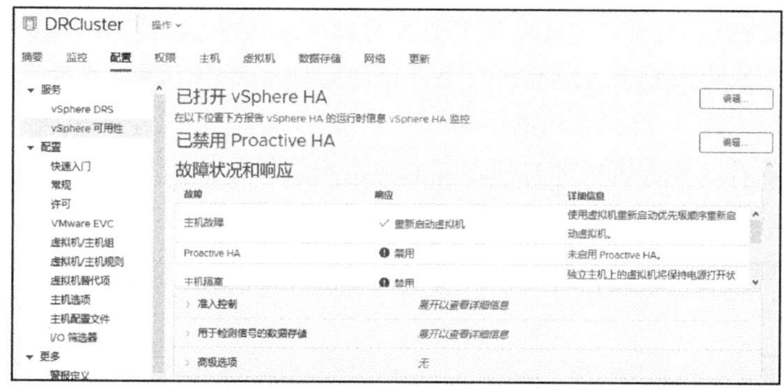

图 4-156　已开启 HA 功能

4.8　权限分配——实现分权管理

由于虚拟化环境不仅集成了物理服务器、网络、存储的配置，而且还涉及操作系统及应用程序的维护，这就要求参与虚拟化环境建设和维护的人员需要互相配合，各个技术支持人员均需要登录到 vCenter 上进行相关配置和维护。

但由于 vCenter 上涉及的相关配置项非常多，部分企业由于安全和审计相关的要求，会限制每个维护人员只能访问和修改自己工作内容相关的功能模块中的内容。vCenter 中提供了 RBAC（Role-Based Access Control，基于角色的访问控制）功能，允许不同的人员只能看到或修改相应的配置。

在本节中，将把之前配置的集群与现有的 AD 域做集成，并添加 AD 用户实现分权管理。

4.8.1　添加用户

在 vCenter 控制台的菜单中，打开“系统管理”模块，在“Single Sign On”模块中点击“用户和组”，可以看到已经存在的用户和组，如图 4-157 所示。在此页面上点击“添加用户”按钮，可以添加用户，如图 4-158 所示。添加的用户都基于现有的域中，VMware vCenter 在安装过程中会创建一个域，默认的名称是 vsphere.local，该名称可以在安装过程时进行修改。

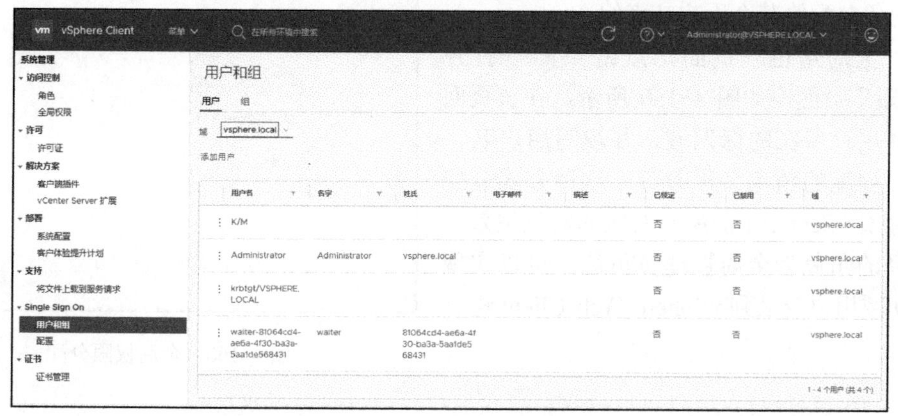

图 4-157　已有的用户和组

除此之外，vCenter 的用户也可以基于现有的 Microsoft Active Directory 或者 LDAP 服务器进行集成，做身份验证使用之前部署的 AD 域环境中的域用户进行登录。在“标识源”页面，点击“添加标识源”，选择合适的标识源，并填写域名，如图 4-159 所示。vCenter 支持使用计算机账户或者服务主体名称两种方式来与相关的服务器进行数据交互。为了简便，可以直接使用计算机账户。

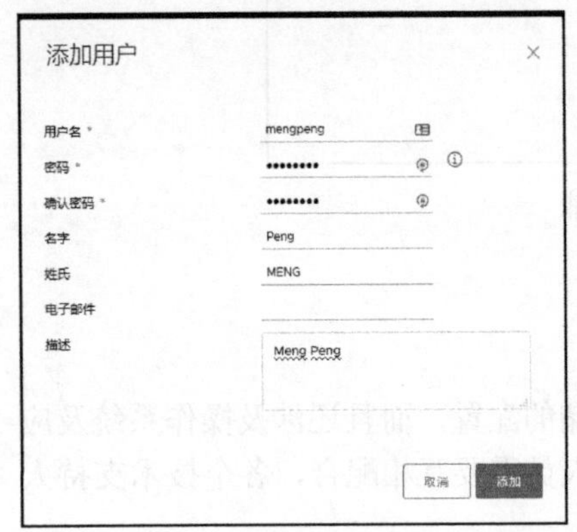

图 4-158　添加用户

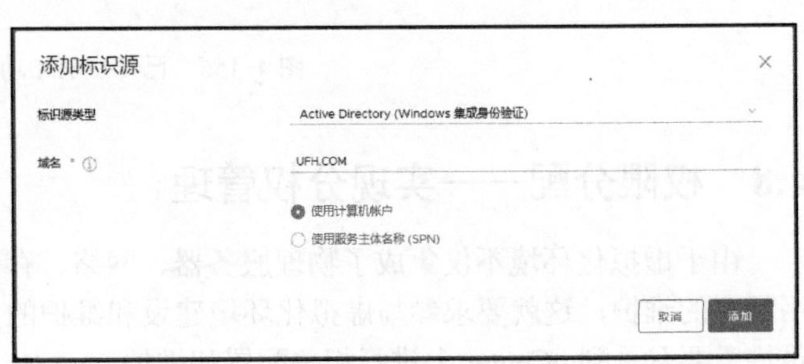

图 4-159　添加标识源

此时，使用在 vCenter 的默认域中添加的用户账户或者使用现有 LDAP 服务器中的账户已经可以正常登录到 vCenter 控制台了，但却看不到任何内容。这是因为用户虽然可以登录，但却没有分配相关的权限。

4.8.2　分配权限

在“系统管理”模块中有两个子菜单：角色和全局权限。在“角色”子菜单中已经存在一些已经预置的角色模板，如网络管理员、虚拟机控制台用户等，可以分别管理和修改对应的功能和权限，也支持自定义角色，为其选择不同的权限。在“全局权限”子菜单中将已经存在的角色分配给某个用户或者组。

在“全局角色”页面，点击“+”，打开“添加权限”页面，如图 4-160 所示。在该页面中，选择用户所在的标识域，并填写用户名，选择需要分配的角色名称即可。这种方式分配的权限对该 vCenter 下的所有对应的对象生效。此处选择的角色为全局管理员角色，可以实现通过 AD 域用户登录到 vSphere Web Client 进行管理。

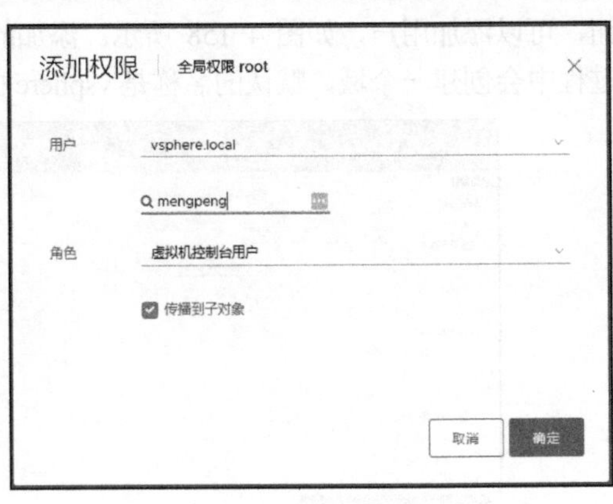

图 4-160　全局权限分配

第 5 章 实现桌面/应用虚拟化——基于 Citrix Virtual Apps and Desktops

从 2018 年秋季起，Citrix 变更了其大部分产品的名称和版本编号，原桌面虚拟化产品 XenDesktop 和应用程序虚拟化产品 XenApp 名称变更为 Virtual Apps and Desktops，并将版本号变更为计划发布的年月（和实际发布日期可能会有差别）。

本章将主要介绍以下内容：

- Citrix Virtual Apps and Desktops 概述及其应用场景。
- 部署 Delivery Controller 服务器——实现虚拟桌面和会话统一管理。
- 部署 StoreFront——提供用户访问的 Web 界面。
- 部署远程会话主机服务器——提供多用户并发访问。
- 安装 VDA。
- 发布虚拟桌面。
- 发布虚拟应用。
- 快速批量创建虚拟机。

本章中需要部署的服务器如表 5-1 所示。

表 5-1　要部署的服务器

主机名	CPU	内存	磁盘	备注
Lab-CDC01	4vCPU	8G	100GB	CDC、VDA、StoreFront、RDS、License 服务共用同一台服务器
Lab-CDC02	4vCPU	8G	100GB	CDC、StoreFront 服务共用同一台服务器

5.1　Citrix Virtual Apps and Desktops 概述及其应用场景

基于 Citrix Virtual Apps and Desktops（CVAD）部署的虚拟桌面/应用程序系统，不仅能够满足移动办公用户随时随地使用的需求，而且大大提高了用户桌面中文件的安全性。

5.1.1 Citrix Virtual Apps and Desktops 产品介绍

Citrix Virtual Apps and Desktops（原名 Citrix XenApp 和 XenDesktop）是美国 Citrix（思杰）推出的桌面虚拟化和应用程序虚拟化解决方案，将虚拟桌面和应用程序作为一种“商品”放置于应用商店中，供用户按需选购。

Citrix Virtual Apps and Desktops 解决方案主要包括以下几个主要组件或角色。

- Delivery Controller：桌面交付控制器，它是该产品的核心组件，主要负责管理虚拟桌面和应用程序，并分发给用户。
- VDA：VDA（Virtual Desktop Agent，虚拟桌面代理）安装在被用户访问的物理机或者虚拟机上，在 Delivery Controller 服务器上注册后，VDA 允许 Delivery Controller 将其整个虚拟机或某个应用程序发布给用户使用。根据操作系统的种类不同，VDA 可以分成 Windows 版和 Linux 版；根据允许同时登录的用户数，可以分为单用户操作系统 VDA 和多用户操作系统 VDA。
- StoreFront：向用户提供了整个系统的登录界面，并进行身份验证。身份验证成功之后，用户就可以在应用商店中看到分配到的虚拟桌面和应用程序。
- Studio：管理整个系统的控制台。在控制台中，可以管理所有被访问的虚拟桌面和用户，并建立两者之间的对应关系。
- Citrix 许可证管理服务器：负责管理 Citrix 的产品许可，分配和管理许可证给用户。
- Director：Citrix 的一款基于 Web 的监控软件，负责获取整个系统的健康状态，包含 Delivery Controller、许可证、VDA 等组件或者角色的状态、用户登录过程等信息。

此外，在部署 Citrix Virtual Apps and Desktops 时，可能还会使用到的其他产品或服务主要有以下几种。

- Microsoft SQL Server 数据库：负责存储所有的配置信息、监控信息、日志信息等。
- Microsoft Active Directory：微软的域服务，用于统一管理计算机账户和用户账户，计算机账户和用户账户需要保证在同一个林中。
- Citrix PVS（Provisioning Services，置备服务）：能够根据虚拟机模板快速、批量创建虚拟机。PVS 抓取模板机的操作系统来创建一个标准镜像的模板，存储在 PVS 服务器或者与其相连的存储空间中。PVS 服务器将该模板通过流的方式传送给所有的目标服务器。

5.1.2 Citrix Virtual Apps and Desktops 的高可用设计

在生产环境中，CVAD 系统中的角色或组件建议部署多台，并且在同一角色的不同服务器之间配置高可用，以实现系统的高可用。具体说明如下。

Active Directory：建议部署多台域控制器服务器。对于 CVAD 1912 版本来说，支持的林功能级别和域功能级别是 Windows Server 2008、Windows Server 2008 R2、Windows Server 2012、Windows Server 2012 R2、Windows Server 2016。

SQL Server 数据库：CVAD 1912 版本支持 SQL Server 2008 至 2017 的大部分快速版、标准版和企业版版本，CVAD 安装光盘中所包含的版本是 SQL Server 2017 CU16 快速版，但快速版不支持数据库高可用技术。CVAD 1912 版本支持的 SQL Server 数据库高可用技术有 Always on 故障转移群集、Always on 可用性组、数据库镜像。此外，Citrix 提供了 LHC（Local Host Cache，本地主机缓存）功能，在与数据库的通信发生中断时，已连接的会话能够继续。

Delivery Controller：支持的操作系统为 Windows Server 2012 R2、Windows Server 2016、Windows Server 2019 的标准版和数据中心版。为提高稳定性，建议部署多台 Delivery Controller 服务器。

StoreFront：StoreFront 1912 版本支持的操作系统为 Windows Server 2012 R2、Windows Server 2016、Windows Server 2019 标准版和数据中心版，建议部署多台 StoreFront 服务器组建服务器组，以提高稳定性。同一个 StoreFront 服务器组支持最多 6 台 StoreFront 服务器。不支持在现有的 StoreFront 服务器上升级操作系统版本，部署的多台 StoreFront 服务器的操作系统版本需要保持一致。

5.1.3　常见应用场景

桌面虚拟化和应用虚拟化技术主要的应用场景有以下几种。

（1）员工虚拟桌面

员工在日常的工作中，不可避免地接触到一些涉及公司的信息内容。如果员工有意或者无意地将这些涉密信息通过 U 盘、移动硬盘等便携式存储设备复制到其他地方，就可能会造成信息泄露。通过虚拟桌面技术，对用户端 PC 与虚拟桌面之间做可移动磁盘映射的限制，使员工无法通过 U 盘等获取到运行在数据中心中的虚拟机的数据，保证了数据的安全。

（2）呼叫中心或客户服务中心

某些企业中可能会有专门承担电话销售或客户服务的团队，这些用户的计算机资源利用率较低，而且数量较多，造成了极大的资源浪费。另外，软件每隔一段时间就需要进行更新，对于数量众多的用户计算机逐一进行更新费时费力。通过虚拟桌面技术，将用户日常工作的 PC 替换成虚拟桌面，对 PC 的硬件资源要求大大降低，可以使用瘦客户端或者利用旧设备完成工作，降低了总体成本。此外，将虚拟桌面定制为模板，每次更新应用时封装在模板中，将更新后的模板统一推送给每个用户，大大提高了工作效率。

（3）移动办公

考虑到节省成本或者业务需要，一些企业允许员工在公司以外地点办公，这就要求用户在任意地点都能和公司的网络连通，能够访问公司的数据。通过虚拟桌面的解决方案，可以让企业员工随时随地访问到各自的虚拟桌面来处理公司的事物。

此外，使用虚拟桌面，将所有的数据都保存在数据中心内部，即使用户终端出现了丢失或者损坏，也避免了数据丢失的风险。

5.2　部署 Delivery Controller 服务器——实现虚拟桌面和会话统一管理

Deliver Controller 是 CVAD 产品站点中必需的核心角色服务器，具有按照用户的需求来分发虚拟桌面和应用程序，将虚拟桌面和应用程序分配给用户等功能。

每个站点中都包含着所有的配置信息、配置日志信息和监控信息，这些信息存储在数据库中。目前CVAD支持大多数的Microsoft SQL Server版本来提供数据存储，在生产环境中，建议使用数据库的高可用技术（如Always On、镜像）提高数据库的稳定性。在CVAD产品中，如未提前手动安装数据库，可以使用安装光盘中SQL Server Express版本的数据库，该版本数据库安装后可用于CVAD产品的部署，但无法提供数据库的高可用功能。

在本节中，将使用安装光盘中SQL Server Express安装包部署数据库。生产环境下建议使用SQL Server企业版，详细步骤可参考4.4.1节中安装SQL Server部分，并且配置数据库高可用。基于此，完成两台Delivery Controller服务器的部署，并且在两台Delivery Controller服务器之间做配置信息同步，提高稳定性，保证高可用。同时部署Citrix许可证服务器，提供Citrix产品的授权功能。

现在开始第一台Delivery Controller服务器（主机名：Lab-CDC01）的部署。

1）打开CVAD的安装光盘，运行“AutoSelect.exe”安装文件，如图5-1所示。

图5-1　CVAD安装包

2）打开安装程序，单击“虚拟应用程序和桌面”的“启动”按钮，如图5-2所示。

3）打开模块部署界面，选择“Delivery Controller”进行部署，如图5-3所示。

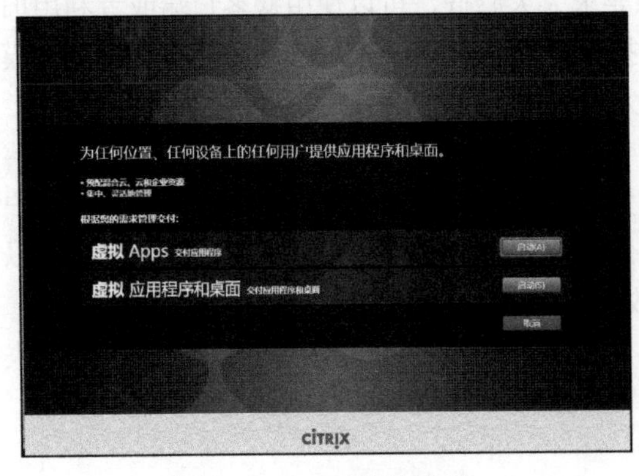

图5-2　CVAD安装界面

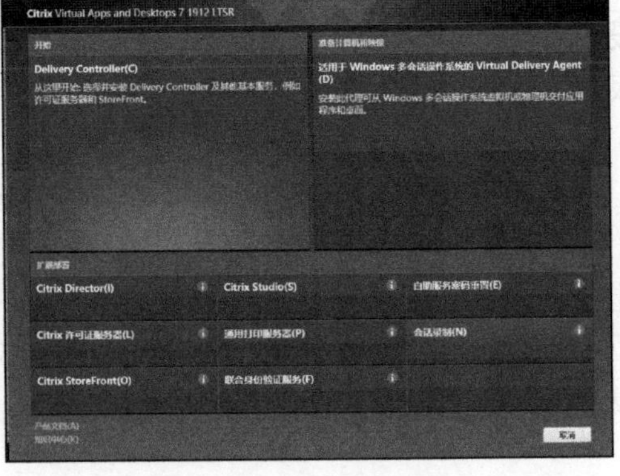

图5-3　CVAD部署模块

Tips：

在Citrix XenDesktop和XenApp 7.0版本之后，产品中对架构进行了调整，DDC（Desktop Delivery Controller）和ZDC（Zone Data Collector）合并，合并后的角色为DC

（Delivery Controller）。但在 CVAD 中也需要在域环境中运行，为了防止 Citrix 产品中 DC（Delivery Controller）与微软域架构中的域控制器服务器（Domain Controller，DC）的英文简称混淆，在本书中将 Citrix 产品的 Delivery Controller 缩写为 CDC（Citrix Delivery Controller）。

4）接受 CVAD 的软件许可协议，如图 5-4 所示。

5）在本节中，会部署两台 Delivery Controller 服务器来保证高可用。但由于实验环境资源有限，会在同一台服务器上部署多个角色。在第一台 Delivery Controller 服务器上部署 Delivery Controller、StoreFront 和许可证服务器，同时安装 Studio 管理控制台，如图 5-5 所示；在第二台 Delivery Controller 服务器上部署 Delivery Controller、StoreFront 角色，并安装 Studio 管理控制台。在生产环境中，建议将各角色在不同的服务器上分开部署。

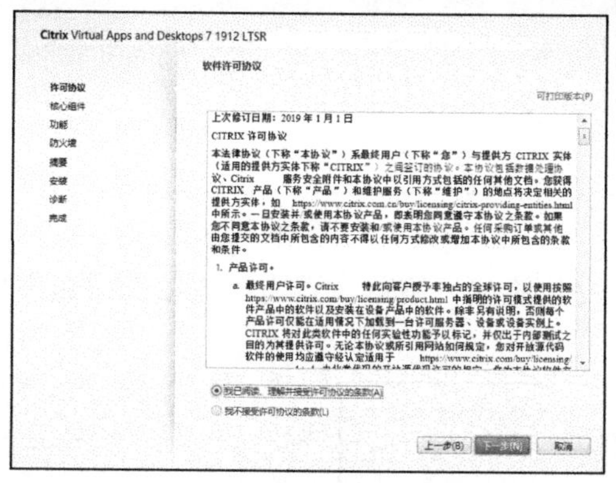

图 5-4　软件许可协议页面

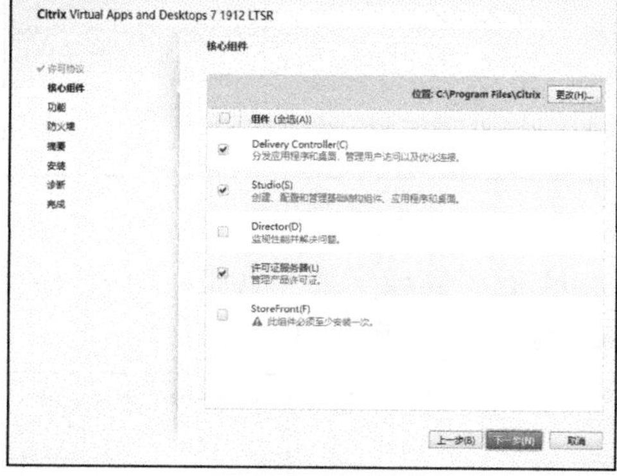

图 5-5　安装组件

6）在“功能”界面，选择是否需要使用 SQL Server 2017 Express CU16 版本部署数据库，如图 5-6 所示。在此处，选择之前已经部署的 SQL Server 服务器。

Tips:

在生产环境中，建议将数据库服务器单独部署，以免因资源争抢影响运行效率。同时建议使用 Always On 等方式保证数据库的高可用。

7）在“防火墙”页面，会列出所有使用的通信端口，如图 5-7 所示。点击“自动”单选按钮，会自动在 Windows 防火墙中添加相应的放行规则。

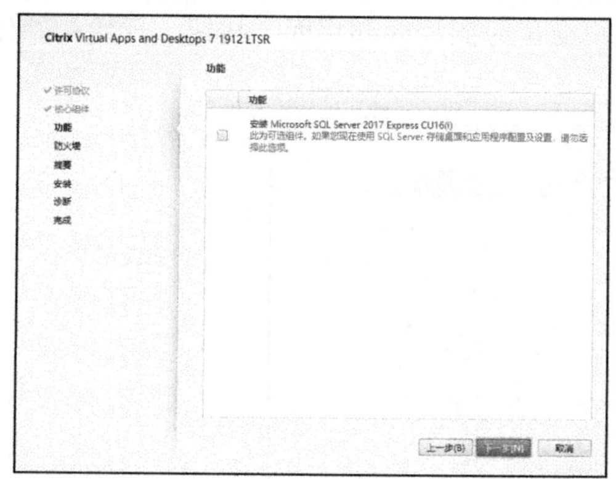

图 5-6　选择是否安装 SQL Server 2017 Express CU16

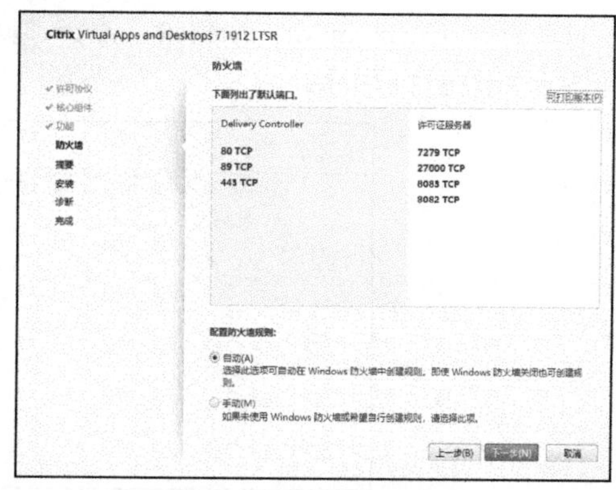

图 5-7　配置防火墙规则

8）在“摘要”页面，显示已经选择的组件和其对应的必备项和防火墙，如图 5-8 所示。

9）在“诊断”页面，可以将相关的配置、性能、错误等信息传送到 Citrix，如图 5-9 所示。启用该功能需要该服务器能够连接到互联网。

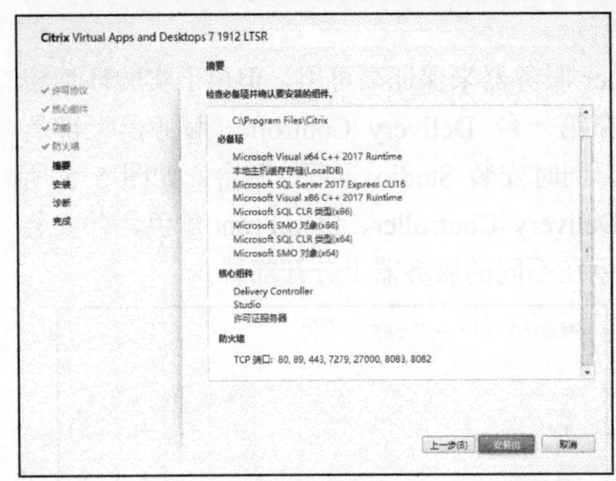

图 5-8　摘要页面

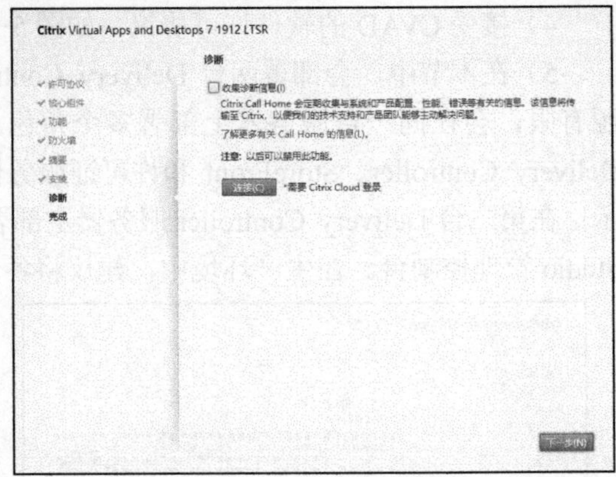

图 5-9　诊断信息页面

10）在“完成安装”页面，列出所有需要安装的项目清单，点击“完成”按钮完成 CVAD 的安装，如图 5-10 所示。

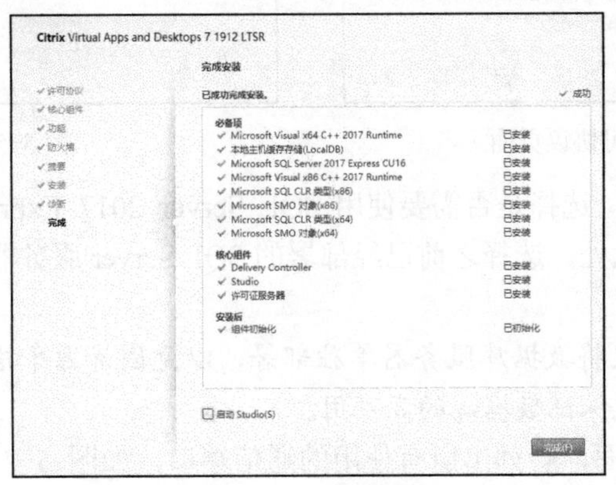

图 5-10　完成安装页面

11）打开 Citrix Studio 控制台，点击“向用户交付应用程序和桌面”按钮，开始初始化的配置，如图 5-11 所示。

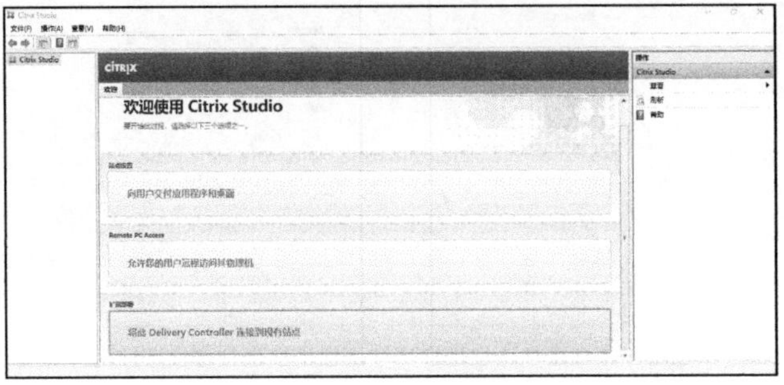

图 5-11　Citrix Studio 控制台

12）打开“站点设置”向导，建议选中“完整配置的、可随时在生产环境中使用的站点（推荐新用户创建）”单选按钮，并且填写相应的站点名称（此处为“VDI”），如图 5-12 所示。站点是 CVAD 中一组虚拟应用或虚拟桌面资源和配置的集合。通常情况下，同一个地理区域的用户会使用同一个站点，一个站点中会包含核心组件和相关的桌面或应用程序资源。

13）在“数据库”页面，填写站点数据库、监视数据库、日志记录数据库的名称和位置，如图 5-13 所示。如果选择安装光盘中的 SQL Server Express 数据库，会自动填写相关信息。若安装 Citrix 产品的 IT 管理员无数据库的管理权限，可以选中“生成脚本以在数据库服务器上手动设置数据库”单选按钮，将相关的脚本导出到文本，转交给数据库管理员在数据库服务器上执行，完成创建相关数据库的操作。

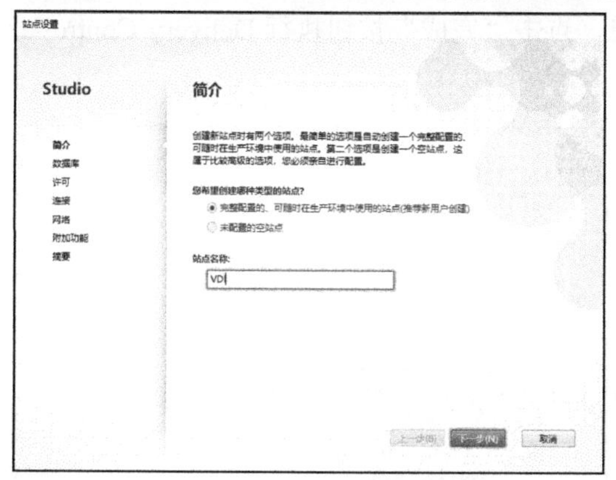

图 5-12　站点设置

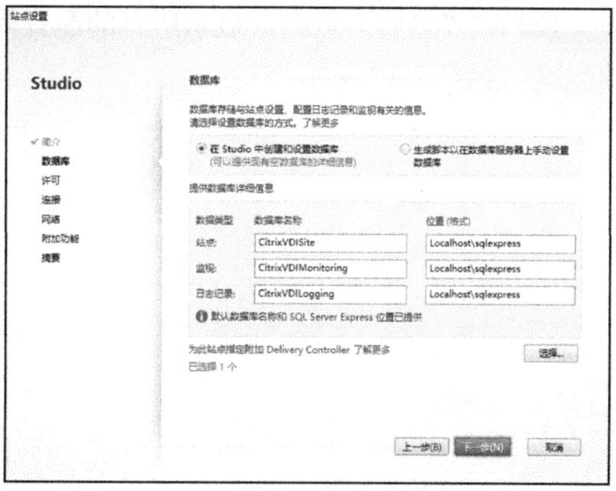

图 5-13　数据库设置

14）在“许可”页面填写数据库服务器的地址和端口（默认使用 TCP 27000 端口），并且指定许可证，如图 5-14 所示。若暂时无许可证，可以选择“使用 30 天免费试用版”。

15）在“连接”页面，选择连接到 Hypervisor 的种类，如图 5-15 所示。通过连接 Hypervisor，可以快速、批量地创建虚拟机。

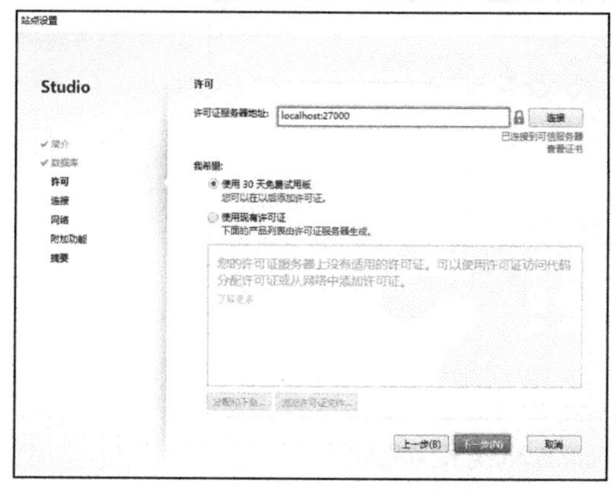

图 5-14　设置许可证服务器

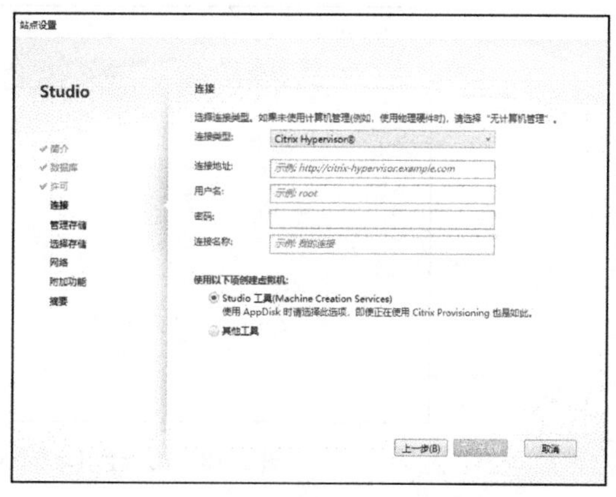

图 5-15　设置连接种类为 Hypervisor

Tips:

在 CVAD 1912 版本中，支持连接到以下 8 种主流的 Hypervisor。

- Citrix Hypervisor（原名 Citrix XenServer）。
- Microsoft System Center Virtual Machine Manager。
- VMware vSphere。
- CloudPlatform。
- Microsoft Azure。
- Microsoft Azure Classic。
- Amazon EC2。
- Microsoft Configuration Manager Wake on LAN。

16）在“附加功能”页面，可以选择所需要的附件功能，如图 5-16 所示。

17）在“摘要”页面，显示所有的配置信息。点击“完成”按钮执行 Delivery Controller 的配置，如图 5-17 所示。

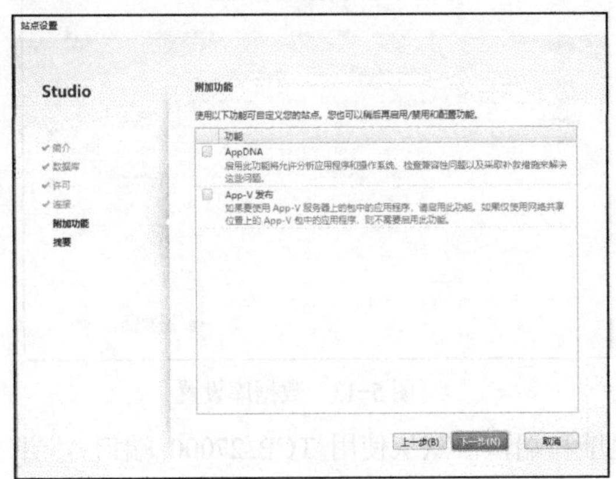

图 5-16　附加功能设置

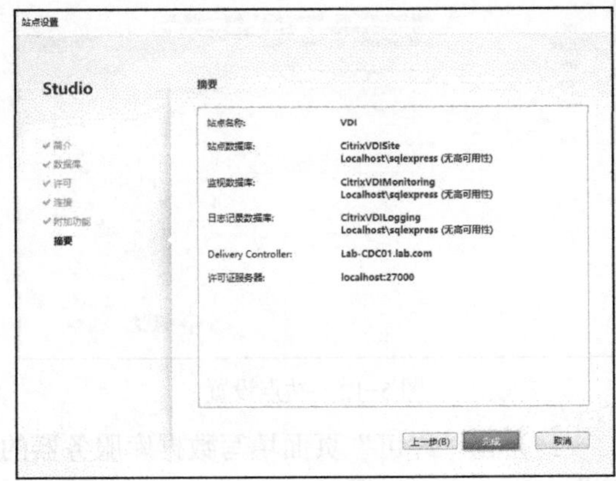

图 5-17　摘要页面

18）至此，第一台 Delivery Controller 站点的配置完成，如图 5-18 所示。

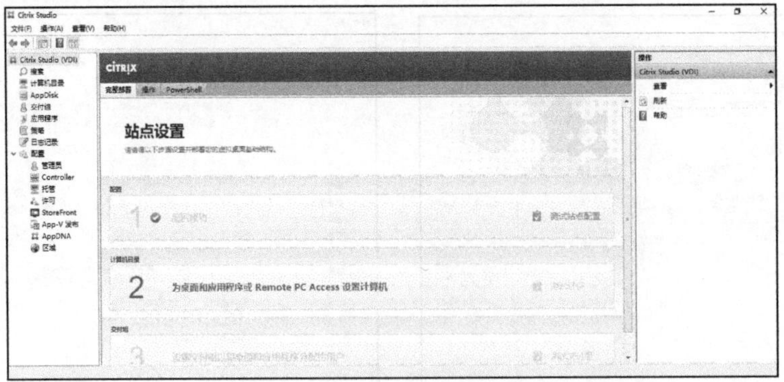

图 5-18　第一台 Delivery Controller 站点配置完成

19）按照上述的步骤 1）～11），完成第二台 Delivery Controller 服务器（主机名：Lab-CDC02）的部署。打开 Studio 管理控制台，选择“将此 Delivery Controller 连接到现有站点”，将第二台 Delivery Controller 服务器加入到现有的站点，如图 5-19 所示。

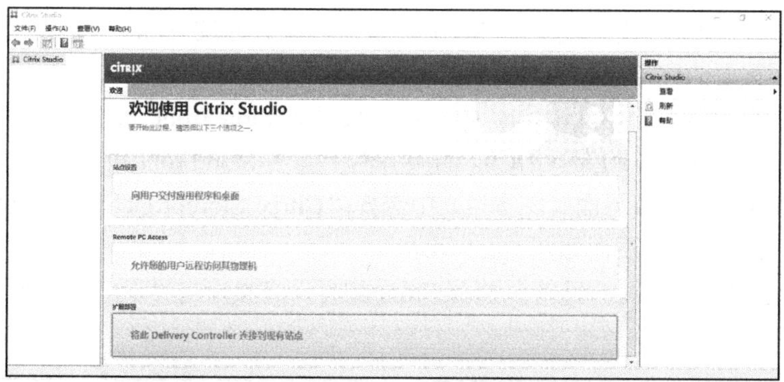

图 5-19 Studio 界面

20）在“选择站点”对话框中，填写已经存在的 Delivery Controller 的地址，建议使用 FQDN，如图 5-20 所示。

21）在加入站点的过程中，会提示是否自动更新数据库，如图 5-21 所示。

图 5-20 加入已知站点

图 5-21 提示更新数据库

22）至此，第二台 Delivery Controller 服务器的配置完成，如图 5-22 所示。

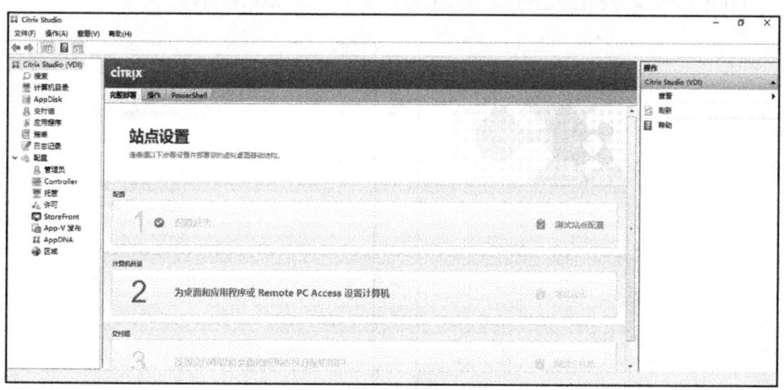

图 5-22 完成 CDC 同步

5.3 部署 StoreFront——提供用户访问的 Web 界面

StoreFront 服务器基于部署在 Windows 操作系统上的 IIS（Internet Information Service，

互联网信息服务），向最终用户提供了 Web 登录的界面。通过 StoreFront，用户可以在应用商店中访问到所需要的虚拟桌面或者应用程序。

在本节中，会部署两台 StoreFront 服务器，来保证 StoreFront 角色的高可用。本节将实现在主机名为 Lab-CDC01 和 Lab-CDC02 的服务器上部署 StoreFront 角色。

1）在 CVAD 部署模块界面（图 5-4）中选择“Citrix StoreFront”，打开 StoreFront 的安装向导，“软件许可协议”页面如图 5-23 所示。

2）在“核心组件”页面，只包含 StoreFront 组件，直接点击“下一步”按钮，如图 5-24 所示。

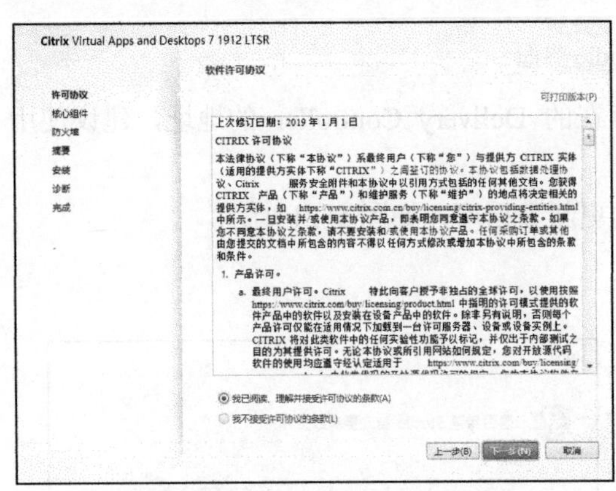

图 5-23　软件许可协议页面

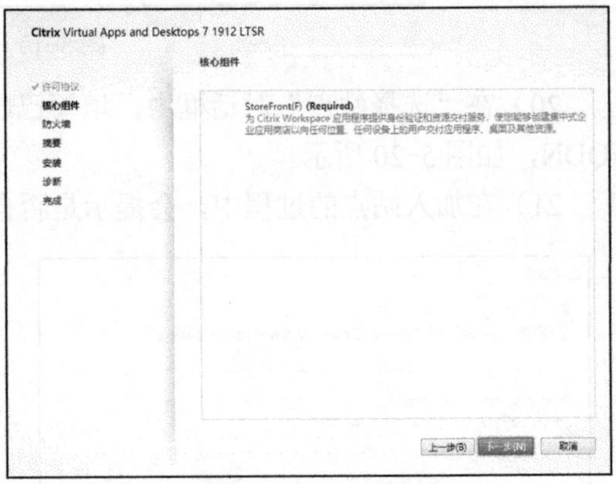

图 5-24　核心组件页面

3）在“防火墙”页面，显示出该组件需要使用的通信端口。选中“自动”单选按钮，将会在 Windows 防火墙中自动添加放行相关端口的规则，如图 5-25 所示。

4）“摘要”页面显示安装相关的摘要信息，如图 5-26 所示。

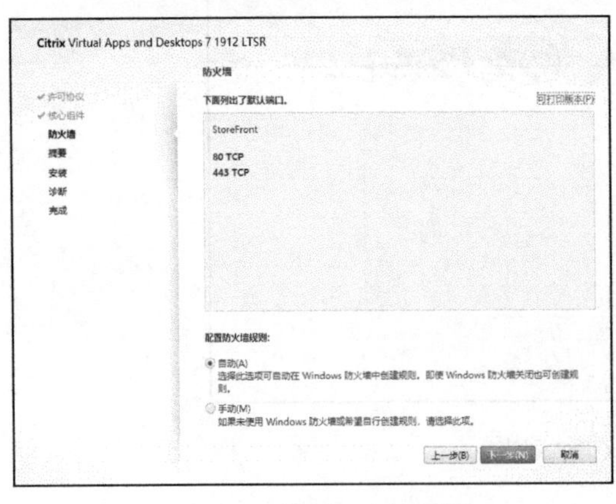

图 5-25　设置防火墙规则

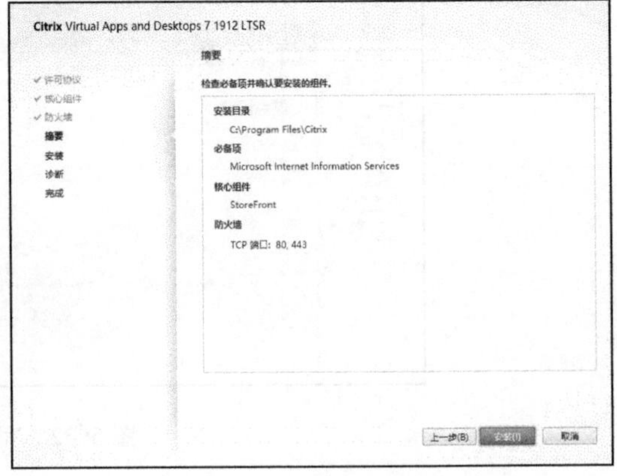

图 5-26　StoreFront 摘要信息页面

5）点击图 5-26 中的“安装”按钮开始安装过程，如图 5-27 所示。

6）在“诊断”页面，可以选择收集诊断信息并上传至 Citrix，如图 5-28 所示，此功能需要 StoreFront 服务器能够连接到互联网。

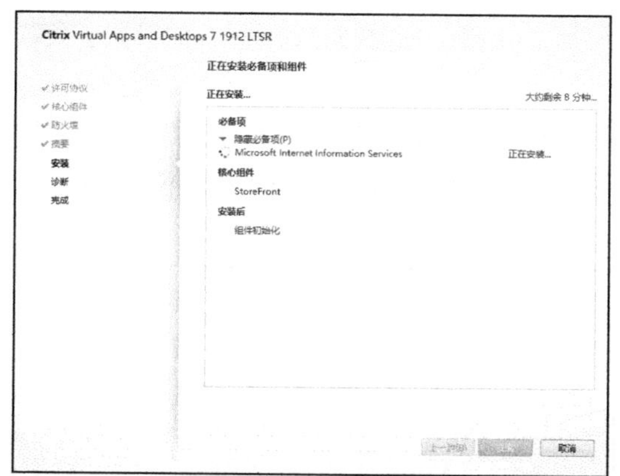

图 5-27　StoreFront 安装过程

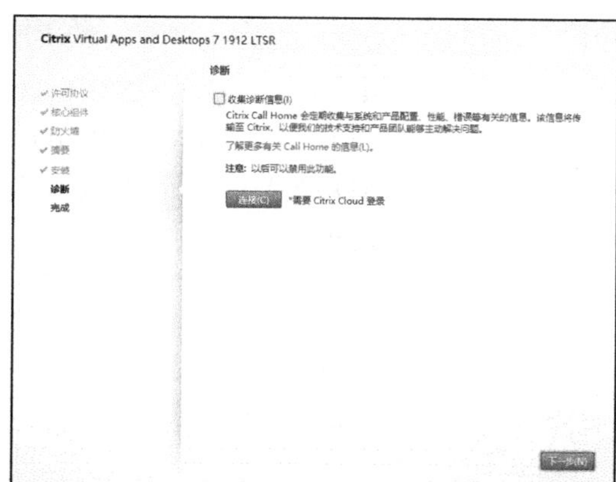

图 5-28　“诊断”页面

7）至此，完成 StoreFront 的安装，如图 5-29 所示。

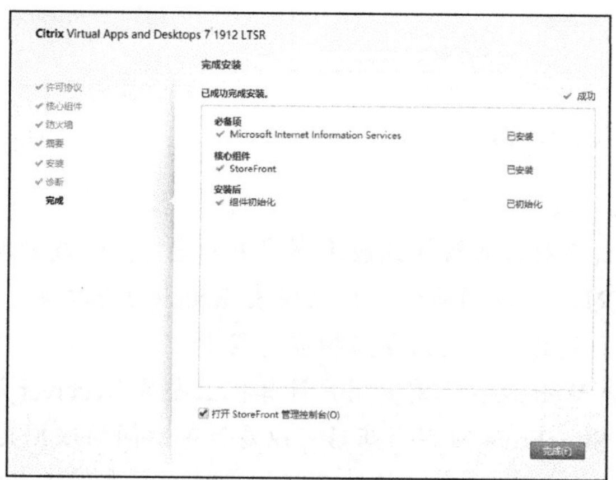

图 5-29　完成 StoreFront 安装

8）安装完 StoreFront 后，可以正常打开 StoreFront 控制台，如图 5-30 所示。

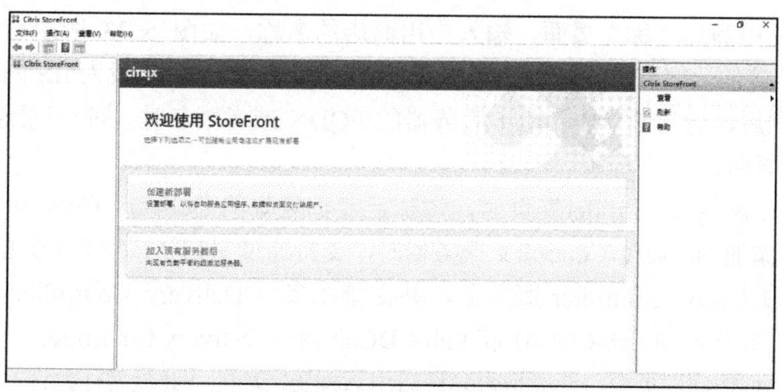

图 5-30　StoreFront 控制台

9）在 StoreFront 控制台，选择“创建新部署”，开始 StoreFront 的配置。在“输入基本

URL”页面上输入要访问的 URL 地址，默认是 http://<主机名>，如图 5-31 所示。如设置了负载均衡设备，则应该填写负载均衡设备的 URL 地址。

10）在“快速入门”页面，显示出用户访问虚拟桌面或者虚拟应用的不同方式，如图 5-32 所示。在 CVAD 产品中，所有虚拟桌面或者虚拟应用都认为是应用商店中的“商品”，可以被用户按需“购买”。

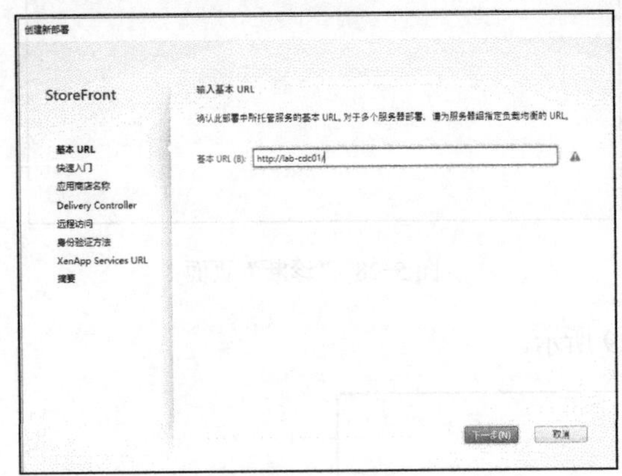

图 5-31　输入基本 URL

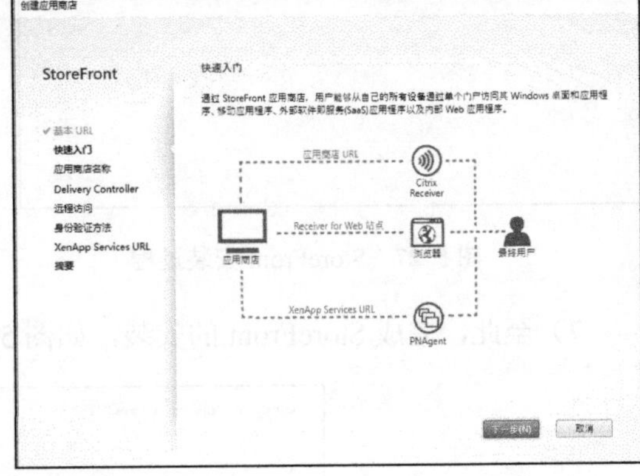

图 5-32　快速入门页面

Tips：

CVAD 支持用户通过 3 种方式访问到应用商店中的虚拟桌面或者虚拟应用程序。

- 通过应用商店 URL：需要用户计算机上安装 Receiver 客户端。用户通过 Receiver 客户端查看到可访问到的虚拟桌面或虚拟应用程序。
- 通过 Receiver for Web 站点：需要用户计算机上安装 Receiver 浏览器插件。用户通过在浏览器上访问 StoreFront 应用商店后可以看到可访问的虚拟桌面或虚拟应用程序。
- 通过 XenApp Services URL：默认情况下，这种方式在创建应用商店的时候是处于启用状态的。计算机上安装了较旧版本的 Citrix 客户端或者使用加入域状态的计算机均可以使用这种方式直接连接到发布资源的计算机上。

11）在“应用商店名称”页面，输入应用商店的名称，如图 5-33 所示。该名称作为访问 StoreFront 链接的一部分，建议勾选“将此 Receiver for Web 站点设为 IIS 的默认值”复选框。启用该选项后，访问该 StoreFront 服务器的 FQDN 或者域名时，可自动跳转到 Receiver for Web 的登录界面。

12）在“Delivery Controller”页面，添加已经部署好的 Delivery Controller 服务器，如图 5-34 所示。添加 Delivery Controller 服务器时，支持通过 HTTP 或 HTTPS 方式通信，同时支持添加多个 Delivery Controller 服务器，并支持在多个 Delivery Controller 服务器上启用负载均衡功能。此处添加 Lab-CDC01 和 Lab-CDC02 两台 Delivery Controller。

13）在“远程访问”页面，选择是否允许启用远程访问功能（此处怎样允许），如图 5-35 所示。远程访问功能主要用于添加 Citrix Gateway（原名 NetScaler Gateway）设备和配置相关信息。

14）在“身份验证方法”页面，选择用户可以使用的身份验证方法，如图 5-36 所示。

除“用户名和密码”方法外，还提供了几种其他的方法方便用户登录。

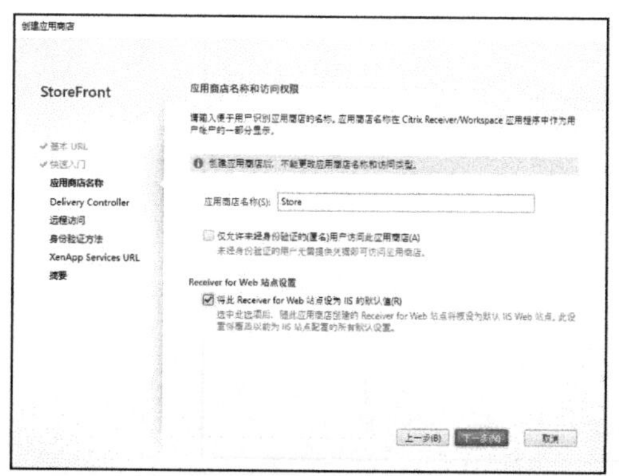

图 5-33　设置应用商店名称和访问权限

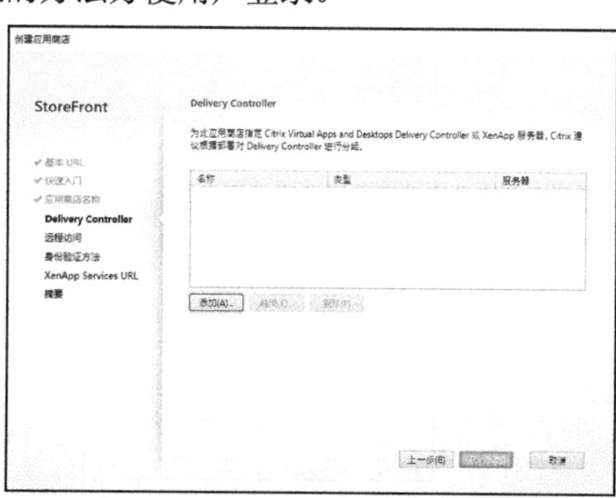

图 5-34　添加 Delivery Controller 服务器

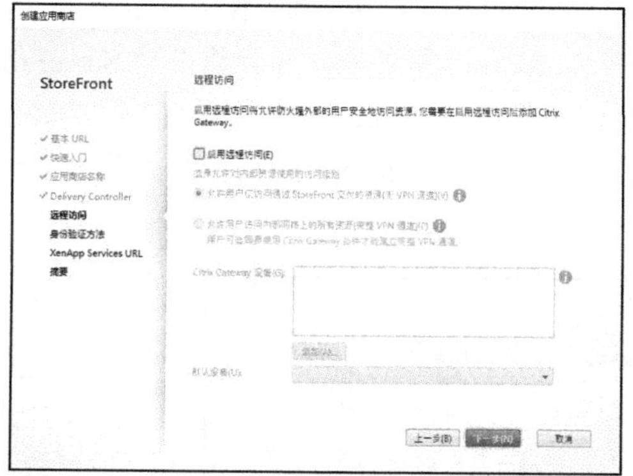

图 5-35　远程访问页面

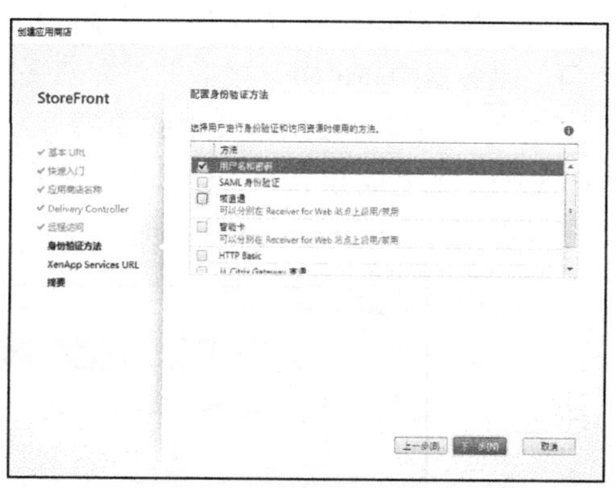

图 5-36　“身份验证方法”页面

15）在“XenApp Services URL”页面，选择 PNAagent 相关的配置项，如图 5-37 所示。该选项中的连接方式是使用较旧版本的 Citrix 客户端的用户，或者计算机已处于加入域状态的用户连接到应用商店的一种方式。

16）完成应用商店的创建之后，“摘要”页面显示所有的配置信息，点击“完成”按钮完成安装，如图 5-38 所示。

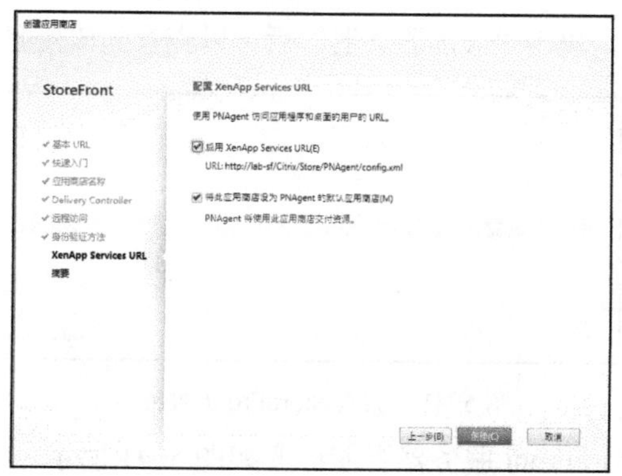

图 5-37　配置 XenApp Services URL 页面

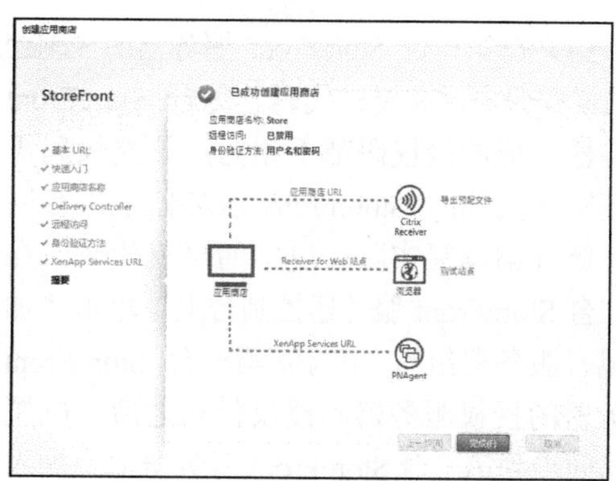

图 5-38　摘要页面

17）在 StoreFront 控制台上，可以看到已经配置好的服务器组信息，如图 5-39 所示。

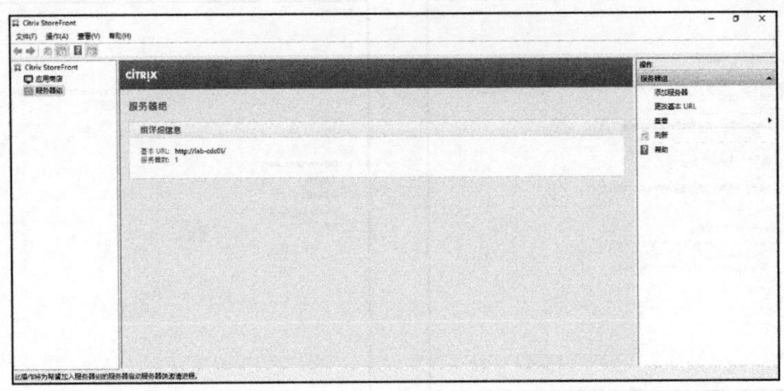

图 5-39 完成第一台 StoreFront 服务器的配置

18）在生产环境中，为了保证系统的稳定性，每个角色的服务器都会配置多台，以保证各个角色服务器的高可用。接下来，会部署第二台 StoreFront 服务器，并且将两台 StoreFront 服务器之间做同步。按照本节中的步骤 1）～8），在第二台 StoreFront 服务器（主机名：Lab-CDC02）上完成 StoreFront 模块的安装，安装后，打开 StoreFront 控制台，如图 5-40 所示，完成第二台 StoreFront 服务器的安装。

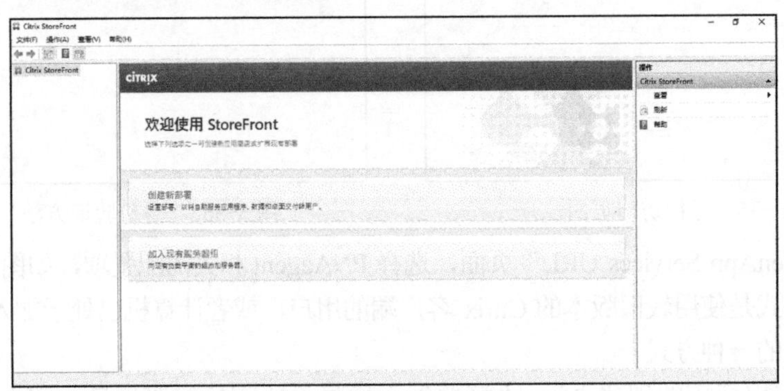

图 5-40 完成第二台 StoreFront 安装

19）在第一台 StoreFront 服务器的控制台上，单击“添加服务器”后可以查看到该台服务器的授权服务器和授权代码。每台 StoreFront 服务器生成的授权码都不相同，该授权码需要填写在其他的 StoreFront 服务器上进行同步，此处请填写实际环境中的授权代码。在第二台 StoreFront 服务器控制台上，单击“加入现有服务器组”，填写完第一台 StoreFront 服务器的授权服务器和授权代码之后，配置信息同步到第二台 StoreFront 服务器上。加入 StoreFront 服务器组的进度如图 5-41 所示。

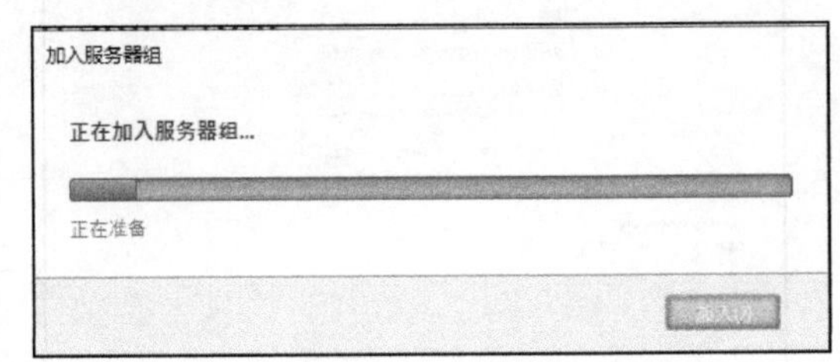

图 5-41 加入 StoreFront 服务器组

20）待第二台 StoreFront 服务器加入到服务器组之后，两台服务器间会进行首次信息同步，最近一次的同步信息会在控制台上显示，如图 5-42 所示。

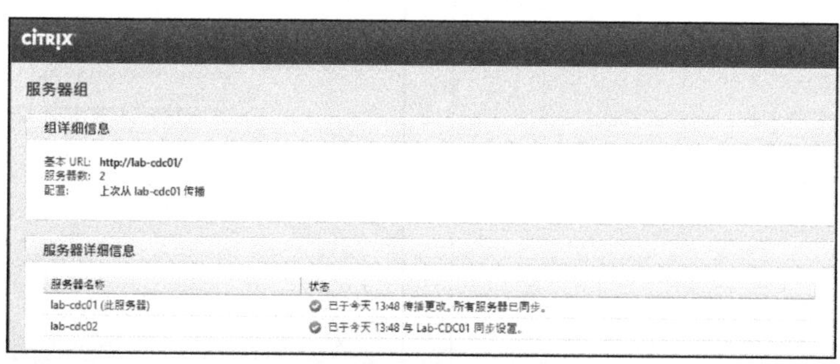

图 5-42　同步完成

Tips:

完成首次同步之后，可以在任何一台 StoreFront 服务器上更改配置信息，但需要确保在做过变更之后，将相关的变更信息同步到其他的 StoreFront 服务器上，以保证信息的一致性。

5.4　部署远程会话主机服务器——提供多用户并发访问

用户在访问虚拟应用时，需要应用程序的服务器支持多用户并发访问，并且应用程序也支持并发访问。对于 Windows Server 操作系统，默认只支持两个用户并发访问。如需要更多用户并发访问，就需要借助远程会话主机功能了。此处在主机 Lab-CDC01 上部署远程会话主机服务器。

1）打开 Windows 服务器管理器，在仪表板中点击“添加角色和功能”，如图 5-43 所示。

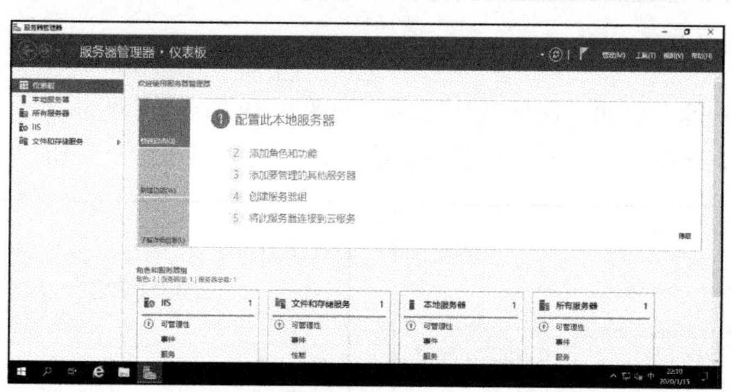

图 5-43　服务器管理器 · 仪表板页面

2）打开“添加角色和功能向导”，在“开始之前”页面点击“下一步”按钮，如图 5-44 所示。

3）在“选择安装类型”页面，选择“基于角色或者基于功能的安装”，如图 5-45 所示。

4）在“选择目标服务器”页面，选择“从服务器池中选择服务器”，在服务器池中选择主机名为 Lab-CDC02 的服务器作为远程会话主机授权服务器，如图 5-46 所示。

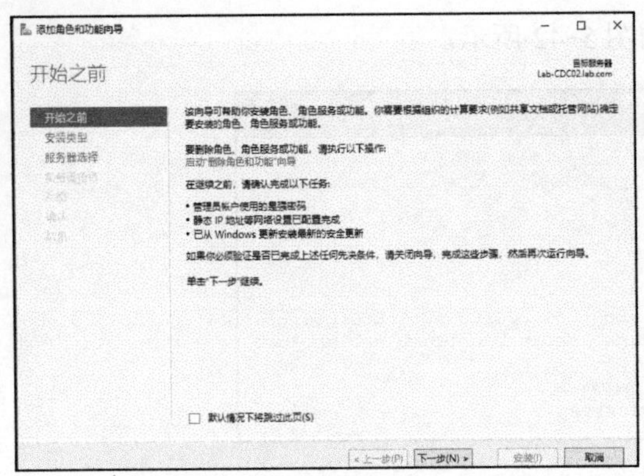

图 5-44　添加角色和功能向导页面

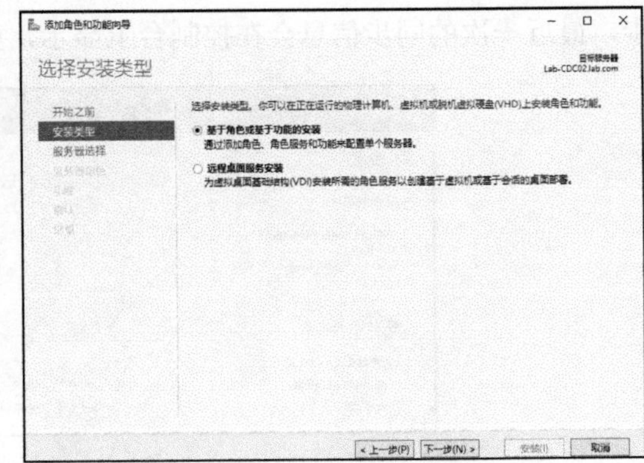

图 5-45　选择安装类型页面

5）在“选择服务器角色”页面，选择“远程桌面服务”，如图 5-47 所示。

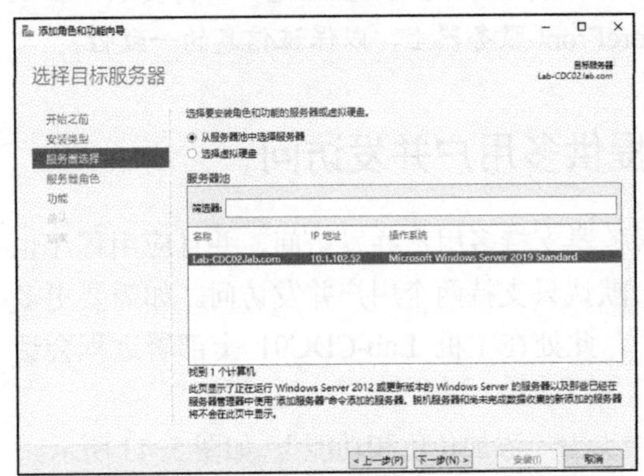

图 5-46　选择目标服务器

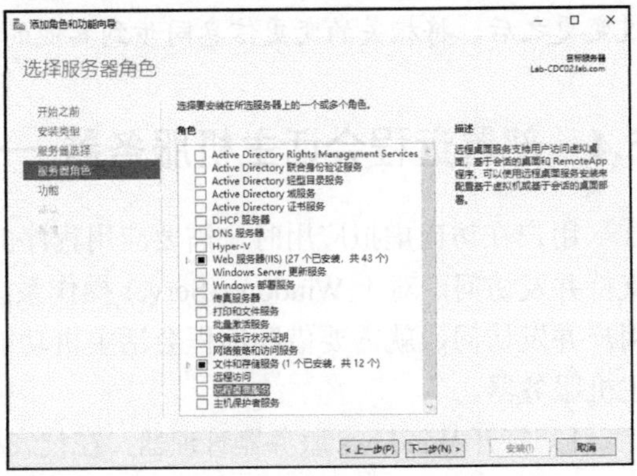

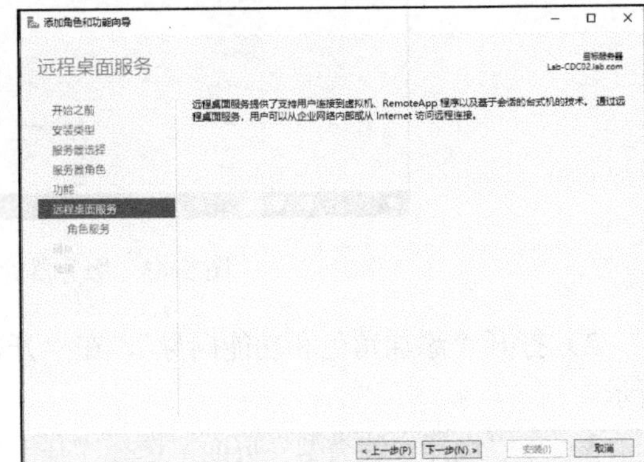

图 5-47　选择服务器角色

6）在“选择功能”页面，保持默认选项，如图 5-48 所示。

7）在“远程桌面服务”页面，保持默认选项，点击“下一步”按钮，如图 5-49 所示。

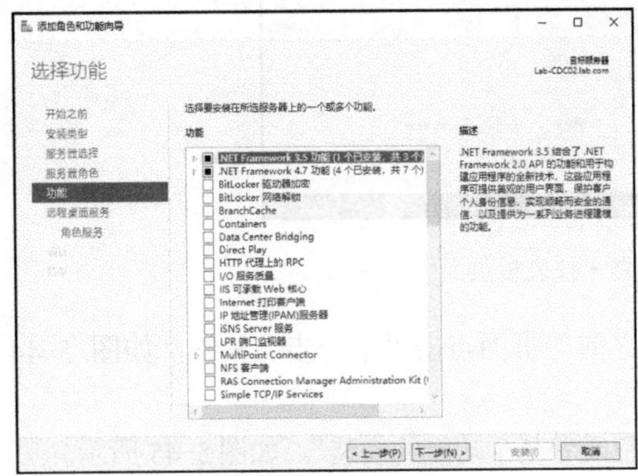

图 5-48　选择服务器功能

图 5-49　远程桌面服务

8）在“角色服务”页面，勾选“远程桌面授权”，如图 5-50 所示。

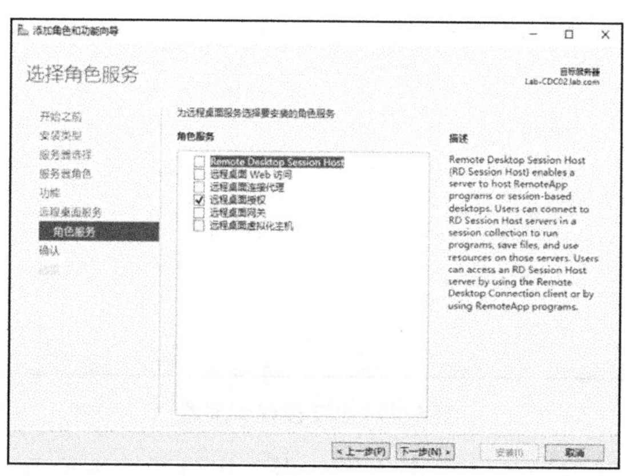

图 5-50　设置角色服务

Tips：

Remote Desktop Session Host：远程桌面会话主机，用于提供多用户同时访问桌面或者应用程序的服务器。在默认情况下，Windows Server 操作系统未安装该角色，最多只允许两个用户同时访问该服务器的桌面或者应用程序。当并发访问该服务器的用户不超过两个时，可采用该方式。

远程桌面授权：提供远程会话主机的许可服务，可按照设备数和用户数计算许可数量。由于在虚拟应用项目中的单台服务器会承载较多的用户并发访问，因此需要选择该种方式添加远程桌面授权。

9）在“确认安装所选内容”页面，显示计划安装的组件汇总信息，点击“安装”按钮执行安装，如图 5-51 所示。

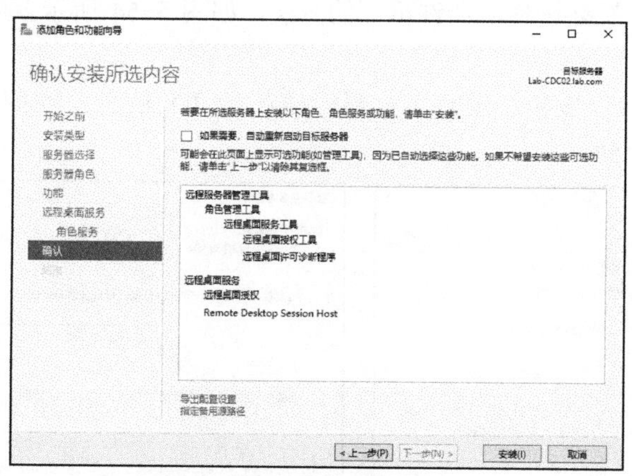

图 5-51　确认安装所选内容

10）待安装完成后，在“管理工具”→“Remote Desktop Services”中打开 RD 授权管理器。在计算机名上右击，在命令菜单中点击“激活服务器”，如图 5-52 所示。

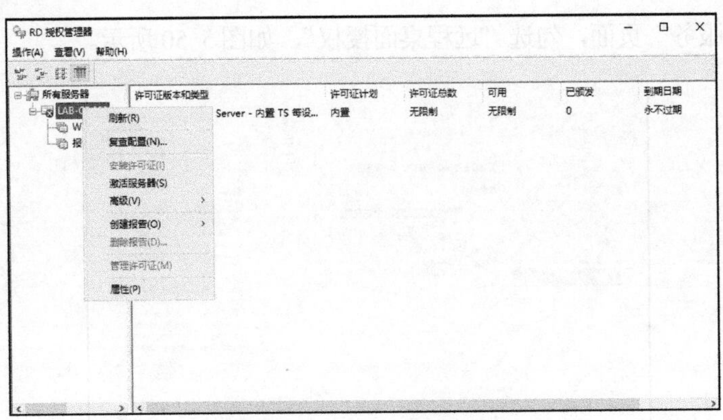

图 5-52　RD 授权管理器

11）打开服务器激活向导后，点击“下一步”按钮开始进行远程会话主机服务器的配置，如图 5-53 所示。

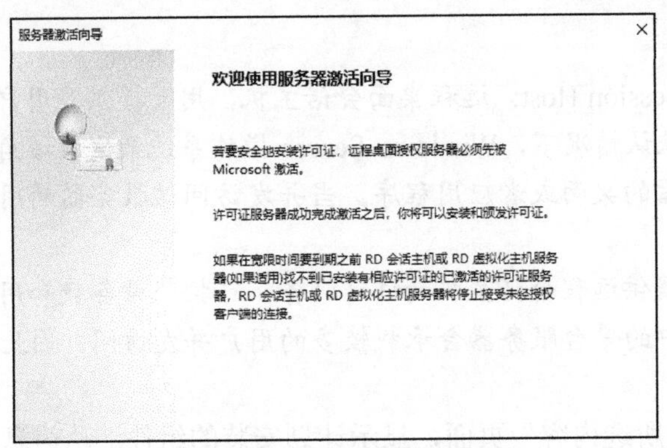

图 5-53　服务器激活向导

12）在“连接方法”处选择激活许可证的方法，如图 5-54 所示。此处采用 Web 浏览方式进行连接。

13）点击“下一步”按钮，屏幕上会显示出产品 ID 信息，如图 5-55 所示。记下该 ID，在产品激活时会用到。

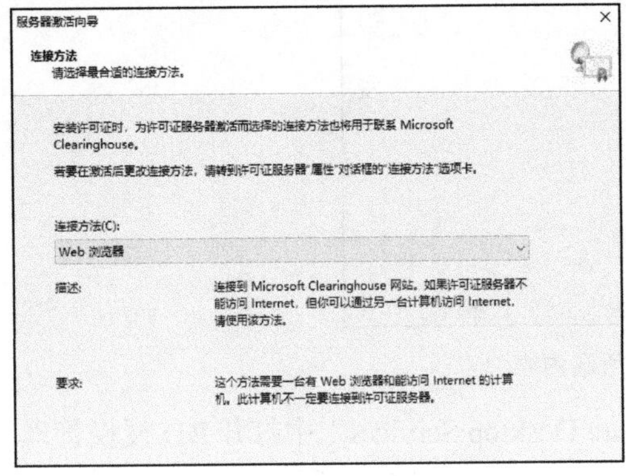

图 5-54　选择连接方法

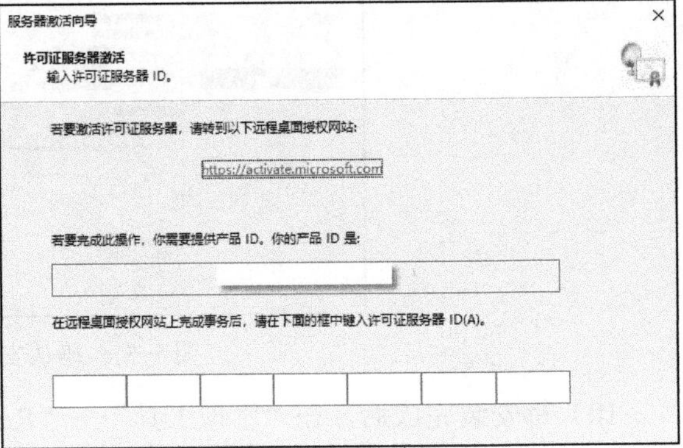

图 5-55　许可证服务器激活

14）打开远程桌面授权网站，如图 5-56 所示。在页面中可以选择网站的语言，同时选择“启用许可证服务器”。

图 5-56　激活远程桌面服务

15）将图 5-55 中获取到的产品 ID 信息填写到网页中，并且填写公司信息和国家（地区），如图 5-57 所示。由于涉及授权许可的问题，此处隐去了所有序列号、激活代码等信息。

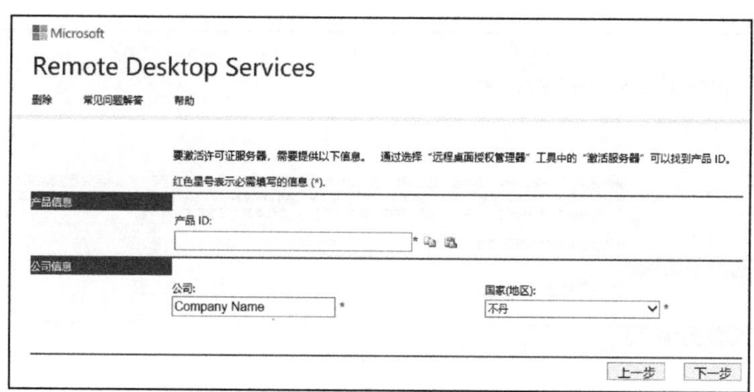

图 5-57　填写产品 ID 信息和企业信息

16）填写完成后，点击“下一步”按钮会显示摘要信息，如图 5-58 所示。

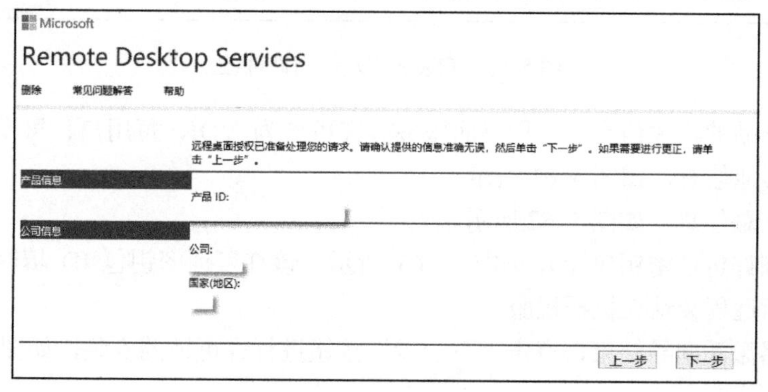

图 5-58　产品清单

17）许可证服务器激活成功，获取到该页面上的许可证服务器 ID 信息，如图 5-59 所示。该许可证服务器 ID 需要填写在许可证激活向导窗口中。

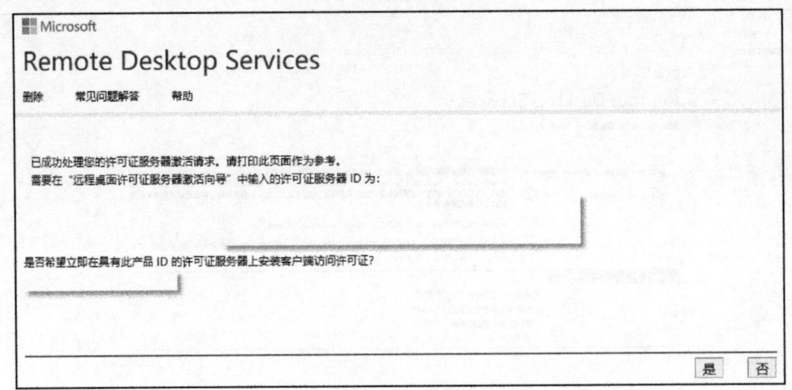

图 5-59　确认安装客户端访问许可证

18）接下来点击“是”按钮，在此产品 ID 的许可证服务器上安装客户端访问许可证。先填写相关的信息，如图 5-60 所示。

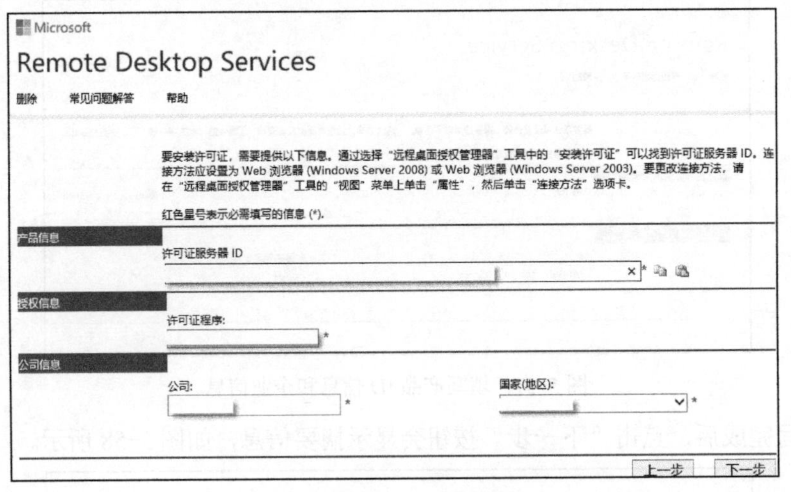

图 5-60　安装客户端访问许可证

19）填写产品的相关信息，远程桌面服务的许可分为 VDI、每用户、每设备等方式，并填写许可证的其他信息，如图 5-61 所示。

20）确认汇总信息，如图 5-62 所示。

21）获取到许可证密钥包 ID，如图 5-63 所示，该许可证密钥包 ID 填写的服务器激活向导，用于激活远程会话主机授权服务。

22）服务器激活向导结束，点击“下一步”按钮进行许可证的安装，如图 5-64 所示。

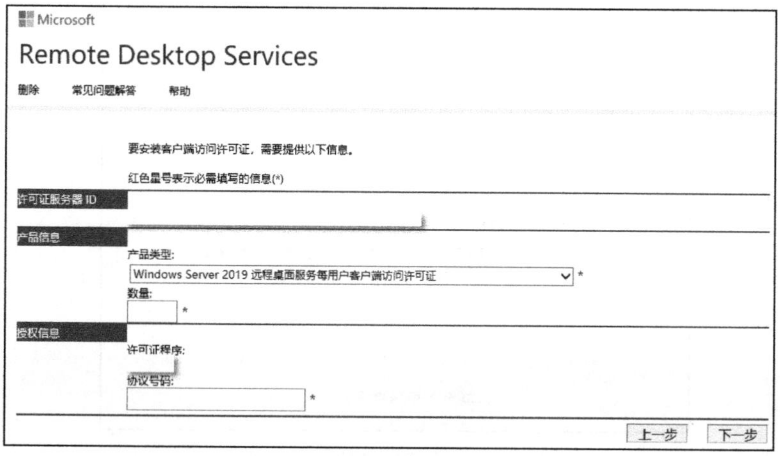

Microsoft
Remote Desktop Services
删除　常见问题解答　帮助

要安装客户端访问许可证，需要提供以下信息。
红色星号表示必需填写的信息(*)

许可证服务器 ID

产品信息
产品类型:
Windows Server 2019 远程桌面服务每用户客户端访问许可证 *
数量: *

授权信息
许可证程序:
协议号码: *

上一步　下一步

图 5-61　许可类型

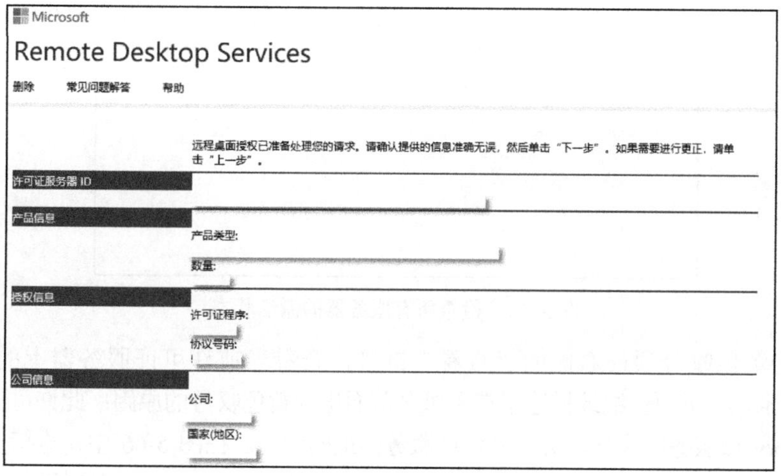

Microsoft
Remote Desktop Services
删除　常见问题解答　帮助

远程桌面授权已准备处理您的请求。请确认提供的信息准确无误，然后单击“下一步”。如果需要进行更正，请单击“上一步”。

许可证服务器 ID

产品信息
产品类型:
数量:

授权信息
许可证程序:
协议号码:

公司信息
公司:
国家(地区):

图 5-62　汇总信息

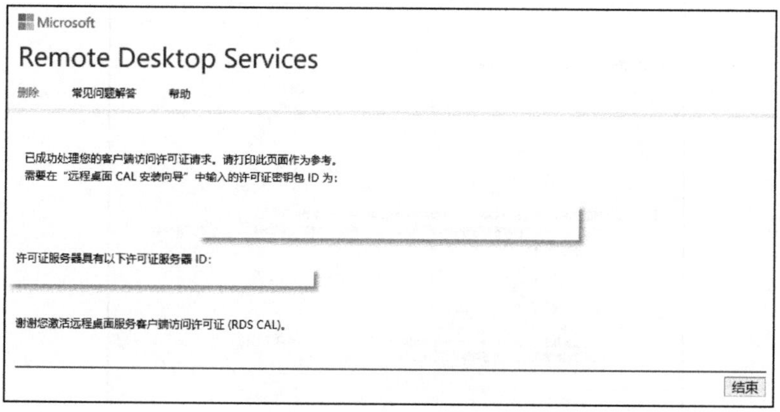

Microsoft
Remote Desktop Services
删除　常见问题解答　帮助

已成功处理您的客户端访问许可证请求。请打印此页面作为参考。
需要在“远程桌面 CAL 安装向导”中输入的许可证密钥包 ID 为:

许可证服务器具有以下许可证服务器 ID:

谢谢您激活远程桌面服务客户端访问许可证 (RDS CAL)。

结束

图 5-63　获取许可证密钥包 ID

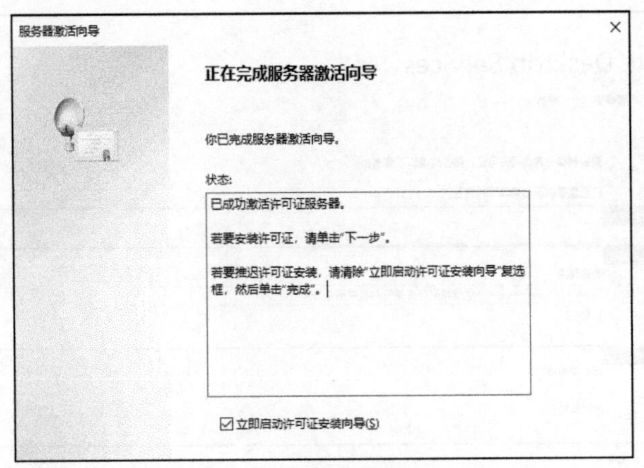

图 5-64　完成服务器激活向导

23）在 RD 授权管理器中，检查所有服务器的激活状态，如图 5-65 所示，若在主机名前面有黄色叹号标记，表示当前计算机账户尚未获得 Active Directory 域进行授权许可的权限。

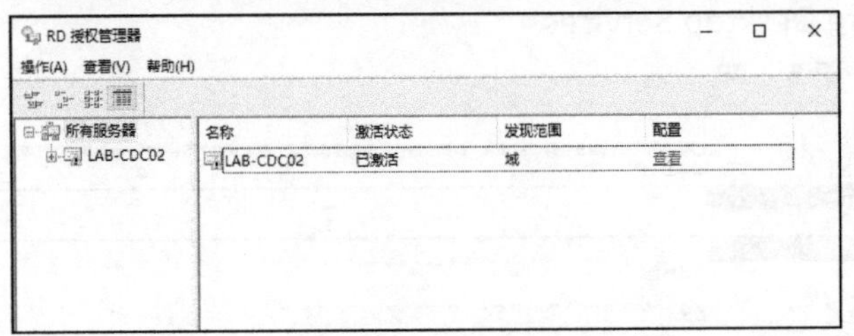

图 5-65　检查所有服务器的激活状态

24）点击黄色叹号项最右侧的“查看”链接，查看当前许可证服务器上的配置信息，如图 5-66 所示。该页面详细地描述了在主机名前面出现黄色叹号的原因：此许可证服务器不是 Active Directory 域服务中终端服务器许可证服务器组的成员。在图 5-66 中，直接点击“添加到组”按钮，通过将当前计算机账户加入到 Terminal Server License Servers 组来解决该问题。

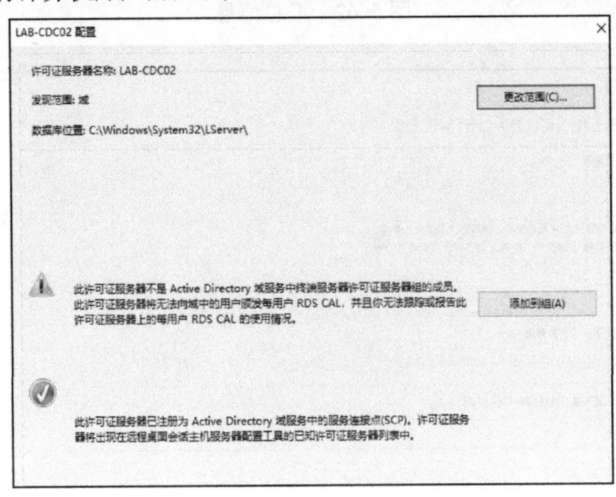

图 5-66　查看配置

25）点击“更改范围”按钮，修改许可证服务器的发现范围，如图 5-67 所示。

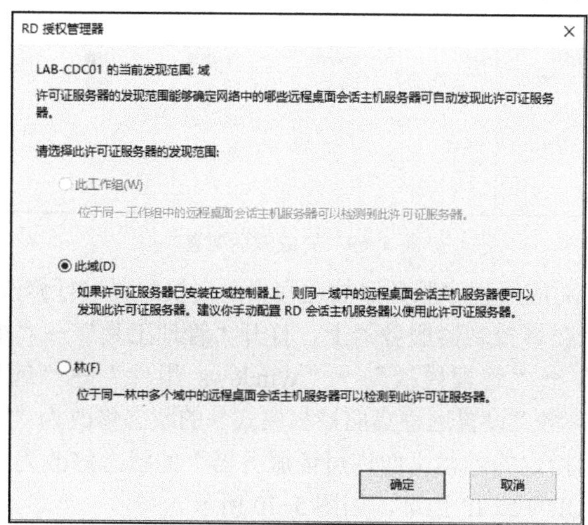

图 5-67 修改授权范围

Tips:

关于“选择此许可证服务器的发现范围”的说明如下。

- 此工作组：允许相同工作组的计算机均可使用该许可证服务器进行授权。
- 此域：允许在同一个域中的远程会话主机使用该许可证服务器进行授权。
- 林：允许在同一个林中的远程会话主机使用该许可证服务器进行授权

26）授权范围确定后，可以看到均已经符合许可证服务器的要求了，如图 5-68 所示。

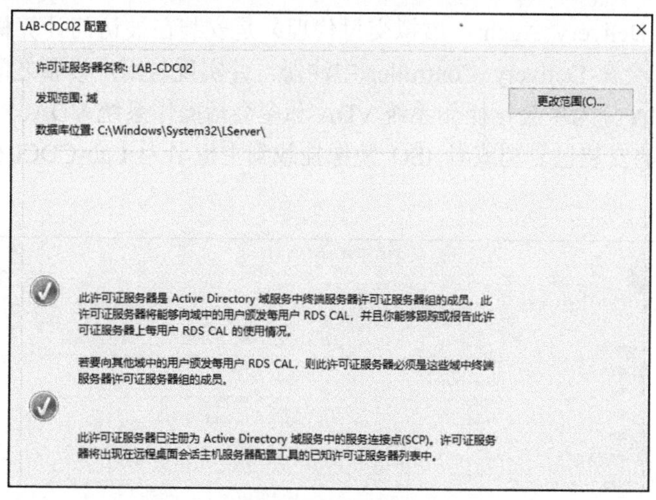

图 5-68 完成配置

27）打开 RD 授权管理器，可以看到图标已经变成了绿色的对钩，说明该许可证服务器的状态已经为“已激活”，如图 5-69 所示。此时，该许可证服务器已经可以对当前 Active Directory 域内的服务器提供远程会话主机激活服务了。

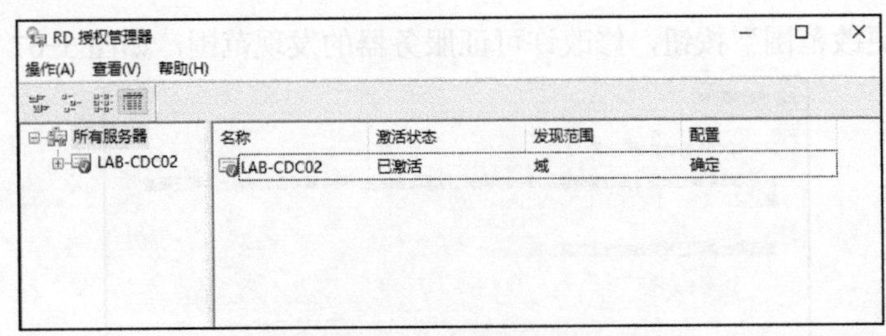

图 5-69 完成激活配置

28）通过组策略，对应用程序服务器的远程桌面授权配置进行修改，以实现对远程会话主机统一授权的功能。在域控制器服务器上，打开“管理工具”→“组策略管理”，然后依次打开“计算机策略”→“管理模板”→“Windows 组件”→“远程桌面服务”→“授权”，如图 5-70 所示。将“设置远程桌面授权模式”的状态修改为“已启用”，并指定合适的授权模式；将“使用指定的远程桌面许可证服务器”的状态修改为“已启用”，并填写远程桌面授权服务器的 FQDN 或 IP 地址，如图 5-70 所示。

图 5-70 远程桌面授权配置

5.5 安装 VDA

VDA（Virtual Delivery Agent，虚拟交付代理）是安装在被访问计算机上的代理程序，安装完成后，VDA 会在 Delivery Controller 中注册，并实现与用户设备之间的连接。根据操作系统的不同，VDA 分为单会话操作系统 VDA 和多会话操作系统 VDA。

1）将 CVAD 的安装包复制或者 ISO 镜像挂载到主机名为 Lab-CDC01 的服务器上，如图 5-71 所示。

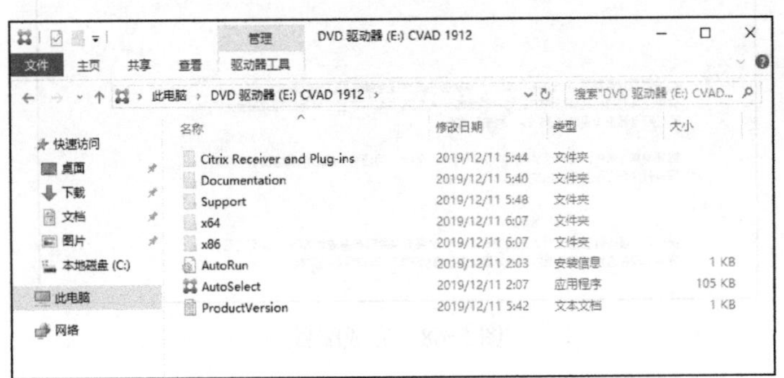

图 5-71 CVAD 安装包

2）双击“AutoSelect.exe”，打开安装向导，如图 5-72 所示。

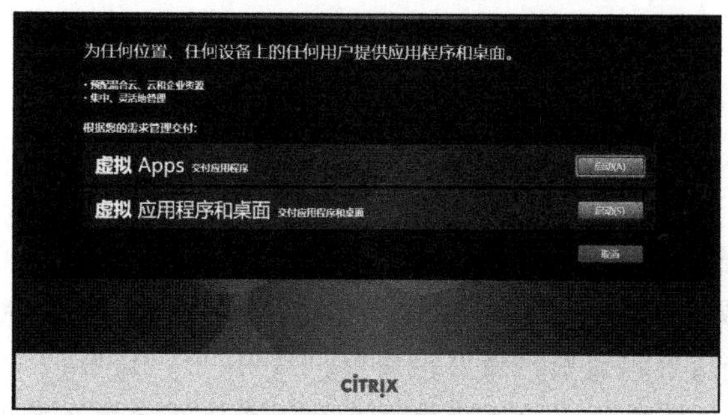

图 5-72　安装向导

3）在组件选择界面，点击“适用于 Windows 多会话操作系统的 Virtual Delivery Agent”，如图 5-73 所示。

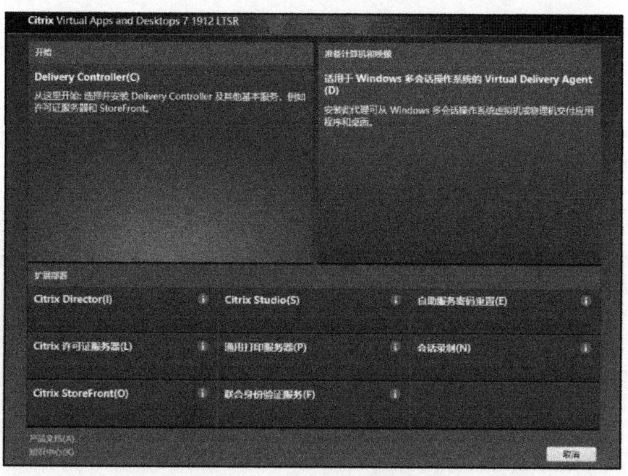

图 5-73　组件选择

4）在“环境”页面，根据实际场景选择安装 VDA 的不同方式，如图 5-74 所示。在此处选择“启用与服务器的中转连接”。

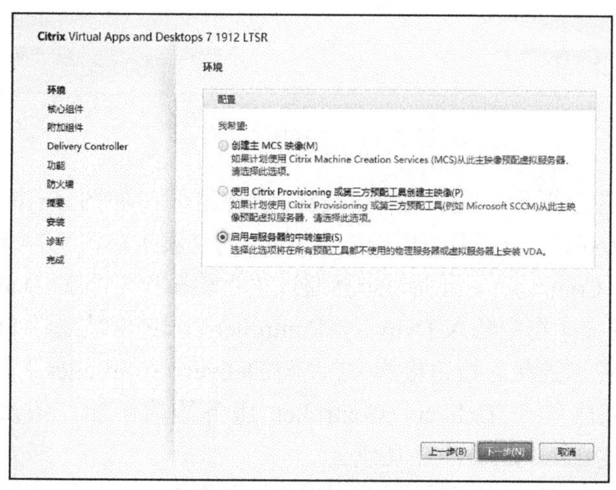

图 5-74　选择安装环境

Tips：

图 5-74 中所示的各种安装方式的说明如下。

- 创建主 MCS 映像：当使用 MCS（Machine Creation Services，主机创建服务）创建 VM 时选择该选项。通过 MCS 创建 VM 的方式将在后续章节中介绍。
- 使用 Citrix Provisioning 或第三方预配工具创建主映像：当使用 Citrix Provisioning（通常称为 PVS）或第三方工具（如微软 SCCM 等）创建 VM 时，选择该选项。通过 PVS 创建 VM 的方式将在后续章节中介绍。
- 启用与服务器的中转连接：该选项仅在多会话操作系统服务器上安装时显示。当该计算机不用做主映像时选择该选项。
- 启用 Remote PC Access：该选项仅在单会话操作系统服务器上安装时显示。当在需要用于远程 PC 访问的物理机上使用时选择该项。

5）在“核心组件”页面，选择必要的核心组件，如图 5-75 所示。在此处仅选择安装 VDA。

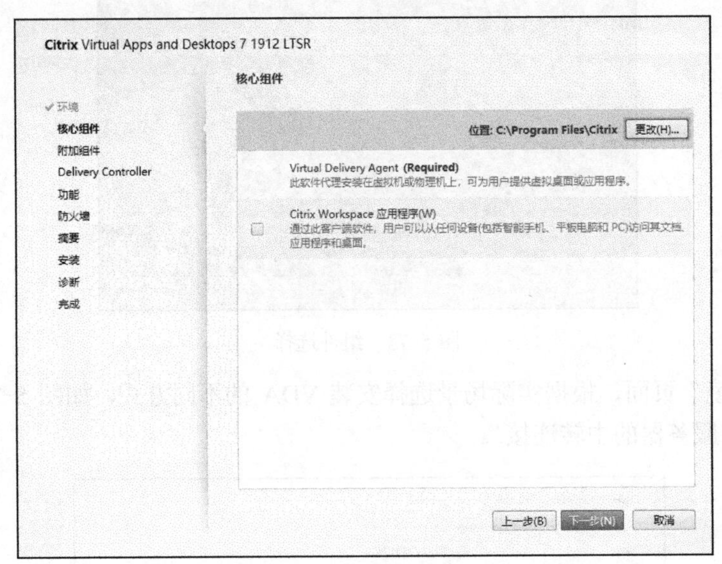

图 5-75　选择核心组件

6）在“附件组件”页面，选择需要安装的附件组件，如图 5-76 所示。在此处选择“Citrix Supportability Tools”，该工具可用于检查 VDA 的健康状态和 VDA 组件是否完全删除。

7）在“Delivery Controller”页面，选择通过“手动操作”添加 Delivery Controller。在 Controller 地址下侧的文本框中输入 Delivery Controller 的 IP 地址或者 FQDN（推荐）。输入完成后可通过点击“测试连接”按钮检测 VDA 与 Delivery Controller 之间的通信是否正常。点击“添加”按钮完成单个 Delivery Controller 服务器的添加。依次输入多台 Delivery Controller 服务器的 FQDN，如图 5-77 所示。

8）在“功能”页面，选择需要额外安装的功能，如图 5-78 所示。在此处选择全部功能。

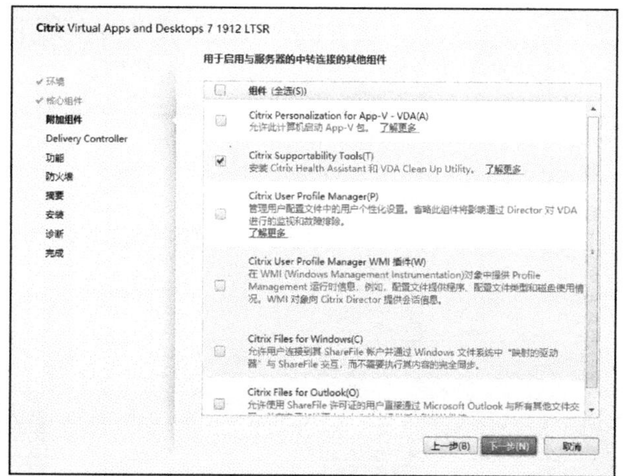

图 5-76　选择其他组件

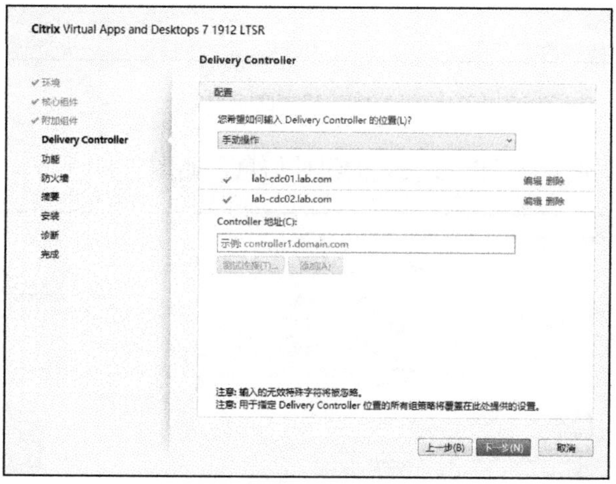

图 5-77　添加 Delivery Controller

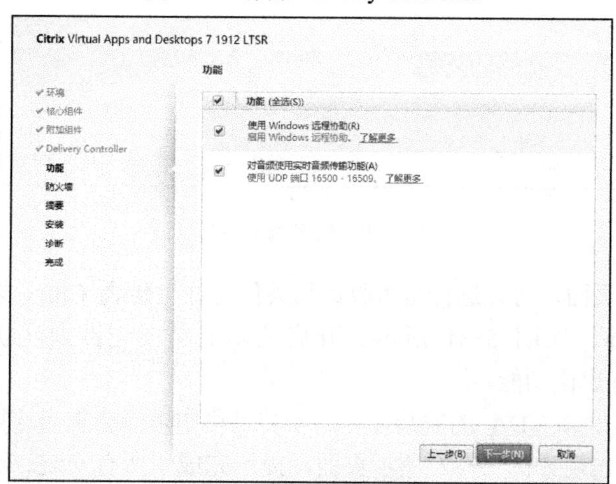

图 5-78　安装其他功能模块

9）在“防火墙”页面，显示安装上述组件或功能会使用到的端口清单，如图 5-79 所示。可以选择自动或者手动方式在防火墙上添加允许的通信端口。

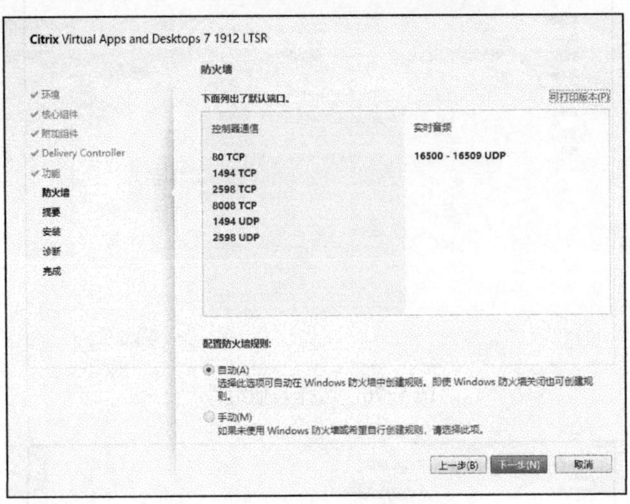

图 5-79　设置防火墙

10）在“摘要”页面，显示需要安装的组件信息，如图 5-80 所示。

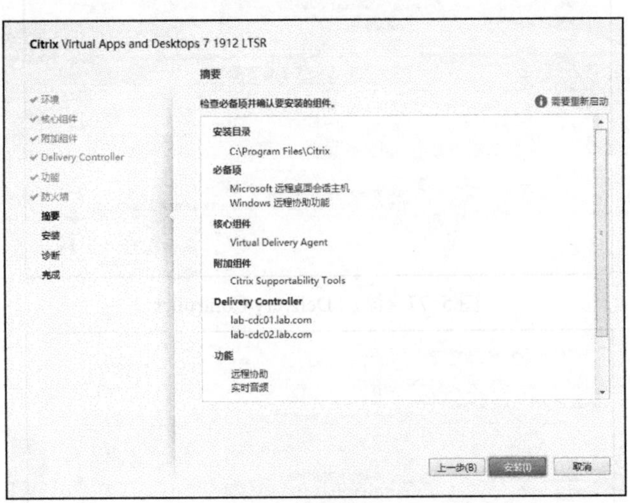

图 5-80　查看摘要信息

11）在“诊断”页面，可以选择是否收集相关信息并上传到 Citrix 以便得到技术支持来协助处理问题和故障，如图 5-81 所示。开启该功能需要连接到互联网并登录到 Citrix Cloud，此处选择不开启该功能。

12）稍等片刻，开始 VDA 的安装过程。安装过程中可能会重启计算机。重启完成后继续安装一段时间后会出现如图 5-82 所示页面，提示完成了所有安装。点击“完成”按钮再次重启计算机，完成 VDA 的所有安装过程。

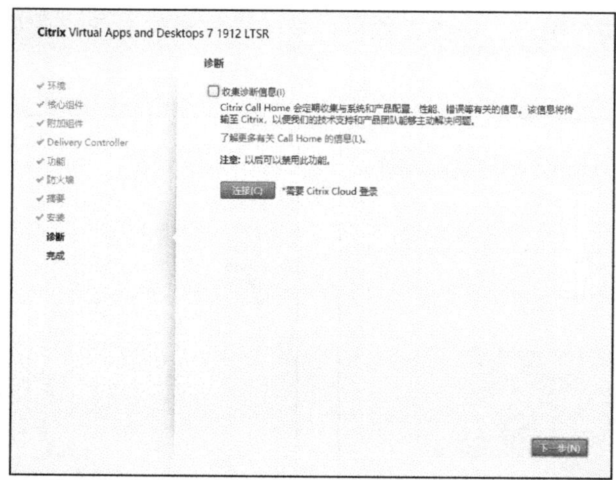

图 5-81　设置诊断信息

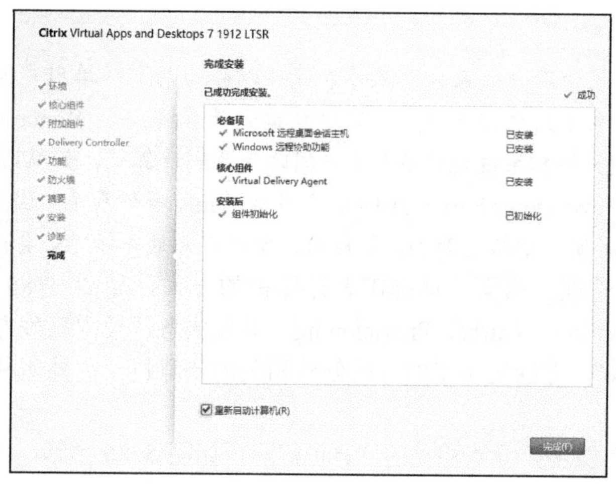

图 5-82　完成安装

当管理员发布了虚拟桌面或者虚拟应用等资源后，用户计算机就可以通过 Receiver 程序连接到 VDA 上实现资源的访问了。

5.6　发布虚拟桌面

接下来要发布虚拟桌面。在之前的章节中，在主机 Lab-CDC01 和 Lab-CDC02 上安装 Delivery Controller 模块的过程中也在该服务器上安装了 Citrix Studio 控制台，本节相关的一些设置需要在 Citrix Studio 控制台中完成。

1）在 Citrix Studio 控制台中（如图 5-22 所示），单击“为桌面和应用程序或 Remote PC Access 设置计算机”，打开计算机目录设置向导，如图 5-83 所示。

2）在“操作系统”页面，选择计算机目录的操作系统类型，此处选择多会话操作系统，如图 5-84 所示。

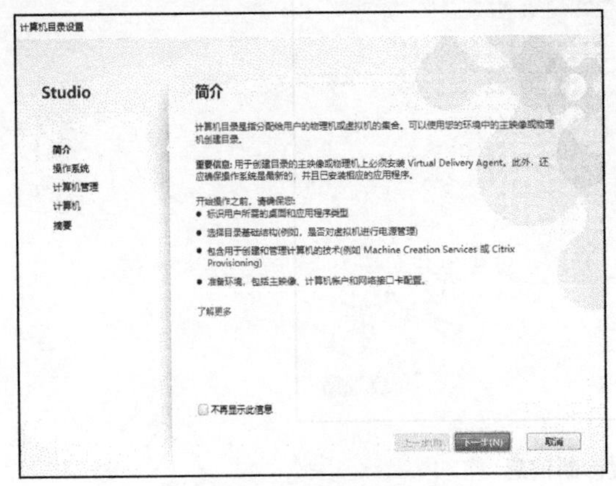

图 5-83　计算机目录设置

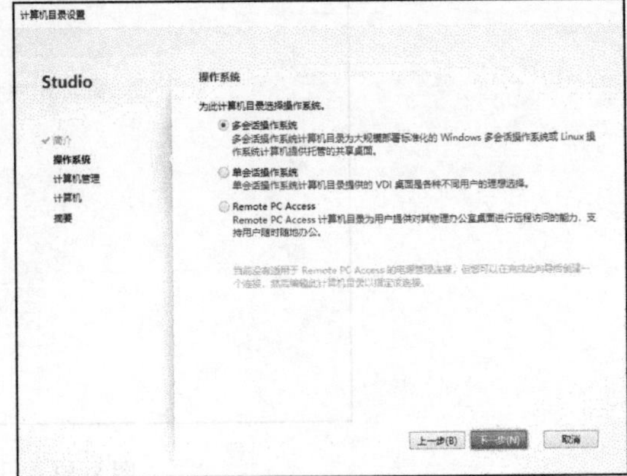

图 5-84　操作系统

Tips:

按照允许同时登录的用户数来分，操作系统可以分为两类：单用户操作系统和多用户操作系统。单用户操作系统只允许一个用户同时登录到计算机，如 Windows 7、Windows 8、Windows 10 等。多用户操作系统允许多个用户同时登录到计算机，如 Windows Server 2012、Windows Server 2016、Windows Server 2019 和大多数 Linux 操作系统。因为在本书实验环境中会在一台服务器上同时发布虚拟桌面和虚拟应用，所以在此处选择“多会话操作系统”。

3）在“计算机管理”页面，选择部署计算机的方式，如图 5-85 所示。共有 Citrix Machine Creation Services、Citrix、Provicioning、其他服务或技术三种方式，在此处选择使用“其他服务或技术”，即通过手工的方式创建相关的计算机。另外两种方式将在其他章节中做详细介绍。

4）在“计算机”页面，导入相关的计算机账户，如图 5-86 所示。需要导入的计算机账户必须是已经加入域的计算机，只有域中的计算机才可以进行分配用户。

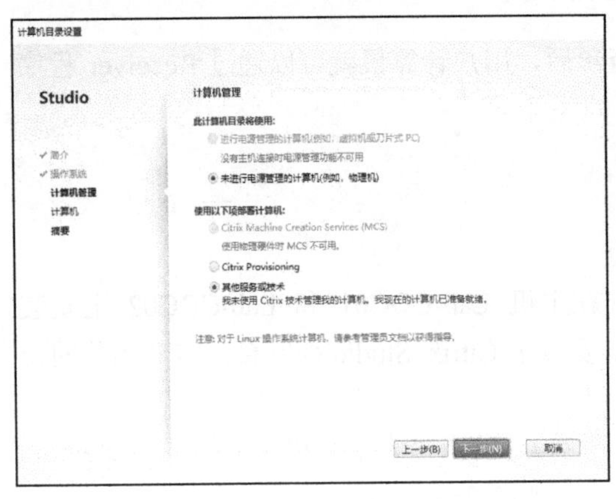

图 5-85　选择部署计算机的方式

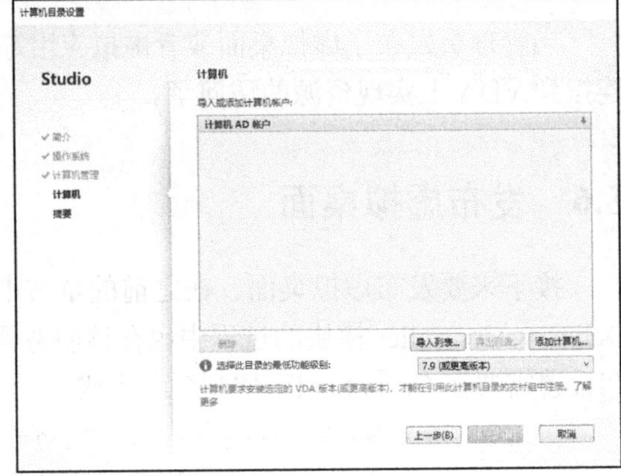

图 5-86　导入计算机账户

5）添加完成计算机账号后，会在列表中显示，如图 5-87 所示。计算机账户会以美元符号“$”结尾。同时需要选择此目录最低功能级别，需要与列表中计算机安装的 VDA（Virtual Desktop Agent，虚拟桌面代理）版本相匹配。

6）填写该计算机目录的名称，如图 5-88 所示。

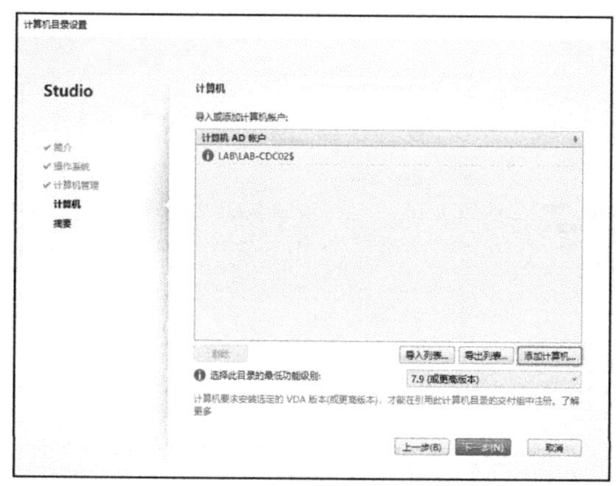

图 5-87　完成添加计算机账户

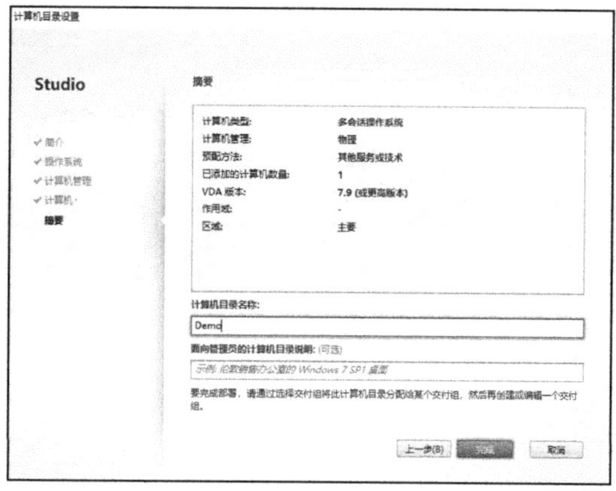

图 5-88　计算机目录名称

7）添加计算机目录之后，需要继续添加交付组，并且进行将计算机目录中的计算机分配到不同的交付组中。在如图 5-89 所示的“交付组入门”页面中单击“设置交付组以将桌面和应用程序分配给用户”，打开创建交付组的向导。

8）在“计算机”页面，选择加入到交付组的计算机目录，并且选择加入到交付组的计算机数量，如图 5-90 所示。

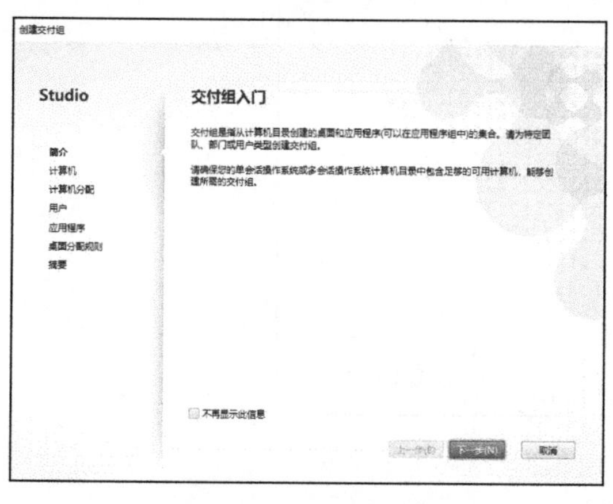

图 5-89　创建交付组

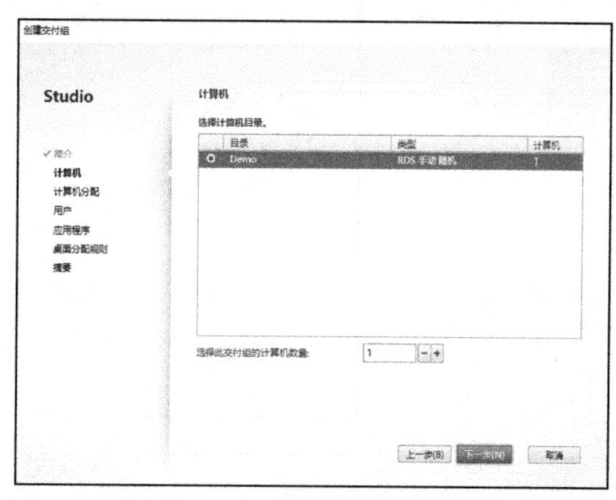

图 5-90　选择加入到交付组计算机

9）在“用户”页面，进行权限的分配，如图 5-91 所示。

Tips:

- 允许任何已通过身份验证的用户使用此交付组：用户在进行非匿名登录后即可获得该

交付组的资源。

- 限制以下用户使用此交付组：只允许列表中的用户或者组访问该交付组的资源。

10）在“应用程序”页面，暂时不添加任何应用程序，如图 5-92 所示。该部分内容将在下一节中详细介绍。

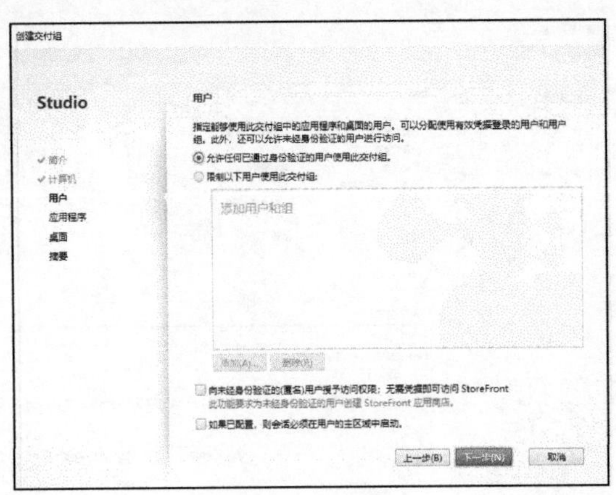

图 5-91　选择用户

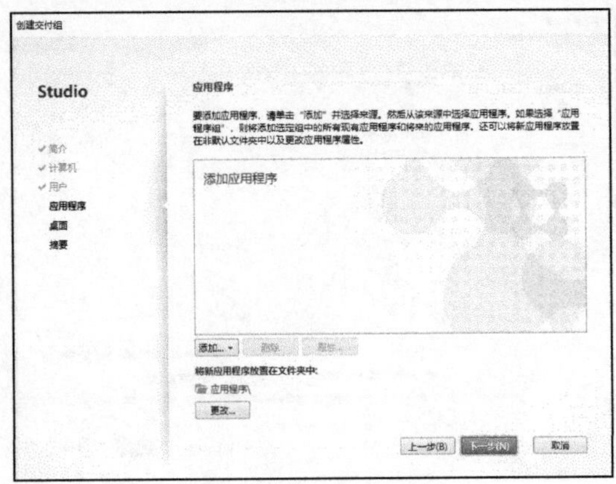

图 5-92　选择应用程序

11）在“桌面”页面中，点击“添加”按钮添加允许访问该交付组中桌面的用户或者组，如图 5-93 所示。

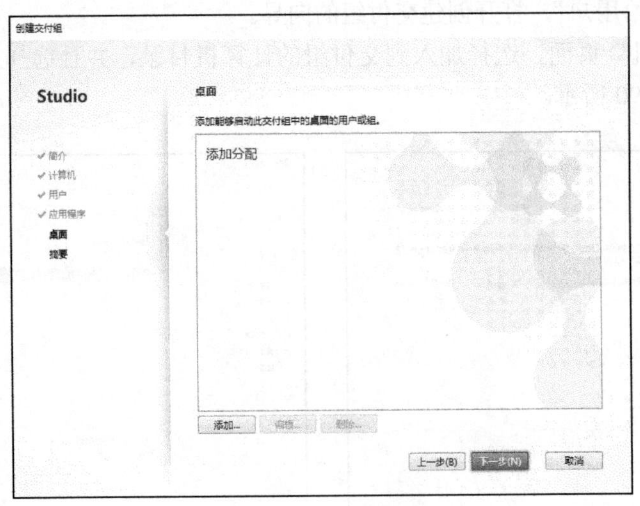

图 5-93　分配桌面

12）添加完成后，窗口右侧会显示刚刚添加的用户或者列表，如图 5-94 所示。

13）在“摘要”页面，填写交付组名称和说明，单击“完成”按钮完成交付组的创建，如图 5-95 所示。

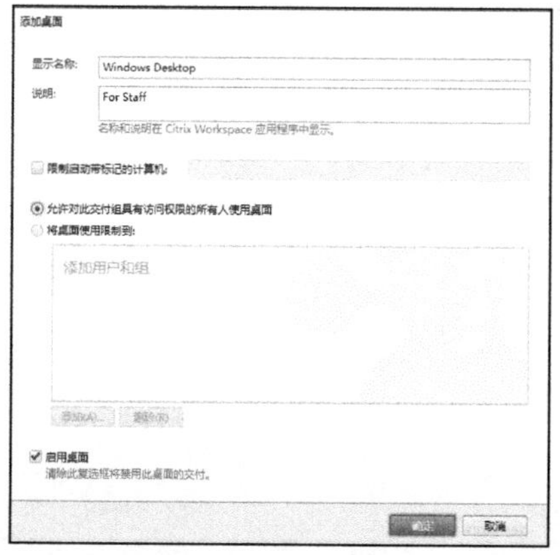

图 5-94　添加新桌面

图 5-95　完成交付组的创建

5.7　发布虚拟应用

发布的虚拟桌面和应用程序，都可以看作是在应用商店里的不同“商品”。将需要发布的应用程序直接发布出来就可以交付给最终用户使用了。

1）在 Citrix Studio 控制台左侧，选择“应用程序”，可以查看目前已经发布的应用程序。目前没有发布任何应用程序，如图 5-96 所示。

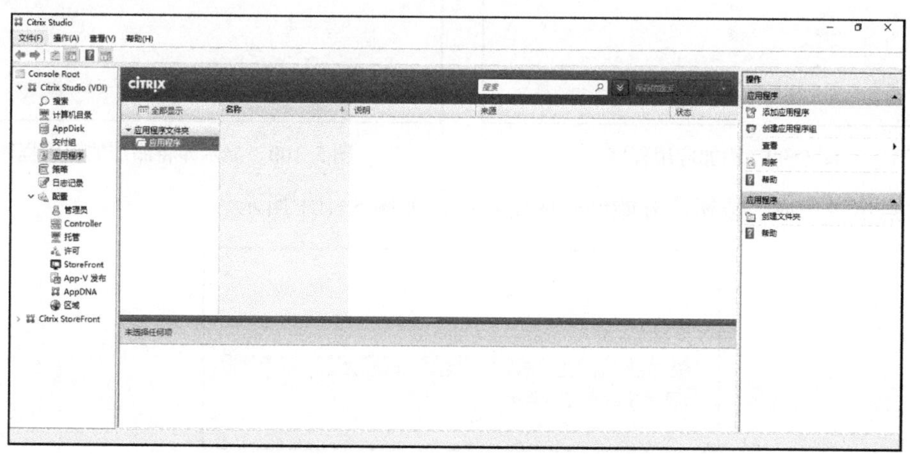

图 5-96　查看已发布的应用程序

2）在控制台右侧，点击“添加应用程序”，打开添加应用程序向导，如图 5-97 所示。

3）在“组”页面，添加已经配置的交付组，如图 5-98 所示。

4）在“应用程序”页面，添加所需要的应用程序，如图 5-99 所示。

5）在“摘要”页面，显示即将添加的应用程序，如图 5-100 所示。

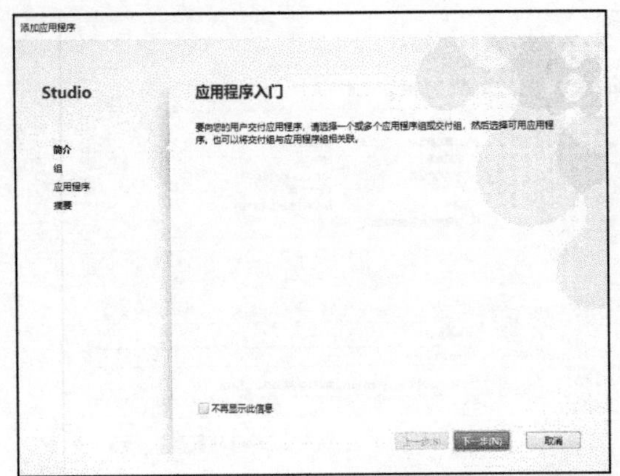

图 5-97　添加应用程序向导

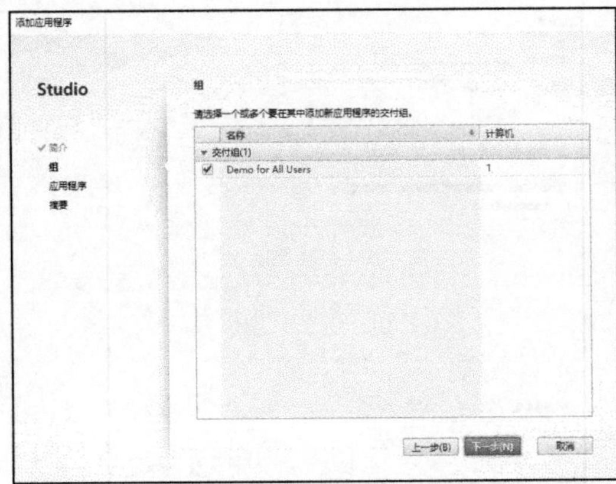

图 5-98　添加交付组

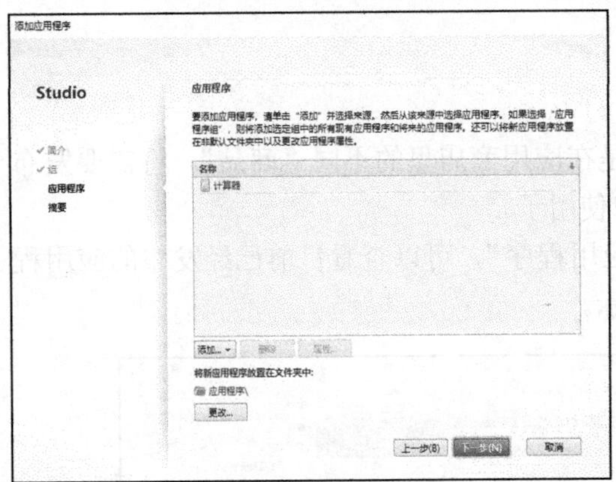

图 5-99　添加应用程序

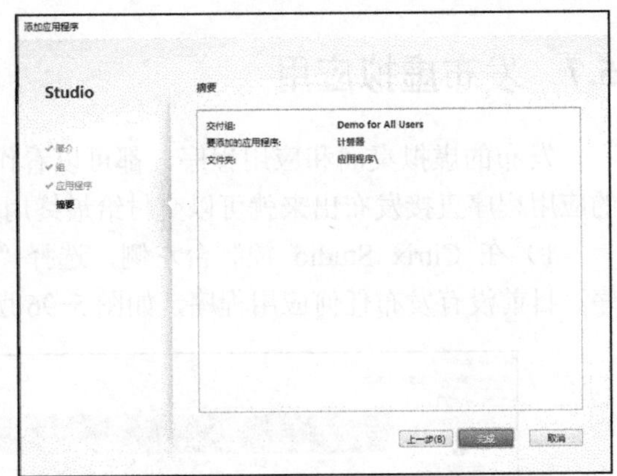

图 5-100　显示即将添加的应用程序

6）点击“完成”按钮，开始创建应用程序，如图 5-101 所示。

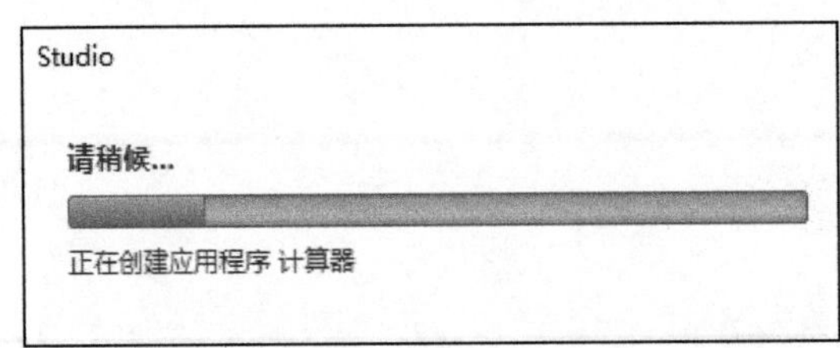

图 5-101　创建应用程序

7）稍等片刻，在应用程序页面上会显示已经添加的“计算器”应用程序，如图 5-102 所示。

至此，就完成了应用程序的发布。用户通过浏览器访问 StoreFront 的页面（本实验环境中由于 Citrix Delivery Controller 和 Citrix StoreFront 部署在同一台服务器上，因此直接访问 http://lab-cdc01.lab.com即可）并且登录之后，就可以看到发布的计算器应用程序，如图 5-103 所示。点击计算器的图标，就可以使用该应用程序。

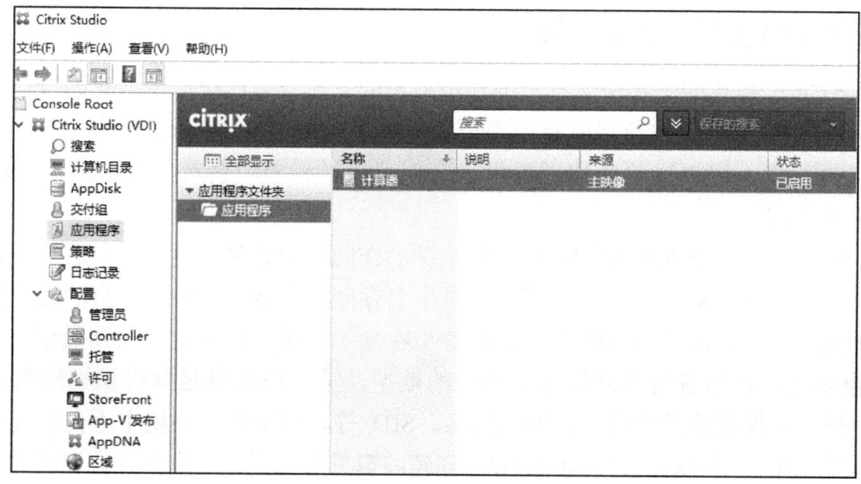

图 5-102　发布计算器应用程序

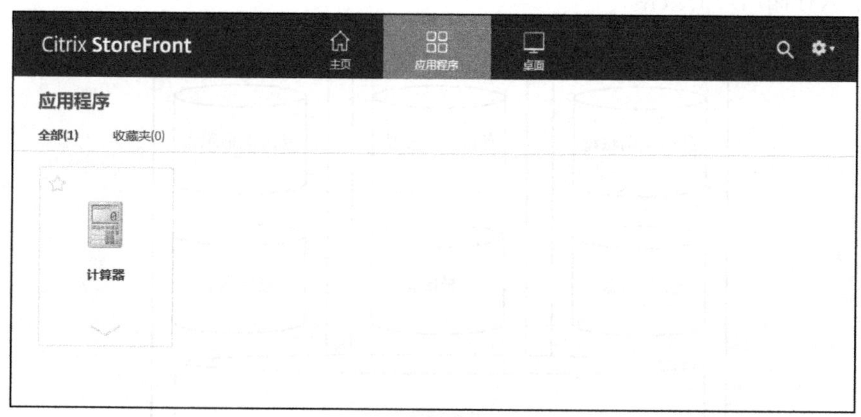

图 5-103　计算器应用程序

本节中只是以计算器应用程序举例。在实际生产环境中，用户可以根据实际业务需要，发布任何可以并发运行的应用程序。

5.8　快速批量创建虚拟机

在 Hypervisor 上创建模板后，可以通过模板统一创建虚拟机，以实现标准化部署的需求。但是仍然无法满足快速、批量创建虚拟机的需求。

Citrix 提供了两种方式：MCS（Machine Creation Services，机器创建服务）和 PVS（Provisioning Services，置备服务），满足快速创建虚拟机的需求。但使用这两种方式，不仅要求 CVAD 连接到 Hypervisor，还可能需要额外配置 DHCP、TFTP、BDM 等服务器，需要在实际的生产环境中使用性能较好的企业级服务器、交换机、存储设备来完成，限于实验环境，本书这部分内容不再展开详解。

5.8.1 MCS 方式批量创建虚拟机

MCS 是 Citrix 提供的一种快速批量创建虚拟机的方式。用户在批量创建虚拟机前，需要提前在一台虚拟机上安装和部署所有所需要的软件及其配置信息。这台虚拟机被称为主模板，利用该虚拟机，可以批量创建虚拟机。在创建的过程中，会对主模板的虚拟机创建快照，并且进行复制。

通过 MCS 方式，批量创建的所有虚拟机都会在同一个计算机目录下，这些虚拟机默认存储在同一个存储 LUN 中。这个计算机目录中会存储一个基础镜像，其余的虚拟机均会基于该基础镜像，并自动添加两块磁盘，如图 5-104 所示。第一块磁盘是差异磁盘，默认大小与基础磁盘相同，存储着与基础镜像中不同的数据。第二块磁盘是身份识别磁盘，大小是 16 MB，存储着虚拟机的身份信息，如主机名、SID 等。由于在域环境中不允许存在具有相同的主机名和 SID 的虚拟机，在 MCS 方式创建虚拟机的过程中，会在身份识别磁盘中更换相关的信息。根据实际情况，也可以添加第三块个人磁盘，磁盘大小可以根据用户的需求决定，用于永久存储用户的数据。

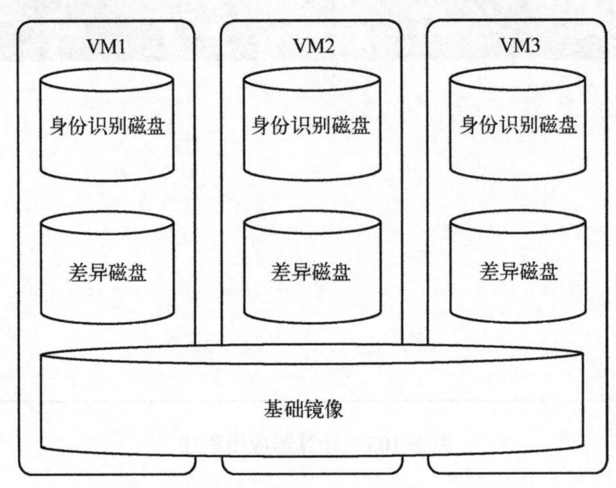

图 5-104 MCS 方式创建的虚拟机的磁盘

通过 MCS 方式创建的计算机目录，分成池静态和池动态两种方式。池动态的虚拟机在重启之后，虚拟机中的差异磁盘会被删除，然后从基础镜像内获取数据后重新生成差异磁盘并挂载给虚拟机。池静态的虚拟机在重启之后，其差异磁盘中的内容将会得到保留。如果计算机目录是池动态类型，用户在登录时会在该计算机目录中随机选取一台虚拟桌面，而如果是池静态类型，用户在登录时会按照指定的分配关系登录到指定的虚拟桌面上。在池静态计算机目录未分配用户的分配关系时，会随机分配一台虚拟桌面，然后就确定了虚拟桌面和用户的分配关系。

5.8.2 PVS 方式批量创建虚拟机

PVS 是 Citrix 提供的另外一种批量创建虚拟机的方法。使用该方法，需要额外部署 PVS

服务器来制作和管理 vDisk（Virtual Disk，虚拟磁盘）。vDisk 作为共享的磁盘镜像，以流的方式传送给需要的虚拟机中，虚拟机对该 vDisk 只具有只读权限，所有对 vDisk 的修改均写在 WC（Write Cache，写缓存）中。

vDisk 有两种模式：私有模式和标准模式。私有模式下 vDisk 具有读写权限，标准模式下只有读取权限。在创建 vDisk 时，将 vDisk 调整为读写模式。在目标设备虚拟机上将所有的数据写入到 vDisk 中。待完成 vDisk 的数据写入后，调整为标准模式，此时为只读模式。需要置备的虚拟机读取只读模式的 vDisk，实现了批量创建虚拟机的需求。置备的虚拟机对 vDisk 的修改，均写入到临时的写缓存文件中。

由于写缓存文件存储了置备的虚拟机对 vDisk 的修改，如果虚拟机长期处于开机状态，写缓存文件会越来越大。只有将虚拟机重启后，才能将写缓存文件清空。

写缓存文件可以存储在以下几个位置：

- Cache on Device RAM：存储在目标设备（即虚拟机设备）的内存中
- Cache on Device Hard Drive：存储在目标设备的硬盘中
- Cache on Device Hard Drive Persisted：永久存储在目标设备的硬盘中
- Cache on a Server：存储在 PVS 服务器上
- Cache on a ServerPersistent：永久存储在 PVS 服务器上
- Cache in RAM with Overflow to Disk：存储在目标设备内存中，当内存写满后写入到磁盘中。

5.8.3　MCS 和 PVS 的对比

MCS 和 PVS 两种方式都可以满足批量创建虚拟机的需求，但对于其他方面的要求就不尽相同了。MCS 方式创建的虚拟机都包含有一块差异磁盘，默认大小与基础镜像相同。这就对存储空间有一定的要求。另外，通过 MCS 方式创建的虚拟机在启动的时候，需要依次读取基础镜像磁盘、身份验证磁盘和差异磁盘。这唯一的基础镜像磁盘在被多个虚拟桌面读取时产生了大量的读 IO，对其所在的存储性能也有一定的要求。为了避免此问题，可以使用固态磁盘代替机械硬盘来提高性能，并且采用精简置备方式来减少磁盘空间的开销。

PVS 方式置备的虚拟桌面产生的写缓存位置需要考虑性价比，由于写缓存不会对写缓存的性能有很高的要求，而且内存的单位价格高于磁盘的单位价格，通常情况下会选择磁盘作为写缓存的存储位置。通过 PVS 方式置备的虚拟机在启动过程中，将需要的数据文件通过流的方式传输到各个虚拟机中。虚拟机获取需要传输的文件时，并不会将所有的数据都传输过来，而是只传输需要的数据文件。但多台虚拟机同时通过流的方式获取数据文件，在启动的过程中需要配置 DHCP 并且需要 TFTP 或者 BDM 的方式，对网络的性能和要求就比较高了，建议将 DHCP Server 和 DHCP Client 部署在同一网段，避免中继影响性能，并且提高流网络的带宽。

第 6 章

虚拟化备份——基于 Veeam Backup & Replication

在前面的章节中，已经部署了多台 IT 基础架构服务器。这些基础架构服务器在设计时已经考虑到了高可用来避免单点故障，但是这无法避免一些逻辑错误或者遭到勒索病毒的攻击造成数据丢失或篡改等问题。VBR（Veeam Backup and Replication）是一款主要面向 VMware vSphere 和 Microsoft Hyper-V 虚拟化环境的备份软件，提供了日常备份和灾难恢复的功能。它支持通过无代理的方式对虚拟机进行备份,并且能够从虚拟机、文件应用程序、数据库多个层面恢复数据。由于目前 Veeam 官方发布的产品无中文版，因此在本章中涉及产品中的相关选项仍使用英文，不作中文翻译，以免产生混淆。

本章中主要介绍了以下内容：

- 备份的基本概念及 VBR 产品介绍。
- 部署 VBR。
- 虚拟机备份—实现数据安全备份。
- 虚拟机恢复—实现数据按需恢复。

本章中需要部署的服务器如表 6-1 所示。

表 6-1　要部署的服务器

主 机 名	CPU	内　存	磁　盘	备　注
Lab-Veeam	4vCPU	8G	200 GB	Veeam 服务器

6.1　备份的基本概念及 VBR 产品介绍

1．备份的基本概念

什么是备份？相信大家都能够给出答案——将文件数据或者系统数据保存成副本，存在其他的介质上。其中最常见的场景是，将计算机上某些文件复制一份到移动硬盘、U 盘或者网盘上。在数据意外丢失或者损坏的时候，可以将备份恢复到计算机上来降低损失。但是，当计算机上的企业 IT 关键数据发生损坏时，可能备份在移动硬盘上的数据还是上个月的，这 1 个月内数据的更新就都无法找回了，而且复制这些数据可能需要 15 分钟甚至更长的时间才能完成，也就是说在这段时间内，所有数据都是无法使用的。这其中的 1 个月和 15 分钟，就涉及两个数据备份最基本的概念——RPO 和 RTO。

RPO，全称 Recovery Point Objective，中文译为恢复点目标，指在发生故障后，将数据恢复到上次备份数据时对应的时间点。RTO，全称 Recovery Time Objective，中文译为恢复点时间目标，指在需要发生故障时允许造成的业务中断的最长时间。举个例子，某个系统在每天凌晨 0 时做一次备份，当故障发生后，需要花费 6 个小时才能够恢复到上一次备份的时间点。这里面 RPO 是 24 小时，RTO 是 6 小时。对于理想的数据备份来说，RPO、RTO 这两者的数值无限接近于 0 才是最好的，但是要想实现这一目标是要付出巨大代价。通常 PRO 和 PTO 越小，需要的花销越大。所以，在一般情况下，要根据系统的重要程度和紧急程度来从 RPO、RTO 与花费之间找一个平衡点，而非一味地追求 RPO、RTO 值的降低。

要尽可能提供数据的安全性，企业在指定备份方案的时候需要遵循“3-2-1”黄金备份法则，加上合理地制定备份解决方案的架构，以便提高备份解决方案的各个角色的高可用性。

“3-2-1”黄金备份法则是：至少有 3 份备份数据副本，将数据副本存储在 2 个不同的介质上，保存 1 份异地备份的数据副本。

至少有 3 份数据副本是需要降低数据的故障率。假设，每份数据副本故障是独立的事件，发生的概率是 1%。那么 3 份数据副本同时故障的概率是 1%×1%×1%=0.0001%。也就是说，数据副本越多，数据丢失的概率越小。

存储在两个不同的介质上也会降低数据丢失的风险。由于数据需要存储在介质上，而介质也是有寿命的，因存储数据副本的介质损坏而造成的数据丢失也是会发生的。因此，将数据副本存储在不同的介质（如 CD/DVD、磁盘阵列、磁带、U 盘等）上也很有必要。

多份数据副本应该至少保存有 1 份处于异地备份。由于地震、火灾等原因造成存储数据的介质损坏，需要至少保存 1 份异地备份的数据。当然，将数据副本存储在云存储中也可以。

2．VBR 产品概述

2006 年，Veeam（中文译为卫盟）公司成立于瑞士，专注于虚拟机的备份。凭借面向虚拟环境的超快速、超可靠数据恢复解决方案，Veeam 很快成为备份厂商中的领先者。Veeam 的 VBR 产品不仅提供了基于 VMware vSphere 和 Microsoft Hyper-V 虚拟化平台的虚拟机级别的备份，而且还提供了虚拟机中文件、应用程序级别的备份。

虚拟机级别的备份可以将整个虚拟机或者虚拟化平台下虚拟机硬盘文件（VMware vSphere 平台下.vmdk 格式文件或 Microsoft Hyper-V 平台下.vhd/.vhdx 格式文件）恢复到指定的位置，也可以将 Windows 或 Linux 操作系统虚拟机中的单个或者多个文件恢复到指定位置，还可以将虚拟机中的部分应用程序，如 SQL Server 数据库、Active Directory 对象、Exchange 邮件服务器中的邮件等恢复到指定位置。

接下来介绍 VBR 主要组件的功能和作用。

- Veeam Backup Server：是 Veeam 备份解决方案的核心，负责作业管理、时间和资源分配、管理其他组件。该角色的服务器需要安装在 64 位的 Windows 物理服务器或者虚拟机上。

- Backup Proxy：负责从存储设备上获取虚拟机的基本信息、对数据进行压缩、去重和加密、将数据传输到备份的目标设备上或者其他的 Backup Proxy。该角色服务器可以在 32 位或 64 位 Windows 主机上进行安装。
- Backup Repository：该角色为备份作业提供存储空间，备份作业生成的备份文件将存储在 Repository 中。它可以是 Windows 或 Linux 主机的一部分存储空间，也可以是支持 CIFS 方式访问的 NAS 设备，还可以是支持数据去重的存储设备（如 DellEMC 的 Data Domain 等）。
- Veeam Enterprise Manager：该角色主要在具有多个 Backup Server 的分布式环境下使用。它将所有的 Backup Server 结合在一起，便于统一管理备份作业，能够对作业进行编辑和复制，对作业任务进行监控。该角色需要部署在 64 位 Windows 操作系统物理服务器或者虚拟机上，可视实际情况，与 Backup Server 部署在同一台主机上或者单独部署。
- WAN Accelerate：通常用于不同站点之间的异地备份和复制。常见的场景是在网络带宽不足或者传输大量的数据时使用。
- Tape Server：应用磁带进行备份的组件。磁带是最廉价、最易于保存的介质，因此使用磁带用于存储备份的数据也是一种不错的方式。
- Guest Interaction Proxy：该组件在使用应用感知、文件系统索引、事物日志处理时需要部署。
- Mount Server：该组件通常在还原来宾操作系统的文件或者应用项目时需要，用于优化虚拟机压力，减少网络负载，加速处理过程。
- Console：Console 是用于连接 Backup Server 的控制台程序，用来统一管理虚拟机资源，并实施备份和还原操作。

6.2 部署 VBR

早期的 VBR 只能支持在 Windows 操作系统上安装，从 9.5 版本开始，VBR 的部分组件可以在 Linux 操作系统上进行安装。在 VBR 10.0 版本中，Backup Proxy Server 和 Backup Repository Server 支持在 Windows 或 Linux 操作系统上安装，但 Backup Server 只能安装在 Windows 操作系统上。

VBR 软件提供了超简洁的安装界面，使用默认的安装向导，不需要做任何的修改就可以完成整个架构的安装。但是该种方式安装的结果是单独的一台主机提供 All in One 的角色，即所有的功能和角色主机都在同一台主机上。接下来，在 Windows Server 2019 的操作系统上安装 VBR 的所有角色。

1）打开 VBR 的安装包，执行 Setup.exe 文件进行安装，如图 6-1 所示。

图 6-1　VBR 安装包

2）在安装向导中，点击左上角的“Install”按钮进行默认安装，如图 6-2 所示。

3）接受许可协议，如图 6-3 所示。

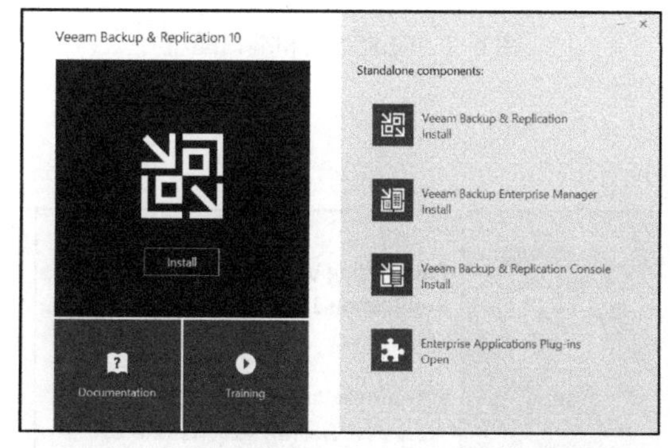

图 6-2　VBR 安装向导

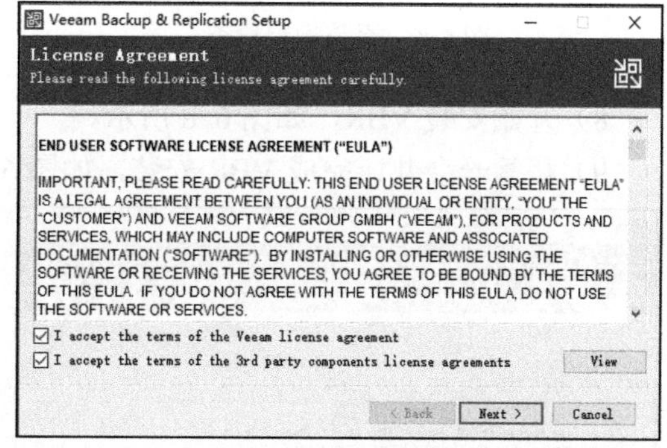

图 6-3　许可协议

4）点击“Browse”按钮，导入 VBR 的许可证文件，如图 6-4 所示。若此处未导入许可证文件，VBR 将以社区版进行安装。和零售版相比，社区版在功能和备份的对象数量上有一定限制。

5）选择需要安装的 VBR 组件，默认全部安装，如图 6-5 所示。

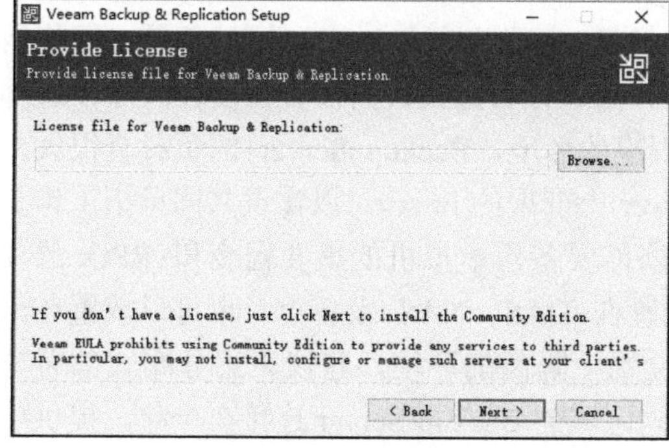

图 6-4　许可证

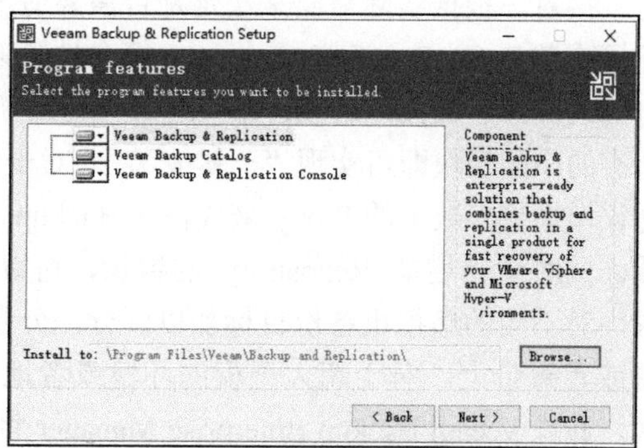

图 6-5　选择安装的程序

6）安装向导会自动检测需要安装的模块，如图 6-6 所示。如果某些模块未安装，可直接点击“Install”按钮进行安装。

7）显示 VBR 的默认安装路径、端口号、数据库服务器和实例等，也可以进行手工指定，如图 6-7 所示。

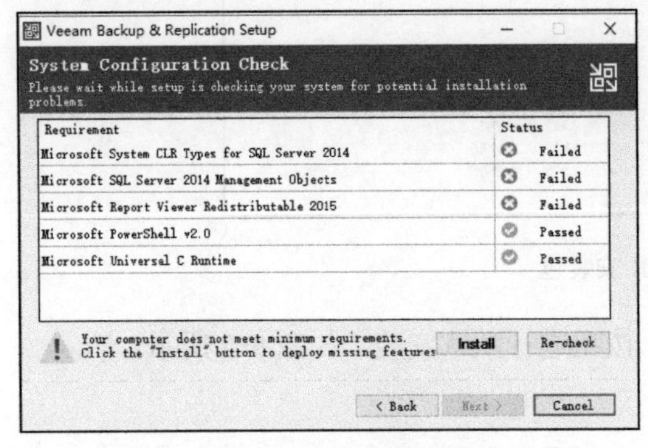

图 6-6　系统配置检查

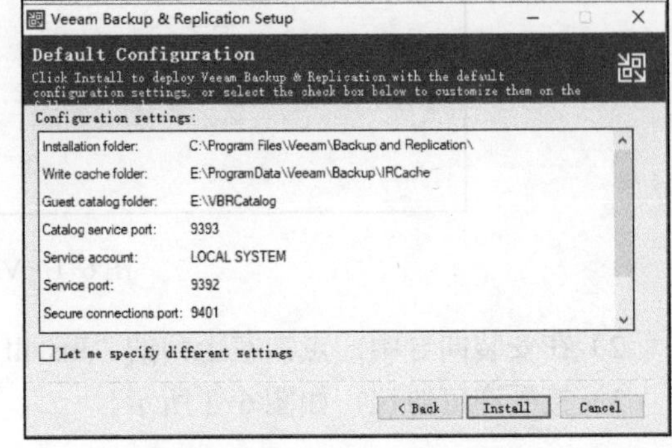

图 6-7　安装路径和端口配置

8）开始安装 VBR，如图 6-8 所示。

9）稍等一会儿，完成 VBR 安装，如图 6-9 所示。

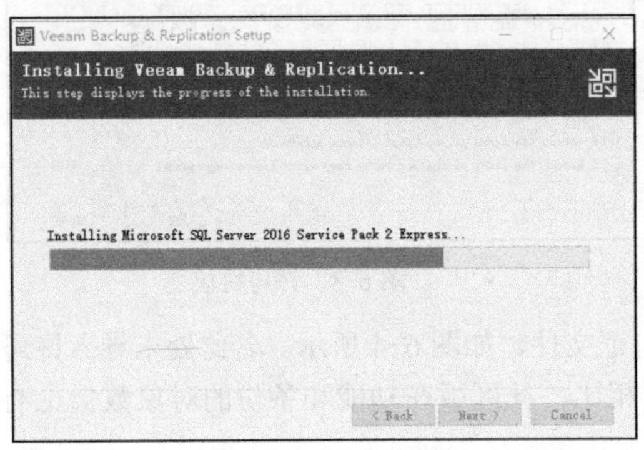

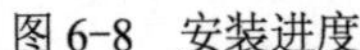

图 6-8　安装进度

图 6-9　安装完成

接着，根据实际需要来决定是否需要适量部署额外的服务器和增加主要组件。对于小型环境或者 PoC（Proof of Concept，概念性验证）场景，可以以 All in One 方式部署，即将所有的组件部署在同一台物理服务器或者虚拟机上。部署该种方式，只需要在安装向导中选择所有的产品模块即可实现“一键安装”。对于大规模的环境，Backup Server 的负载会很大。建议增加更多数量的 Proxy 来代替在 Backup Server 上部署的 Proxy，以实现共同承担工作负载。同时适当增加 Repository 的数量，可以根据需要备份虚拟机的重要程度和 RPO 的要求，对不用的虚拟机备份目标加以区分，分别放置在 DAS、NAS 设备上，也可以放置在云端或者磁带上。对于超大规模的环境或者地理位置上隔离的环境，建议采用分布式部署方式，通过 Veeam Backup Enterprise Manager 将不同区域的 Backup Server 连接在一起，提供中心化的管理。

在实际使用的过程中，可能会在备份作业执行过程中遇到如图 6-10 所示的提示，提示 Proxy Server 和需要备份的虚拟机不在同一个网段，网络上可能会存在瓶颈，会影响作业执行的效率。这个提示是指，某些特定场景下 Backup Server 只有一台，但是为了分担备份作业的压力，在每一个网段均建立了一个 Proxy Server，需要备份虚拟机时，使用与其相同网段的 Proxy Server 执行备份作业会减少数据在网关之间的传递，提高备份的效率。

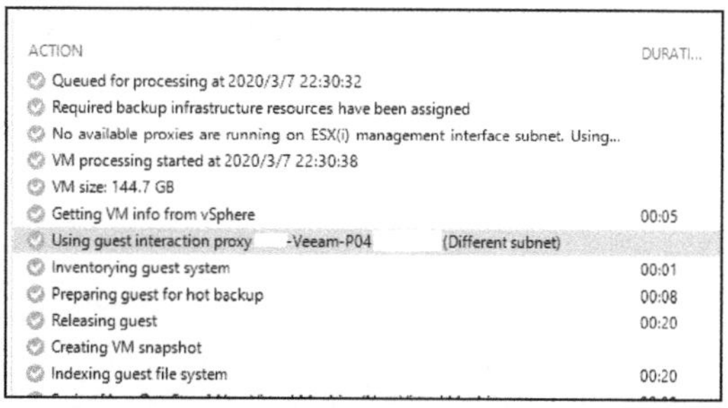

图 6-10　不同子网提示信息

6.3　虚拟机备份——实现数据安全备份

在虚拟化环境中（如 VMware vSphere 和 Microsoft Hyper-V），为了能够成功实现无代理备份，需要将备份的虚拟机安装与之对应的 VMware Tools 和 Integratition Services。安装之后，不仅补充了虚拟机的一些驱动，提升了性能，同时也满足了一些备份需求的前提条件。例如一些读写频繁的虚拟机，在备份时可能由于数据不一致导致恢复出的数据无法正常使用，需要借助于静默模式来临时中断虚拟机的读写操作，该过程极短，在一般情况下不会影响虚拟机的正常运行。Veeam 也提供了 Veeam AAIP（Application-Aware Image Processing，应用程序感知镜像程序）对虚拟机实现静默。此外，对于一些特殊的应用程序（如 Oracle 数据库等），Veeam Backup & Replication 也提供了 Pre-freeze 和 Post-thaw 的方式在对虚拟机进行快照之前和之后执行 Windows 或 Linux 操作系统可以识别的脚本，用来停止和启动读写操作。

Veeam Backup & Replication 不仅提供了对虚拟机的备份和恢复，还能够提供对虚拟机中某些应用程序（如 Active Directory、Exchange、SQL Server、Oracle 等）的备份和文件恢复。但对于应用程序的备份和恢复是基于虚拟机层面的备份和恢复的，因此，在备份的时候需要将备份的对象所在的虚拟机进行备份。接下来，基于之前已经部署完成的 VMware vSphere 虚拟化环境为例，进行虚拟机的备份。

1．添加连接 Hypervisior 的凭据

对于备份 VMware vSphere 虚拟化平台下的虚拟机，有两种方式：从 Hypervisor 层获取虚拟机信息进行备份和从虚拟机层面获取信息进行备份。前者需要提供 Hypervisor 的凭据获取相关的信息进行备份，性能和效率都会更优，但目前只能支持 VMware vSphere 和 Microsoft Hyper-V 虚拟化平台；后者需要提供虚拟机的凭据信息，支持所有虚拟化平台，但性能和效率会略低一些，并且需要在虚拟机上安装代理程序。VBR 会使用第一种方式来对虚拟化环境中的虚拟机进行备份。

1）在控制台的左下角点击“BACKUP INFRASTRUCTURE”切换页面，然后在左侧的清单区域中选择“Managed Servers”，在右侧工作区中点击“ADD SERVER”，来添加

VMware 虚拟化环境 vCenter 或 ESXi，如图 6-11 所示。

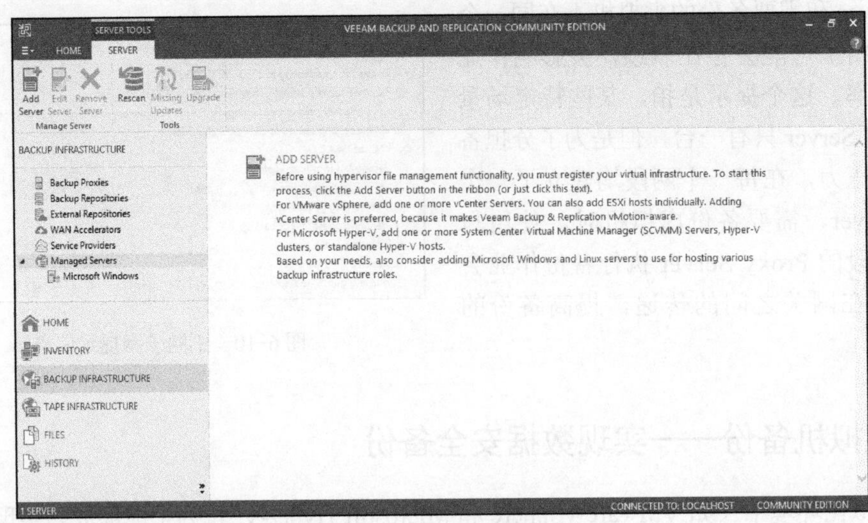

图 6-11　添加管理的服务器

2）在支持的基础架构中，选择“VMware vSphere”平台类型，如图 6-12 所示。

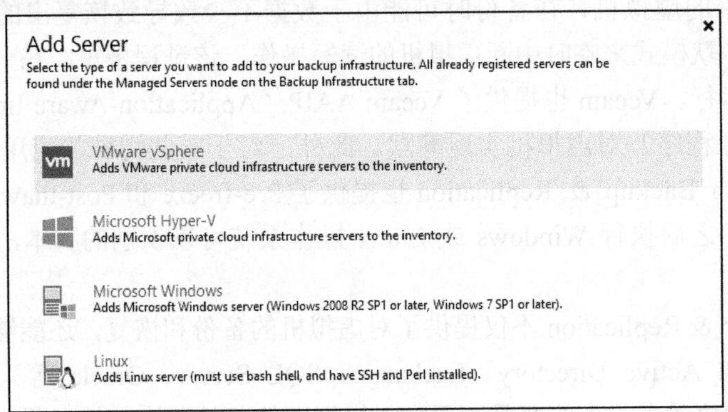

图 6-12　支持的基础架构类型

3）在 VMware vSphere 平台中，点击“vSphere”将 vCenter 添加到被管理的清单中，如图 6-13 所示。

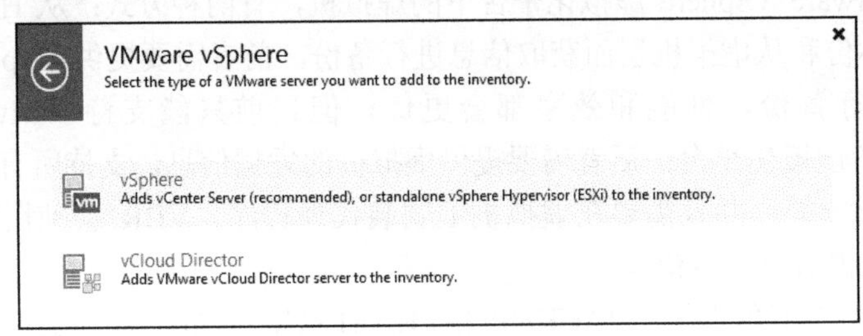

图 6-13　添加 VMware vSphere 平台的类型

4）在添加向导中，输入 vCenter Server 的 DNS 名称或者 IP 地址，此处连接之前章节中已经部署的 vCenter Server 的 DNS 名称或 IP 地址，如图 6-14 所示。

5）目前 VBR 中不包含任何用户环境的凭据信息，点击“Add”按钮，添加 vCenter 的凭据信息，如图 6-15 所示。添加完成后，VBR 会在需要连接 vCenter 的时候自动使用该凭据连接。

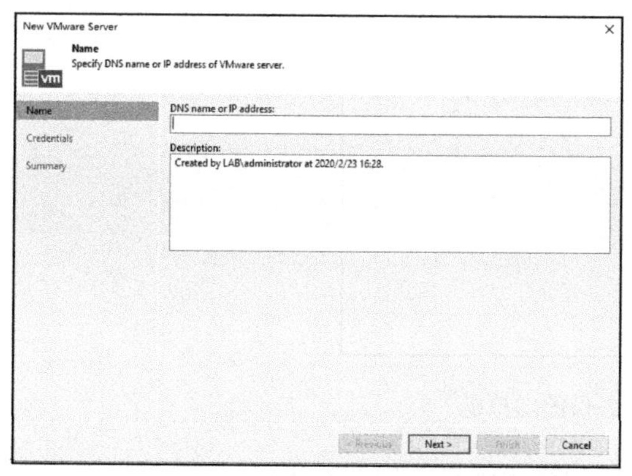

图 6-14　添加主机的 DNS 名称或者 IP 地址

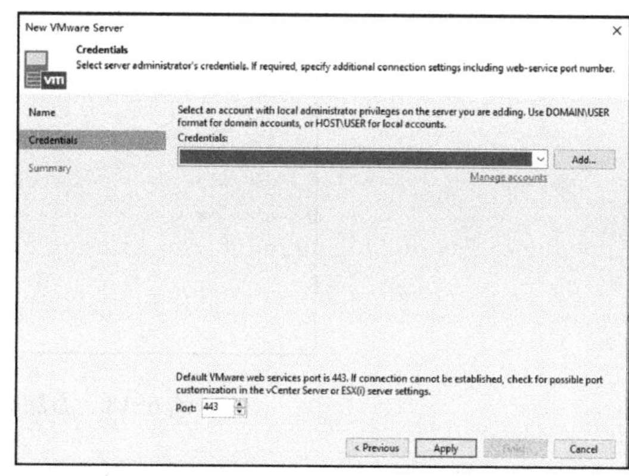

图 6-15　添加凭据

6）由于 vCenter Server 的证书是自签名的证书，会提示证书安全的报警信息，如图 6-16 所示。可暂时不用理会该告警信息。

7）汇总显示所有的配置信息页面，如图 6-17 所示，点击“Finish”按钮完成 Hypervisor 凭据的添加。

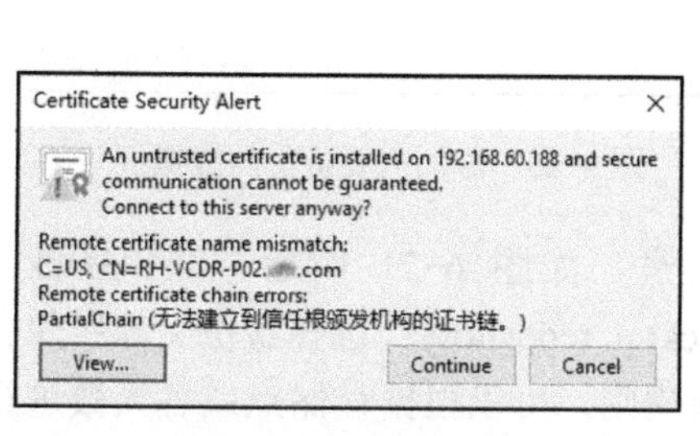

图 6-16　证书警告

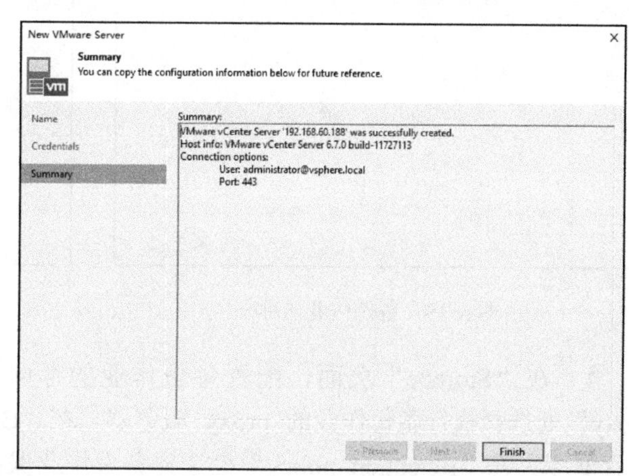

图 6-17　汇总信息

2. 添加需要备份的虚拟机

1）在控制台左上角点击“HOME”选项，然后选择“Backup Job”→“Virtual machine”，添加需要备份的虚拟机，如图 6-18 所示。

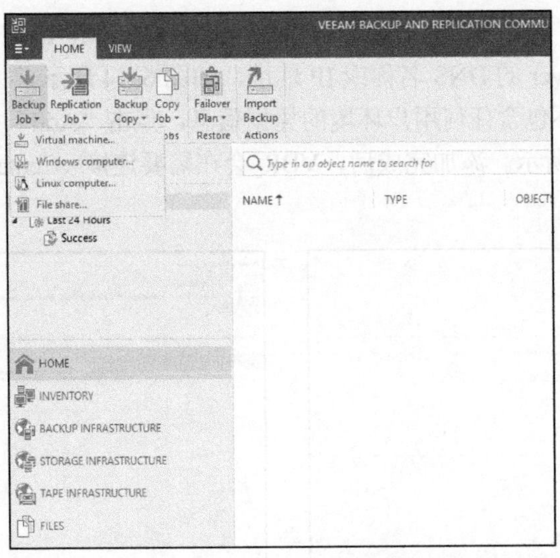

图 6-18　添加需要备份的虚拟机

2）在“Name”页面中，填写备份作业的名称和描述信息，如图 6-19 所示。

3）在“Virtual Machines”页面，点击“Add”按钮添加需要备份的虚拟机，此处备份域控制器服务器。如图 6-20 所示。

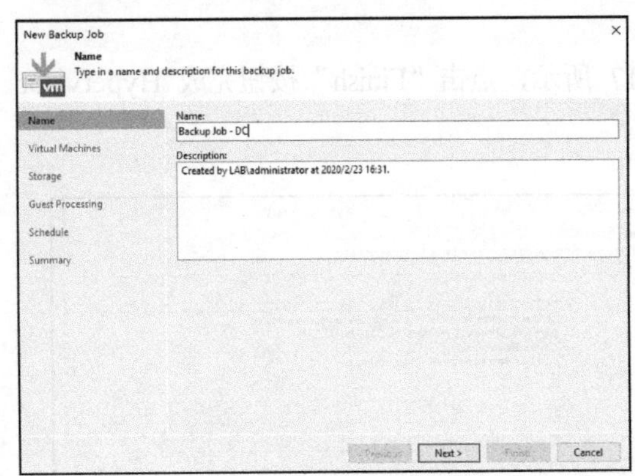

图 6-19　备份作业名称

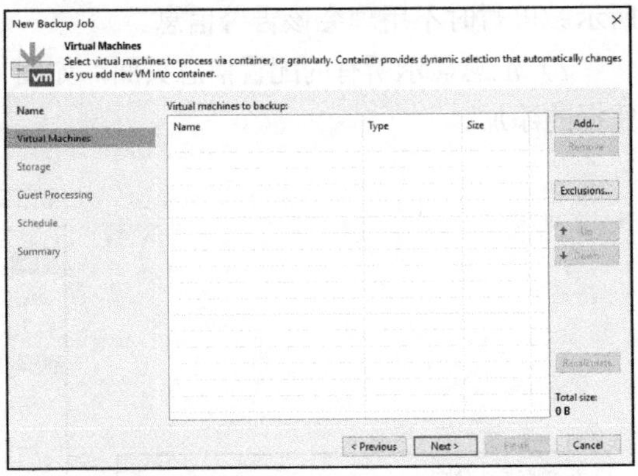

图 6-20　添加需要备份的虚拟机

4）在“Storage”页面，配置备份作业的存储信息，如图 6-21 所示。在“Backup proxy”处选择执行备份作业的 proxy 服务器，在“Backup repository”选择备份文件所保存的存储库。在“Retention policy”处选择备份作业保留规则，可以根据存储点或者天数进行选择。选择“Keep centain full backups longer for archive purposes”，可以保存特定的一些备份文件以满足合规性的需求，例如按周、月、年循环备份。选择“Configure secondary backups destinations for this job”，可以将备份文件保存到另外一个存储库中。

5）在“Guest Processing”页面，可以进一步配置备份作业的高级配置，如图 6-22 所示。选择“Enable application-aware processing”，将会识别出备份的虚拟机中应用程序，从应用程序层面进行备份。选择“Enable guest file system indexing”，可以对虚拟机中的文件建立文件索引，以便在需要的时候能够一键还原所需要的文件。

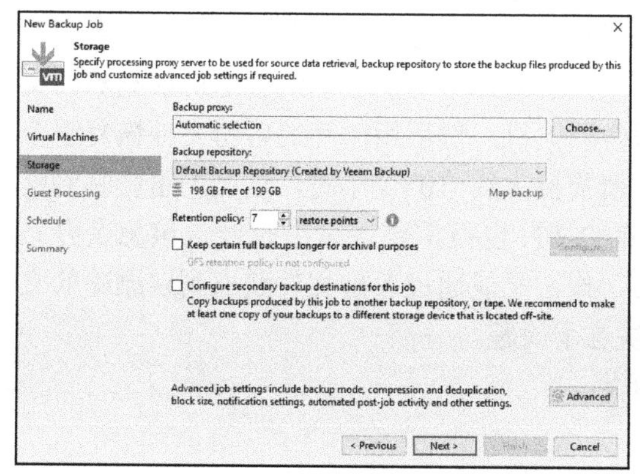

图 6-21　配置备份作业的存储信息

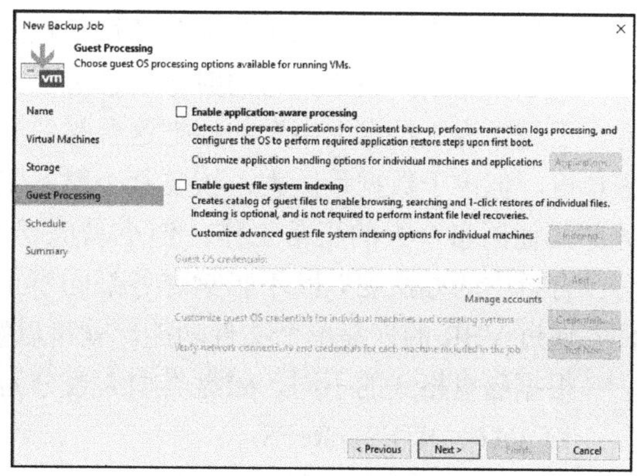

图 6-22　其他配置信息

6）在“Schedule”页面，配置备份作业执行的时间或者频率，如图 6-23 所示。备份作业的时间和频率可以通过多个维度来设置，例如每天的某一时刻，每月的第二个周六的某个时刻，每隔几小时执行一次，或者在某个备份作业执行后来执行等。

7）在“Summary”页面，显示所有的配置信息，如图 6-24 所示。

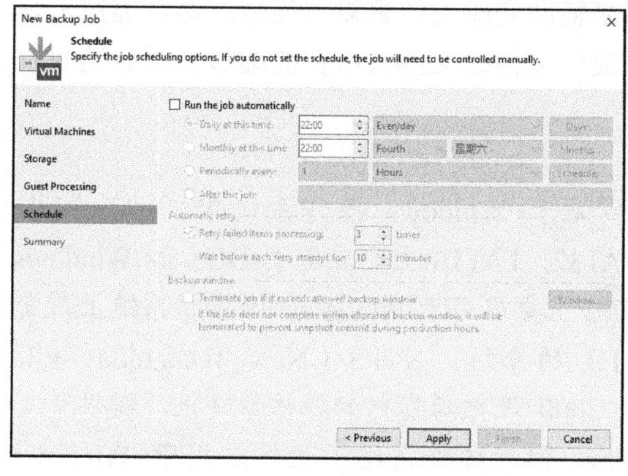

图 6-23　备份作业计划任务

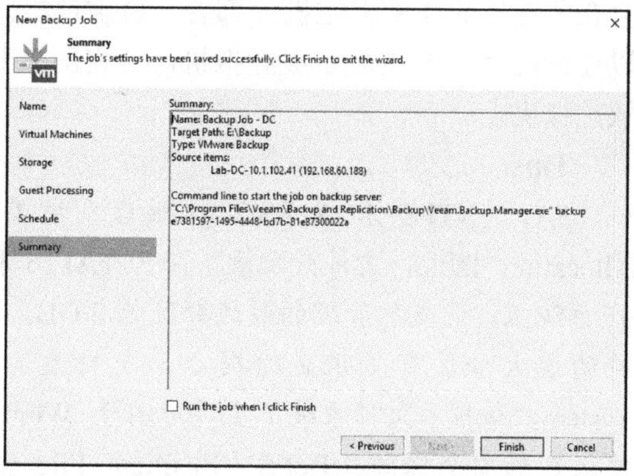

图 6-24　备份作业汇总信息

8）点击“Finish”按钮完成备份作业的配置。若勾选“Run the job when I Click Finish”选项，VBR 将会执行该备份作业。

6.4　虚拟机恢复——实现数据按需恢复

使用 VBR 恢复数据时，除了可以将整个虚拟机恢复到 VMware vSphere 或者 Microsoft Hyper-V 指定的集群或者主机上，还可以恢复单个文件、恢复虚拟磁盘文件、特定应用程序中的对象，以及即时恢复虚拟机。

6.4.1 恢复单个文件

作为IT部门的运维工程师，遇到以下这种情况，你会怎么办？

早晨刚上班，财务部小马虎急急忙忙跑过来对你说昨天保存在财务服务器的一份重要数据不小心删除了，整个公司的财务信息全在文件里，想请你帮忙能不能恢复这份误删除的文件。于是作为“技术大牛”的你把这台财务的服务器关机，然后用昨晚的备份文件恢复整个虚拟机。但由于数据量巨大，恢复整个财务服务器需要大约 10 个小时，这会严重影响到财务部其他同事今天的正常工作。但小马虎误删除的文件也很重要。这个时候，该怎么办？有没有折中的办法呢？既不影响财务部同事正常工作，又能通过备份文件获取到误删除的文件？通过VBR的恢复单个文件功能，就可以解决这个问题。

根据磁盘格式的不同，磁盘类型大致分为两类：

1）FAT、NTFS、ReFS。

2）Linux、UNIX和其他类型。

对于 FAT、NTFS、ReFS 3 种磁盘格式，当需要从备份文件恢复数据时，VBR 会将备份的虚拟机磁盘挂载在挂载服务器（Mount Server，挂载了某些磁盘的服务器）上，通过 VBR 的控制台可以以只读方式读取虚拟机的磁盘文件。当需要将恢复的文件恢复到原始位置或者用户指定的其他位置，视情况会创建额外的挂载点，将需要恢复的文件恢复到相应位置上。

对于其他类型的磁盘系统（Linux 或 UNIX）来说，当需要恢复文件或文件夹时，VBR 会在所连接的 ESXi 主机上部署一台虚拟机，用来辅助完成文件恢复的任务。这台虚拟机是以 Linux 为内核的轻量级虚拟机，会将所需要恢复的文件或文件夹所在的虚拟机磁盘挂载到该虚拟机上。

Tips:

FAT、NTFS 和 ReFS 3 种磁盘系统类型常见于 Windows 操作系统中。FAT（File Allocation Table，文件分配表）分为 FAT16 和 FAT32。FAT16 主要应用于 DOS 和 Windows 95 系统上，它支持管理的最大分区为 2 GB。FAT32 主要应用于 Windows 98 操作系统上，支持的最大分区有了明显的提示，支持最大 2 TB 的分区。NTFS（New Technology File System，新技术文件系统）主要应用于 Windows 2000 及之后发行的操作系统上，提供了文件级别的安全保障。ReFS（Resilient File System，弹性文件系统）主要应用于 Windows Server 2012 及之后发行的操作系统上，与 NTFS 格式大部分是兼容的，主要在稳定性和性能上有很大的提升。

6.4.2 恢复虚拟磁盘文件

在 VMware vSphere 虚拟化环境中，虚拟机是以一系列的虚拟机文件存储在 ESXi 主机所连接存储空间上。主要有以下几种格式的文件。

- .vmx：虚拟机的配置文件，可以使用记事本等文本编辑器打开该文件，查看和修改相关配置。
- .vmx.lck：虚拟机的锁文件。当磁盘文件处于被锁定状态时，该状态下将无法写入数据，可防止多台虚拟机同时访问磁盘文件造成磁盘读写频繁，性能下降。在正常情况下，虚拟机开机时会生成锁文件，对.vmdk 磁盘文件进行锁定。当虚拟机正常关机后，锁文件会被自动删除。

- .vmdk：VMware 虚拟化产品的磁盘文件，相当于是虚拟机的硬盘。
- .nvram：存储虚拟机的 BIOS 信息。

当某个虚拟机出现无法启动、磁盘文件丢失等情况时，VBR 可以从备份文件中恢复.vmx、.vmdk 等文件来恢复。

6.4.3 利用应用感知恢复数据

VBR 还可以自动识别出某些特定的应用程序，在进行数据恢复时直接恢复这些应用程序中的对象。VBR 目前支持的应用程序有 Active Directory、SQL Server 数据库、Exchange 邮件服务器、SharePoint、Oracle 数据库等。在开启应用感知功能后，VBR 能够自动识别以上应用程序。除此之外，针对 SQL Server 和 Oracle 数据库中日志，VBR 还可以做备份和截断等操作。

默认安装 VBR 全功能组件时，会自动安装一个名为 Veeam Explorers 的组件，利用该组件可以对特定应用程序中的对象进行数据恢复。本节中将会介绍利用 VBR 的应用感知功能，恢复 Active Directory 中的对象、SQL Server 数据库和 Exchange 邮件服务器中的对象。

1. 恢复 Active Directory 中的对象

首先，在“Guest Processing”页面开启“Enable application-aware processing”功能，如图 6-25 所示。然后，打开应用感知的详细配置页的“General”标签页，如图 6-26 所示。在该标签中，Applications 提供了 3 个选项，主要选择备份虚拟机和利用应用感知备份应用程序对象的关系。

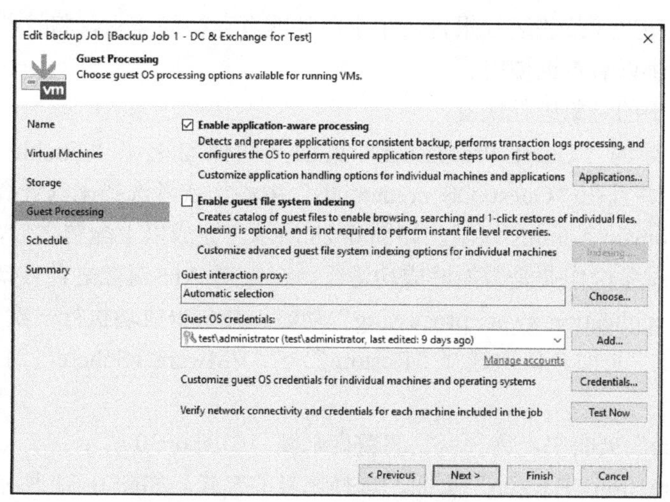

图 6-25 开启应用感知功能

- Require successful processing (recommended)：备份虚拟机的前提是需要能够成功根据

应用感知功能感知到应用程序，该选项是推荐值。在此处选中该选项。

- Try application processing, but ignore failures：在备份虚拟机时，如果感知应用程序失败，则忽略该错误，继续执行备份虚拟机的备份作业。
- Disable application processing：关闭应用感知功能。

切换到“Exclusions”页面（如图 6-27 所示），可以看到对文件和文件夹的黑、白名单设置。在该页面可以配置备份的文件或者文件夹的黑、白名单。常见的应用场景有以下两种方式：

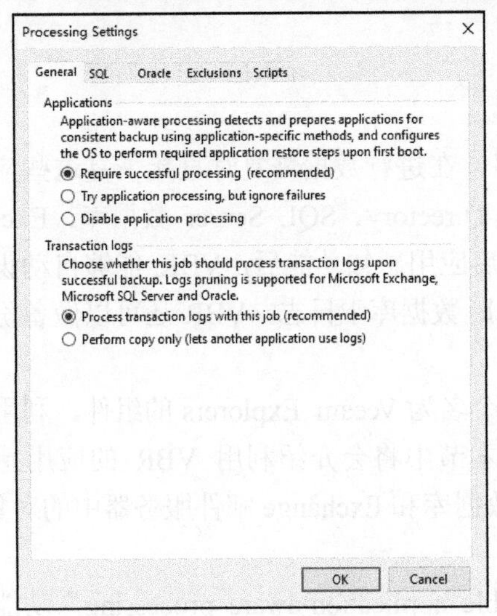

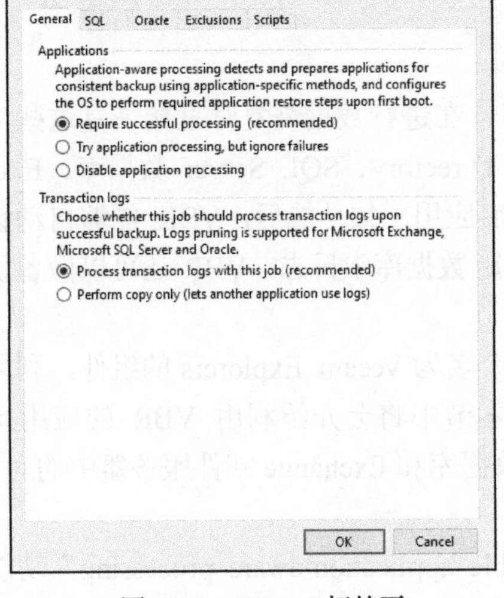

图 6-26 General 标签页

图 6-27 Exclusions 标签页

- 在系统中会自动生成大量的日志文件，通常这些日志文件只用于记录系统的运行状态，不需要进行备份，可在该页面设置黑名单进行排除。
- 在系统中自动生成某些运行报告，由于审计或者存档的需求，将这些文件设置白名单单独保存，供以后查询使用。

接下来对 AD 中的对象进行恢复。

1）在备份向导的“Guest Processing”页面，确保勾选了“Enable application-aware processing”功能，并且在“Guest OS credentials”中添加或者选择来宾计算机的凭据，提供的账号需要具有 Domain Admins 权限，如图 6-28 所示。完成以上配置之后，可以点击“Test Now”按钮进行测试备份作业是否能够成功运行。在恢复 AD 对象之前，请确保备份作业已经开启了“Enable application-aware processing”功能，并至少成功执行一次该备份作业。

2）在“HOME”页面，依次选择“Restore”→“VMware vSphere”，打开恢复向导，如图 6-29 所示。

3）在“Restore”页面中，选择恢复的数据来源，如图 6-30 所示。

4）在“Restore from Backup”页面，选择恢复的方式，如图 6-31 所示。在本例中，由于需要恢复的是 DC 服务器中的 AD 对象，采用 Veeam 中的应用感知功能来恢复，选择“Application items restore”功能。

5）在“Application Items Restore”页面，选择“Microsoft Active Directory”，如图 6-32 所示。

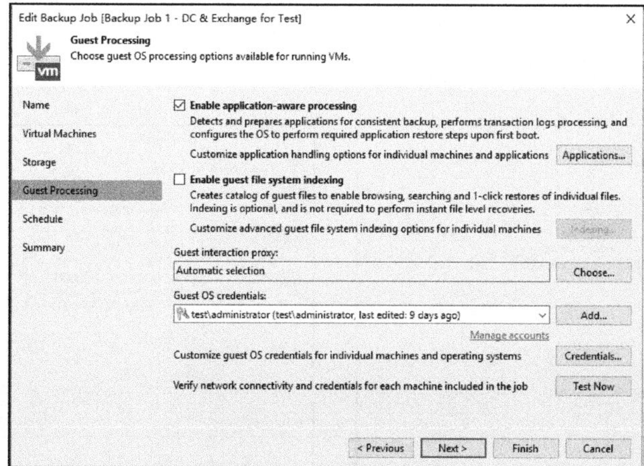

图 6-28　开启应用感知

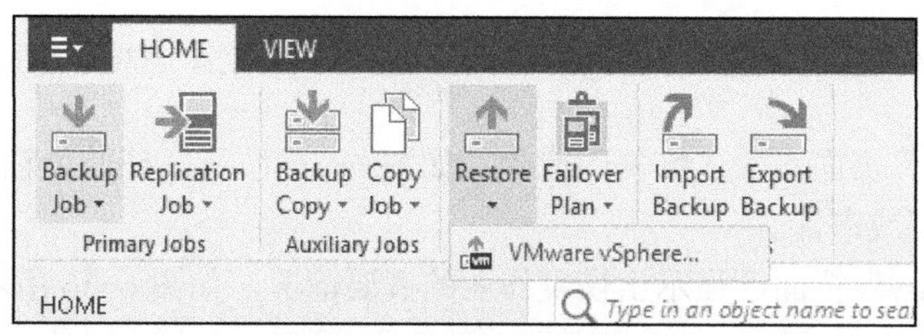

图 6-29　选择恢复对象

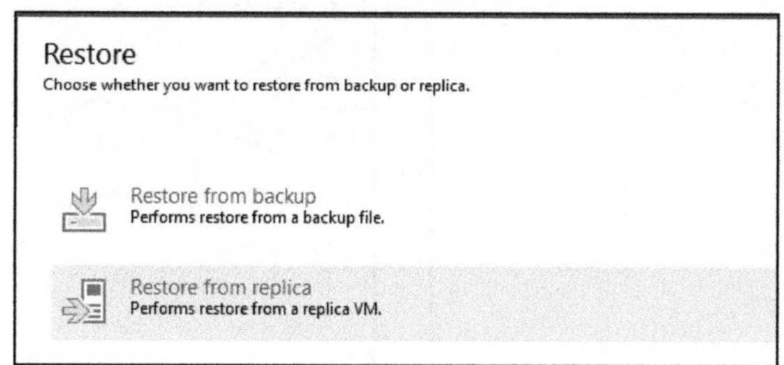

图 6-30　选择恢复的数据来源

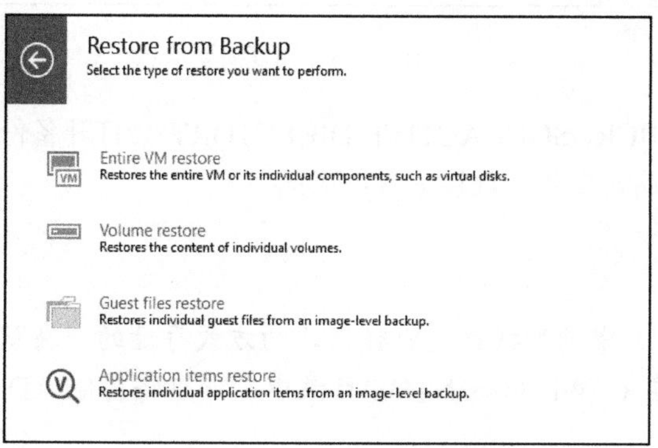

图 6-31　选择恢复方式

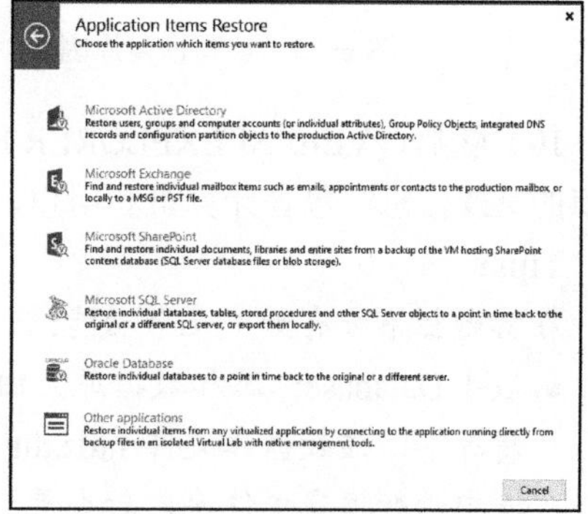

图 6-32　选择恢复的应用对象

6）在“Machines”页面中从备份作业中选择 DC 服务器，如图 6-33 所示。

7）在“Restore Point”页面，选择需要恢复的还原点，如图 6-34 所示。

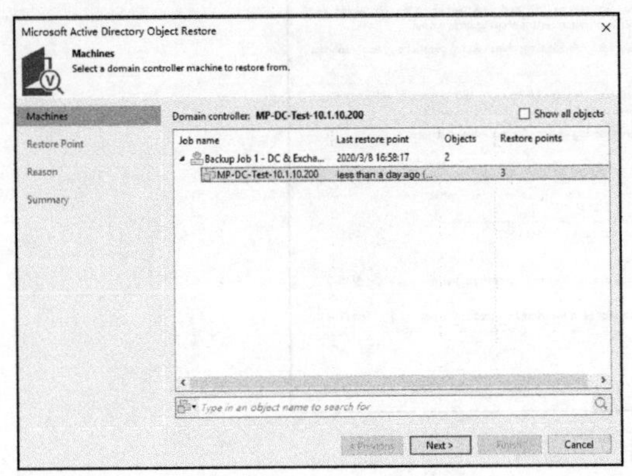

图 6-33　选择备份文件

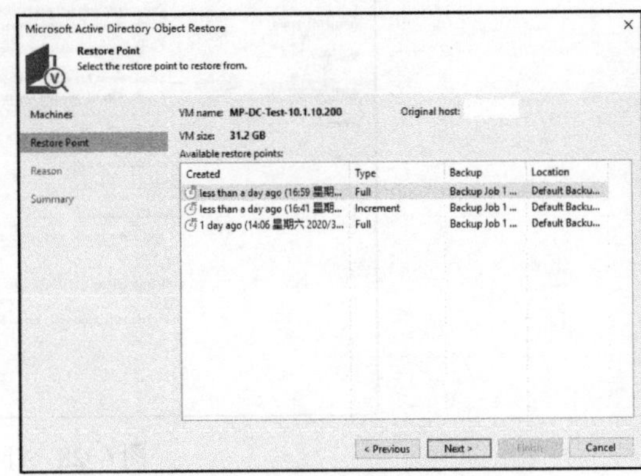

图 6-34　选择恢复点

8）在“Reason”页面，输入恢复的原因，如图 6-35 所示。在此处输入的原因只起备忘的作用，供将来追溯或审计。

9）在“Summary”页面，显示出恢复作业的摘要情况，如图 6-36 所示。

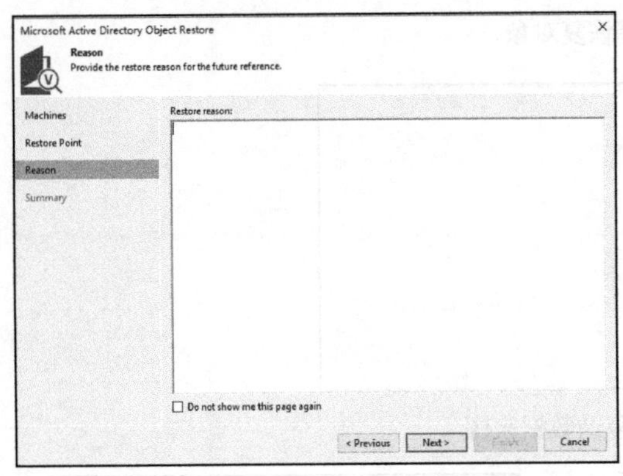

图 6-35　填写恢复原因

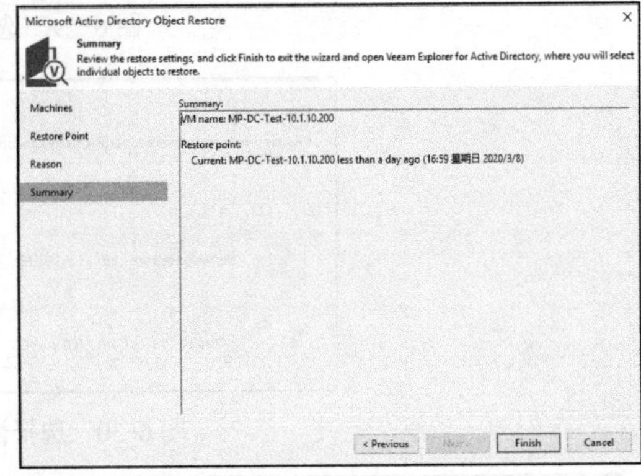

图 6-36　恢复摘要信息

10）随后，VEEAM EXPLORER FOR MICROSOFT ACTIVE DIRECTORY 会打开备份时间点的 AD 信息，包含计算机和用户、组策略对象等，如图 6-37 所示。

Tips:

在标题栏下方有如下几个功能：

- Add Database：添加数据库。由于 AD 中的数据也是以数据库的方式存储的，在默认情况下，该数据库文件 ntds.dit 保存在 C:\Windows\NTDS\目录中，可以将其他 AD 环境中的数据库文件导入后查看其内容。
- Remove Database：移除已经添加的数据库。

- Advanced Features：开启高级选项，会显示集成的 DNS 信息（如 DC 集成了 DNS）和配置信息。
- Compare with Production：将备份点的数据与生产环境作对比。
- Show Changed Objects Only：只显示变化的对象，该功能在开启 Compare with Production 功能后有效。
- Use LDAP Filter：通过 LDAP 语句对 AD 对象进行筛选。

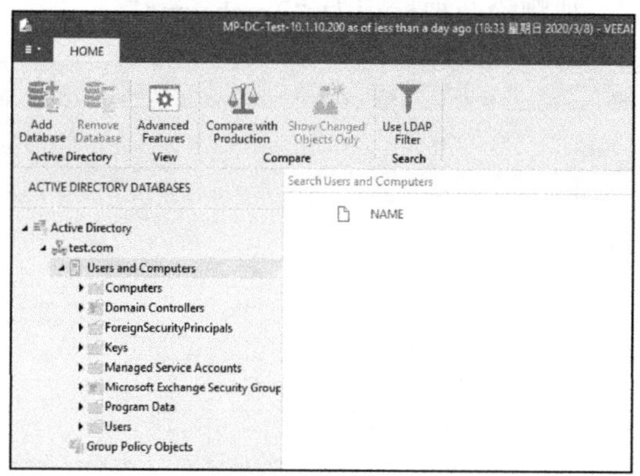

图 6-37　VEEAM EXPLORER FOR MICROSOFT ACTIVE DIRECTORY

11）在域中找到需要恢复的对象（如用户或者组织单元），在该对象上右击，可以列出恢复数据的方式，如图 6-38 所示，主要包括以下几项操作。

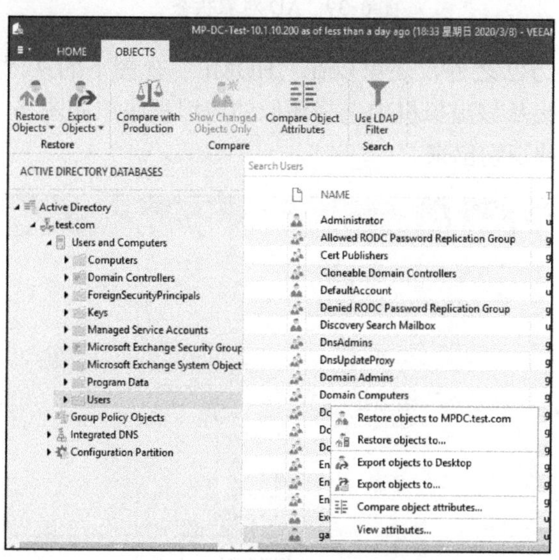

图 6-38　恢复 AD 对象的方式

- Restore to：恢复该对象到指定的位置。如果运行 VEEAM EXPLORER FOR ACTIVE DIRECTORY 的服务器和 DC 服务器在同一个域中，可以一键还原选定的对象到生产环境中。但需要注意的是，恢复的数据会覆盖生产环境中已有的对象。

- Export to：将需要恢复的对象导出到指定的位置。
- Compare object attributes：将选中的对象和生产环境中的对象进行比较。
- View attributes：查看该对象的属性信息。

在将备份的数据和生产环境中数据作对比时，有差异的对象会在“ITEMSTATE”列显示，如图 6-39 所示。对于 AD 用户来说，属性发送改变会标记为“Changed”，被移动到其他位置会标记为“Moved”，被删除会被标记为“Tombstone”。

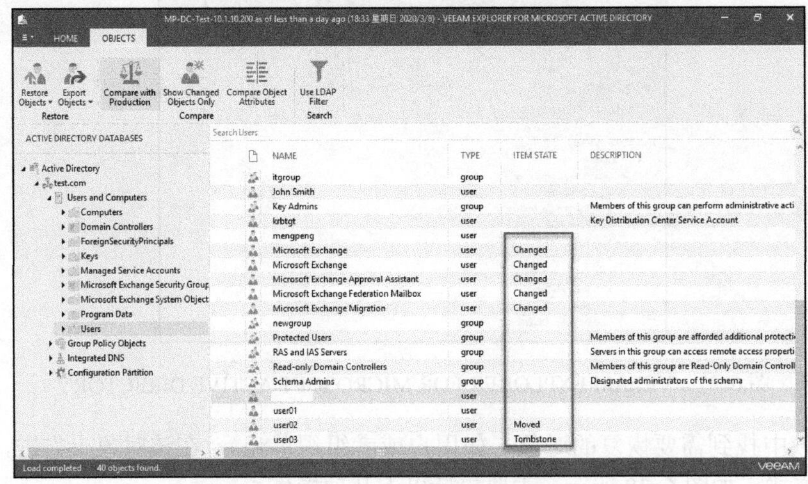

图 6-39　AD 对象状态

除上面介绍的恢复方法之外，还可以在“HOME”视图下的从“Backups”选项中找到备份的虚拟机，然后直接从该虚拟机中选择还原的应用程序，如图 6-40 所示，备份的虚拟机中的应用程序会自动被识别出来。

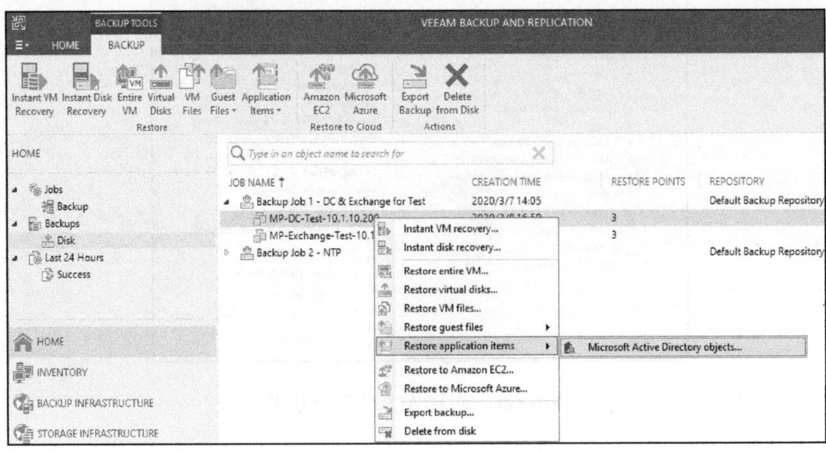

图 6-40　还原 AD 对象

2．恢复 SQL Server 数据库

在恢复 SQL Server 数据库中的数据时，请确保在关于 SQL Server 数据库的备份作业设置中提供了具有 SQL Server 服务器的本地管理员权限和 SQL Server 的 Sysadmin 角色的权限的账户信息。如果只能提供最小的权限分配，该账号至少需要分配以下权限。

- SQL Server 实例级别角色：public。
- 数据库级别角色：db_backupoperator、db_denydatareader 具有 public 权限；系统数据库 master、model、msdb 具有 db_backupoperator、db_datareader、public 权限；系统数据库 msdb 具有 db_datawriter 权限。
- 安全对象：具有查看任意定义、查看服务器状态权限。

VBR 支持使用应用感知识别 SQL Server 的高可用集群。对于 SQL Server 虚拟机来说，可以使用无代理方式识别出 Always On 集群，但对于其他高可用的方式，如 Mirror（镜像方式），需要安装 Veeam Agent。

SQL 日志处理方式有 3 种：截断日志、不截断日志、备份日志。选用备份日志时，可以指定备份的频率、策略和日志传输服务器。在默认情况下，日志传输服务器安装在 Proxy 服务器上。

接下来进行 SQL Server 数据库的恢复。

1）在恢复前，请确保在 SQL Server 服务器的备份作业中已经开启了“Enable application-aware processing”应用感知功能，并且在“Guest OS credentials”配置了相应的权限，如图 6-41 所示，并在开启过该功能后至少成功执行过一次备份作业。

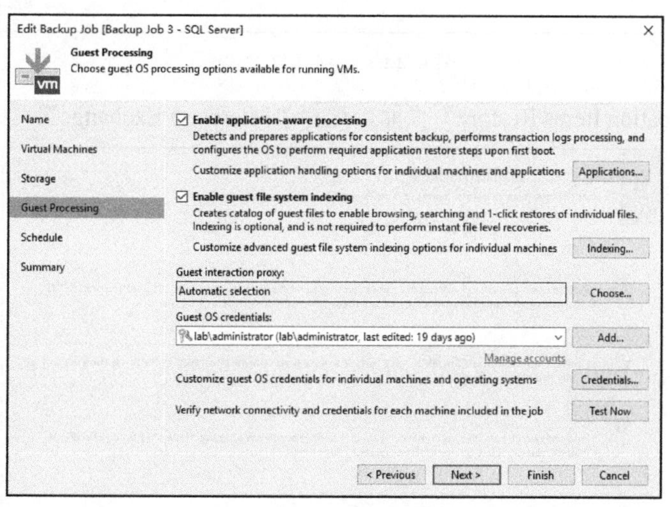

图 6-41　开启应用感知

2）在“HOME”页面，依次选择“Restore”→“VMware vSphere”，打开恢复向导，如图 6-42 所示。

3）在“Restore”页面中，选择要恢复的数据来源“Restore from backup”，如图 6-43 所示。

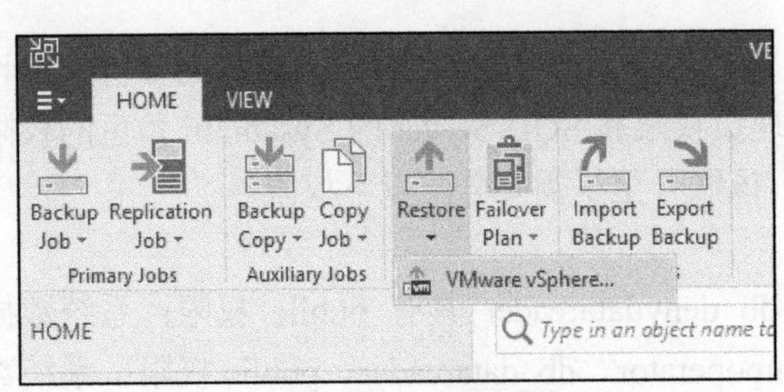

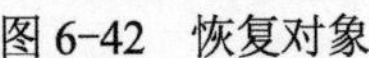

图 6-42　恢复对象

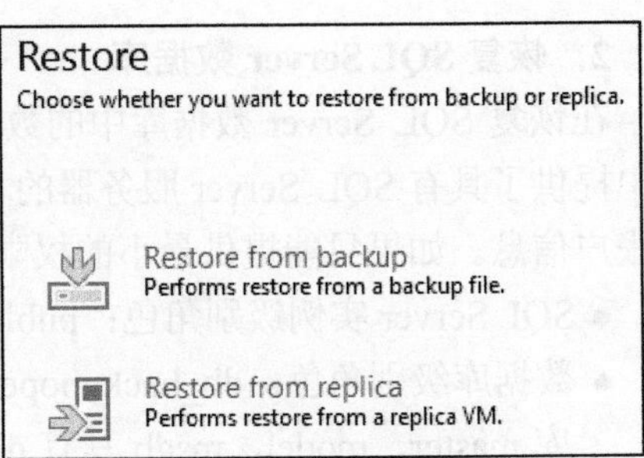

图 6-43　选择恢复源

4）在“Restore from Backup”页面，选择恢复的方式，如图 6-44 所示。在本例中，由于需要恢复的是 Exchange 服务器中的邮件，所以选择“Application items restore”功能。

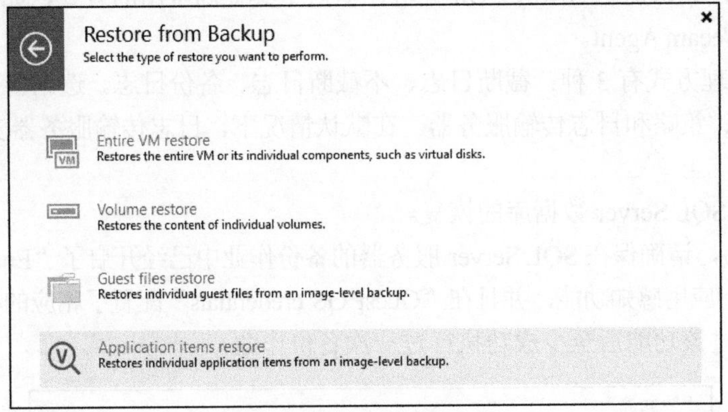

图 6-44　选择恢复方式

5）在“Application Items Restore”页面，选择“Microsoft Exchange”，如图 6-45 所示。

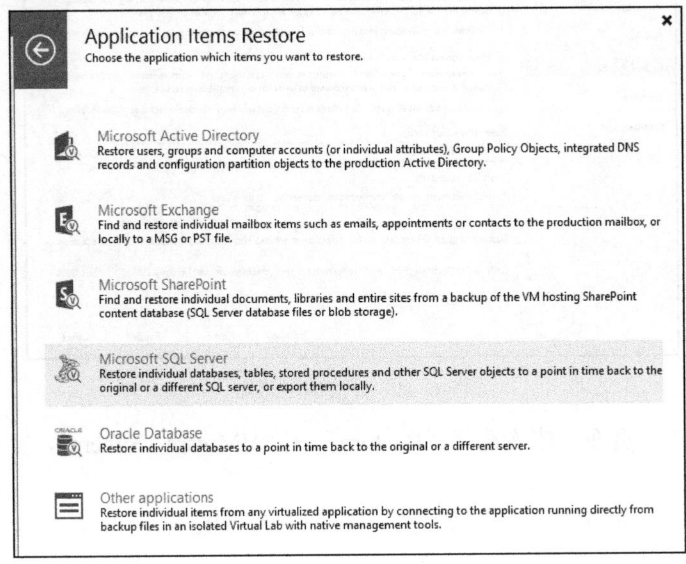

图 6-45　选择恢复的应用程序

6）在“Machines”页面，从备份作业中选择 SQL Server 服务器，如图 6-46 所示。

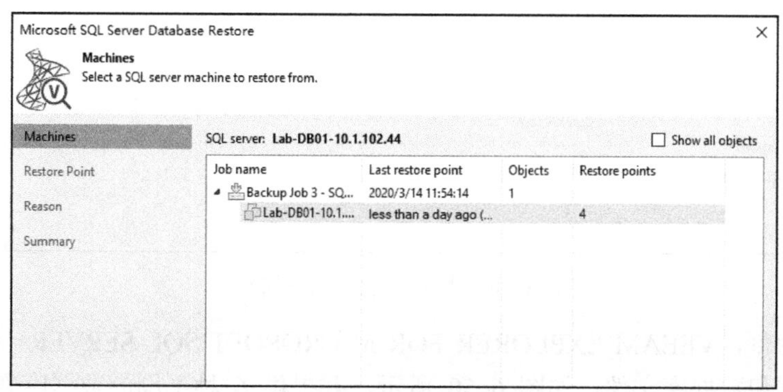

图 6-46　选择要恢复的虚拟机

7）在“Restore Point”页面，选择需要恢复的还原点，如图 6-47 所示。

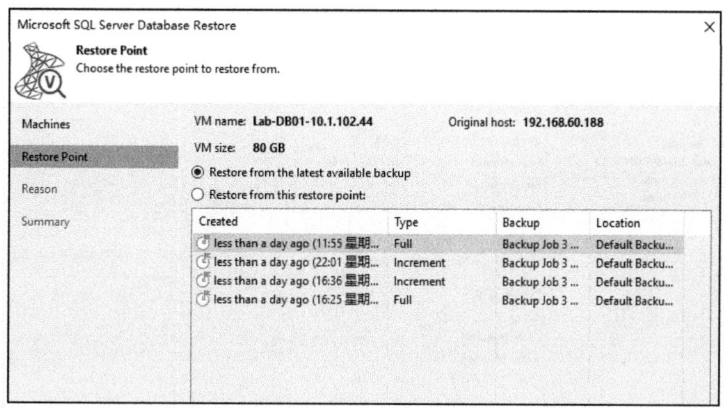

图 6-47　选择恢复点

8）在“Reason”页面，输入恢复的原因，如图 6-48 所示。此处可根据实际情况填写，供日后追溯或审计用。

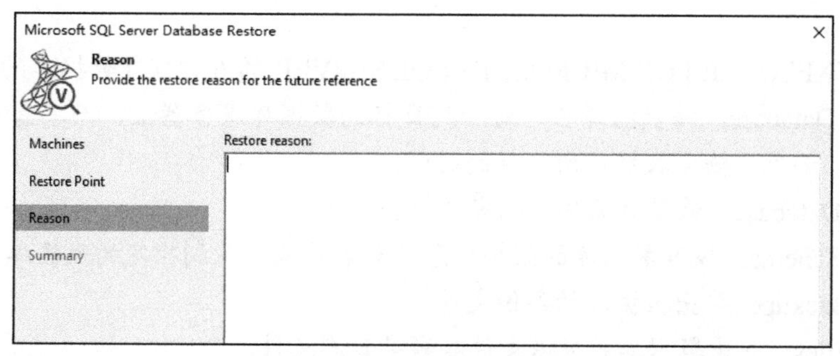

图 6-48　填写恢复原因

9）在“Summary”页面，显示了恢复作业的摘要情况，如图 6-49 所示。

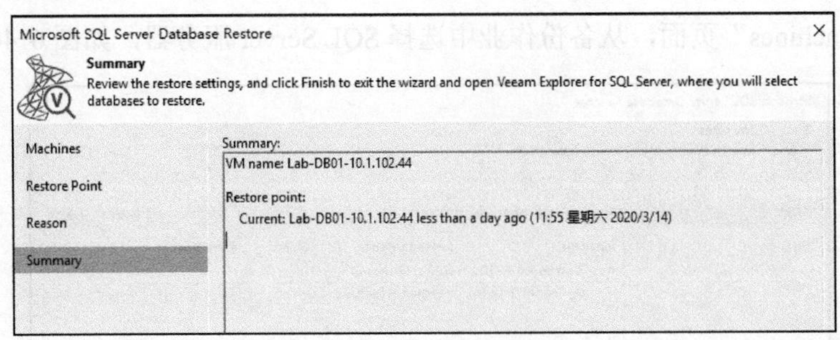

图 6-49　恢复作业的摘要信息

10）稍等片刻，VEEAM EXPLORER FOR MICROSOFT SQL SERVER 会显示该服务器上的数据库实例和数据库文件，如图 6-50 所示，并提供 6 种不同的数据库恢复方式。利用这些不同的数据库恢复方式，可以将整个数据库或数据库中的部分信息恢复到指定的位置。

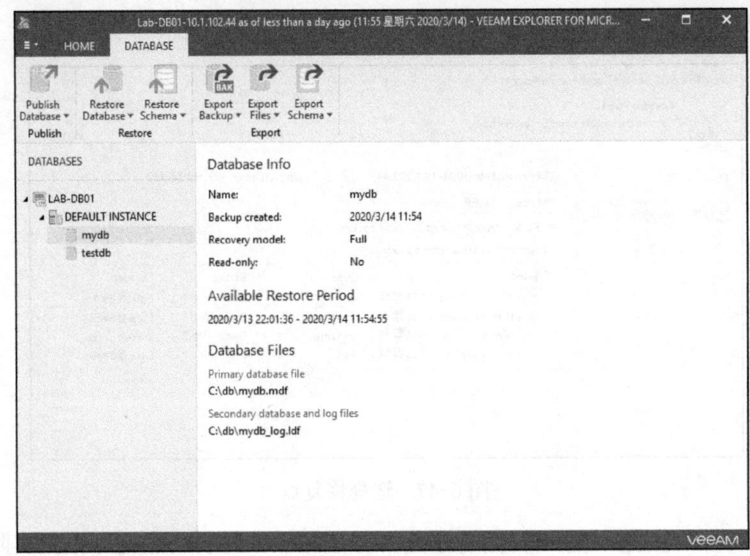

图 6-50　查看还原的数据库信息

Tips:

VEEAM EXPLORER FOR MICROSOFT SQL SERVER 的 6 种恢复数据库的方式如下。

- Publish Database：将数据库临时附加到目标的数据库服务器上，而不需要将数据库恢复出来，避免了恢复数据库所消耗的时间。
- Restore Database：恢复数据库到指定的服务器上。
- Restore Schema：恢复数据库的架构信息（如表结构等）到指定的数据库中。
- Export Backup：导出数据库的备份文件。
- Export Files：导出数据库的数据文件和事务日志文件。
- Export Schema：导出数据库的架构文件。

3．恢复 Exchange 邮件服务器中的对象

在恢复 Exchange 邮件服务器中的对象前，应确保在关于 Exchange 邮件服务器的备份作

业设置中已经提供了具有 Exchange 服务器本地管理员的权限的账户信息。

1）在备份向导的“Guest Processing”页面，确保勾选了“Enable application-aware processing”功能，并且在“Guest OS credentials”中添加或者选择来宾计算机的凭据，提供的账号需要具有本地管理员权限，如图 6-51 所示。完成以上配置之后，可以点击“Test Now”按钮进行测试备份作业是否能够成功运行。在恢复 Exchange 邮箱对象之前，应确保备份作业已经开启了“Enable application-aware processing”功能，并至少成功执行一次该备份作业。

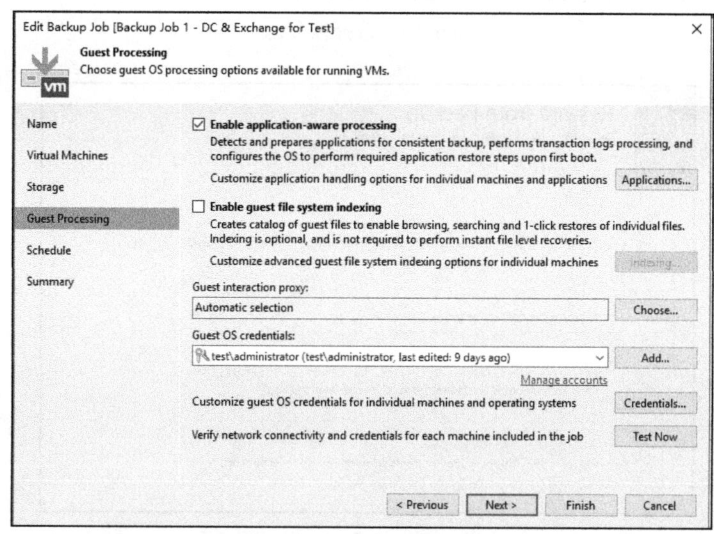

图 6-51　开启应用感知

2）在“HOME”页面，依次选择“Restore”→“VMware vSphere”，打开恢复向导，如图 6-52 所示。

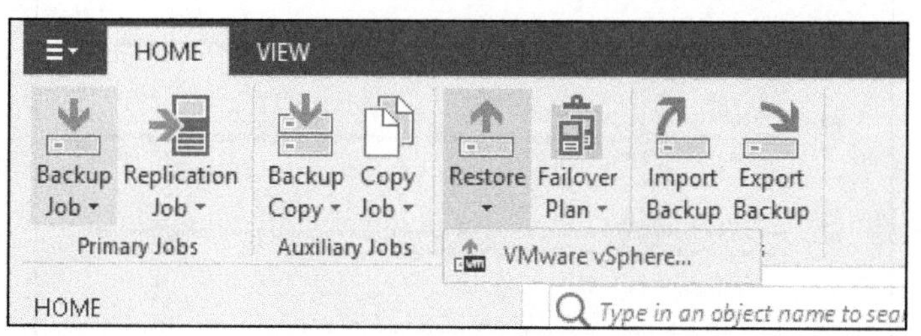

图 6-52　恢复对象

3）在“Restore”页面中，选择恢复的数据来源，如图 6-53 所示。

4）在“Restore from Backup”页面，选择恢复的方式，如图 6-54 所示。在本例中，由于需要恢复的是 Exchange 服务器中的邮件，采用 VBR 中的应用感知功能来恢复，选择“Application items restore”功能。

5）在“Application Items Restore”页面，选择“Microsoft Exchange”，如图 6-55 所示。

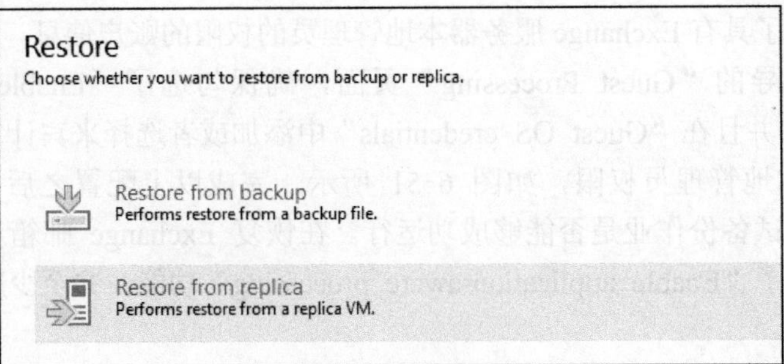

图 6-53　选择恢复源

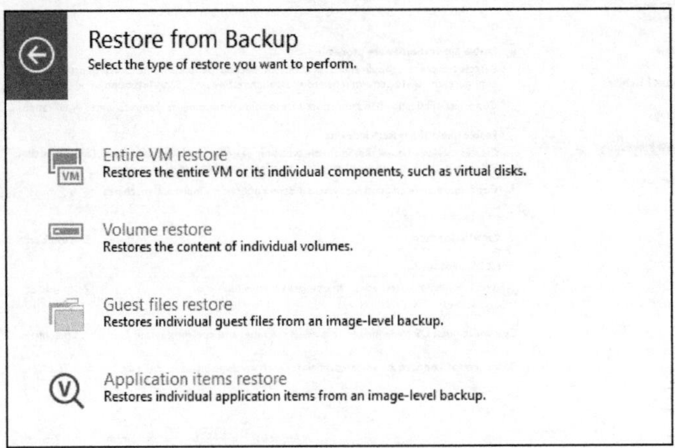

图 6-54　选择恢复方式

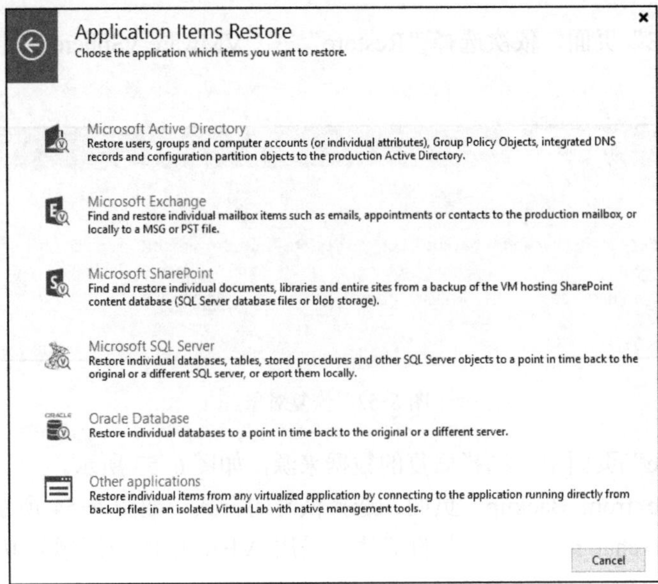

图 6-55　选择恢复的应用对象

6）在“Machines”页面，从备份作业中选择 Exchange 服务器，如图 6-56 所示。

7）在“Restore Point”页面，选择需要恢复的还原点，如图 6-57 所示。

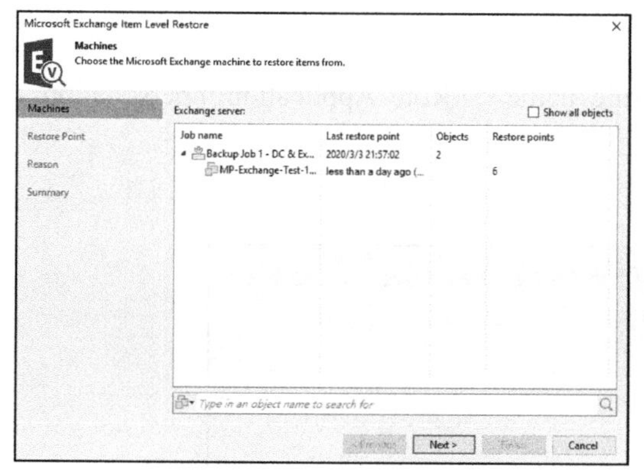

图 6-56 选择备份文件

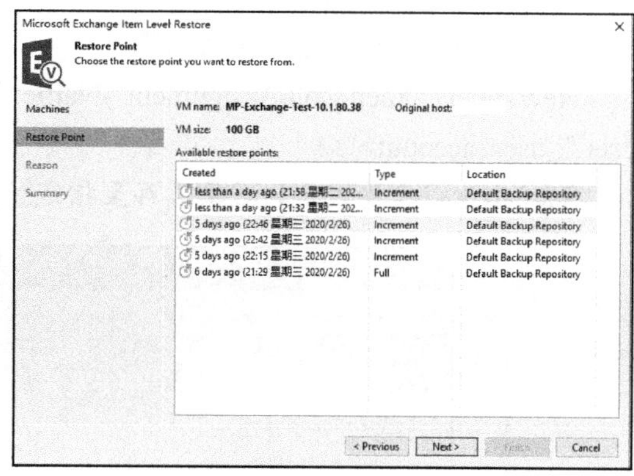

图 6-57 选择恢复点

8）在“Reason”页面，输入恢复的原因，如图 6-58 所示。

9）在“Summary”页面，显示出恢复作业的摘要情况，如图 6-59 所示。

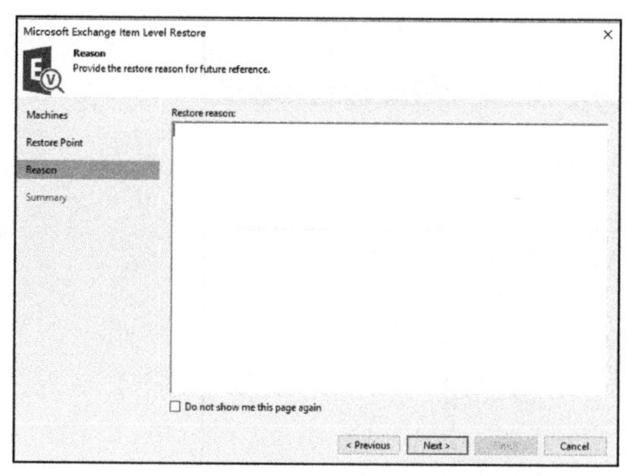

图 6-58 填写恢复原因

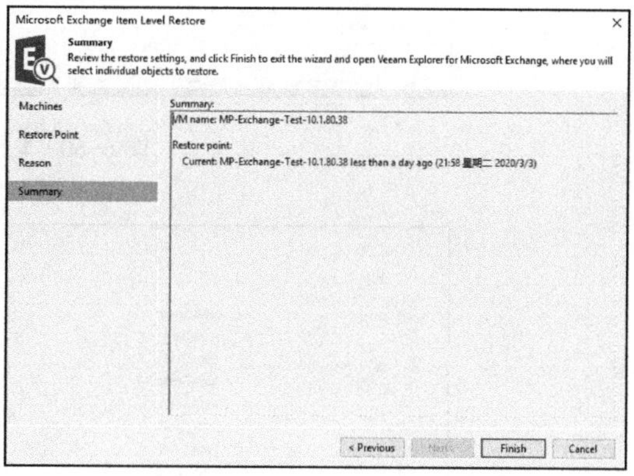

图 6-59 恢复摘要信息

10）VEEAM EXPLORER FOR MICROSOFT EXCHANGE 会打开 Exchange 数据库，显示出数据库中的对象，包含邮箱用户及邮件、日历、联系人等邮件对象，如图 6-60 所示。

11）如果找到了需要恢复的邮件或者文件夹、日历、任务等对象，可以在选中需要恢复的对象上右击，将这些对象导出、保存或者通过邮件发送给用户，如图 6-61 所示。

Tips:

Open：打开该项目，可以查看邮件的正文或日历等。

Restore to…：恢复对象到指定的位置。如果恢复到指定的邮箱中，需要提供具有对应权限的账号信息。若该账号具有邮箱，则确保该账号有完全访问权限；若该账号未关联邮箱，则需要赋予相关权限。在 Power Shell 命令行下可通过以下命令行赋予权限。

赋予具有邮箱的账号完全访问权限:

Add-MailboxPermission –Identity "<target_mailbox>" -User "<user_account>" -AccessRights FullAccess –InheritanceType All

赋予无邮箱的账号完全访问权限:

New-ManagementRoleAssignment -Name "<role_name>" -Role ApplicationImpersonation -User "<user_account>"

Save to：将需要恢复的对象另存至指定位置。

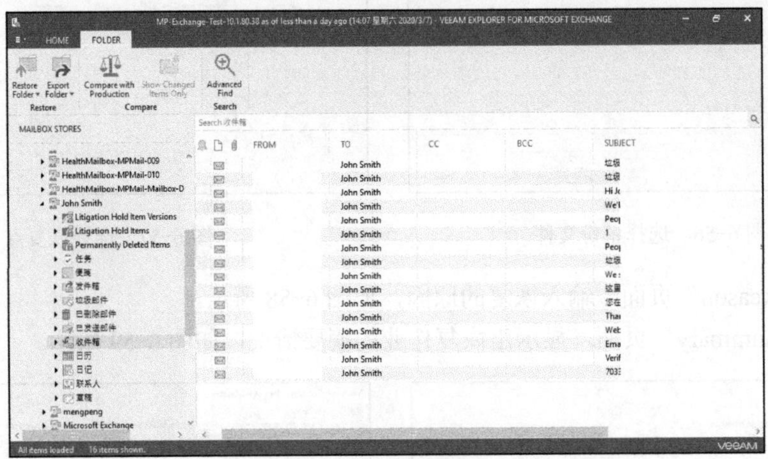

图 6-60　Exchange 数据库

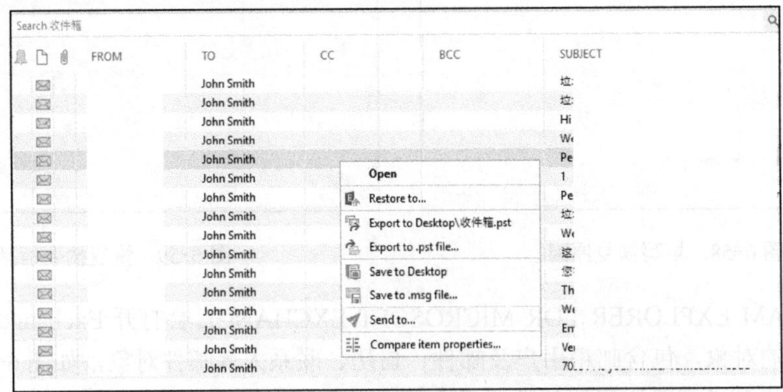

图 6-61　恢复对象的方式

Send to：通过邮件发送给指定的邮箱。开启该功能前，需要提前完成 SMTP 的相关配置。点击主菜单，然后点击“General Options”，如图 6-62 所示，打开配置页面。

打开“SMTP Settings”选项卡，如图 6-63 所示，勾选“Configure SMTP settings”功能，在 Server、Port、From 处依次填写 SMTP 服务器的 IP 地址或 FQDN、端口号（默认 25）、发件人地址。若 SMTP 不支持匿名方式，需要勾选“Use authentication”开启身份验证

功能，并填写用户名和密码。视情况，可开启 SSL 数据加密。也可以填写测试收件人邮件地址测试邮件发送功能是否配置成功。

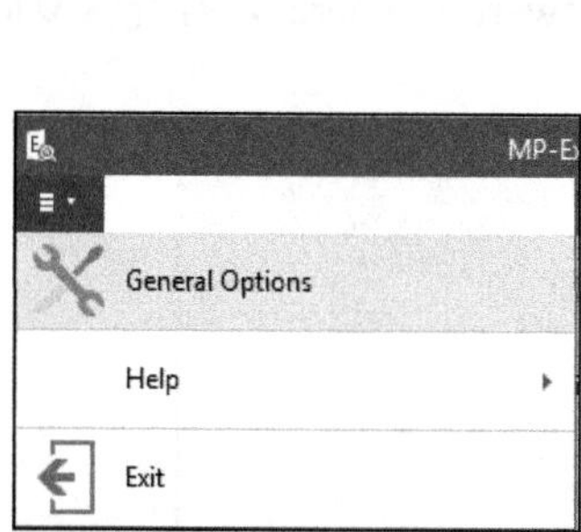

图 6-62　通用选项

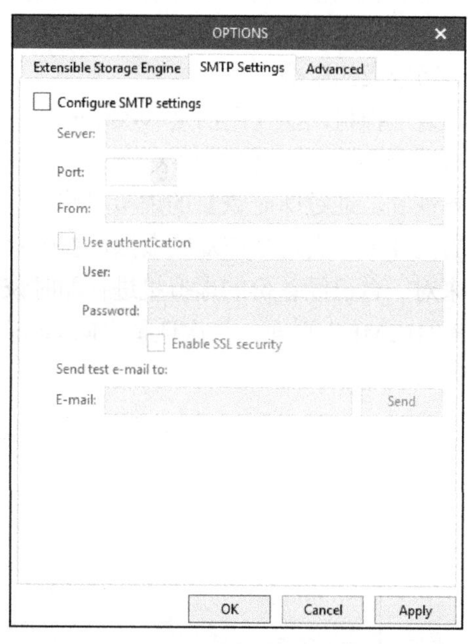

图 6-63　SMTP 配置

12）此外，VEEAM EXPLORER FOR MICROSOFT EXCHANGE 还支持从多个维度自定义搜索邮箱的对象，如图 6-64 所示。

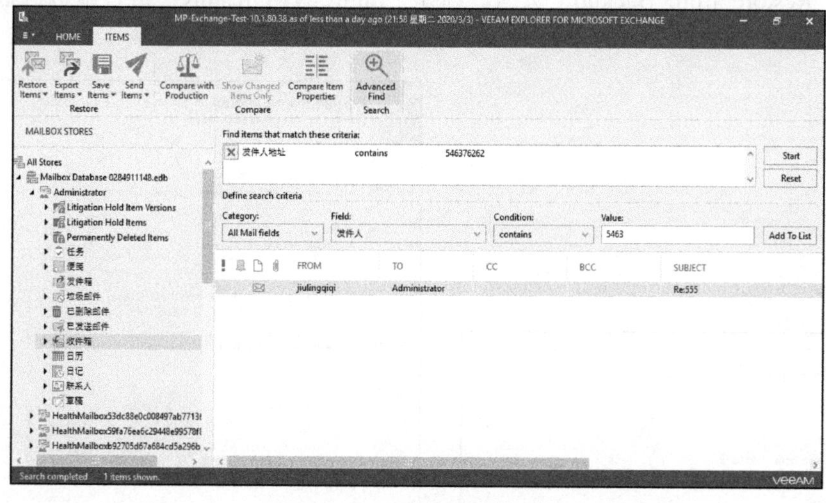

图 6-64　自定义搜索对象

如果运行 VEEAM EXPLORER FOR EXCHANGE 的服务器和备份的 Exchange 服务器在同一个林环境中，支持将邮箱一键还原到 Exchange 服务器中。

6.4.4 即时恢复虚拟机

当某台虚拟机发生故障（如虚拟机所在宿主机的硬件故障），短时间内无法恢复时，可以根据恢复文件，临时将该虚拟机恢复到任意一个虚拟化的环境中，以降低该虚拟机故障产生的业务中断造成的影响。

即时恢复虚拟机功能使用的是 vPower 技术，将还原点的虚拟机镜像挂载到 ESXi 主机上，在主机上会多出一个通过 NFS 方式挂载的存储卷，并且可以用很短的时间将任意一个备份点进行恢复。通过即时恢复的虚拟机将以只读的方式运行，所有对镜像的修改均不会保存在备份的文件中。当这个恢复的虚拟机被删除后，所有在该虚拟机上的变更都不被丢弃。

接下来对一台已经备份的虚拟机进行即时恢复。此处以恢复数据库服务器为例。

1）在“HOME”页面，依次选择“Restore”→“VMware vSphere”，打开恢复向导，如图 6-65 所示。

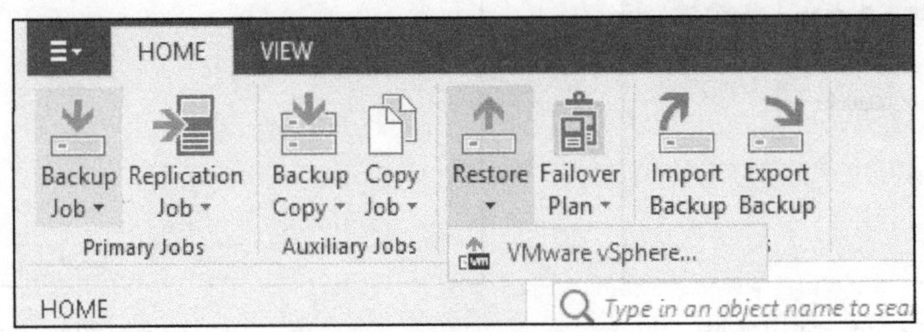

图 6-65 选择恢复对象

2）在“Restore”页面中，选择恢复的数据来源，如图 6-66 所示。

3）在“Restore from Backup”页面，选择“Entire VM restore”进行虚拟机整体恢复，如图 6-67 所示。

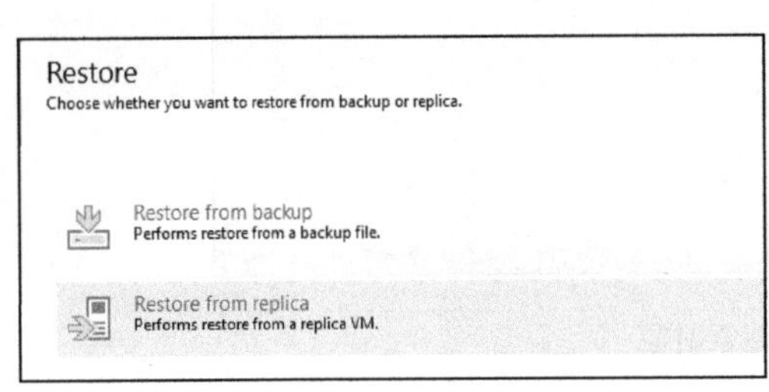

图 6-66 选择要恢复的数据源

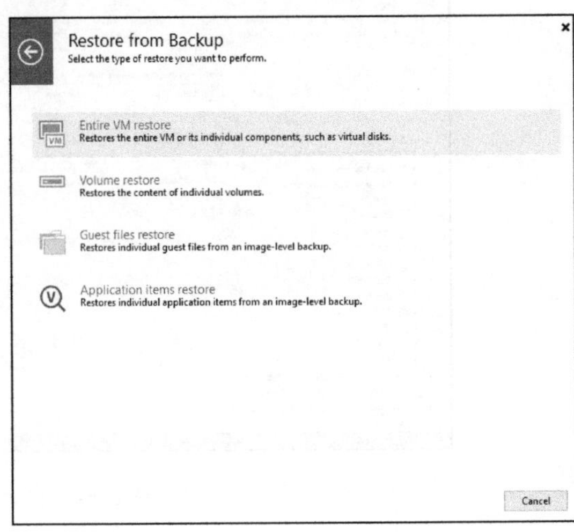

图 6-67 选择虚拟机整体恢复

4）选择“Instant VM recovery”进行即时恢复虚拟机，如图 6-68 所示。

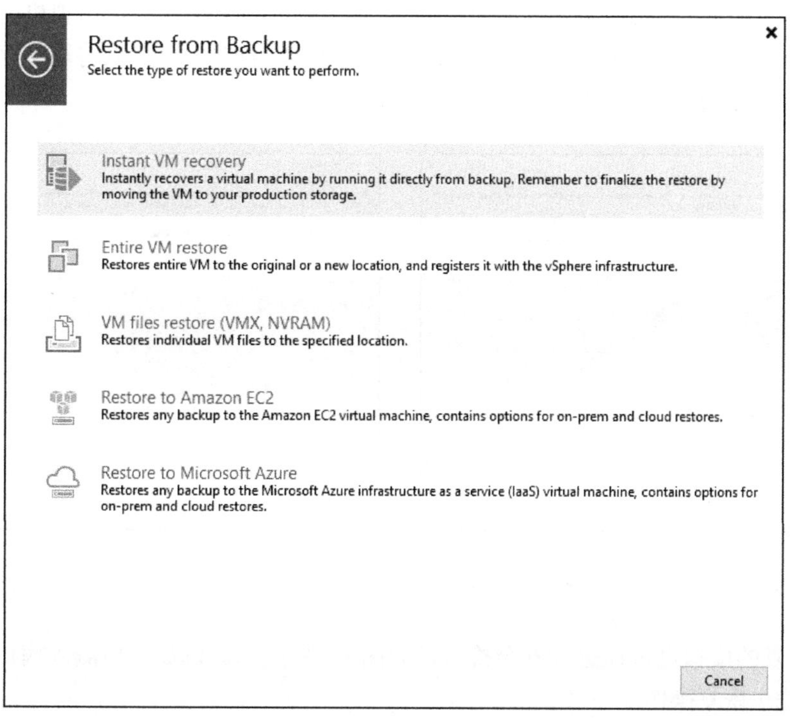

图 6-68　选择即时恢复虚拟机

5）点击“Add”按钮添加需要恢复的虚拟机，如图 6-69 所示。添加之前章节部署的数据库服务器。

6）选择虚拟机恢复的模式，可以将虚拟机即时恢复到原位置或其他位置，如图 6-70 所示。

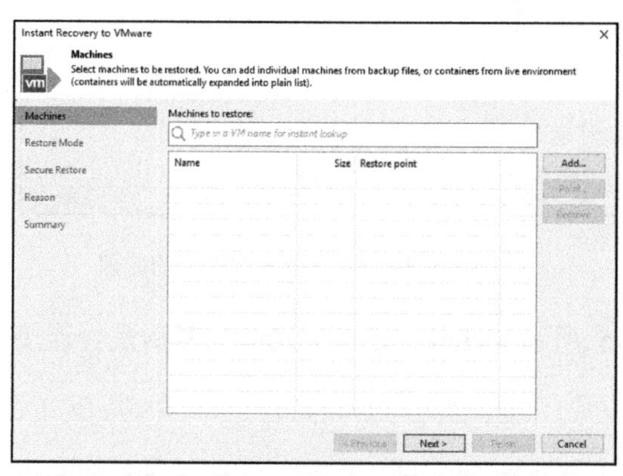

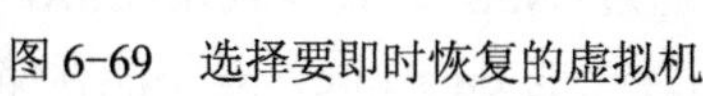
图 6-69　选择要即时恢复的虚拟机

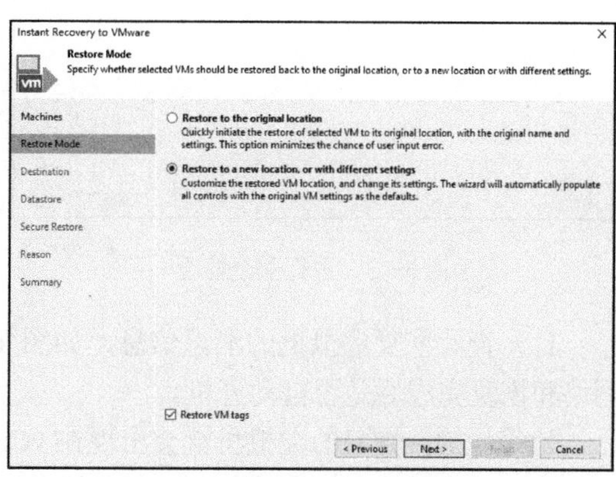

图 6-70　选择恢复虚拟机的模式

7）设置要恢复的目标主机的名称、文件夹、资源池等详细信息，如图 6-71 所示。

8）选择写缓存所在的存储位置，如图 6-72 所示。在默认情况下，虚拟机的相关文件和写缓存都通过 NFS 方式挂载到 ESXi 主机上。如果对性能有要求，可以将写缓存的位置选择在高性能的存储空间处。此处保持默认，不做修改。

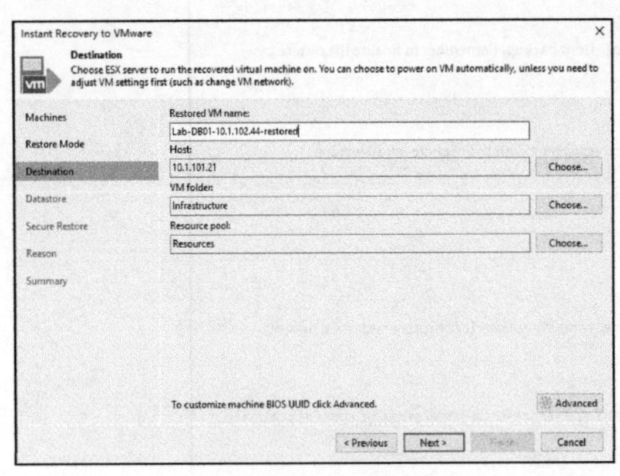

图 6-71　选择要恢复的虚拟机的各项信息

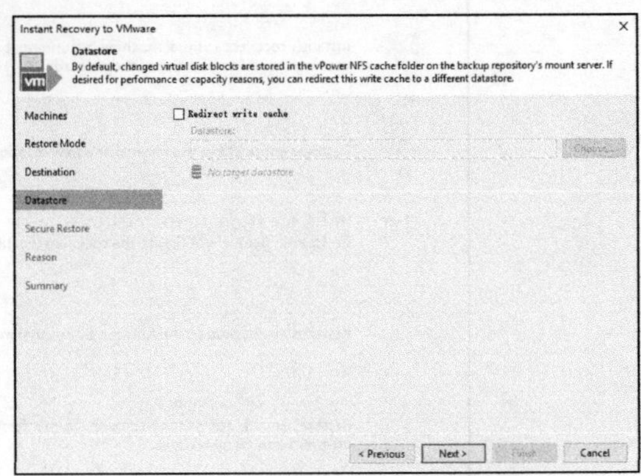

图 6-72　选择数据存储的位置

9）对恢复的虚拟机可以进行安全检查，如图 6-73 所示。例如当检测到病毒时，可以禁用网卡或者停止恢复操作。

10）填写恢复虚拟机的原因，如图 6-74 所示。恢复的原因可以根据实际情况填写。

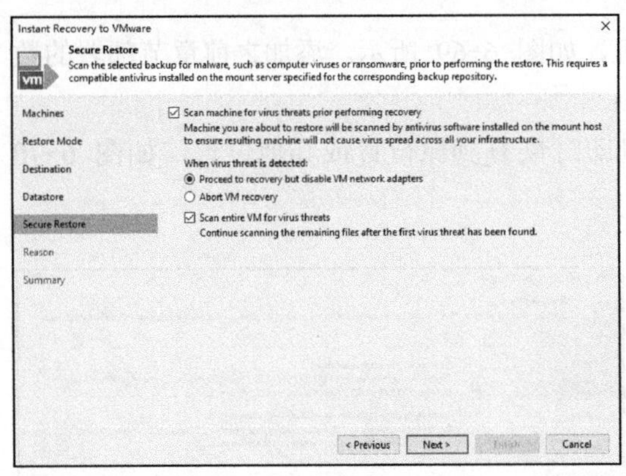

图 6-73　进行安全检查

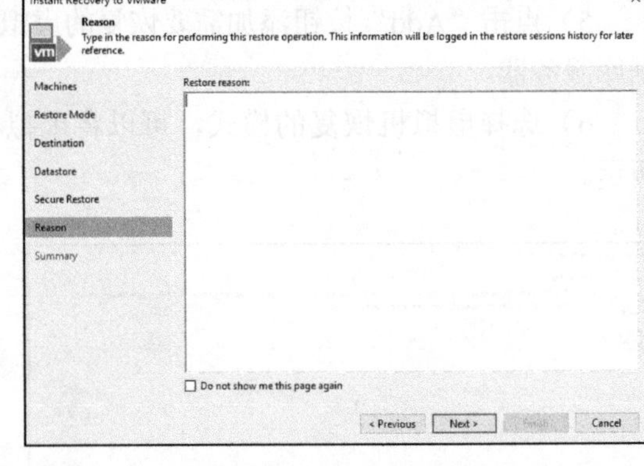

图 6-74　填写恢复虚拟机的原因

11）查看恢复虚拟机的汇总信息，如图 6-75 所示。此外，还可以选择恢复后是否连接网络和恢复完成后是否自动开机。

稍等片刻，恢复的虚拟机就会出现在 vCenter 中。

打开 vCenter，会发现多出一个存储卷，该存储卷通过 NFS 方式挂载在 ESXi 的主机上，如图 6-76 所示。但这个存储卷不同于其他 ESXi 所连接的 datastore，是不能存储其他文件的。

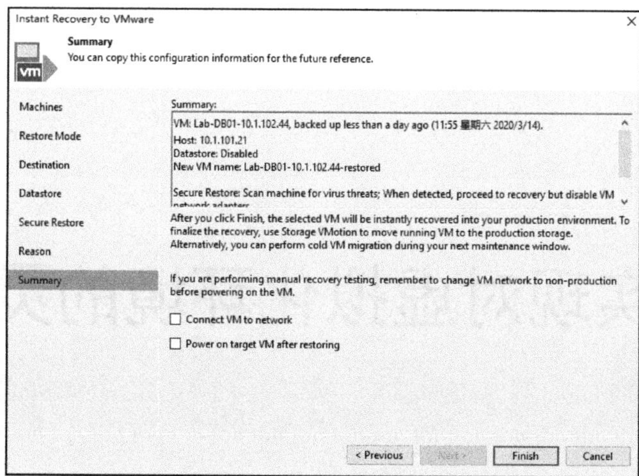

图 6-75　查看恢复虚拟机的汇总信息

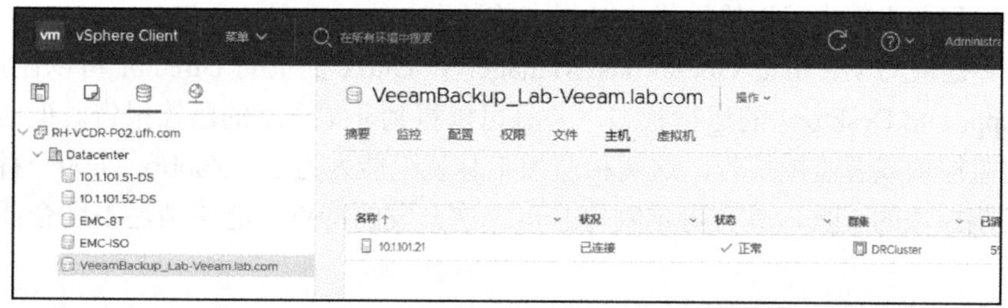

图 6-76　通过 NFS 方式挂载存储

第 7 章 实现对虚拟化环境的灵活监控

虚拟化环境部署完成后，保证系统运行的稳定就变得尤为重要了。所有的软、硬件都不会永久地正常运行下去，除了通过高可用技术降低故障发生的概率外，监控系统在发生故障的第一时间发现并报警也可以给运维人员很大的帮助。

VMware 提供的 vRealize Operations Manager 和 Citrix 提供的 Director 可以监控 vSphere 和 Virtual Apps and Desktops 的运行状态，并且可以得到非常详细的监控报告。但对于一些用户自定义的监控项或者监控报告，这两种监控工具就无能为力了。Zabbix 作为一种开源的、可以自定义监控项的工具，具有可定制化、可二次开发的特点，能够满足不同企业的多样化的需求。

在本章中主要介绍以下工具：

- VMware vRealize Operations Manager。
- Citrix Director。
- Zabbix。

7.1 VMware vRealize Operations Manager

2019 年底，VMware 发布了 vRealize Operations Manager 8.0 版本，该版本中增加了对 VMware Cloud on AWS 成本的监控。

vRealize Operations Manager 是 VMware 提供的智能运维系统，可以采集物理设备、虚拟设备、云基础架构的数据，并对采集到的数据进行汇总和分析。

除了采集数据之外，vRealize Operations Manager 还会提供一些改善或修复问题的建议，并且提供了丰富的分析和报表工具，对虚拟化平台管理员来说有很大的帮助。

7.1.1 vRealize Operations Manager 架构概述

部署 vRealize Operations Manager 生产环境时，建议通过高可用技术来提高系统的稳定性和可用性。

从功能方面来说，vRealize Operations Manager 可以分为分析节点、远程收集器节点和见证节点。

分析节点由主节点、副本节点和数据节点组成，用于对收集到的相关日志、性能数据进行分析。在规划和部署时，应保证所有的节点分布在不同的数据存储上，数据存储的数据类型相同，且各个节点的数据空间大小也相同。为了防止各节点所在的 ESXi 主机不受到 CPU、内存等资源消耗造成节点在不同的主机之前迁移，建议将相关节点的 DRS 设置为手动。此外，启用见证节点可以管理故障域中的分析节点，但需要保证分析节点的数量为偶数个。为了减小收集大量数据而对分析节点造成很大的负载压力，可以使用远程收集器节点。远程收集器节点可以将采集到的监控数据传输到分析节点上。

7.1.2　部署 vRealize Operations Manager

本节主要介绍将 OVF 模板导入到之前章节已经部署完成的 VMware 虚拟化环境，并完成初始化配置的内容。

1．导入 OVF 模板

将下载好的 vRealize Operations Manager 的 OVF 模板导入到 VMware 虚拟化环境中。

1）在 vCenter 的主机和集群页面上，在欲部署 vRealize Operations Manager 服务器所在的主机、集群或数据中心上右击，点击“部署 OVF 模板”，如图 7-1 所示，将 OVF 模板导入到虚拟化环境中。

2）在“选择 OVF 模板”页面，选择“本地文件”，选择 OVF 模板导入，如图 7-2 所示。

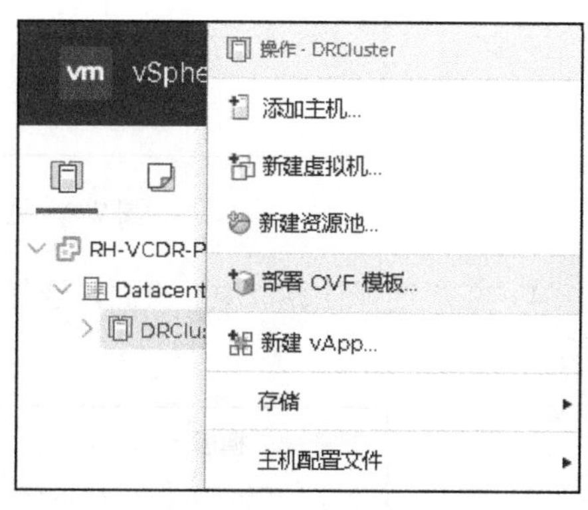

图 7-1　导入 OVF 模板

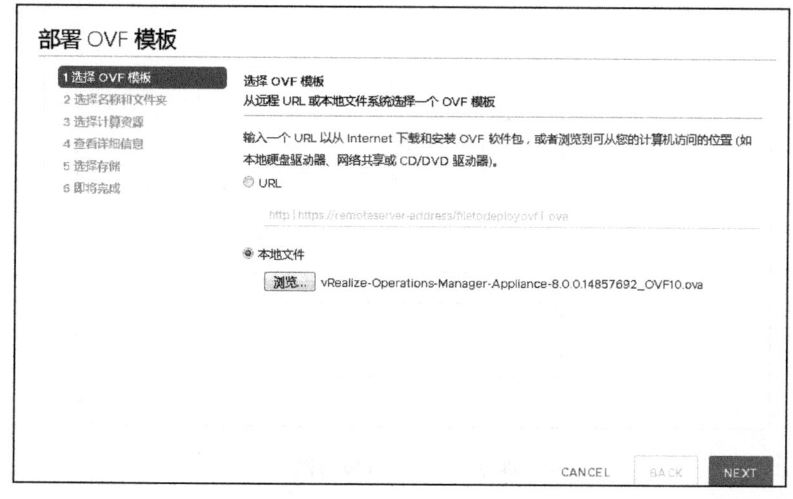

图 7-2　选择 OVF 模板

3）在“选择名称和文件夹”页面，输入创建的虚拟机名称，并选择该虚拟机所在的文件夹，如图 7-3 所示。

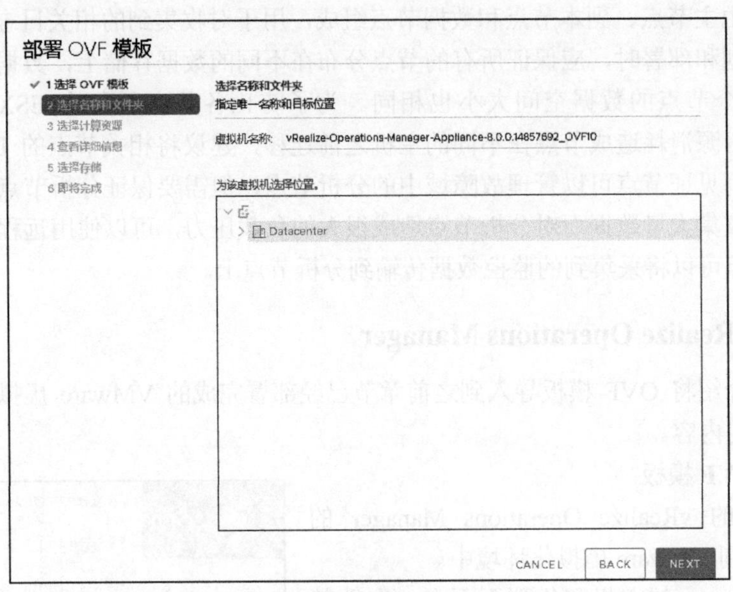

图 7-3　选择虚拟机的名称和文件夹

4）在“选择计算资源”页面，选择提供计算资源的 ESXi 主机或者集群名称，如图 7-4 所示。

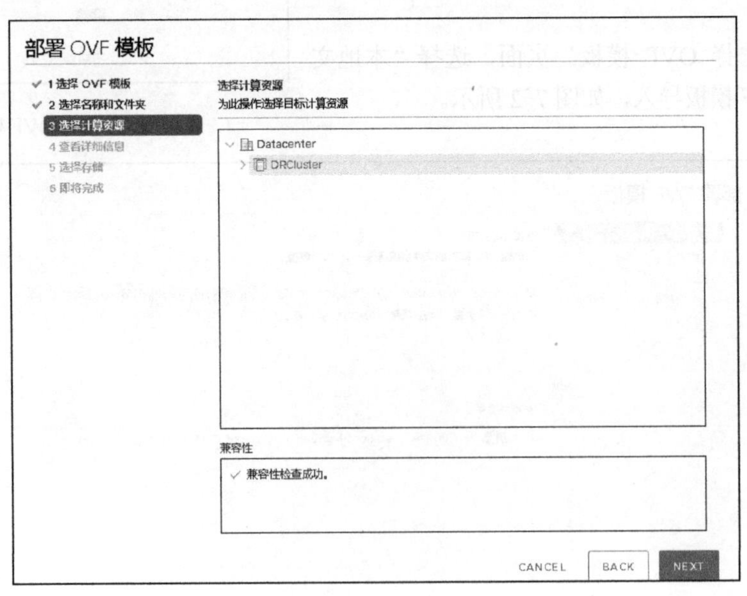

图 7-4　选择计算资源

5）查看模板的详细信息，如图 7-5 所示。

图 7-5　查看模板的详细信息

6）在“许可协议”页面，勾选“我接受所有许可协议”，如图 7-6 所示。

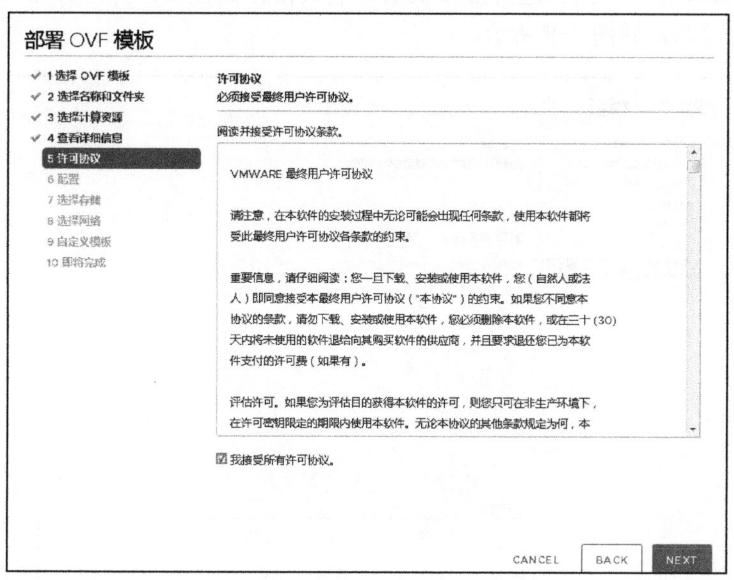

图 7-6　许可协议

7）在“配置”页面，选择部署的规模，如图 7-7 所示。对于不超过 3500 个虚拟机的环境可以使用小型规模，将分配 4 个 vCPU 和 16 GB 内存。

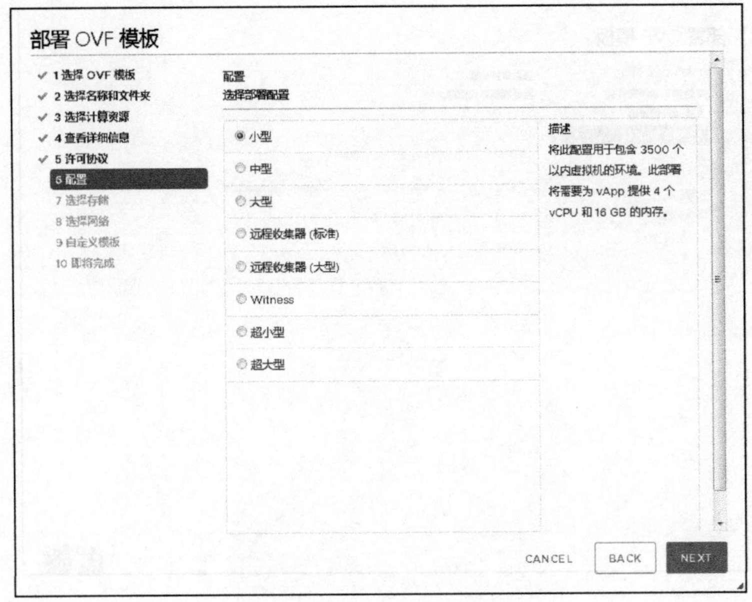

图 7-7　选择部署的配置规模

8）在“选择存储”页面，选择虚拟机所在的数据存储位置，并选择相应的虚拟磁盘格式和虚拟机存储策略，如图 7-8 所示。

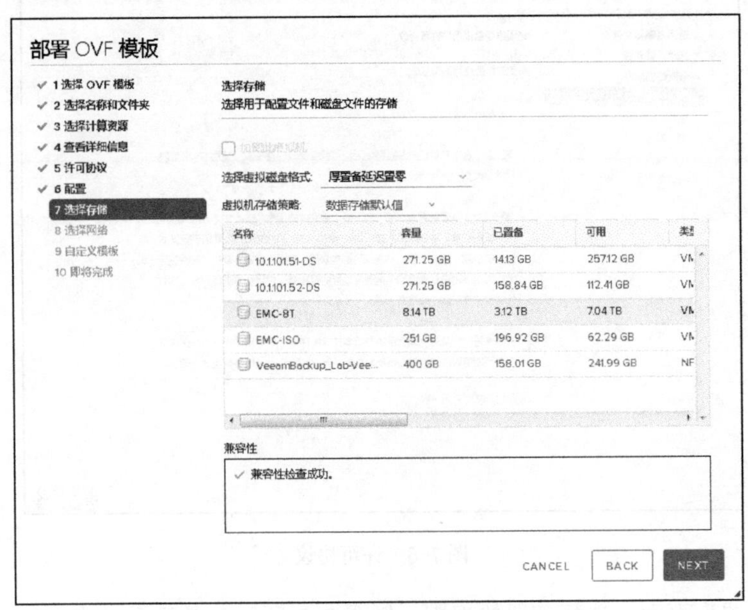

图 7-8　选择数据存储位置

9）在“选择网络”页面，选择虚拟机所使用的网卡名称，如图 7-9 所示。

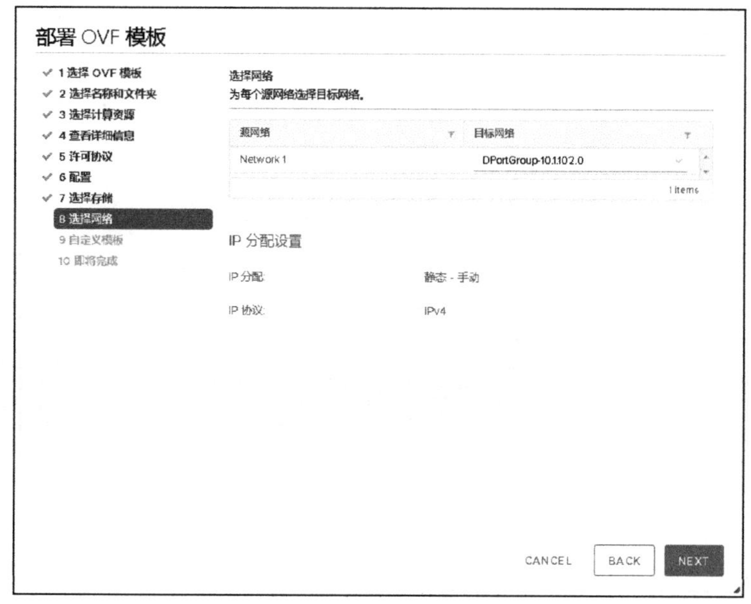

图 7-9　选择网络

10）在“自定义模板”页面，对虚拟机进行详细配置，如图 7-10 所示。时区选择“Asia/China”，并配置网卡的 IP 地址、子网掩码、网关、DNS 等信息。此处可根据实际情况进行配置。

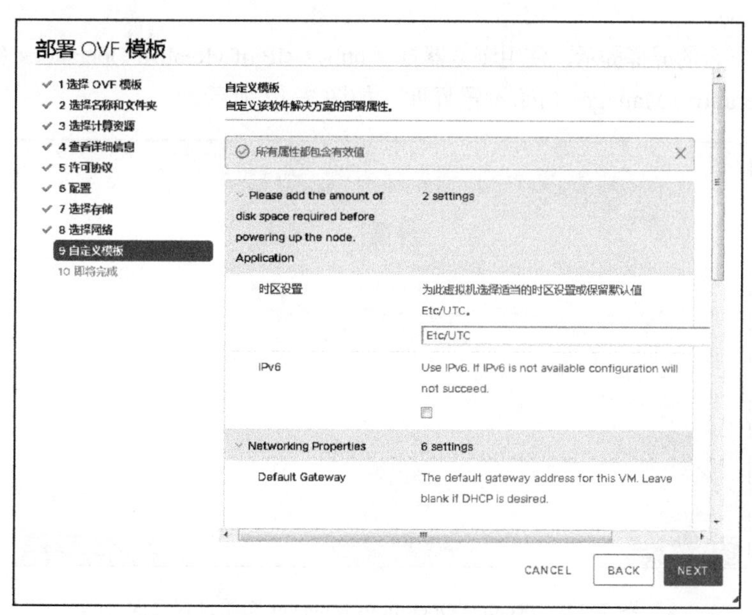

图 7-10　自定义模板

11）在“即将完成”页面，检查所有的配置信息，如图 7-11 所示。

图 7-11　配置信息汇总

2. 初始化配置

导入 OVF 模板后，对 vRealize Operations Manager 进行初始配置。

1）OVF 模板导入完成后打开虚拟机电源，在控制台页面将时区修改为 4）Asia→9）Beijing →1）Beijing Time。

2）根据控制台的屏幕提示，使用浏览器打开 https://<IP of vRealize Operations Manager>，打开 vRealize Operations Manager 初始设置界面，如图 7-12 所示。

图 7-12　vRealize Operations Manager 初始设置页面

3）在初始化页面上，点击"新安装"按钮，开始进行 vRealize Operations Manager 的初始化配置，如图 7-13 所示。

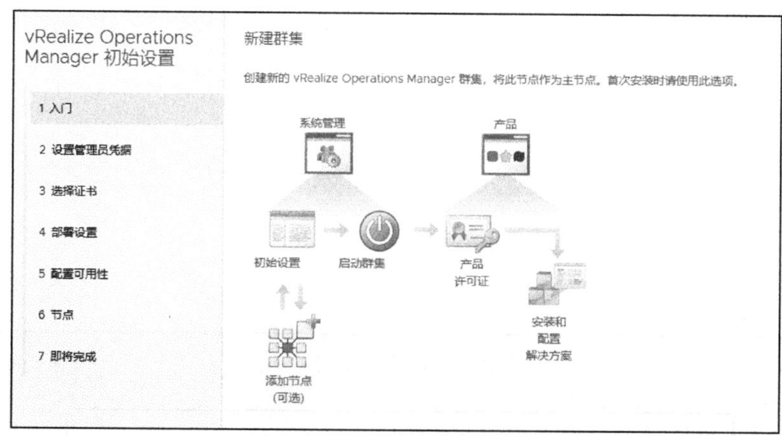

图 7-13　初始设置入门页面

Tips：

在首次安装时，可以选择“快速安装”或“新安装”。“新安装”适用于首次安装 vRealize Operations Manager 并创建主节点。“快速安装”比“新安装”的安装过程更加简洁，将使用默认的证书。若需要向现有环境中添加节点或组成高可用集群，可以选择“扩展现有安装”。

4）根据页面提示，设置默认管理员 root 的密码，如图 7-14 所示。

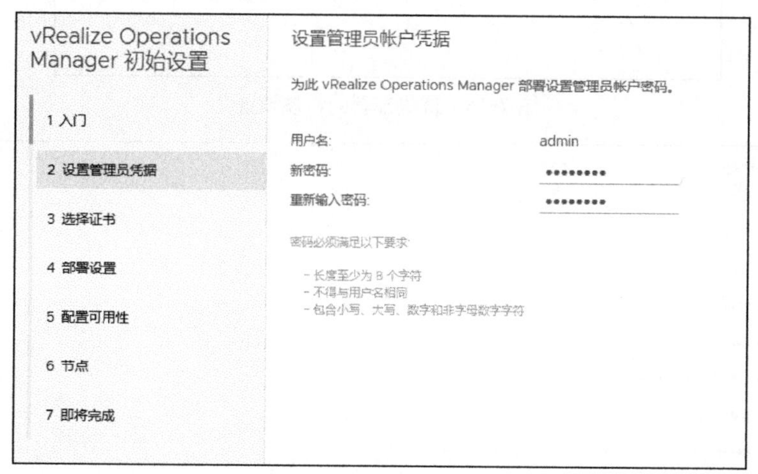

图 7-14　设置管理员凭据

5）选择与系统进行安全通信的服务器证书，可以使用默认证书后手工安装证书，如图 7-15 所示。

6）输入群集主节点的名称和 NTP 服务器地址，如图 7-16 所示。

7）根据实际需求，若需要将多台 vRealize Opertions Manager 组成群集，可开启“可用性模式”，如图 7-17 所示。

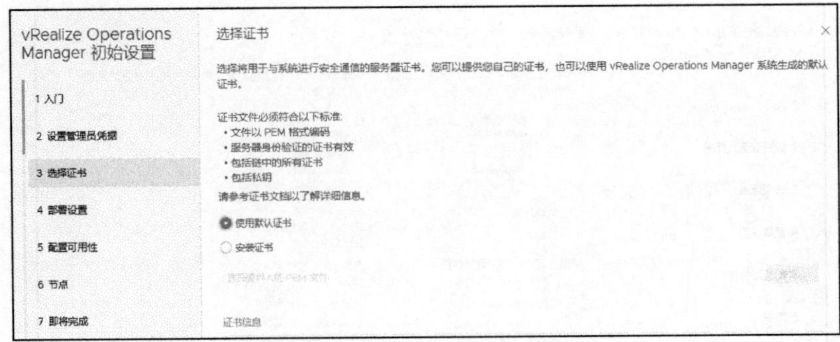

图 7-15　选择证书

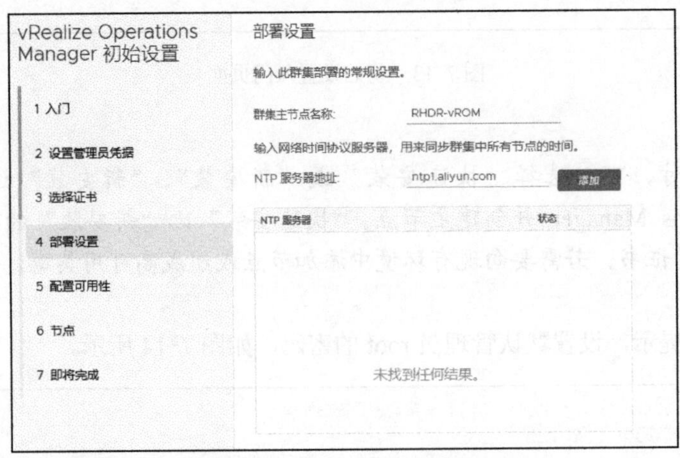

图 7-16　群集部署的常规设置

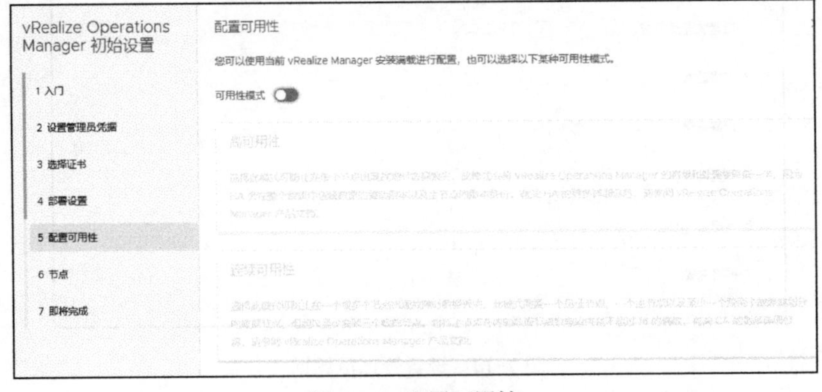

图 7-17　配置可用性

8）如果需要多个节点，则添加相关的节点名称、地址和角色，如图 7-18 所示。此处不再添加更多节点，配置方法与第一台节点的过程基本相同。

9）完成 vRealize Operations Manager 的初始化部署，如图 7-19 所示。

10）完成初始化部署之后，使用浏览器访问 https://<IP of vRealize Operations Manager>/admin，如图 7-20 所示，查看群集的状态为未启动。

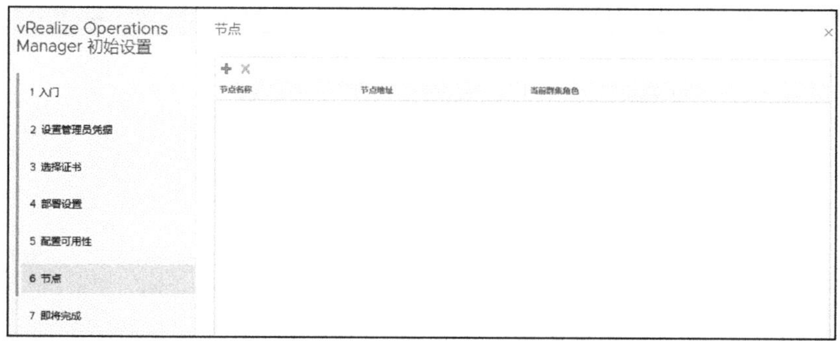

图 7-18　添加节点

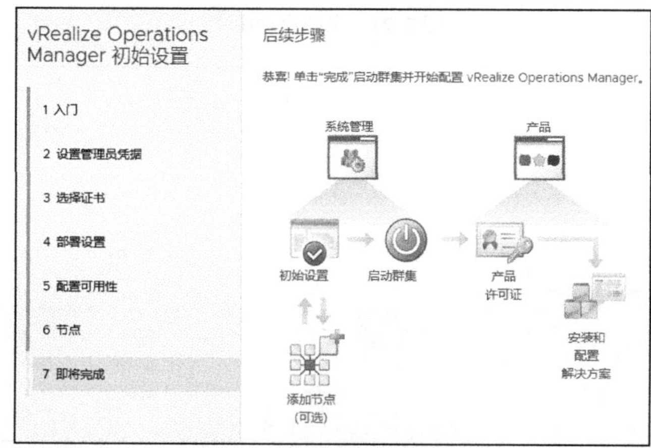

图 7-19　完成初始化部署

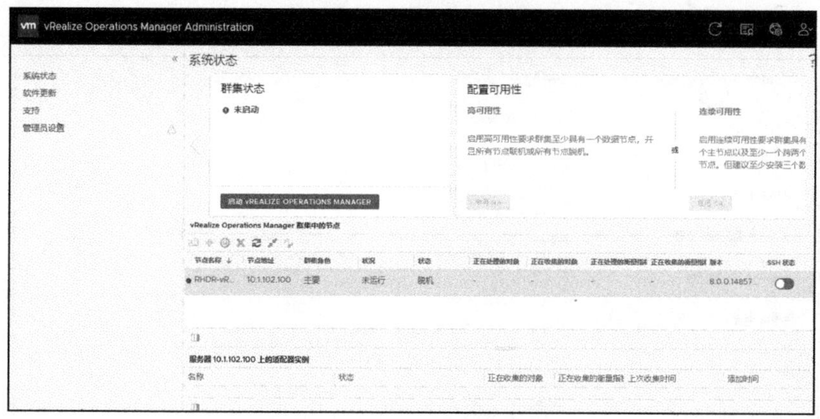

图 7-20　在管理界面查看群集状态

11）点击“启动 vRealize Operations Manager”按钮，启动相关的安装过程并进行集群初始化，如图 7-21 所示。

12）使用浏览器打开 https://<IP of vRealize Operations Manager>/ui，对 vRealize Operations Manager 进行最后的配置，如图 7-22 所示。

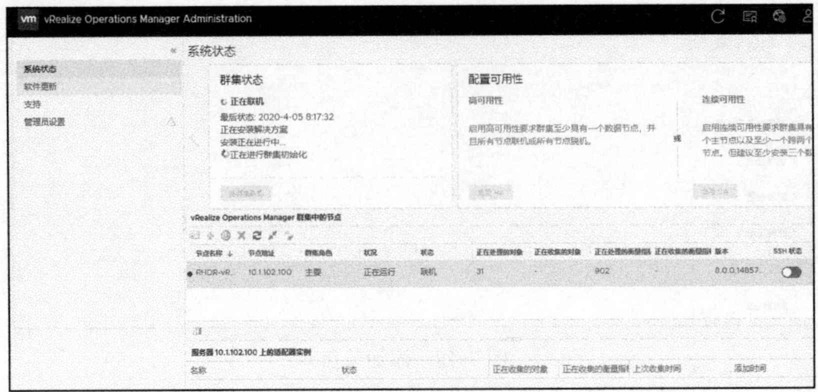

图 7-21　系统启动中

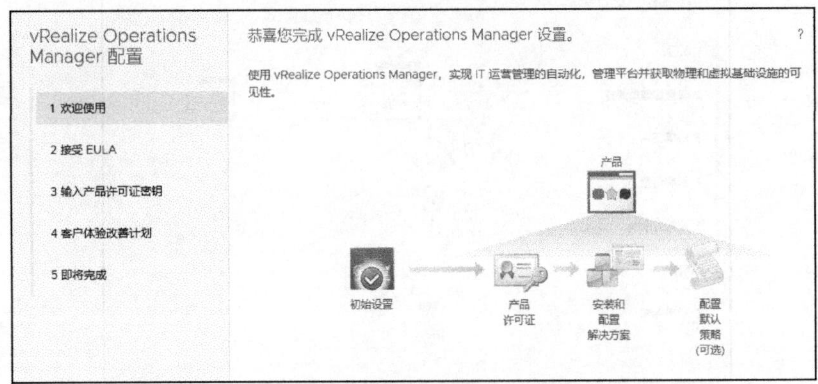

图 7-22　vRealize Operations Manager 的配置页面

13）选择“我接受本协议条款”，如图 7-23 所示。

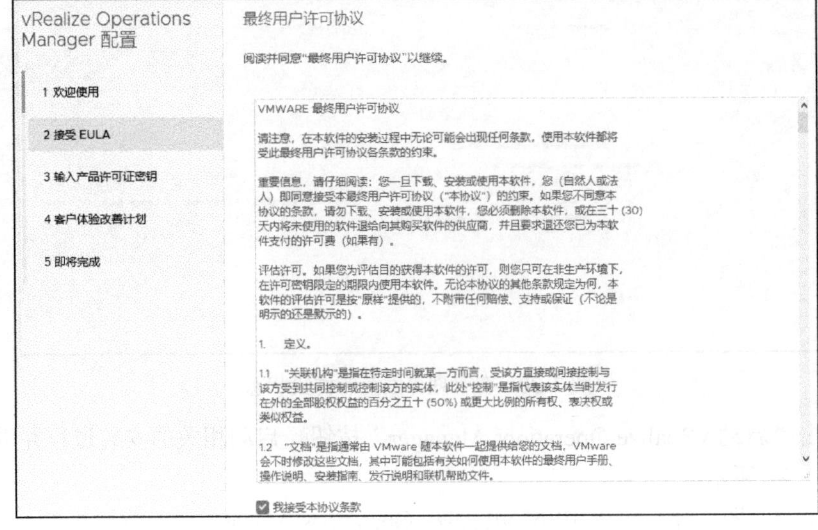

图 7-23　勾选许可协议

14）选择使用评估版或正式版（需要输入产品密钥），如图 7-24 所示。

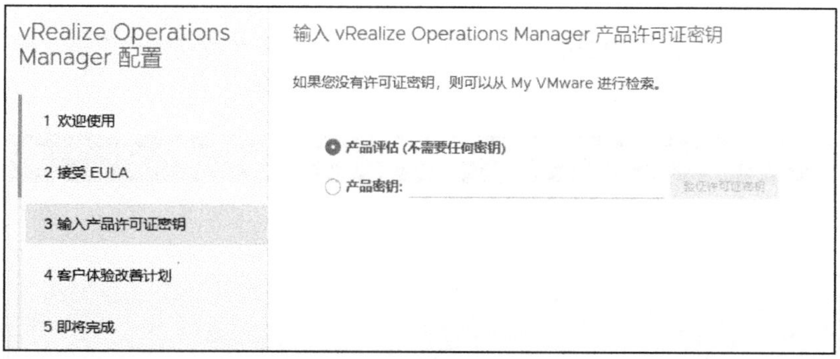

vRealize Operations Manager 配置
1 欢迎使用
2 接受 EULA
3 输入产品许可证密钥
4 客户体验改善计划
5 即将完成
输入 vRealize Operations Manager 产品许可证密钥
如果您没有许可证密钥，则可以从 My VMware 进行检索。
产品评估 (不需要任何密钥)
产品密钥:

图 7-24　输入产品许可证密钥

15）视实际情况，决定是否选择“加入 VMware 客户体验改善计划”，如图 7-25 所示。

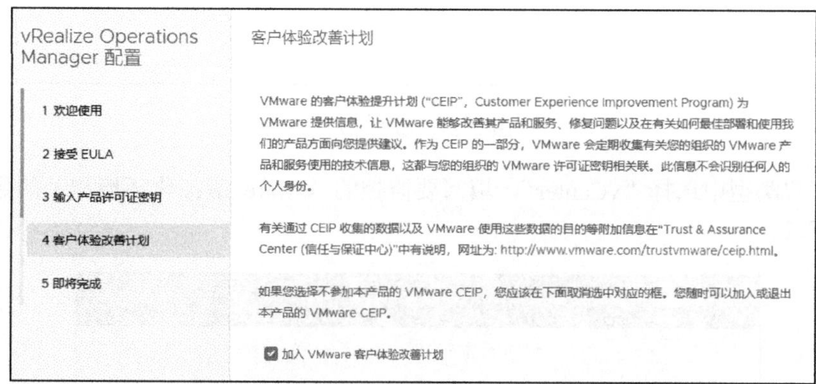

图 7-25　选择是否加入 VMware 客户体验改善计划

16）完成所有配置，如图 7-26 所示。

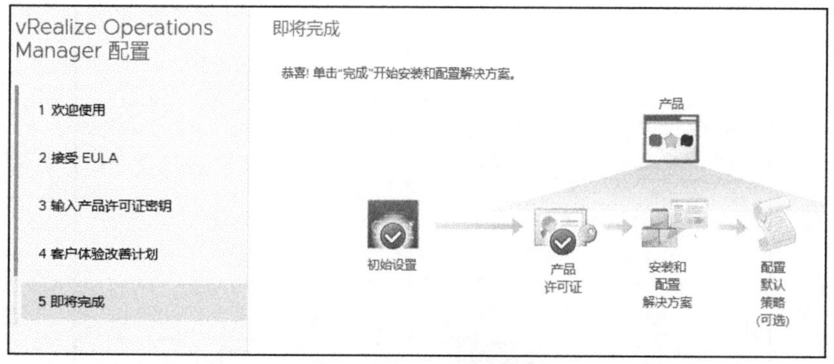

图 7-26　完成配置

7.1.3　使用 vRealize Operations Manager 查看集群的状态

vRealize Operations Manager 完成安装并初始化配置后，添加相应的监控对象后，便可以查看到从监控象捕获的数据。此处使用 vRealize Operations Manager 监控 VMare vSphere 环境。

1）在 vRealize Operations Manager 控制台上，依次打开“系统管理”→“解决方案”→“云账户”，如图 7-27 所示，点击“添加账户”。

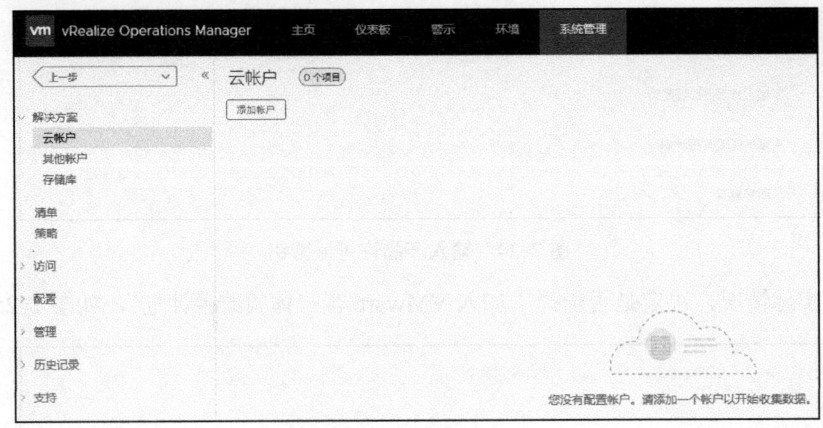

图 7-27　添加账户

2）在账户类型中选择“vCenter”，填写要监控的 VMare 虚拟化环境相关的账户信息，如图 7-28 所示。

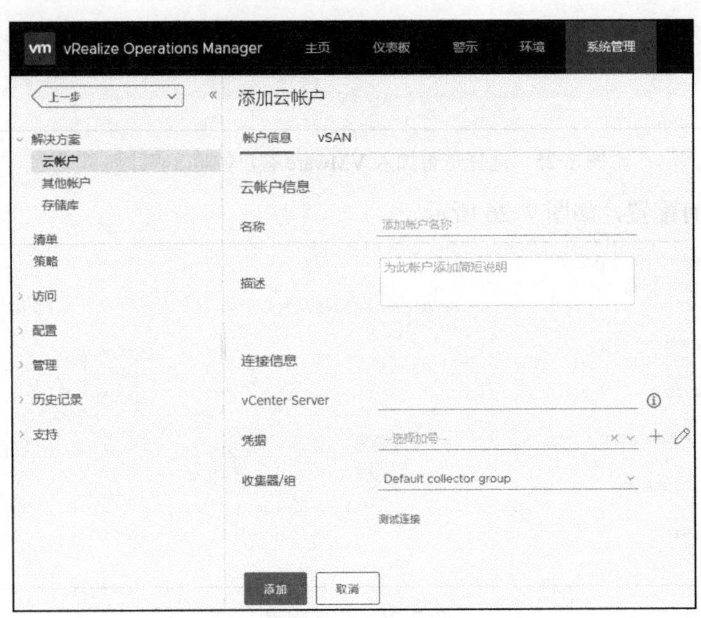

图 7-28　填写账户信息

3）在“高级配置”中，可以配置收集数据的详细信息，如图 7-29 所示。

4）完成以上配置后，可以切换到“环境”标签页上查看到已经收集的监控信息。

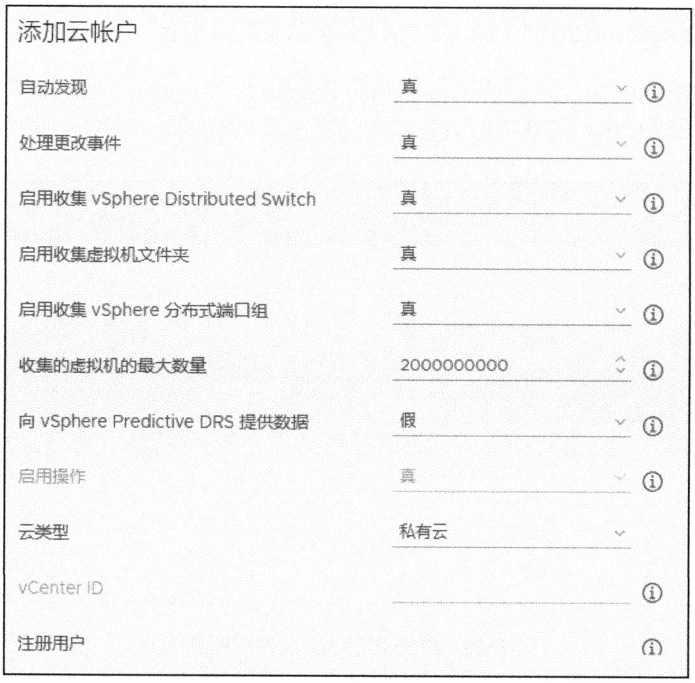

图 7-29　收集数据的详细配置

在“环境”标签页下，打开名称为“vSphere World”的自定义组，可以查看到所有 vSphere 相关的数据。在“衡量指标”标签中可以查看到各个对象的性能、容量等监控数据，在“报告”标签中可以设置手动或者自动获取到相关的监控项的 PDF 或者 CSV 报告。

7.2　Citrix Director

Citrix Director 是一款 B/S（Browser/Server，浏览器/服务器）架构的免费监控软件，借助该软件，可以对 Citrix Virtual Apps and Desktops 站点进行监控，并快速排查故障。

7.2.1　Citrix Director 产品介绍

通过 Citrix Director，管理员可以查看到 Citrix 系统的整体运行状况，包括许可信息、服务状态、用户登录过程等，还可以配合 Windows 自带的远程协助功能，协助用户处理在使用虚拟桌面过程中遇到的问题。

由于 Citrix Director 本身并不占用过多的系统资源，因此可以与其他角色的服务器安装在一起，也可以单独安装在一台 Windows Server 服务器上。若 Citrix Director 部署在 Delivery Controller 服务器上，它在启动时将会自动与 localhost 进行通信，获取相应的监控数据；若 Citrix Director 部署在非 Delivery Controller 服务器上，它在启动时则会要求用户提供 Delivery Controller 服务器的 IP 地址或者 FQDN。

Citrix Director 安装完成后，可以通过 http://<IP or FQDN of Director>/director 访问。

7.2.2 通过 Citrix Director 监控 Citrix 服务器会话状态

登录到 Citrix Director 后，默认会切换到控制板页面，显示出目前已经连接的会话数量、平均登录时长和 Citrix 基础架构服务器的运行状态等信息，如图 7-30 所示。

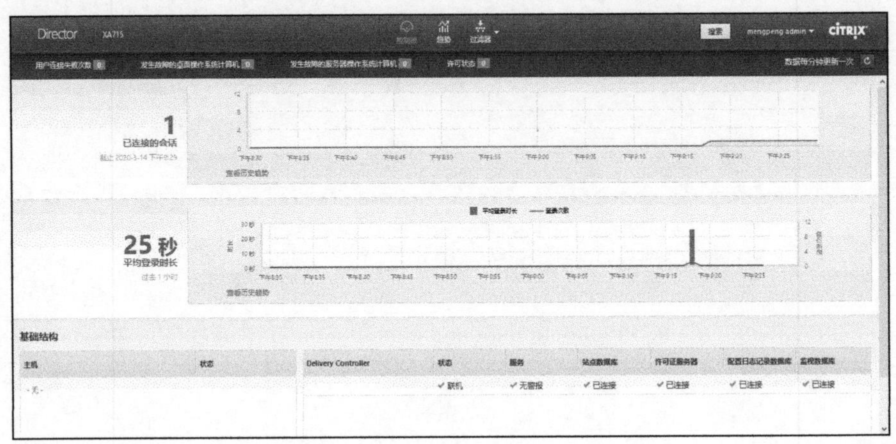

图 7-30 Citrix Director 的控制板页面

在页面的上方有 4 个模块：用户连接失败次数、发生故障的桌面操作系统计算机、发生故障的服务器操作系统计算机、许可状态，如图 7-31 所示。开启这些模块后，可以快速定位最近发生故障的计算机或用户，也可以查看基础架构服务器的运行状态，有助于管理员快速定位故障点。

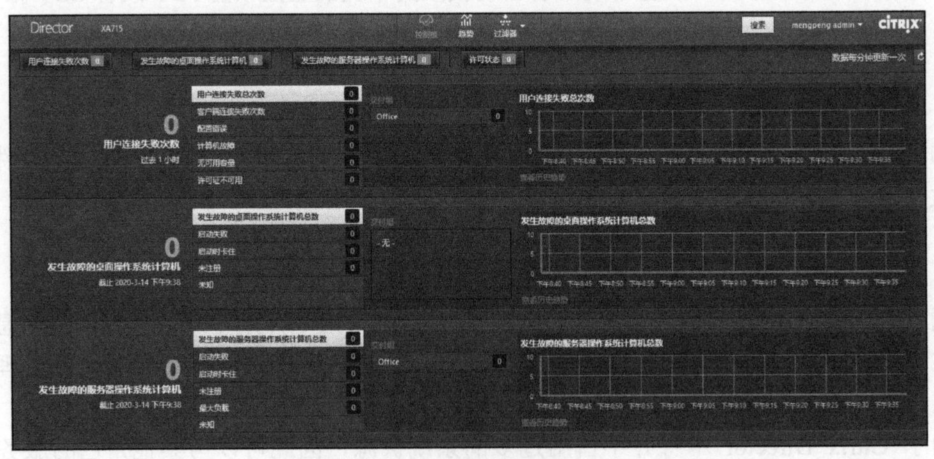

图 7-31 显示故障信息

在“趋势”页面的“登录性能”标签中，可以查看最近一段时间内用户登录到虚拟桌面或者虚拟应用所花费的时长，如图 7-32 所示。根据此信息，可以帮助管理员定位在登录全过程中各个步骤所消耗的时长，有利于管理员排查故障点或优化系统性能。

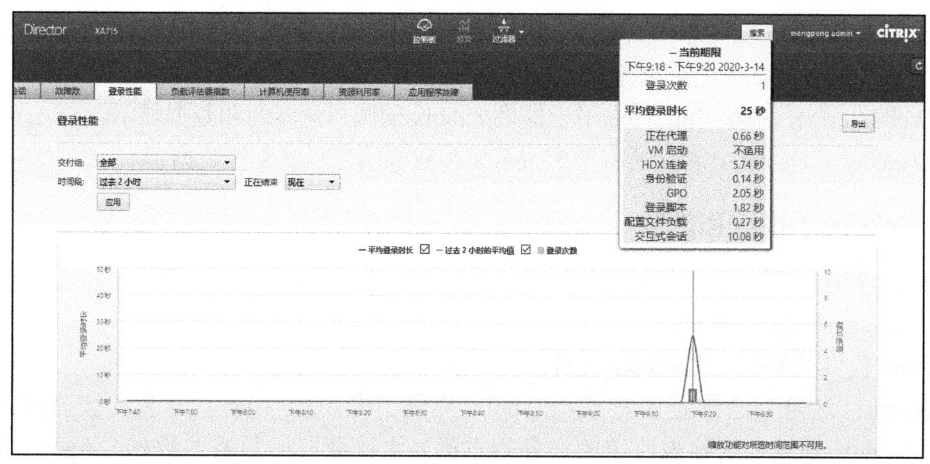

图 7-32　监控用户登录时长

当出现用户反映登录虚拟桌面或虚拟应用花费的时间较长等系统性能问题时，Citrix Director 可作为运维人员快速定位原因的工具之一。此外，Citrix Director 也可以作为定期巡检整个系统运行状态的工具。

7.3　Zabbix

Zabbix 是一款开源的分布式监控系统。利用 Zabbix 可以监控大多数的 IT 设备，并根据定义的阈值报警。本节主要介绍以下内容。

- Zabbix 产品介绍。
- 设计和部署 Zabbix。
- 通过 Agent 的方式获取监控数据。
- 通过 SNMP 的方式获取监控数据。
- Zabbix 的报警通知。

7.3.1　Zabbix 产品介绍

Zabbix 是一款企业级、支持分布式部署的系统监控解决方案。基于 Zabbix，可以获取系统环境中大多数硬件设备的运行状态和性能参数，并且可以对采集到数据进行分析和可视化展示。

Zabbix 提供 Agent、SNMP、JMX、IPMI 等多种数据采集的方式，可以采集到被监控设备的各项数据，并且将数据通过内置的图形功能将数据更直观地展示出来。同时，可以非常灵活地定义各监控项的阈值并触发短信、电子邮件等报警。

Zabbix 监控系统主要由以下 5 部分组成。

- Zabbix Server：Zabbix Server 是 Zabbix 系统的核心组件，负责接收 Agent 端获取的数据。
- Zabbix Agent：Zabbix Agent 部署在被监控对象上，负责抓取被监控端的数据。

- Zabbix Proxy：Zabbix Proxy 用于收集 Agent 获取的数据，再转发至 Zabbix Server，在分布式部署模式下，可以减轻 Zabbix Server 的负载压力。
- Web Interface：Web Interface 用于提供 Zabbix 的图形化界面和数据显示。
- Database：Database 存储所有的配置信息和获取的主机端监控数据。

7.3.2 Zabbix 的设计和部署

IT 系统管理人员应根据实际的需求，制定合理的设计方案并实施部署 Zabbix。

1．选择合适的监控方式

Zabbix 提供了多种方式来获取数据。

- Agent：这是首选推荐的方式，Zabbix 提供了专用的 Agent 安装在被监控的对象（Zabbix 系统中统称被监控的设备为主机）上，获取所需要的数据。Agent 通常在 Windows 或 Linux 内核的被监控对象上安装。
- SSH 或者 Telnet：这种方式通过 SSH 或者 Telnet 连接到被监控的对象上，然后通过命令获取到相应的数据并返回给 Zabbix Server。
- SNMP：这种方式通过标准的 SNMP（Simple Network Management Protocol，简单网络管理协议）来获取数据。在通常情况下，在大多数硬件设备上无法安装 Agent 时，会采用该方式来获取数据。
- IPMI：这种方式通过 IPMI（Intelligent Platform Management Interface，智能平台管理接口）来获取数据。常用于对硬件设备的 CPU、温度、风扇转速等进行监控。
- JMX：这种方式通过 JMX（Java Management Extensions，Java 管理扩展）进行监控 JVM（Java Virtual Machine，Java 虚拟机）来获取数据。

2．Zabbix Agent 和 Zabbix Proxy 的使用

Zabbix Agent 有两种工作模式：主动模式和被动模式。这两种模式都是相对于 Agent 来说的。被动模式是指 Agent 被动地接收 Zabbix Server 发来收集数据的指令，然后将数据返回给 Zabbix Server。当需要采集的数据量非常大时，Zabbix Server 的工作负载会很大，可能无法及时响应获取的数据。而主动模式是指 Zabbix Agent 将数据主动地上报给 Zabbix Server。主动模式会在一定程度上降低 Zabbix Server 的负载压力。

当被监控的设备数量超过千台或者 Zabbix Server 和 Zabbix Agent 之间的网络质量差或者带宽较小时，可以引入 Zabbix Proxy。在实际场景中，Zabbix Proxy 可以用来收集一部分 Agent 的数据，然后再将数据统一汇总给 Zabbix Server，这样降低了 Server 的负载压力。此外，若 Zabbix Server 和 Agent 之间的网络有访问限制（如经过广域网或归属于不同的业务网络），引入 Zabbix Proxy 也可以降低对网络的压力或减少不同网络区域之间访问限制的变更。

3．部署 Zabbix Server

Zabbix Server 可以在大多数为操作系统的服务器上版本的 Linux 操作系统上部署，本节中以部署 Zabbix 4.4 为例，在两台 CentOS 7.7 1908 为操作系统的服务器上分别部署 Zabbix Server 和 Zabbix Agent。

（1）安装 Zabbix Server 组件

1）在 Zabbix Server 服务器上执行以下命令，完成 Zabbix Server 组件的安装。以下为安装过程所执行的命令，在以下的命令行中省略了部分回显内容。

```
[root@zabbix-server ~]# hostnamectl set-hostname zabbix-server
# 修改主机名为 zabbix-server
[root@zabbix-server ~]# sed -i 's/SELINUX=enforcing/SELINUX=permissive/' /etc/selinux/config
# 将 SeLinux 修改为 permissive 模式
[root@zabbix-server ~]# systemctl disable firewalld
# 关闭防火墙开机自启动
[root@zabbix-server ~]# systemctl stop firewalld
# 关闭防火墙
[root@zabbix-server ~]# rpm -ivh http://repo.zabbix.com/zabbix/4.4/rhel/7/x86_64/zabbix-release-4.4-1.el7.
noarch.rpm
Retrieving http://repo.zabbix.com/zabbix/4.4/rhel/7/x86_64/zabbix-release-4.4-1.el7.noarch.rpm
warning: /var/tmp/rpm-tmp.TcSM0P: Header V4 RSA/SHA512 Signature, key ID a14fe591: NOKEY
Preparing...                          ################################# [100%]
Updating / installing...
   1:zabbix-release-4.4-1.el7         ################################# [100%]
[root@zabbix-server ~]# yum install mariadb mariadb-server zabbix-server-mysql zabbix-web zabbix-
web-mysql -y
（省略部分内容）
[root@zabbix-server ~]# systemctl enable mariadb
[root@zabbix-server ~]# systemctl start mariadb.service
[root@zabbix-server ~]# /usr/bin/mysql_secure_installation
（省略部分内容）
Set root password?[Y/n]y
New password:(本文中 root 用户的密码设置为 zabbix )
（省略部分内容）
Remove anonymous users?[Y/n]y
（省略部分内容）
Disallow root login remotely?[Y/n]y
（省略部分内容）
Remove test database and access to it?[Y/n]y
（省略部分内容）
Reload privilege tables now?[Y/n]y
（省略部分内容）
[root@zabbix-server ~]# mysql -uroot –ppassword
# 登录到数据库
MariaDB[(none)]>create database zabbix character set utf8 collate utf8_bin;
# 创建名为 zabbix 的数据库
MariaDB[(none)]>use zabbix;
# 切换到 zabbix 数据库下
MariaDB[(zabbix)]>grant all privileges on zabbix.* to zabbix@'%' identified by 'password';
# 授权本机 zabbix 具有 zabbix 数据库中的所有表的所有权限
MariaDB[(zabbix)]>flush privileges;
# 刷新权限，使变更生效
MariaDB[(zabbix)]>exit
[root@zabbix-server ~]# zcat /usr/share/doc/zabbix-server-mysql-4.4.6/create.sql.gz|mysql -uroot -
```

```
ppassword zabbix
    # 创建表结构
```

2）修改 Zabbix Server 的配置文件实现连接数据。

```
[root@zabbix-server ~]# vim /etc/zabbix/zabbix_server.conf
DBHost=localhost
DBName=zabbix
DBUser=zabbix
DBPassword=password（此处填写数据库设置的密码 password）
```

3）打开 Zabbix 的配置文件/etc/httpd/conf.d/zabbix.conf，取消 php_value date.timezone Europe/Riga 的注释，将 Europe/Riga 修改成 Asia/Shanghai，将时区修改为输入区。

```
[root@zabbix-server ~]# systemctl start zabbix-server
# 启动 Zabbix Server
[root@zabbix-server ~]# systemctl enable zabbix-server
# 开机自动开启 Zabbix Server
```

Zabbix Server 已经安装完成，接下来开始对 Zabbix 进行初始化配置。

（2）对 Zabbix 进行初始化设置

1）使用浏览器访问 http://<IP Address of Zabbix Server>/zabbix，进入到欢迎页面，如图 7-33 所示。

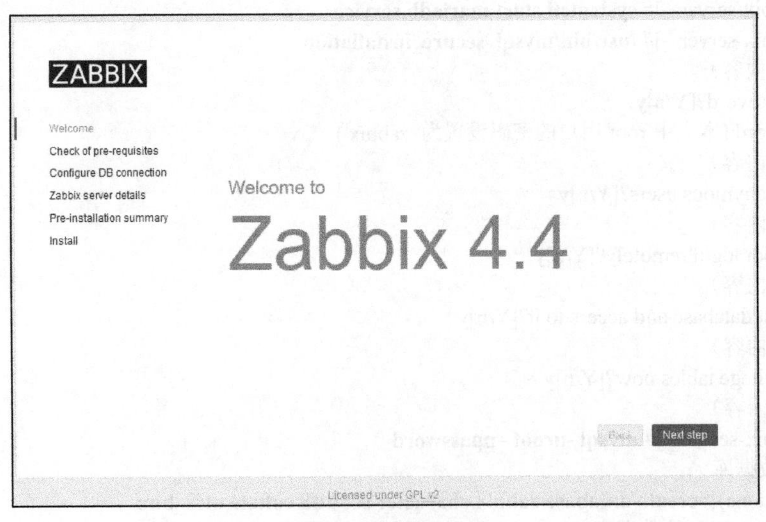

图 7-33　欢迎页面

2）在初始化配置前检查页面，会详细列出安装 Zabbix 的系统要求，如图 7-34 所示。如有未满足项，需要按照提示手工修改未通过项的配置信息。

3）填写 Zabbix 的数据库配置，如图 7-35 所示。需要填写的信息在安装 Zabbix server 时已经设置完成。

4）配置 Zabbix server 的详细信息，如主机名、端口号和名称，如图 7-36 所示。

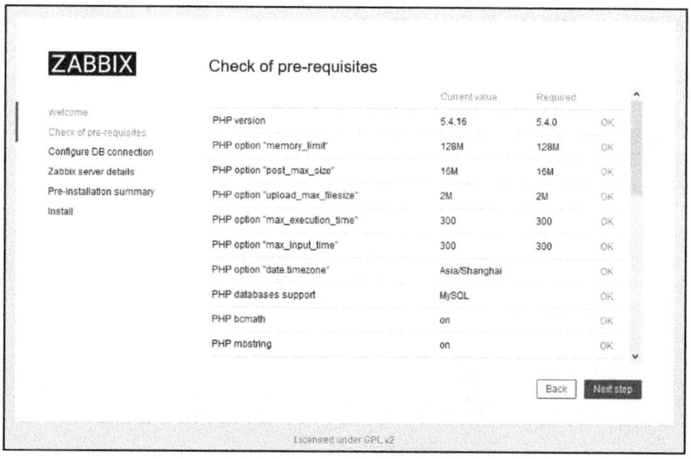

图 7-34　安装前检查

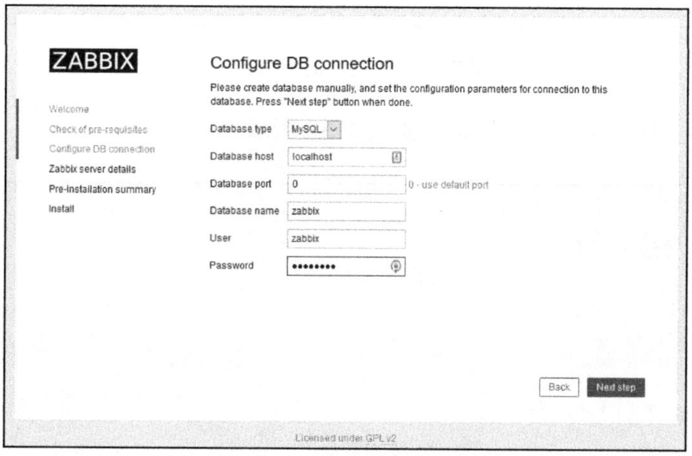

图 7-35　数据库连接配置

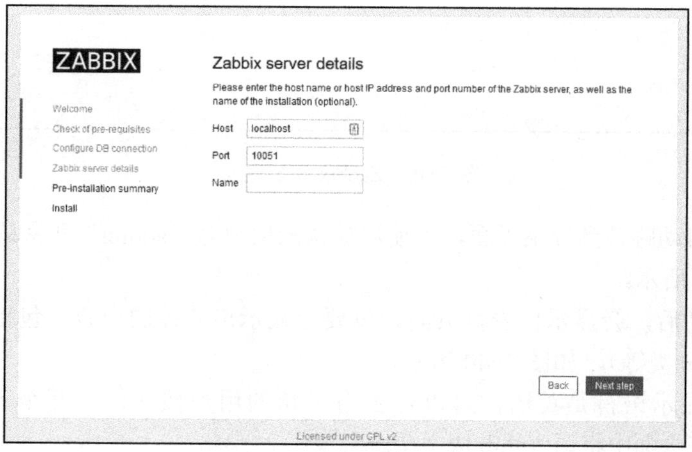

图 7-36　配置 Zabbix server

5）显示安装前的汇总信息，如图 7-37 所示。

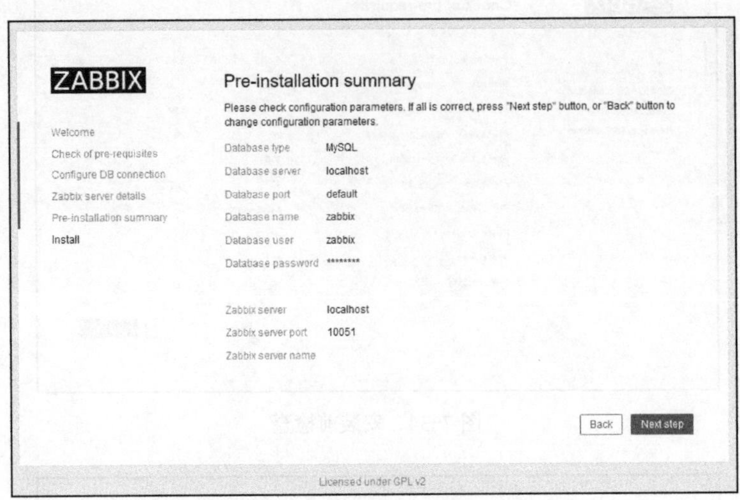

图 7-37 安装前的汇总信息

6）提示安装完成，生成配置信息，如图 7-38 所示。

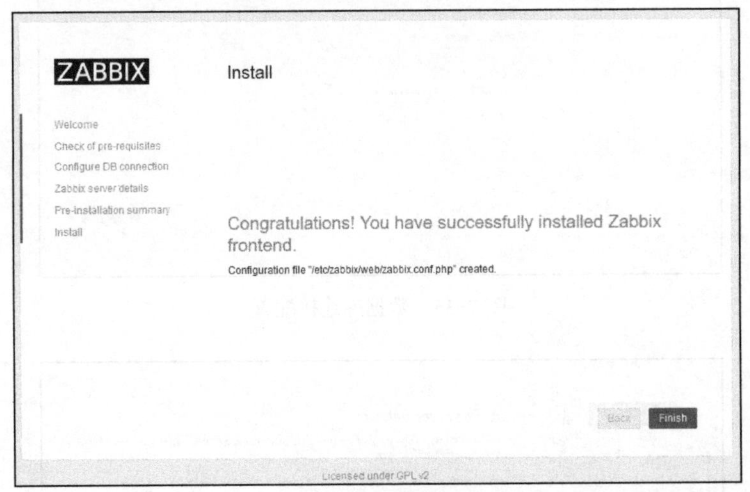

图 7-38 Zabbix 安装完成

7）系统会自动跳转到登录界面，可使用默认的用户名“admin”和密码“zabbix”进行登录，如图 7-39 所示。

8）登录成功后，会显示仪表盘页面，概要地显示出监控的内容（包括 Zabbix 运行状态、故障信息、分类等），如图 7-40 所示。

9）默认的显示语言是英语，可以点击右上角的用户按钮，打开个人配置页面，如图 7-41 所示，在页面中将语言修改成中文。

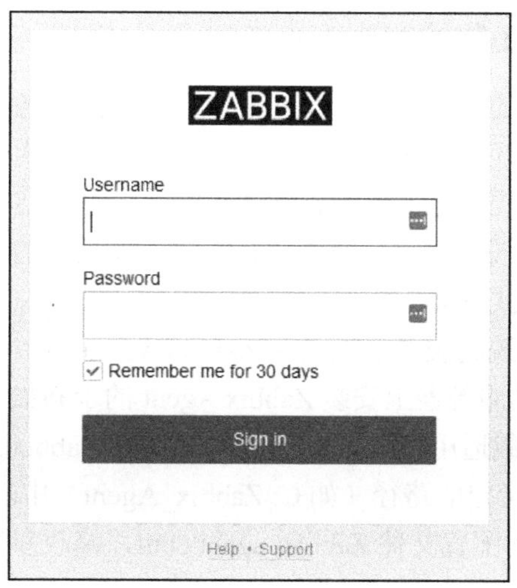

图 7-39　Zabbix 登录界面

图 7-40　Zabbix 仪表盘

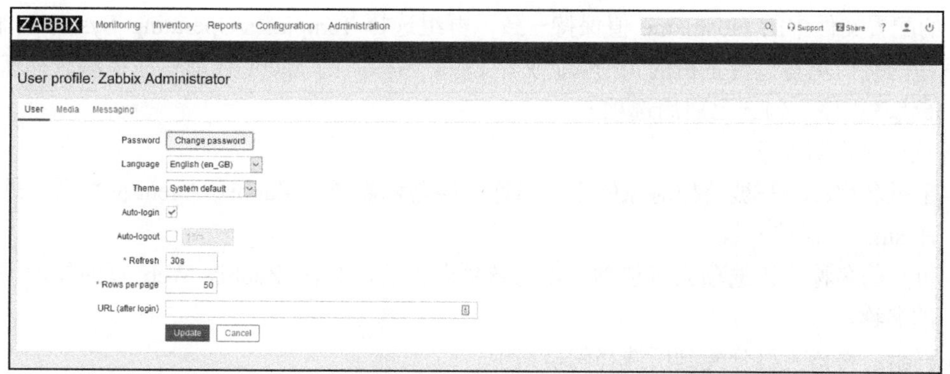

图 7-41　修改显示语言

7.3.3 通过 Zabbix Agent 监控 Windows/Linux 主机

对于一些虚拟化环境中的 Windows 或者 Linux 基础架构服务器，可以采用 Zabbix Agent 的方式获取这些主机上的运行状态或者性能等信息，如 CPU、内存、磁盘的使用率，系统服务运行状态等。这种在被监控的对象上安装 Agent 的方式也是推荐的方式。Zabbix Agent 支持大多数 Linux 和 Windows 操作系统，推荐采用对应的安装包的方式进行安装。对于其他操作系统，可以通过源代码方式安装。

1. 在 Windows 操作系统的服务器上安装 Zabbix Agent

在 Windows 操作系统的服务器上安装 Zabbix Agent 的步骤如下。

1）从 Zabbix 官网上下载适用于 Windows 操作系统的 Zabbix Agent 安装包，下载后会得到一个 zip 压缩包，解压到指定的路径（如 C:\Zabbix_Agent）中。

2）打开 Zabbix Agent 的配置文件 Zabbix_agent.conf，修改参数如下。

```
Server=10.1.102.211
# 被动模式连接的 Zabbix Server
# ServerActive=10.1.102.211
主动模式连接的 Zabbix Server
Hostname=ZabbixAgent212
# 该监控对象的名称，该名称需要与在 Zabbix Web 页面上添加监控对象的主机名称保持一致
```

3）使用管理员身份打开命令行窗口，切换提示符路径到 Zabbix Agent 的路径下。

```
cd C:\Zabbix_Agent
```

4）安装 Zabbix Agent。

```
\bin\zabbix_agentd.exe -c C:\zabbix_agent\conf\zabbix_agentd.conf –i
```

5）执行完成后，会在系统服务中增加 Zabbix Agent 的服务项，手动启动该服务。

6）登录到 Zabbix 的 Web 页面，依次打开“配置”→“主机”，点击“创建主机”按钮，在“主机”页面，填写被监控对象的信息，如图 7-42 所示。此处以添加一台 Windows 主机为例。主机名称填写 ZabbixAgent212，该处填写的名称需要与在该主机上的 Zabbix Agent 的配置文件中的 Hostname 值保持一致。群组选择 Templates/Operating Systems，agent 代理程序的接口填写该台主机的 IP 地址或者 DNS 名称，由 agent 代理程序检测选择默认值无 agent 代理程序，勾选已启用选项。

各项信息说明如下。

- 主机名称：填写被监控对象的主机名称，该名称需要和 Zabbix Agent 的配置文件中的 Hostname 保持一致。
- 可见的名称：该选项为可选项，填写该项名称后，会在 Zabbix Web 页面显示该主机的名称。
- 群组：将该主机分配到所选择的群组中。
- agent 代理程序的接口：通过 Zabbix Agent 的方式对主机进行监控。

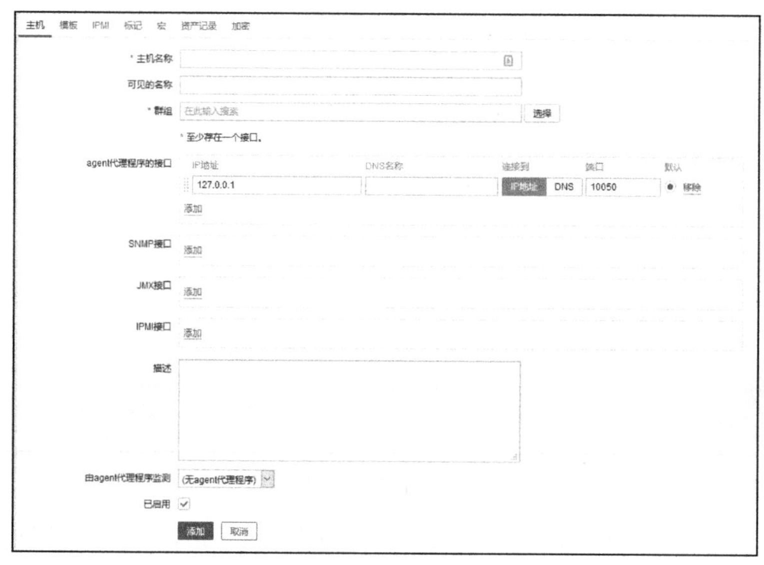

图 7-42　添加被监控的主机

- SNMP 接口：通过 SNMP 方式对主机进行监控。
- JMX 接口：通过 JMX 方式对主机进行监控。
- IPMI 接口：通过 IPMI 方式对主机进行监控。
- 描述：填写该主机的描述信息。
- 由 agent 代理程序检测：选择与该主机通信的 Zabbix Proxy。若选择“无 agent 代理程序”，则与 Zabbix Server 进行通信。
- 已启用：勾选该功能，开启对该主机的监控。

7）切换到“模板”页面，链接相关的模板，如图 7-43 所示。此处选择 Templates/Operating Systems 组下的 Template OS Windows。模板是一组针对主机的数据采集项、监控项、报警项的集合。在 Zabbix 中已经默认包含了一些模板，适用于常见的硬件设备、操作系统等。

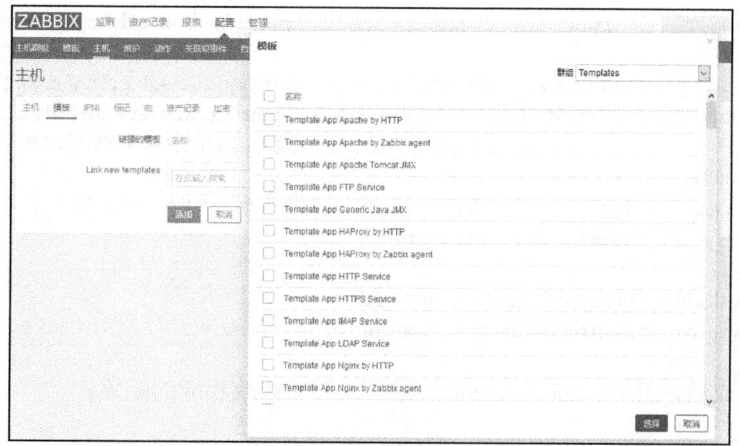

图 7-43　链接模板

至此，就完成了添加一台 Windows 服务器作为 Zabbix Agent 的操作。在我们刚刚选取的 Template OS Windows 模板中，默认已经包含如图 7-44 所示的监控项。当这些监控项的内容发生变化并达到触发器的阈值时，便会触发相应级别的报警信息。默认情况下，这些报警信息会显示在 Zabbix 的仪表盘首页上。

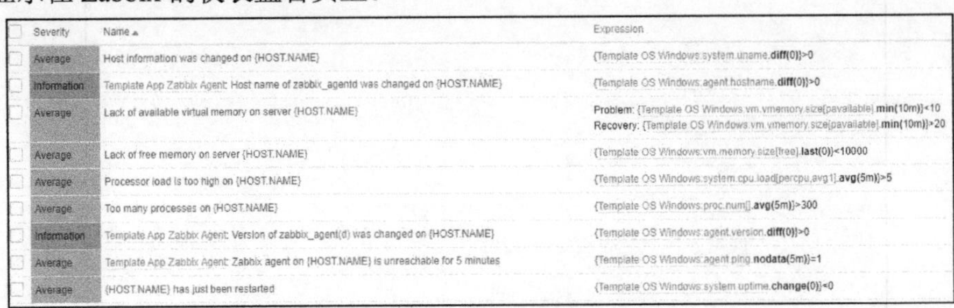

Severity	Name ▲	Expression
Average	Host information was changed on {HOST.NAME}	{Template OS Windows:system.uname.diff(0)}>0
Information	Template App Zabbix Agent: Host name of zabbix_agentd was changed on {HOST.NAME}	{Template OS Windows:agent.hostname.diff(0)}>0
Average	Lack of available virtual memory on server {HOST.NAME}	Problem: {Template OS Windows:vm.vmemory.size[pavailable].min(10m)}<10 Recovery: {Template OS Windows:vm.vmemory.size[pavailable].min(10m)}>20
Average	Lack of free memory on server {HOST.NAME}	{Template OS Windows:vm.memory.size[free].last(0)}<10000
Average	Processor load is too high on {HOST.NAME}	{Template OS Windows:system.cpu.load[percpu,avg1].avg(5m)}>5
Average	Too many processes on {HOST.NAME}	{Template OS Windows:proc.num[].avg(5m)}>300
Information	Template App Zabbix Agent: Version of zabbix_agent(d) was changed on {HOST.NAME}	{Template OS Windows:agent.version.diff(0)}>0
Average	Template App Zabbix Agent: Zabbix agent on {HOST.NAME} is unreachable for 5 minutes	{Template OS Windows:agent.ping.nodata(5m)}=1
Average	{HOST.NAME} has just been restarted	{Template OS Windows:system.uptime.change(0)}<0

图 7-44　默认 Windows 模板的监控项

由于每个模板中的监控项数量众多，而且各个模板监控的侧重点也不相同，在此只对一些常见的监控项列举出来做简要说明。

- CPU utilization：监控 CPU 利用率。
- Host name of Zabbix agent running：监控主机名。
- Memory utilization：监控内存利用率。
- Number of processes：监控进程数量。
- Number of threads：监控线程数量。
- System local time：监控系统本地时间。
- Uptime：监控系统启动时间。
- Version of Zabbix agent running：监控 Agent 运行版本。

2. 在 Linux 操作系统的服务器上安装 Zabbix Agent

在 Linux 操作系统的服务器上安装 Zabbix Agent 的步骤如下。

1）安装 Zabbix Agent 组件。

```
[root@zabbix-agent  ~]#  rpm  -ivh  http://repo.zabbix.com/zabbix/4.4/rhel/7/x86_64/zabbix-release-4.4-1.el7.noarch.rpm
Retrieving http://repo.zabbix.com/zabbix/4.4/rhel/7/x86_64/zabbix-release-4.4-1.el7.noarch.rpm
warning: /var/tmp/rpm-tmp.IrYj5r: Header V4 RSA/SHA512 Signature, key ID a14fe591: NOKEY
Preparing...                          ################################# [100%]
Updating / installing...
   1:zabbix-release-4.4-1.el7         ################################# [100%]
[root@zabbix-agent ~]# yum install zabbix-agent -y
（安装过程略）
[root@zabbix-agent ~]# systemctl enable zabbix-agent
[root@zabbix-agent ~]# systemctl start zabbix-agent
```

2）安装完成后，打开 Zabbix Agent 的配置文件并修改相应的配置。

```
[root@zabbix-agent ~]# vim /etc/zabbix/zabbix_agentd.conf
```

3）修改 Zabbix Agent 配置文件中的参数后，登录到 Zabbix 的 Web 页面，添加该主机作为监控对象，并添加相应的模板（如 Template OS Linux by Zabbix agent），操作步骤与添加 Windows 操作系统的主机基本相同。等待下一个采集周期后，会获取到相应的数据信息。

7.3.4　通过 Zabbix 监控硬件设备——基于 SNMP

对于硬件设备，例如服务器、交换机、打印机等，无法在其设备上安装 Zabbix Agent，可以使用 SNMP（Simple Network Management Protocol，简单网络管理协议）来获取这些设备相关的监控信息。

（1）添加主机

通过 SNMP 方式来监控方式，需要完成下面的步骤。

1）在 Zabbix Web 页面添加主机，选择通过 SNMP 接口方式获取监控数据，如图 7-45 所示。

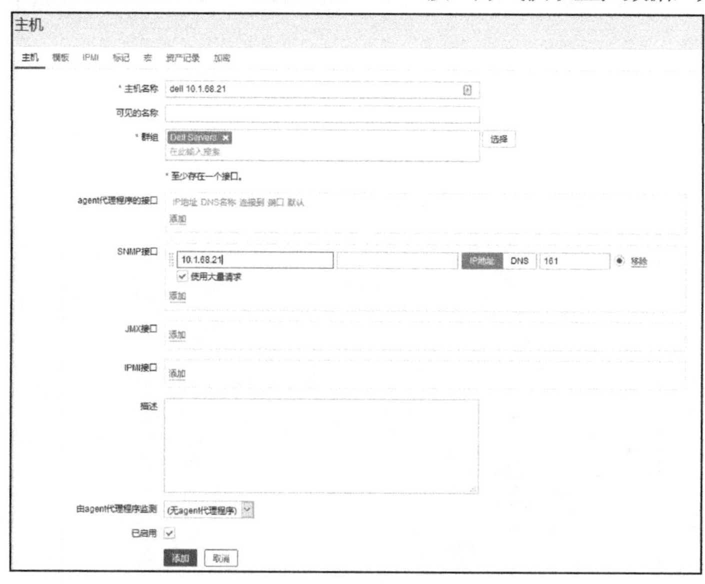

图 7-45　通过 SNMP 添加监控主机

2）切换到“模板”页面，添加相应的 SNMP 模板，如图 7-46 所示。此处选择“Template Server Dell iDRAC SNMPV2”。

3）经过一个采集周期后，Zabbix 将会对该模板中的监控项进行数据采集，之后就可以在 Zabbix 中看到最新的数据了。

模板中的监控项通常是硬件厂商提供或者技术爱好者编写的，可能有一些监控数据未能采集，需要手工进行添加。

（2）创建监控项

1）依次点击“配置”→“主机”，在需要修改的主机的监控项中，点击“创建监控项”，如图 7-47 所示。

2）在“监控项”页面，填写新建的监控项信息，如图 7-48 所示。相关监控信息可根据需要监控的设备实际情况填写。

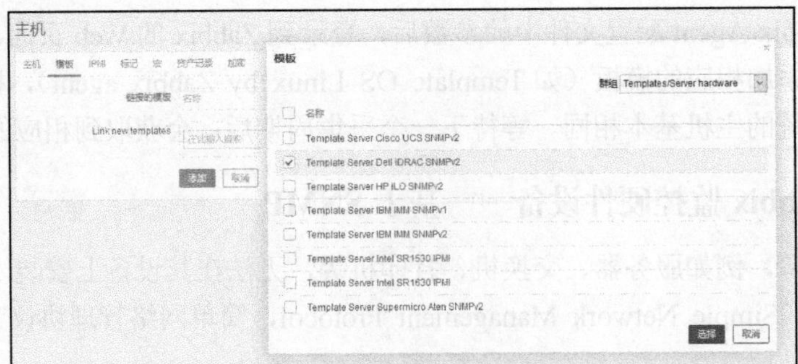

图 7-46　添加硬件设备监控模板

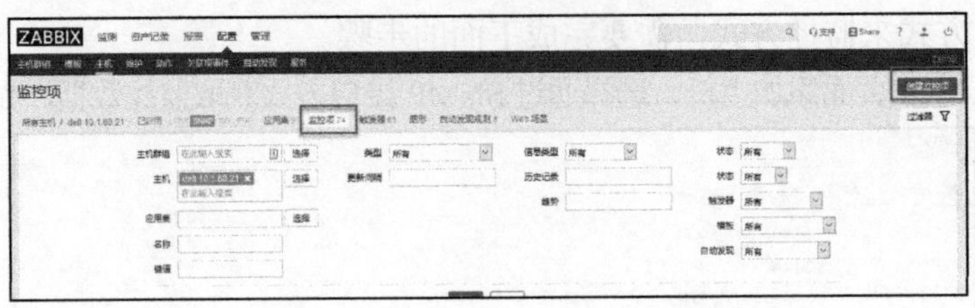

图 7-47　创建监控项

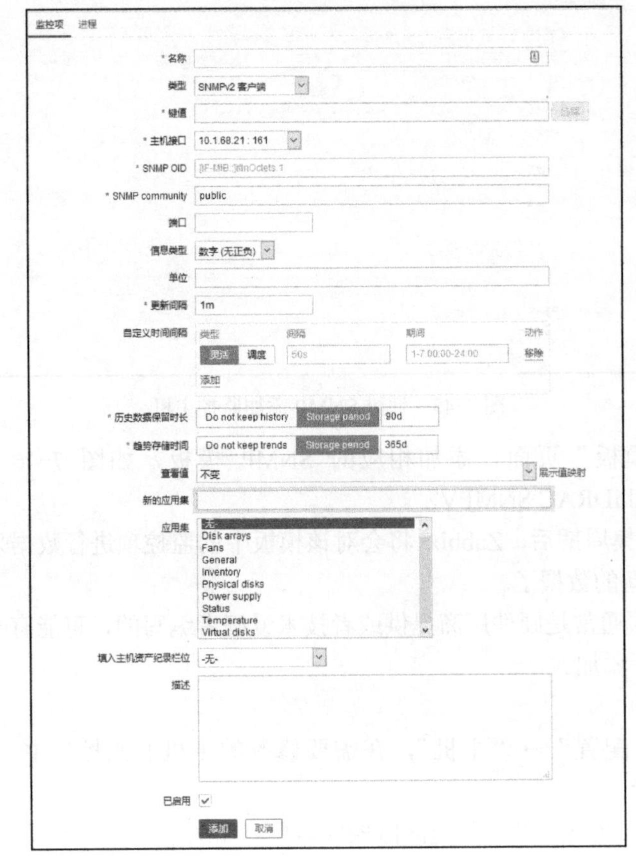

图 7-48　填写新建的监控项信息

7.3.5　Zabbix 监控 VMware 虚拟化环境

Zabbix 系统支持对 VMware 的监控，借助 Zabbix 的低级别发现（Low-Level Discovery）可以对 VMware ESXi 主机和在 ESXi 主机上运行的虚拟机进行监控。Zabbix 在使用 RPM 包进行安装时，已经安装了相关的功能和模板，但在默认情况下对 VMware 的监控功能是关闭的。

接下来说明使用 Zabbix 从 VMware vCenter 获取监控数据。

1）在 Zabbix Server 上，修改配置文件 zabbix_server.conf。

```
vim /etc/zabbix/zabbix_server.conf
```

在该配置文件中，取消以下内容的注释，开启对 VMware 的监控，如图 7-49 所示。

```
### Option: StartVMwareCollectors
#       Number of pre-forked vmware collector instances.
#
# Mandatory: no
# Range: 0-250
# Default:
# StartVMwareCollectors=0
StartVMwareCollectors=5

### Option: VMwareFrequency
#       How often Zabbix will connect to VMware service to obtain a new data.
#
# Mandatory: no
# Range: 10-86400
# Default:
# VMwareFrequency=60
VMwareFrequency=60

### Option: VMwarePerfFrequency
#       How often Zabbix will connect to VMware service to obtain performance data.
#
# Mandatory: no
# Range: 10-86400
# Default:
# VMwarePerfFrequency=60
VMwarePerfFrequency=60

### Option: VMwareCacheSize
#       Size of VMware cache, in bytes.
#       Shared memory size for storing VMware data.
#       Only used if VMware collectors are started.
#
# Mandatory: no
# Range: 256K-2G
# Default:
# VMwareCacheSize=8M
VMwareCacheSize=80M

### Option: VMwareTimeout
#       Specifies how many seconds vmware collector waits for response from VMware service.
#
# Mandatory: no
# Range: 1-300
# Default:
# VMwareTimeout=10
VMwareTimeout=30
```

图 7-49　关于 VMware 的监控参数

- StartVMwareCollectors：预先启动 VMware Collector 收集器实例的数量，取值范围 0～250，默认值是 0。在大多数情况下，该配置的建议取值为 ServiceNum 至 ServiceNum*2，其中 ServiceNum 是需要监控 VMware 服务的数量，此值不应小于 2。
- VMwareFrequency：连接到 VMware 服务收集一个新数据的频率，默认为 60 秒，取值范围：10～86400，单位：秒。

- VMwarePerfFrequency：连接到 VMware 服务收集性能数据的频率，默认为 60 秒，取值范围 10～86400，单位：秒。
- VMwareCacheSize：用于存储 VMware 数据的缓存容量，默认为 8 MB，取值范围：256 KB～2 GB。
- VMwareTimeout：等待 VMware 服务响应的时间，默认为 10 秒，取值范围：1～300，单位：秒。

2）修改以上配置后，重启 Zabbix Server 服务。

```
systemctl restart zabbix-service
```

Tips：

可以从日志文件中/var/log/zabbix/zabbix_server.log 查看到相关的日志信息，如图 7-50 所示 VMware Monitoring 状态为“YES”，即 VMware 监控已启用；如图 7-51 所示可以找到 VMware Collector 的进程。

```
11102:20200406:134904.516 Starting Zabbix Server. Zabbix 5.0.0alpha2 (revision 0c6ff76679).
11102:20200406:134904.516 ****** Enabled features ******
11102:20200406:134904.516 SNMP monitoring:           YES
11102:20200406:134904.516 IPMI monitoring:           YES
11102:20200406:134904.516 Web monitoring:            YES
11102:20200406:134904.516 VMware monitoring:         YES
11102:20200406:134904.516 SMTP authentication:       YES
11102:20200406:134904.516 ODBC:                      YES
11102:20200406:134904.516 SSH support:               YES
11102:20200406:134904.517 IPv6 support:              YES
11102:20200406:134904.517 TLS support:               YES
11102:20200406:134904.517 ******************************
```

图 7-50　VMware 监控已启用

```
11114:20200406:134904.758 server #5 started [discoverer #1]
11117:20200406:134904.768 server #7 started [history syncer #2]
11120:20200406:134904.771 server #10 started [escalator #1]
11125:20200406:134904.772 server #15 started [vmware collector #3]
11116:20200406:134904.773 server #6 started [history syncer #1]
11118:20200406:134904.774 server #8 started [history syncer #3]
11119:20200406:134904.774 server #9 started [history syncer #4]
11121:20200406:134904.775 server #11 started [proxy poller #1]
11122:20200406:134904.777 server #12 started [self-monitoring #1]
11134:20200406:134904.778 server #24 started [poller #1]
11127:20200406:134904.781 server #17 started [vmware collector #5]
11128:20200406:134904.781 server #18 started [vmware collector #6]
11123:20200406:134904.789 server #13 started [vmware collector #1]
11124:20200406:134904.790 server #14 started [vmware collector #2]
11126:20200406:134904.791 server #16 started [vmware collector #4]
11132:20200406:134904.792 server #22 started [vmware collector #10]
11136:20200406:134904.792 server #26 started [poller #3]
11129:20200406:134904.793 server #19 started [vmware collector #7]
11130:20200406:134904.794 server #20 started [vmware collector #8]
11131:20200406:134904.794 server #21 started [vmware collector #9]
11133:20200406:134904.795 server #23 started [task manager #1]
11142:20200406:134904.796 server #31 started [trapper #2]
```

图 7-51　VMware Collector 的进程

3）在 vCenter 控制台中，依次打开“配置”→“系统”→“高级系统设置”，如图 7-52 所示，点击“编辑”按钮，在筛选文本框输入“Config.HostAgent.plugins.solo.enableMob”，将该参数修改为“true”，如图 7-53 所示。

4）在 vCenter 控制台中，打开“系统管理”→“Single Sign On”→“用户和组”，在“用户”标签页上，如图 7-54 所示，点击“添加用户”按钮，填写用户名和密码，点击“确定”按钮完成用户的添加。

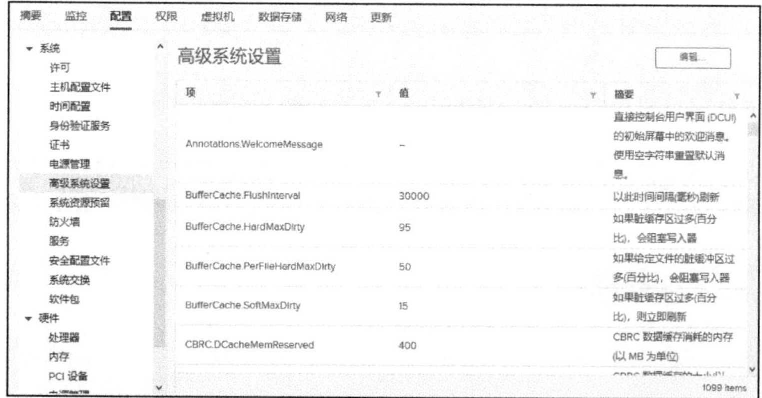

图 7-52　高级系统设置

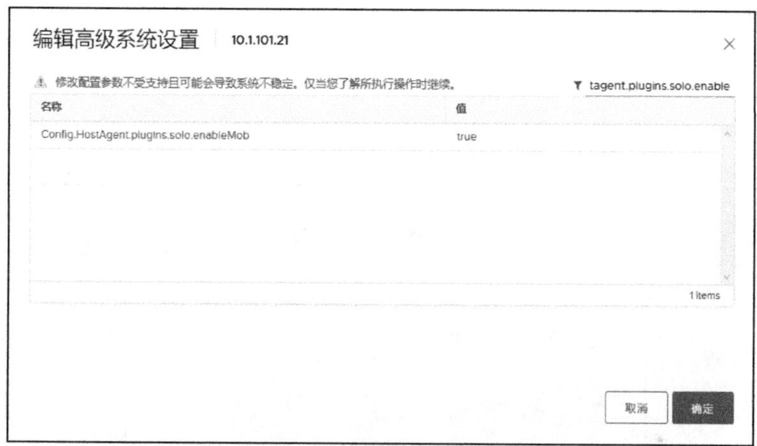

图 7-53　修改系统参数

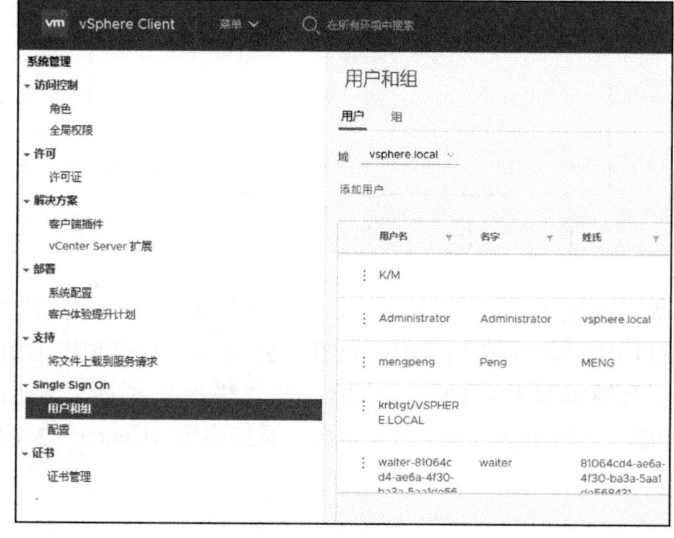

图 7-54　添加用户

5）切换到“访问控制”→“全局权限”页面，如图 7-55 所示，点击“+”按钮，填写域名和用户名，角色选择“只读”，启用“传播到子对象”，如图 7-56 所示，点击“确定”按钮，将该账户分配只读权限，作为 Zabbix 获取监控数据的账户。

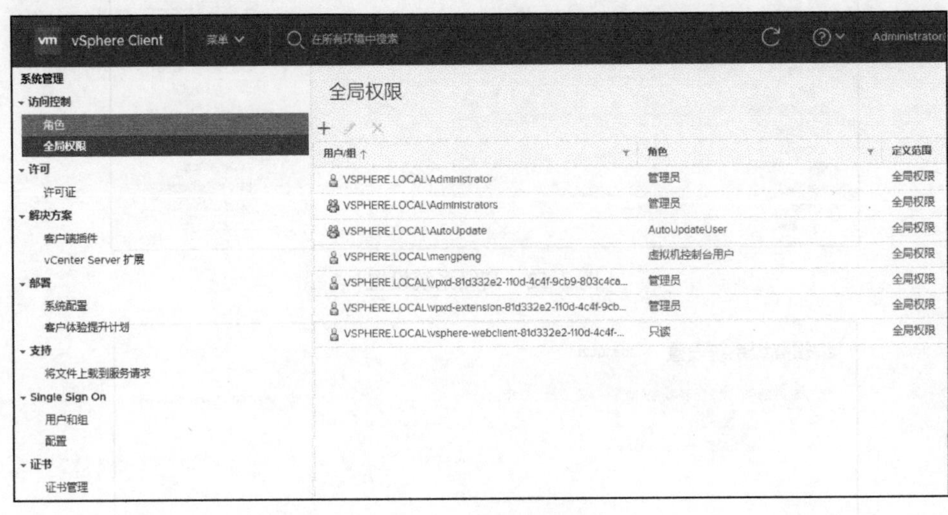

图 7-55　分配权限

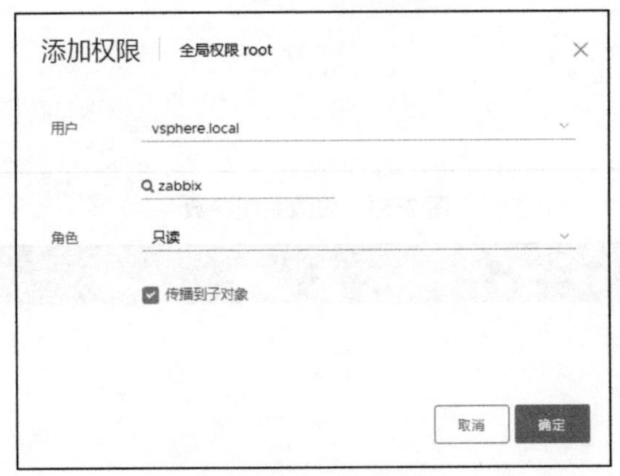

图 7-56　分配只读权限

6）在 Zabbix Web 页面上，打开“配置”→“主机”页面，点击“创建主机”按钮。在“主机”标签页，填写主机名称并添加群组，如图 7-57 所示。由于使用 URL 连接 vCenter，在此页面的接口中无须填写对应的 IP 地址。在“模板”页面，添加“Template VM VMware”模板，如图 7-58 所示。在“宏”页面，添加连接 vCenter 的 URL、用户名和密码，如图 7-59 所示。

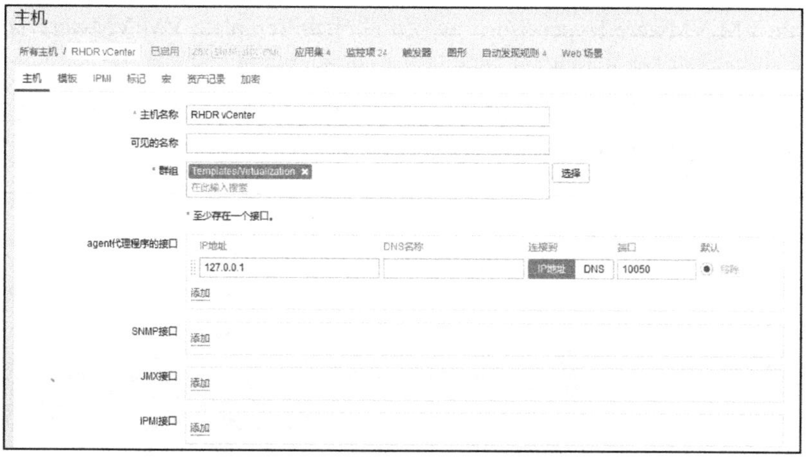

图 7-57　填写主机名称并添加群组

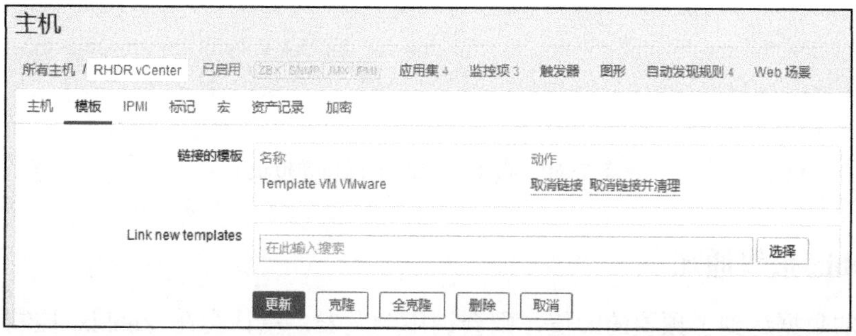

图 7-58　添加“Template VM VMware”模板

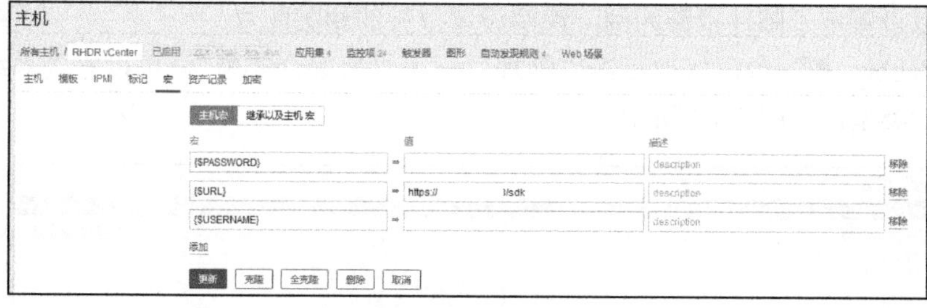

图 7-59　添加宏

Tips:

用于监控 VMware 环境的模板共有 3 个，分别是 Template VM VMware、Template VM VMware Guest、Template VM VMware Hypervisor。

- Template VM VMware：该模板用于对 VMware vCenter 和 ESXi 主机进行监控。
- Template VM VMware Guest：该模板用于由 Template VM VMware 自动发现虚拟机后会自动链接到相关虚拟机上，不需要手动链接。

- Template VM VMware Hypervisor：该模板用于由 Template VM VMware 自动发现虚拟机后会自动链接到相关 ESXi 主机上，不需要手动链接。

7）待到达下一个采集周期时，ESXi 主机和虚拟机的运行状态等信息便可以展现在 Zabbix Web 页面上。如图 7-60 所示。

名称▲	应用集	监控项	触发器	图形	自动发现	Web监测	接口	agent代理程序	模板
Discover VMware hypervisors: 10.1.101.21	应用集 6	监控项 33	触发器	图形	自动发现 1	Web监测	127.0.0.1: 10050		Template VM VMware Hypervisor
Discover VMware hypervisors: 10.1.101.22	应用集 6	监控项 33	触发器	图形	自动发现 1	Web监测	127.0.0.1: 10050		Template VM VMware Hypervisor
Discover VMware hypervisors: 192.168.0.125	应用集 6	监控项 29	触发器	图形	自动发现 1	Web监测	127.0.0.1: 10050		Template VM VMware Hypervisor
Discover VMware hypervisors: 192.168.0.126	应用集 6	监控项 29	触发器	图形	自动发现 1	Web监测	127.0.0.1: 10050		Template VM VMware Hypervisor
dell 10.1.68.21	应用集 9	监控项 74	触发器 63	图形	自动发现 8	Web监测	10.1.68.21: 161		Template Server Dell IDRAC SNMPv2 (Template Module Generic SNMPv2)
Discover VMware VMs: DHCP-Client	应用集 8	监控项 31	触发器	图形	自动发现 3	Web监测	127.0.0.1: 10050		Template VM VMware Guest
Discover VMware VMs: Lab-AdminCenter-10.1.102.20	应用集 6	监控项 31	触发器	图形	自动发现 3	Web监测	127.0.0.1: 10050		Template VM VMware Guest
Discover VMware VMs: Lab-CDC01-10.1.102.51	应用集 8	监控项 31	触发器	图形	自动发现 3	Web监测	127.0.0.1: 10050		Template VM VMware Guest
Discover VMware VMs: Lab-CDC02-10.1.102.52	应用集 8	监控项 31	触发器	图形	自动发现 3	Web监测	127.0.0.1: 10050		Template VM VMware Guest
Discover VMware VMs: Lab-DB01-10.1.102.44	应用集 8	监控项 31	触发器	图形	自动发现 3	Web监测	127.0.0.1: 10050		Template VM VMware Guest

图 7-60　自动发现的主机和虚拟机

7.3.6　Zabbix 报警通知

当监控的数据达到了预置的阈值，则会调用触发器，默认会在 Zabbix 控制台上显示报警信息。除此之外，Zabbix 还支持通过短信、电子邮件方式的报警，也可以使用脚本调用第三方 API 通过电话、微信、钉钉报警。

本节中以设置电子邮件报警为例，说明设置报警的相关配置。

1）在 Zabbix 控制台，依次点击“管理”→“报警媒介类型”，可以看到系统已经配置好的报警通知类型，如图 7-61 所示。

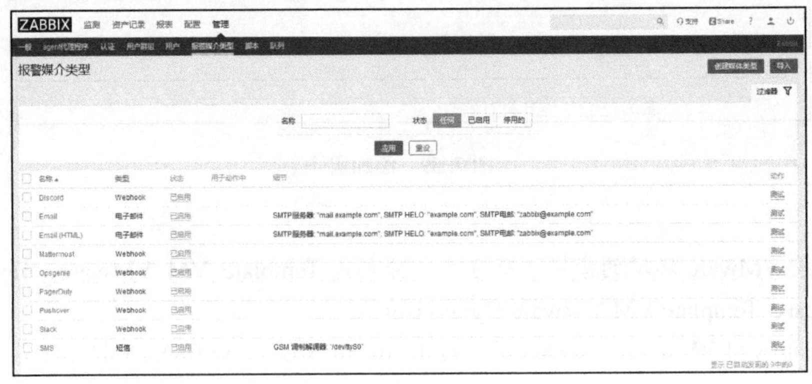

图 7-61　报警媒介类型

2）点击“Email”，打开电子邮件报警通知的详细选项，如图 7-62 所示，填写相关的详细配置信息。

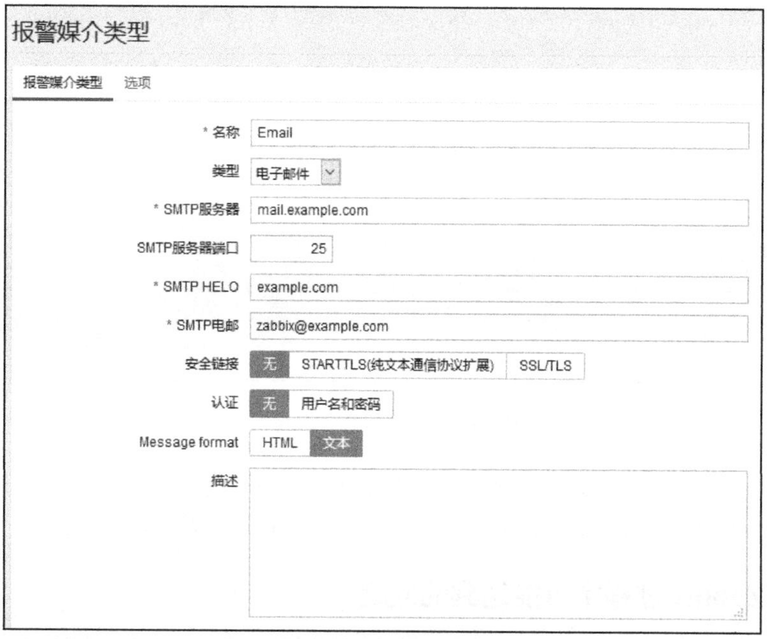

图 7-62　电子邮件报警配置

配置信息的说明如下。

- 名称：定义报警通知方式的名称。
- 类型：选择发送报警通知的类型，可选择电子邮件、短信、脚本、Webhook 4 种方式。
- SMTP 服务器：填写 SMTP 服务器地址。
- SMTP 服务器端口：填写 SMTP 服务器使用的端口，默认端口是 25。
- SMTP HELO：填写 SMTP HELO 信息，用于标识客户端的身份信息。
- SMTP 电邮：定义发件人的邮件地址。
- 安全链接：选择使用安全加密的方式。
- 认证：选择发送邮件时是否需要身份验证。如不使用认证方式，请确认在 SMTP 服务器上允许匿名发送。
- Message format：选择发送的报警信息格式。
- 描述：填写描述信息。

3）依次点击“管理”→“用户”，点击需要接收报警信息的用户，切换到“报警媒介”页面，点击“添加”按钮，填写相应的报警规则，如图 7-63 所示。配置信息说明如下。

- 收件人：填写收件人电子邮件地址。
- 当启用时：填写发送电子邮件报警的时间段。
- 如果存在严重性则使用：当触发的报警信息符合选择的严重级别时，则发送报警信息。

- 已启用：是否启用该发送规则。

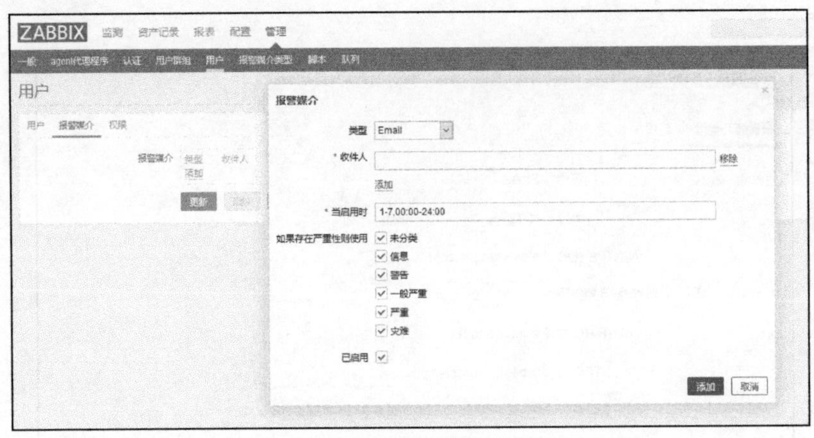

图 7-63　报警信息关联用户

至此，就完成电子邮件报警的设置。当监控项发生变化并达到触发器的阈值时，报警信息不仅会在首页仪表板上显示，而且还会通过电子邮件的方式发送给各个用户了。

7.3.7　部署 Zabbix 过程中可能遇到的问题

由于安装 Zabbix 时使用的操作系统的配置或者环境不完全相同，因此在安装中可能会遇到各种问题。故将常见的问题列举在此，供大家参考。

1. 在 Zabbix Web 页面中某些中文字符显示乱码

现象：在某些图标显示页中无法正常显示中文字符，如图 7-64 所示。

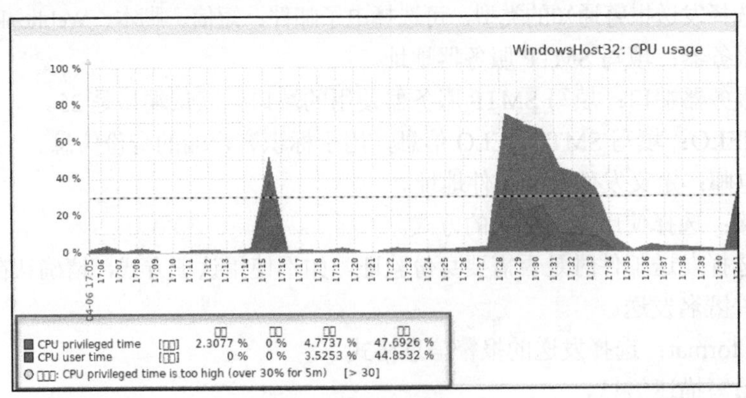

图 7-64　中文字符显示异常

解决办法：将对应的字体替换成中文字体。

1）将 Windows 操作系统上 C:\Windows\Fonts\下的中文字体（如幼圆字体 SIMYOU.ttf）复制到 Zabbix Server 服务器/usr/share/zabbix/assets/fonts/目录下。

2）修改 Zabbix Web 页面上所使用的字体。

```
ln –snf /etc/alternatives/zabbix-web-font /usr/share/zabbix/assets/fonts/SIMYOU.TTF
```

3）重启 Zabbix Server 服务。

```
systemctl restart zabbix-server
```

2．无法正常显示性能图表

现象：在 vCenter 中查看某些对象的性能图标时显示“此条目当前无性能数据”。在 Zabbix Server 服务器的日志文件 zabbix_server.log 中有“Error of query maxQueryMetrics: 'config.vpxd.stats.maxQueryMetrics' is invalid or exceeds the maximum number of characters permitted…”错误信息。

解决办法：这是因为 vCenter 对数据库查询中包含的实体数设置了限制，以保护 vCenter Server 数据库免于接收较大的查询。解决办法为：

1）在 vCenter 控制台上，选中 vCenter 对象，打开“配置”→“设置”→“高级设置”，修改“config.vpxd.stats.maxQueryMetrics”的值，vCenter 5.5 和 6.0 默认值是 64，vCenter 6.5 默认值是 256。该值可以设置为-1 来禁用该限制。如果是第一次修改该值，需要手工添加该键。

2）导航到 vCenter Server 或者 VCSA 的 web.xml 文件。

- 对于 vCenter Server Appliance 6.x，打开/usr/lib/vmware-perfcharts/tc-instance/webapps/statsreport/WEB-INF 目录。
- 对于 vCenter Server Appliance 5.5.x，打开/usr/lib/vmware-vpx/tomcat/webapps/statsreport/WEB-INF 目录。
- 对于 vCenter Server 6.0.x，打开 C:\ProgramData\VMware\vCenterServer\data\perfcharts\tc-instance\webapps\statsreport\WEB-INF 目录。
- 对于 vCenter Server 5.5.x，打开 C:\Program Files\VMware\Infrastructure\Tomcat\webapps\statsreport\WEB-INF 目录。

3）修改其中的 maxQuerySize 参数对应的值，修改 maxQuerySize 下方的<param-value></param-value>标记中的值。要禁用限制，请将值设为 0。

4）重启 vCenter Server。